Welt der Wissenschaft

Welt der Wissenschaft

p

Parragon
Queen Street House
4 Queen Street
Bath BA1 1HE, UK

Übersetzung aus dem Englischen:
Wiebke Krabbe, Damlos
Redaktion und Satz:
Dorit Aurich/lektorat plus, Berlin
Koordination:
Antje Seidel, Köln

ISBN 1-40543-442-2

Printed in China

Inhalt

Kapitel 4
Schall und Licht 109

Kapitel 5
Erde und Leben 141

Kapitel 6
Raum und Zeit 173

Kapitel 7
Praktische Versuche 205

Einleitung

WANN ENTSTAND DIE WISSENSCHAFT? Vielleicht begann sie, als Frühmenschen vor mehr als einer Million Jahren Steine aufhoben und aus ihnen Werkzeuge herstellten. Jemand probierte verschiedene Gesteinsarten aus. Sie oder er entdeckte, dass manche Steine schärfere Kanten haben als andere. Das waren die ersten Experimente. Weitere Gesteinsarten wurden getestet, einige waren noch besser geeignet. Wissenschaftler und Forscher gehen heute noch genauso vor, wenn sie zum Beispiel neue Spezialkunststoffe für bestimmte Zwecke entwickeln.

Über 10 000 Jahre alte Werkzeuge aus der Steinzeit zeigen, dass die Menschen damals bereits geschickte Handwerker waren und ihre Materialien gut kannten.

Methodische Forschung

Wer wissenschaftlich forscht, geht methodisch vor, das bedeutet Schritt für Schritt, vernünftig und überlegt. Jemand hat eine Idee, eine Theorie oder Hypothese. Daraus leitet er eine Voraussage ab. Dann versucht er oder sie, die Voraussage durch Experimente und Tests zu beweisen. Beim Experimentieren beobachten und messen die Forscher, sie prüfen und bewerten die Ergebnisse. Wird die Voraussage bestätigt, stützt dies die anfängliche Idee. Wenn die Versuche mehrfach mit gleichem Ergebnis durchgeführt wurden, kommt der nächste Schritt.

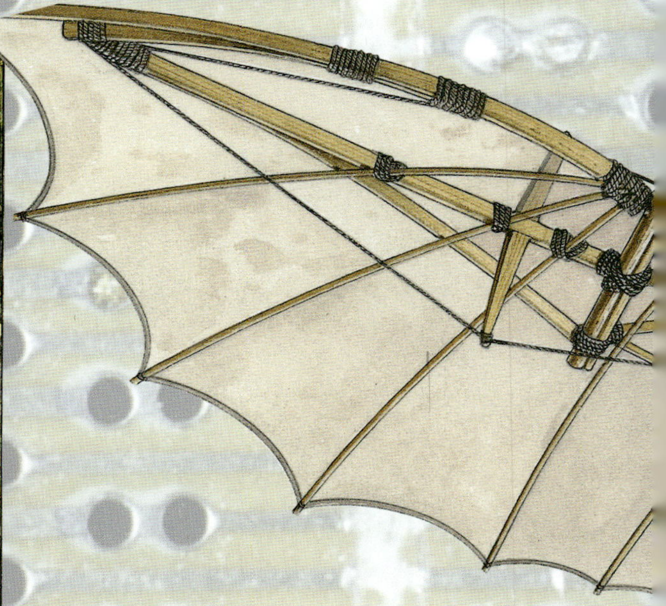

Diese Karte stellt die revolutionäre Idee des Nikolaus Kopernikus dar. Um 1540 stellte er erstmals die Behauptung auf, dass die Erde und andere Planeten um die Sonne kreisen.

Auf diese Weise entsteht allmählich ein großes Wissen, das sich aus vielen Einzelinformationen zusammensetzt.

Die Wirklichkeit der Wissenschaft

Wissenschaft ist leider nicht immer so logisch und überlegt, sie bewegt sich auch nicht immer in kleinen Beweisschritten voran. Manchmal haben Menschen plötzlich unerwartete Ideen, die eine wahre Revolution auslösen. Angeblich begann Isaak Newton über die Schwerkraft nachzudenken, nachdem ihm ein Apfel auf den Kopf gefallen war. Dieses alltägliche Ereignis führte zu wissenschaftlichen Entdeckungen von so großer Bedeutung, dass sie mehr als 350 Jahre lang der Physik eine ganz neue Grundlage gaben. Im frühen 20. Jahrhundert brachte Albert Einstein die Wissenschaft weit voran, als er seine Relativitätstheorie aufstellte.

Die große Pyramide von Gizeh in Ägypten entstand vor 4600 Jahren. Sie ist sehr genau gebaut. Die Seitenlängen weisen Unterschiede von nur wenigen Zentimetern auf.

Die Naturwissenschaften

Es gibt sehr viele Forschungsgebiete. In der Naturwissenschaft werden sie meist den großen Bereichen der Physik, Chemie und Biologie zugeordnet.

Die Physik beschäftigt sich mit Materie, Energie, Bewegung und dem Aufbau des Universums. Auch Maschinen und Technologie gehören in dieses Gebiet.

Leonardo da Vincis Idee für eine Flugmaschine (um 1500) wurde nie verwirklicht, sie wäre auch nicht möglich gewesen. Aber sie zeugte vom Ehrgeiz und klugen Vorausblick ihres Erfinders.

Mitte des 18. Jahrhunderts begann die industrielle Revolution. Von da an wurden immer mehr Maschinen im Bergbau, in der Verarbeitung und Herstellung von Waren sowie im Transport eingesetzt. Auch die ersten Dampflokomotiven entstanden um diese Zeit.

Albert Einstein (1879–1955) brachte die Wissenschaft weit voran. Seine Überlegungen zu Schwerkraft, Zeit, Raum, Teilchen und Kräften fügten sich zu einer neuen großen Theorie zusammen.

Zur Chemie gehört die Erforschung der Stoffe und chemischen Elemente, ihrer Bestandteile und ihrer Eigenschaften. Außerdem untersucht die Chemie, wie sich Stoffe oder Chemikalien verändern, wenn sie sich verbinden oder miteinander reagieren.

Die Biologie beschäftigt sich mit dem Leben und mit Lebewesen aller Art und Größe, von mikroskopisch kleinen Keimen bis zu riesigen Blauwalen. Sie erforscht, wie sie überleben, sich fortbewegen, sich ernähren und fortpflanzen und welche Beziehungen sie zu ihrer Umgebung haben.

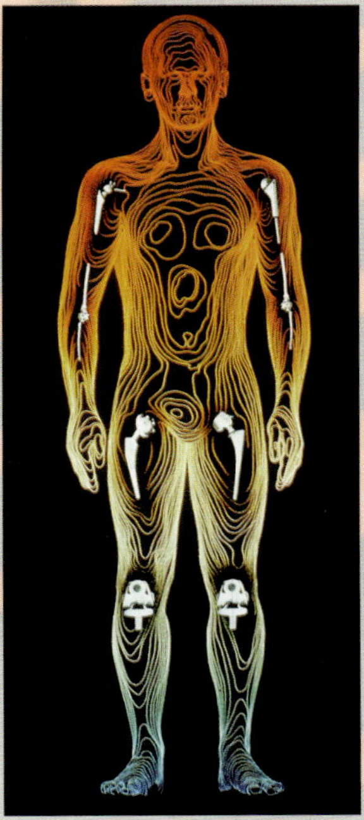

Biologen, Materialforscher, Ingenieure und Designer müssen zusammenarbeiten, wenn sie künstliche Gelenke oder Körperteile aus Kunststoff und Titan entwickeln.

Wissenschaft im Teamwork

Früher haben die Zweige der Wissenschaft streng getrennt gearbeitet, heute forschen sie häufig Hand in Hand. Um einen künstlichen Körperteil wie eine Prothese oder ein Gelenk herzustellen, braucht man verschiedene Kenntnisse. Das Gelenk muss physische Belastungen aushalten, den Kontakt mit Körperchemikalien wie Salzen und Flüssigkeiten und ebenso den biologischen Kontakt mit den winzigen Körperzellen vertragen. Die Kapitel dieses Buches stellen die verschiedenen Zweige der Wissenschaft vor und zeigen, wie sie miteinander verbunden sind. Wir beginnen mit den kleinsten Bausteinen, den Atomen. Zum Schluss betrachten wir das Universum und das Wesen von Raum und Zeit.

Warum forschen wir?

Wozu braucht man Wissenschaft überhaupt? Damit wir mehr wissen und verstehen, auch wenn das für unser tägliches Leben vielleicht nicht so wichtig scheint. Aber die Wissen-

Dieser Space Shuttle hat hunderte von Satelliten in den Weltraum transportiert und wurde für tausende von Versuchen im Weltraum benutzt.

Die Welt rückt zusammen, weil die Informationsübermittlung mithilfe der Telekommunikation immer schneller und einfacher wird.

schaft hat unsere Welt verändert. Wir haben technische Geräte wie CD-Player, Handys, Autos, Flugzeuge, Computer und das Internet. Die meisten Menschen führen ein längeres, behaglicheres und gesünderes Leben als je zuvor. Aber auch die Gefahren für unseren Planeten waren nie größer. Umweltgifte verdunkeln den Himmel, sickern in den Boden und gelangen ins Grundwasser. Natürliche Rohstoffe wie Erdöl und Erdgas gehen zur Neige. In manchen Regionen der Welt gibt es große Hungersnöte und Krankheiten. Durch genetische Experimente könnten neue, unausrottbare Schädlinge entstehen. All dies sind jedoch nicht die Ergebnisse der Wissenschaft selbst, sondern positive und negative Folgen ihrer Anwendung.

1986 explodierte in Tschernobyl (Ukraine) ein Atomkraftwerk. Entwichene Radioaktivität konnte sich über Millionen von Quadratkilometern ausbreiten.

Globale Erwärmung, saurer Regen und Löcher in der Ozonschicht sind nur drei der größten Gefahren für unsere Umwelt.

Rohstoffe in weniger entwickelten Ländern werden genutzt, um die Bequemlichkeit der Menschen in reichen Ländern zu sichern. Dabei leidet auch die Natur oft schwer.

K A P I T E L

1

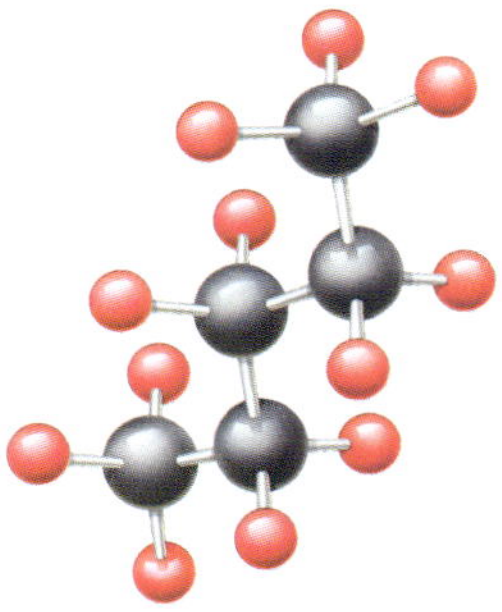

Stoffe und Elemente

Alle Stoffe und chemischen Elemente, ob ein winziges Salzkorn oder ein Stern im Weltall, bestehen aus Atomen. Die Atome fügen sich zu Molekülen zusammen. Die Atome der Moleküle können sich wieder trennen und neue Verbindungen eingehen. Chemische Elemente können fest, flüssig oder gasförmig sein.

Atome

GROSSE DINGE BESTEHEN aus kleineren Dingen. Ein Holzhaus zum Beispiel wird aus vielen Baumstämmen gebaut. Ein Baumstamm setzt sich aus Millionen winziger Holzfasern zusammen. Eine Holzfaser besteht aus noch kleineren Fasern, dem Lignin. Und Lignin besteht aus Gruppen ganz winziger Dinge, den Atomen. So kann man jeden Gegenstand zerlegen, ob Stecknadelkopf oder Wolkenkratzer. Immer bestehen Dinge aus den winzigen Atomen, die so klein sind, dass man sie mit bloßem Auge nicht sehen kann.

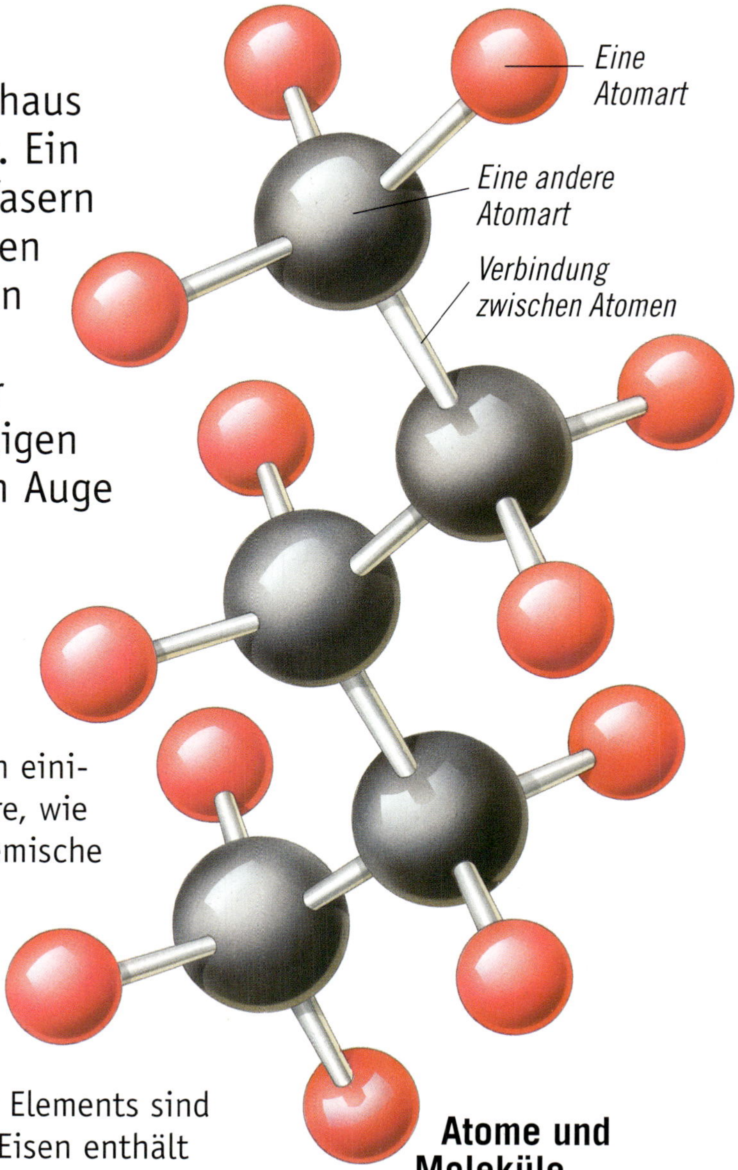

Verschiedene Atome

Nicht alle Atome sind gleich. Es gibt etwa 112 Arten verschiedener Atome, die man auch als chemische Elemente bezeichnet und die auf den folgenden Seiten vorgestellt werden. Die Namen einiger Elemente kennt jeder: Aluminium, Eisen und Kalzium. Andere, wie Xenon, Yttrium und Zirkonium, sind weniger bekannt. Jedes chemische Element hat eine eigene Art von Atomen. Die Aluminiumatome unterscheiden sich von den Eisenatomen und beide sehen anders aus als Kalziumatome. Aber alle Atome eines chemischen Elements sind genau gleich. Ein Klumpen reines Eisen enthält Milliarden von Eisenatomen, die einander völlig gleichen. Und sie sind auch identisch mit allen anderen Eisenatomen im Universum.

Entdeckung

Schon in der Antike haben manche Menschen vermutet, dass alle Dinge aus kleinen Teilchen bestehen. Der Grieche Demokrit (ca. 460–370 v. Chr.) nahm an, dass die Welt und alles in ihr aus kleinen Teilen besteht, die wir mit dem Auge nicht erkennen können. Er glaubte, dass diese Teilchen enorm hart und ewig haltbar seien und sich ständig bewegten. Teilweise stimmen die Ideen des Demokrit mit der modernen Atomtheorie überein.

Atome und Moleküle

Manchmal sind Atome allein. Manchmal verbinden sie sich auch mit anderen Atomen zu größeren Gebilden, die man Moleküle nennt. Moleküle stellt man häufig als Kugeln mit Verbindungsstegen dar.

Elefanten sind aus Atomen

Alles auf der Welt besteht aus Atomen – also auch der Boden unter unseren Füßen, Autos, Häuser, Computer, CDs, Wasser und die unsichtbare Luft um uns herum. Auch Lebewesen setzen sich aus Atomen zusammen: Vögel, Blumen, winzige Bakterien, riesige Bäume, Tiger, Elefanten und unser Körper.

Mehr dazu: Das Innere der Atome S. 16; Elemente S. 18; Moleküle S. 22

Entdeckung

John Dalton (1766–1844) unterrichtete Naturwissenschaften und führte Aufzeichnungen über das Wetter. Er erkannte, dass jedes chemische Element aus winzigen Teilchen, den Atomen, besteht und dass die Atome eines Elements gleich sind, sich aber von denen anderer Elemente unterscheiden. Er gab 30 Elementen einen Namen. Dalton glaubte auch, dass die Atome winzige, unzerstörbare Metallkügelchen seien – das hat sich als falsch erwiesen. Von manchen Stoffen, die Dalton für Elemente hielt, wissen wir heute, dass es Verbindungen von Elementen sind.

Daltons Element-Symbole

Atome im Universum

Alles auf unserer Erde und auch die Erde selbst besteht aus Atomen. Sogar alles außerhalb unserer Erde besteht aus Atomen. Im Weltraum schweben Wolken aus Staub und Gasen umher – auch sie bestehen aus Atomen. Himmelskörper wie Planeten, Sterne und Kometen bestehen aus Atomen, ebenso wie Satelliten, Raketen und Raumschiffe. Die meiste Materie im Universum befindet sich in den Sternen, etwa unserer Sonne. Das wichtigste chemische Element, aus dem Sterne bestehen, nennt man Wasserstoff. Also ist Wasserstoff das am häufigsten vertretene Element im Universum. Von 100 Atomen im Universum sind 93 Wasserstoffatome, nur sieben Atome gehören anderen Elementen an.

WIE GROSS SIND ATOME?

- Sehr klein! Ein durchschnittliches Atom misst 0, 000 000 001 Meter (ein Millionstel Millimeter) im Durchmesser.
- Ein Luftballon scheint leer zu sein und wiegt fast nichts. Aber er enthält 100 Milliarden Milliarden (100 000 000 000 000 000 000) Atome der Gase, aus denen unsere Luft besteht.
- Ein Sandkorn enthält viele Atome. Wäre jedes Atom so groß wie ein Stecknadelkopf, hätte das Korn einen Durchmesser von zwei Kilometern.

Bauteile

Ein großes Hochhaus besteht aus vielen kleineren Bauteilen, die miteinander verbunden sind, etwa Stahlträger, Balken und Platten. Ähnlich verhält es sich mit Atomen, nur in viel kleinerer Größenordnung. Sie sind die „Bauteile" aller Materie.

Das Innere der Atome

ATOME SIND DIE WICHTIGSTEN BAUTEILE der Materie. Das kleinste Teilchen eines chemischen Elementes, das alle Merkmale des Elements aufweist, ist ein Atom. Aber es gibt noch kleinere Teilchen als Atome, die subatomaren Partikel. Denn die Atome selbst sind aus winzigen Teilen aufgebaut, den Protonen, Neutronen und Elektronen. Die Bauteile der Atome gleichen sich, unabhängig davon, um welches chemische Element es sich handelt. Ein Elektron in einem Eisenatom sieht also genauso aus wie ein Elektron in einem Schwefelatom. Ein Proton in einem Kohlenstoffatom sieht genauso aus wie ein Proton in einem Aluminiumatom. Und ein Neutron in einem Titanatom sieht aus wie ein Neutron in einem Sauerstoffatom. Die Anzahl der subatomaren Partikel bestimmt die Merkmale eines chemischen Elements.

Energie in Atomen
Die subatomaren Partikel in einem Atom kann man trennen oder spalten. Dadurch wird in Sekundenbruchteilen enorme Energie frei – wie in einer Atombombe.

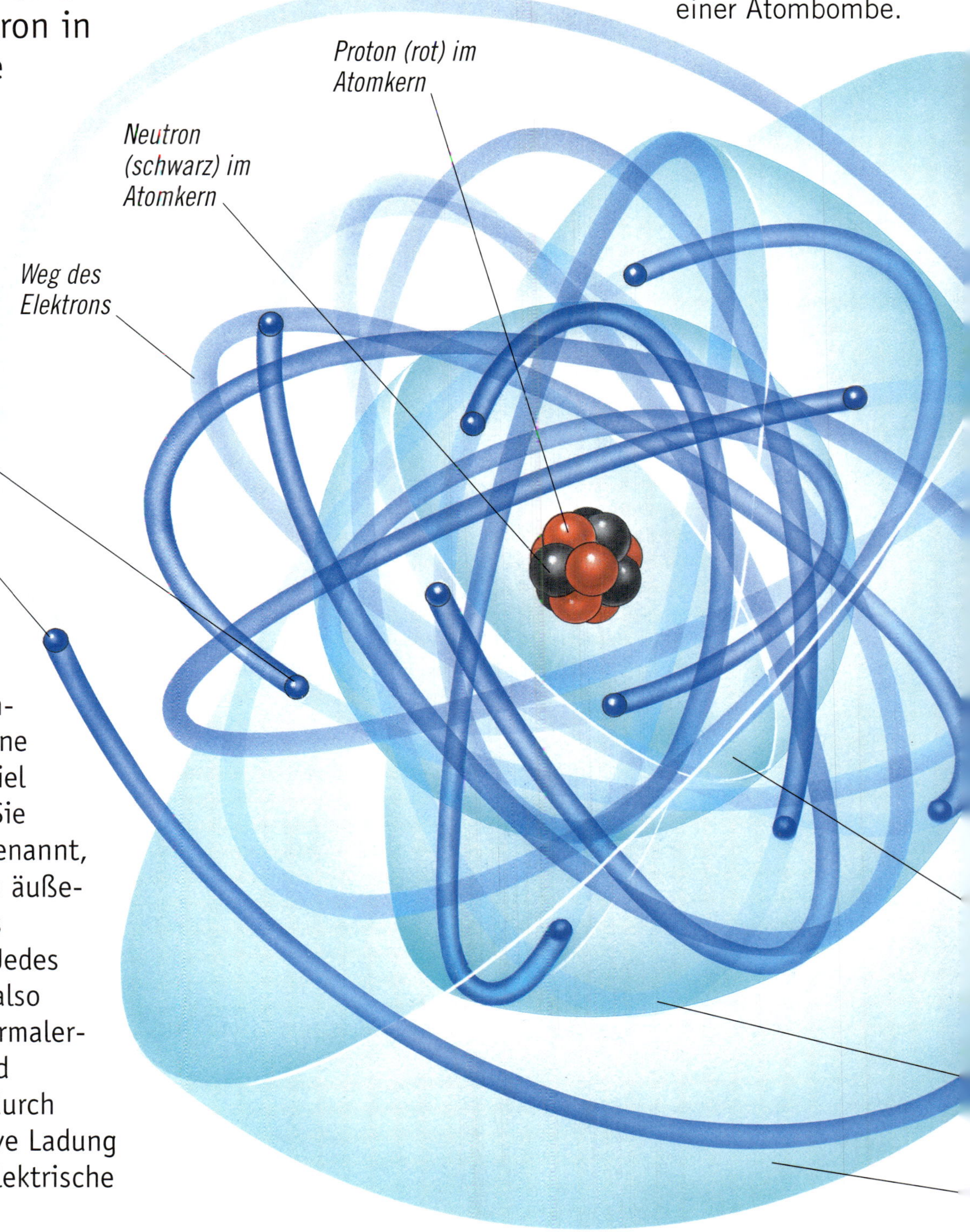

Ladung

In der Mitte jedes Atoms liegt der Atomkern oder Nukleus. Er besteht aus Protonen und Neutronen. Jedes Proton hat eine winzige positive Ladung. Neutronen sind ebenso groß wie Protonen, haben aber keine elektrische Ladung. Elektronen sind viel kleiner als Protonen und Neutronen. Sie kreisen auf Umlaufbahnen, Schalen genannt, um den Atomkern. Elektronen auf den äußeren Schalen besitzen mehr Energie als Elektronen auf den inneren Schalen. Jedes Elektron hat eine negative Ladung – also entgegengesetzt zu den Protonen. Normalerweise ist die Anzahl von Protonen und Elektronen in einem Atom gleich. Dadurch gleichen sich die positive und negative Ladung aus: Das Atom als Ganzes hat keine elektrische Ladung.

Mehr dazu: Atome S. 14; Elemente S. 18; Elektrische Energie S. 78

Woher wissen wir das?

Zur Erforschung der Bauteile von Atomen sind die größten Anlagen der Welt nötig. Diese Atomanlagen, die man Beschleuniger nennt, sind in riesigen Gebäuden oder kilometerlangen unterirdischen Tunneln untergebracht. Mithilfe enormer Energie werden die Elektronen und ihre Teilchen so stark beschleunigt, dass sie zusammenprallen. Dann kann man die Bruchstücke, die dabei entstehen, untersuchen.

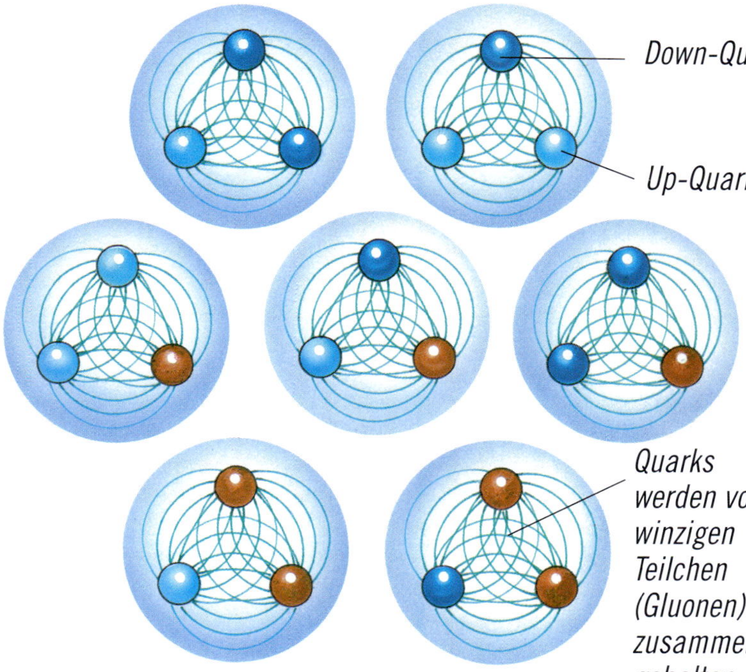

Kleinste Teilchen

Neben Protonen, Neutronen und Elektronen gibt es noch weitere subatomare Partikel. Dazu gehören Myonen, Gluonen, Gravitonen und andere. Aber Protonen und Neutronen sind noch immer nicht die kleinsten aller Teilchen. Sie bestehen wiederum aus Bauteilen, den Quarks. Es gibt sechs Arten von Quarks mit den Bezeichnungen Up, Down, Strange, Charmed, Bottom und Top. Ein Proton besteht aus zwei Up-Quarks und einem Down-Quark. Quarks und die Gruppe der Leptonen, zu denen auch die Elektronen gehören, sind wahrscheinlich die kleinsten Teilchen der Materie. Man nennt sie auch Elementarpartikel oder -teilchen.

Entdeckung

Im 18. Jahrhundert kamen Forscher zu der Überzeugung, dass Atome die kleinsten Teilchen seien und sich nicht weiter aufspalten ließen. Untersuchungen im späten 19. Jahrhundert führten dann zu der Vermutung, dass dies nicht stimme. 1911 bewies Ernest Rutherford in Manchester (England) durch Versuche, dass Atome tatsächlich aus Einzelteilen bestehen. Er nahm an, dass sich im Inneren ein schwerer Kern befindet, um den leichtere Teilchen (die Elektronen) unregelmäßig kreisen. Niels Bohr knüpfte an diese Idee an und kam 1913 zu der Ansicht, dass die Elektronen bestimmte Abstände zum Kern einhalten und auf festen Bahnen (den Schalen) kreisen. Diese Theorie gilt noch heute.

Ernest Rutherford (1871–1937)

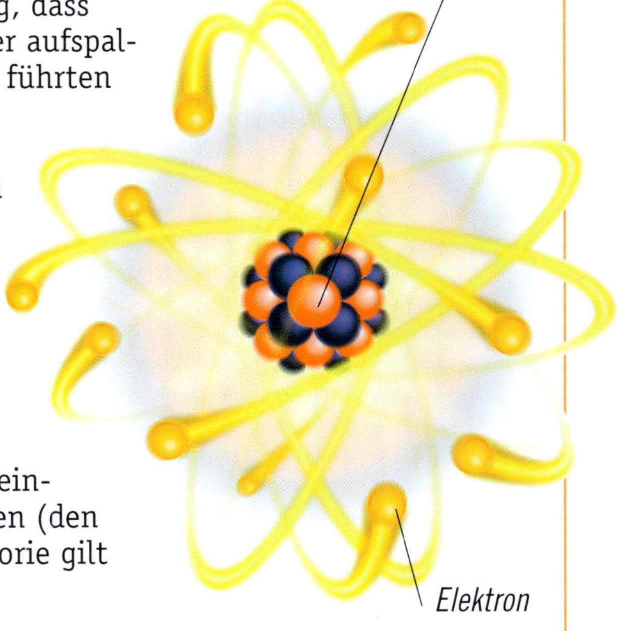

Rutherfords „Sonnensystem"-Modell eines Atoms

Elemente

EIN CHEMISCHES ELEMENT ist ein Stoff, dessen Atome genau gleich sind. Sie besitzen immer die gleiche Anzahl von Protonen, Neutronen und Elektronen. Es gibt 112 verschiedene Elemente. Jedes Element hat bestimmte Merkmale wie Farbe, Glanz oder Härte. Andere Merkmale sind die Temperatur, bei der das Element schmilzt (sich vom festen in einen flüssigen Stoff verwandelt) oder kocht (sich von einer Flüssigkeit in ein Gas verwandelt), die Dichte (das Verhältnis von Masse zu Volumen) und seine elektrische Leitfähigkeit. Chemische Merkmale sind etwa die Art, wie sie sich in chemischen Reaktionen mit den Atomen anderer Elemente verbinden und wie leicht solche Reaktionen stattfinden.

Verschiedene Formen eines Elements ①
Manche Elemente wie Kohlenstoff kommen in verschiedenen Formen vor. Werden die Atome zusammengedrängt, bilden sie die härteste Substanz der Welt – Diamant. Kohlenstoff kann aber auch andere Stoffe bilden (siehe rechts).

Nützliches Element

Silizium ist ein chemisches Element. Reines Silizium ist dunkel, leicht glänzend und graubraun. Es leitet zwar elektrischen Strom, aber nicht sehr gut. Darum nennt man es einen Halbleiter. Aus Siliziumkristallen kann man kleine Scheiben schneiden. Diese Scheiben nennt man Silizium-Chips. Mithilfe verschiedener Techniken, zum Beispiel sauren Chemikalien und starken Strahlen, werden mikroskopisch kleine elektrische Schaltkreise auf den Chips angebracht. So entstehen Mikrochips (integrierte Schaltkreise). Solche Mikrochips findet man in vielen Maschinen und Geräten: in Computern, Stereoanlagen, Flugzeugen oder Satelliten.

Elemente sparen
Das Element Aluminium ist ein glänzendes Metall, aus dem unter anderem Getränkedosen hergestellt werden. Aluminium kommt im Gestein der Erde vor. Es kostet viel Zeit, Energie und Geld, es aus dem Gestein zu gewinnen. Indem wir Dosen recyceln und mehrmals benutzen, können wir mehr als 90 Prozent dieser Energie und Kosten einsparen.

Wertvolles Element
Silber ist ein schönes Element mit mattem Glanz. Es lässt sich leicht formen und polieren und es rostet nicht. Darum ist es seit uralter Zeit für Schmuck, edle Teller und Münzen beliebt. Weil Silber hervorragend Strom leitet, wird es auch in elektrischen Geräten eingesetzt.

Mehr dazu: Kristalle S. 30; Metalle S. 40; Computer S. 106

Entdeckung

Antoine Lavoisier (1743–1794) war Kartograf (Landkartenzeichner). Er erfand auch eine Methode, Straßen mit Gaslaternen zu beleuchten. Seine Leidenschaft aber war die Chemie. Er führte hunderte von genauen Versuchen mit verschiedenen Elementen und anderen Stoffen durch. Dabei kam er auf die Idee von der Umwandlung der Materie. Sie besagt, dass chemische Stoffe nicht entstehen und wieder zerstört werden, sondern ständig ihre Form ändern. Im Jahr 1787 entwickelte er ein erstes System, in dem er jedem chemischen Element ein Symbol zuordnete (siehe S. 20).

Hochgeschwindigkeits-Elemente

Sehr schnelle Düsenflugzeuge werden enorm heiß, wenn sie durch die Luft sausen. Darum muss ihre äußere Hülle Elemente enthalten, die dieser Hitze widerstehen. Ein solches Element ist Titan, das mit Eisen und anderen Elementen zu hitzebeständigem Stahl verarbeitet wird.

Verschiedene Formen eines Elements (❷ und ❸)

Haben die Atome im Kohlenstoff größere Abstände zueinander als im Diamanten (siehe links), bilden sie einen anderen Stoff: die weichen, schwarzen Klumpen, die wir Kohle nennen. Eine dritte Form des Elements Kohlenstoff ist Grafit, ein schwarzes, glattes Pulver.

Gelbes Element

Reiner Schwefel bildet gelbe Klumpen, die Schwefelkristalle, oder ein gelbes Pulver, das man als amorphen („formlosen“) Schwefel bezeichnet. Reinen Schwefel findet man in der Nähe von Vulkanen und heißen Quellen. Schwefel ist ein wichtiges Element, das für Streichhölzer, Papier und Medikamente benötigt wird.

Leuchtende Elemente

Bunte Leuchtreklame wird auch als „Neonlicht“ bezeichnet, denn manchmal wird bei ihrer Herstellung das Element Neon verwendet. Leitet man starke elektrische Energie durch eine Röhre mit Neongas, leuchtet das Gas feuerrot. Ähnliche Gase leuchten in anderen Farben. Argon leuchtet in einer Glasröhre dunkelblaugrün, Krypton leuchtet hellgrün. Alle diese Elemente ordnet man der Gruppe der Edelgase zu. In ihrer natürlichen Form haben sie weder Farbe noch Geruch oder Geschmack. Man nennt sie inaktive oder inerte Gase, weil ihre Atome fast nie Verbindungen mit den Atomen anderer Elemente eingehen.

Tabelle der Elemente

EINE WICHTIGE INFORMATIONSQUELLE für alle Wissenschaften ist die Übersicht der reinen chemischen Stoffe, der Elemente. Diese Übersichtstabelle nennt man Periodensystem. Bis jetzt wurden etwa 112 Elemente entdeckt. Davon kommen rund 90 auf natürliche Weise auf oder in der Erde oder im Weltraum vor. Die anderen Elemente werden synthetisch in chemischen und physikalischen Labors hergestellt. Im Periodensystem werden die Elemente nach ihren Ähnlichkeiten und Unterschieden sortiert. Es gibt physikalische Unterschiede, etwa im Aufbau der Atome aus kleineren Teilen, im Gewicht oder in der Dichte. Chemisch unterscheiden sich die Elemente dadurch, wie sie sich mit anderen verbinden.

Entdeckung

Das Periodensystem der Elemente wurde 1868 von Dimitri Mendelejew (1834–1907) entwickelt. Er schrieb die Eigenschaften und Merkmale jedes Elements auf ein Kärtchen und ordnete diese dann auf verschiedene Weise an. So kam er auf die Anordnung in Spalten (senkrechten Reihen), bei der die Elemente einer Spalte jeweils ähnliche Merkmale haben.

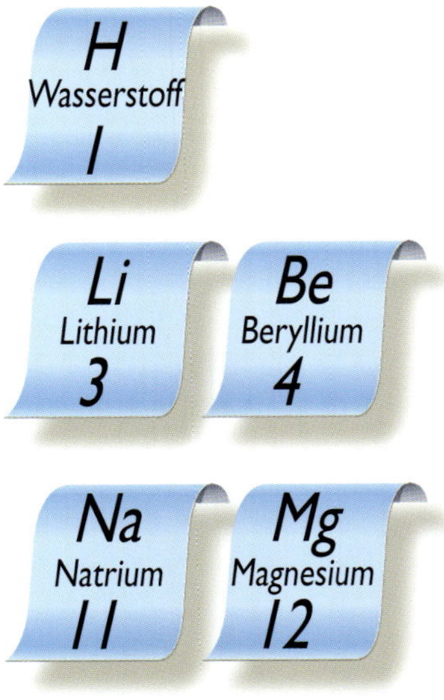

Das leichteste Element

Wasserstoff ist das leichteste aller Elemente, weil seine Atome den einfachsten Aufbau mit sehr wenigen subatomaren Partikeln haben: nur zwei pro Atom. Im Kern eines Wasserstoffatoms befindet sich nur ein Proton, das von einem einzigen Elektron umkreist wird.

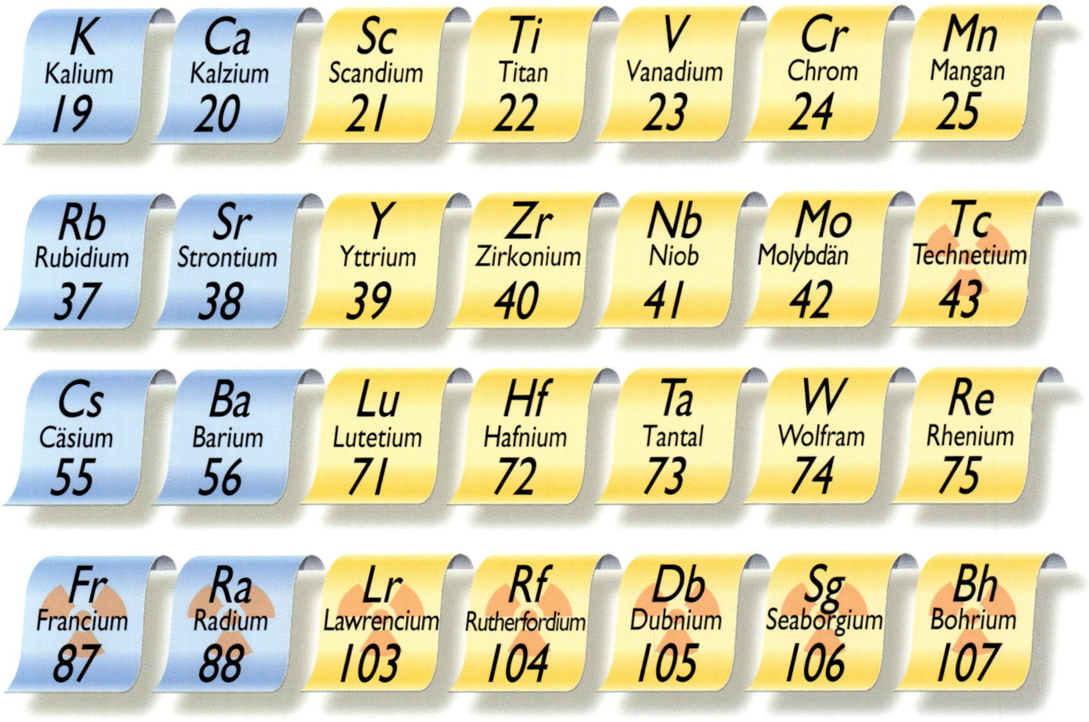

Namen der Elemente

Jedes Element hat einen eigenen Namen, etwa Bor, Lithium oder Zink. Einige Namen stammen aus dem Griechischen, Lateinischen oder aus anderen Sprachen. Andere Elemente sind nach ihren Entdeckern oder berühmten Wissenschaftlern benannt. Der Name des giftigen Elements Arsen ist von dem griechischen Wort *arsenikon* abgeleitet. Das Symbol jedes Elements besteht aus einem oder zwei Buchstaben, die meist eine Abkürzung des Namens bilden. Es sind internationale Symbole, die Wissenschaftler aller Sprachen verwenden. Die Protonenzahl eines Elements (siehe Abbildung rechte Seite oben) gibt an, wie viele Protonen der Kern dieses Elements enthält. Die Anzahl der Protonen ist identisch mit der Anzahl der Elektronen, die um den Atomkern kreisen.

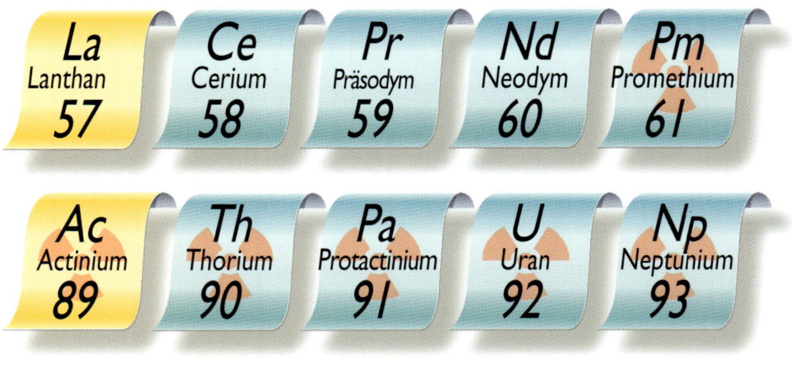

Mehr dazu: Elemente S. 18; Chemische Veränderungen S. 36; Metalle S. 40

ELEMENTGRUPPEN

- Wasserstoff, Alkali- und Erdalkalimetalle, Metalle
- Übergangs- und andere Metalle
- Nichtmetalle und Halbmetalle
- Edelgase Nichtmetalle
- Lanthanoide und Actinoide

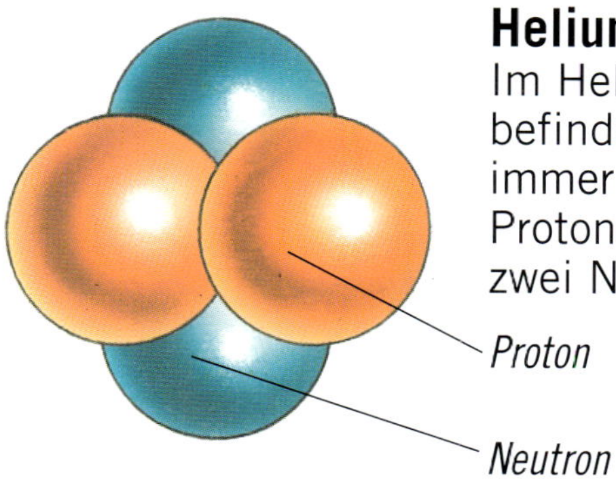

Helium-Kern
Im Helium-Kern befinden sich immer zwei Protonen und zwei Neutronen.

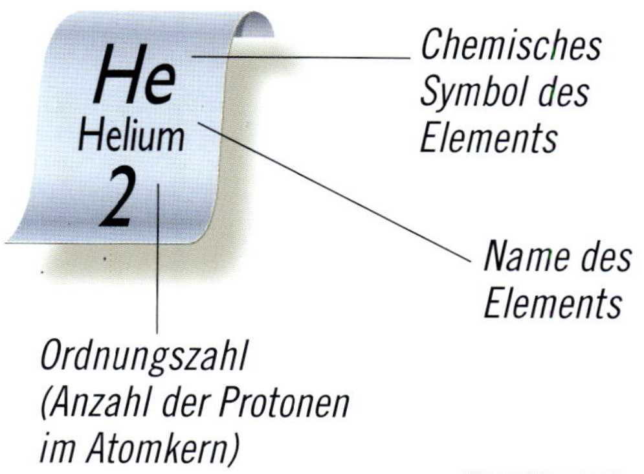

Unterschiedliche Aktivität
Die Elemente links in der Tabelle sind besonders reaktiv, das heißt, sie verbinden sich am leichtesten mit anderen Elementen. Von links nach rechts nimmt die Reaktivität ab. Die Edelgase rechts nennt man inert. Sie verbinden sich fast nie mit anderen Elementen.

										He Helium 2
					B Bor 5	C Kohlenstoff 6	N Stickstoff 7	O Sauerstoff 8	F Fluor 9	Ne Neon 10
					Al Aluminium 13	Si Silizium 14	P Phosphor 15	S Schwefel 16	Cl Chlor 17	Ar Argon 18
Fe Eisen 26	Co Kobalt 27	Ni Nickel 28	Cu Kupfer 29	Zn Zink 30	Ga Gallium 31	Ge Germanium 32	As Arsen 33	Se Selen 34	Br Brom 35	Kr Krypton 36
Ru Ruthenium 44	Rh Rhodium 45	Pd Palladium 46	Ag Silber 47	Cd Kadmium 48	In Indium 49	Sn Zinn 50	Sb Antimon 51	Te Tellur 52	I Jod 53	Xe Xenon 54
Os Osmium 76	Ir Iridium 77	Pt Platinum 78	Au Gold 79	Hg Quecksilber 80	Ti Thalium 81	Pb Blei 82	Bi Wismut 83	Po Polonium 84	At Astat 85	Rn Radon 86
Hs Hassium 108	Mt Meitnerium 109	Uun Ununnilium 110	Uuu Unununium 111	Uub Ununbium 112	?	??				
Sm Samarium 62	Eu Europium 63	Gd Gadolinium 64	Tb Terbium 65	Dy Dysprosium 66	Ho Holmium 67	Er Erbium 68	Tm Thulium 69	Yb Ytterbium 70		
Pu Plutonium 94	Am Americium 95	Cm Curium 96	Bk Berkelium 97	Cf Californium 98	Es Einsteinium 99	Fm Fermium 100	Md Mendelevium 101	No Nobelium 102		

Symbol für Radioaktivität

Platz für unentdeckte Elemente

Was heißt überhaupt Periodensystem?
Die chemischen Merkmale der in Spalten untereinander stehenden Elemente sind ähnlich. Sie treten periodisch auf, das bedeutet: Sie kehren regelmäßig wieder.

Moleküle I

ATOME SIND DIE WICHTIGSTEN BAUTEILE der Materie. Aber normalerweise kommen sie nicht einzeln vor. Meist schließen sie sich mit anderen zusammen. Verbindet sich ein Atom mit einem oder mehreren anderen, entsteht ein Molekül. Manche Moleküle bestehen aus Atomen des gleichen Elements. Der Sauerstoff in unserer Luft besteht zum Beispiel nicht aus einzeln umherschwebenden Sauerstoffatomen, sondern aus Sauerstoffmolekülen. Jeweils zwei Atome haben sich zu einem Molekül verbunden, darum schreibt man O_2. Moleküle, die aus Atomen verschiedener Elemente bestehen, nennt man chemische Verbindungen.

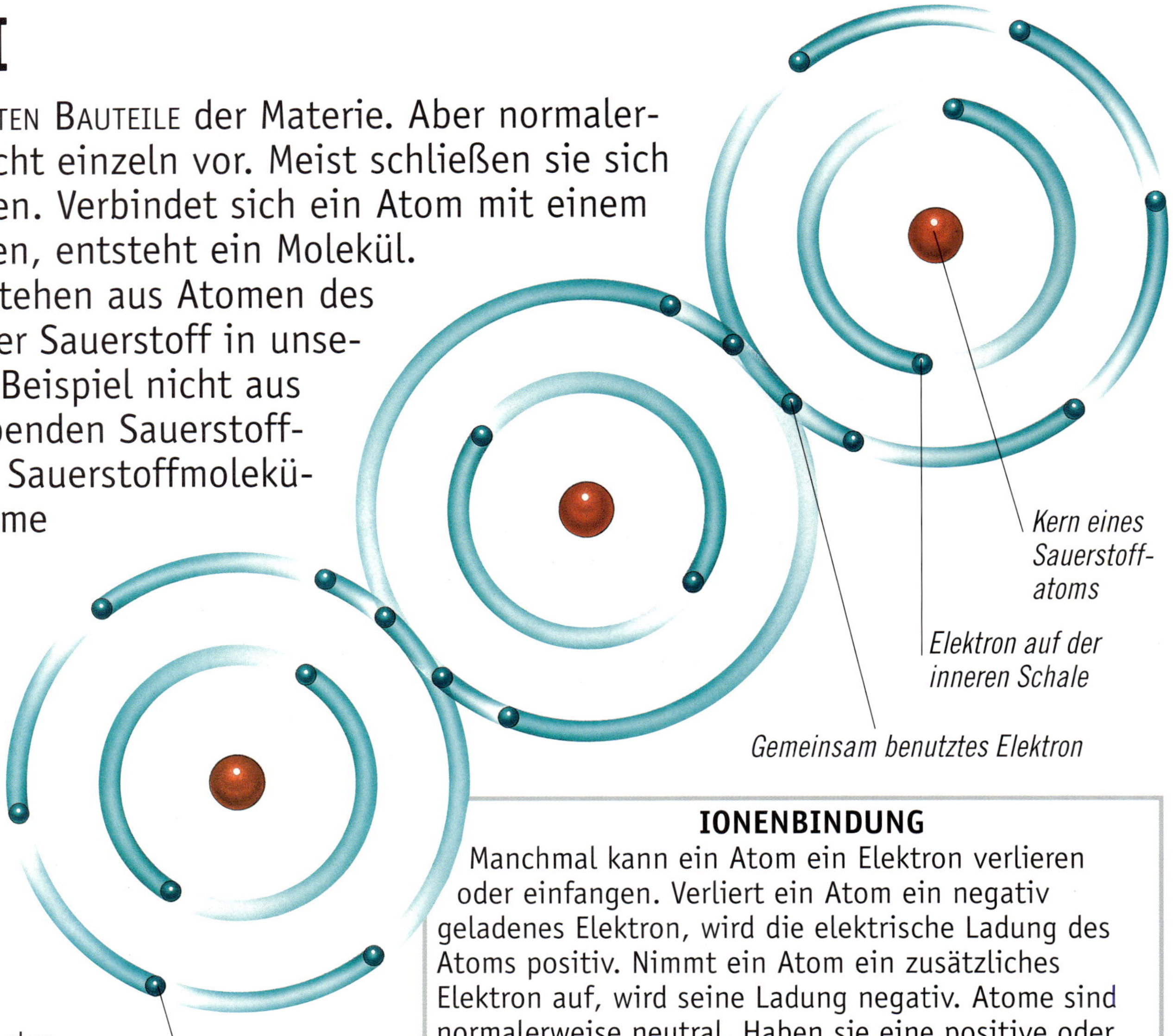

Ozon

Schließen sich drei Atome des Elements Sauerstoff zusammen, nennt man das dadurch entstehende Molekül O_3. Es ist besser bekannt unter dem Namen Ozon.

Verbindungen zwischen Atomen

Atome können sich auf verschiedene Weise miteinander verbinden. Man unterscheidet die Ionenbindung (siehe Kasten rechts) und die kovalente Bindung, bei der sich die Atome ein oder mehrere Elektronen teilen. Das geschieht, weil die verschiedenen Elektronenschalen jeweils nur eine Höchstmenge von Elektronen aufnehmen können. Die innerste Schale nimmt nur zwei Elektronen auf, alle anderen Schalen fassen bis zu acht. Ist die äußerste Schale eines Atoms nicht voll, kann sie vorübergehend ein Elektron von einem anderen Atom aufnehmen und sich so an dem anderen Atom „festhalten". Ist auf der Außenschale eines Atoms nur ein Elektron vorhanden, so kann das Atom dieses Elektron an ein anderes Atom „ausleihen".

IONENBINDUNG

Manchmal kann ein Atom ein Elektron verlieren oder einfangen. Verliert ein Atom ein negativ geladenes Elektron, wird die elektrische Ladung des Atoms positiv. Nimmt ein Atom ein zusätzliches Elektron auf, wird seine Ladung negativ. Atome sind normalerweise neutral. Haben sie eine positive oder negative Ladung, nennt man sie Ionen. Positiv und negativ geladene Ionen ziehen einander an und gehen so Verbindungen ein.

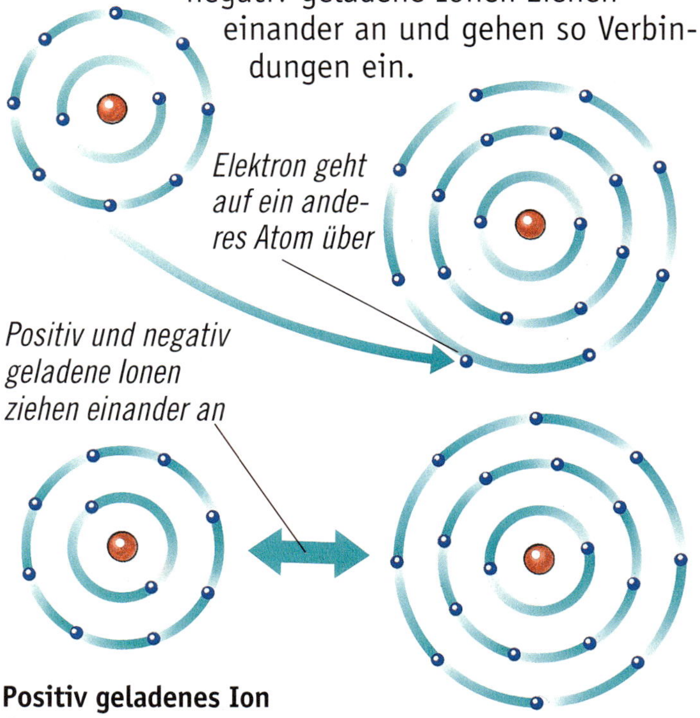

Positiv geladenes Ion (ein oder mehr Elektronen fehlen)

Negativ geladenes Ion (ein oder mehr zusätzliche Elektronen)

Mehr dazu: Das Innere der Atome S. 16; Kristalle S. 30; Lösungen S. 34

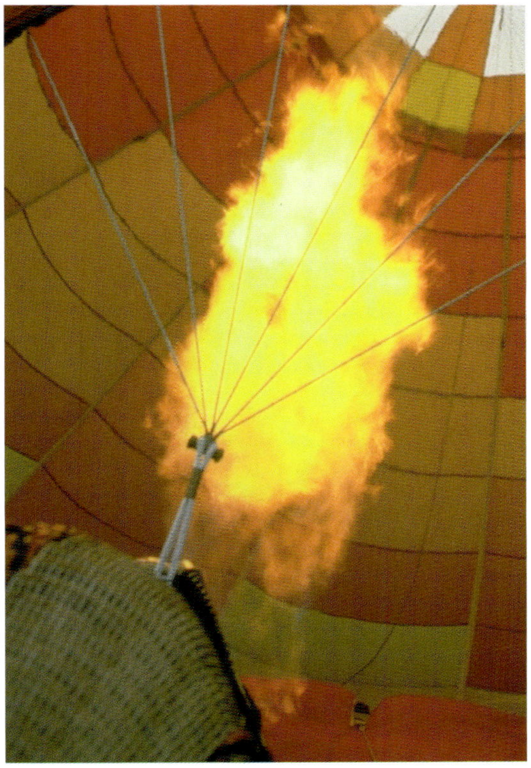

Moleküle verändern sich

Erhitzen zieht eine chemische Umwandlung nach sich. Die Moleküle brechen auseinander, die Atome werden wieder frei und setzen sich in anderen Kombinationen neu zusammen. Wenn etwas verbrennt oder erhitzt wird, verbinden sich seine Moleküle mit dem Sauerstoff in der Luft, sie geben Licht und Hitze ab.

Gemeinschaftsmoleküle

Die Zeichnung zeigt, wie ein winziges Salzkorn unter dem Mikroskop aussieht. Die Farben wurden mit dem Computer zugefügt. Jedes Korn enthält Milliarden von Molekülen. Jedes Molekül besteht aus zwei Atomen: Natrium (Na) und Chlor (Cl). Die beiden gehen eine kovalente Bindung ein, dabei entsteht Natriumchlorid (NaCl). Die vielen Moleküle im Salzkorn bilden eine Art Gerüst. Dadurch entsteht eine spezielle Form, die man Kristall nennt (siehe S. 30).

Moleküle auf Vorrat

In der Luft schweben Moleküle aus Sauerstoff und anderen Gasen. Sie sind so klein, dass wir sie nicht sehen können. Wir wissen aber, dass sie da sind, weil beim Einatmen Sauerstoff in den Körper gelangt. Der Körper muss aus der Nahrung Energie für die Lebensfunktionen des Körpers gewinnen. Für diesen Vorgang benötigt er Sauerstoff. Im Wasser können wir nicht atmen, darum nehmen Taucher einen Sauerstoffvorrat in Flaschen mit.

Plätze tauschen

Bei großen Veranstaltungen wandern die Menschen umher, um zu sehen, wer noch da ist und was vor sich geht. Wenn sie Bekannte treffen, setzen sie sich vielleicht eine Weile zusammen und reden, ehe sie weitergehen. Ähnlich bewegen sich auch Atome. Durch chemische Vorgänge schließen sie sich manchmal zu Molekülen zusammen, dann trennen sie sich wieder. Durch neue chemische Vorgänge schließen sie sich später mit anderen Atomen zusammen und so weiter.

Moleküle II

MANCHE MOLEKÜLE SIND SEHR KLEIN, sie bestehen nur aus wenigen Atomen. Ein Beispiel dafür ist Salz, es hat nur ein Natrium- und ein Chloratom. Andere Moleküle sind riesig, sie enthalten tausende von Atomen. Weil aber Atome so winzig sind, können wir auch ein Molekül aus einer Million Atomen nicht mit bloßem Auge sehen. Schließen sich aber Millionen von Riesenmolekülen zu Stapeln, Bündeln oder Haufen zusammen, werden sie sichtbar. Eine wichtige Gruppe von Molekülen bilden die Kohlenhydrate. Ihre Moleküle enthalten immer Atome der Elemente Kohlenstoff (C), Wasserstoff (H) und Sauerstoff (O). Zucker, der in Süßigkeiten, Kuchen und Schokolade enthalten ist, ist ein Kohlenhydrat. Der harte Panzer von Käfern besteht aus Chitin, das ist auch ein Kohlenhydrat.

Polymere

Ein Polymer ist ein sehr großes Molekül, das aus kleineren, gleichen Einheiten besteht. Diese Einheiten nennt man Monomere. Sie können wie Glieder in einer Kette miteinander verbunden sein. Viele verbundene Zuckermoleküle bilden das Polymer Stärke, das in Brot enthalten ist.

Molekül des Lebens

Eines der wichtigsten Moleküle ist die Desoxyribonukleinsäure oder DNA. Es hat die Form einer langen Leiter mit vielen Sprossen, die der Länge nach wie ein Korkenzieher gedreht ist. Diese Form nennt man Doppelhelix. Die Leitersprossen sind Bauteile des DNA-Moleküls, die man Nukleotide nennt. Die Anordnung der Nukleotide bildet den chemischen Code. Er enthält die genetische Information eines Lebewesens, zum Beispiel wie sich sein Körper entwickelt, wie es wächst, sich bewegt und seine Nahrung verdaut.

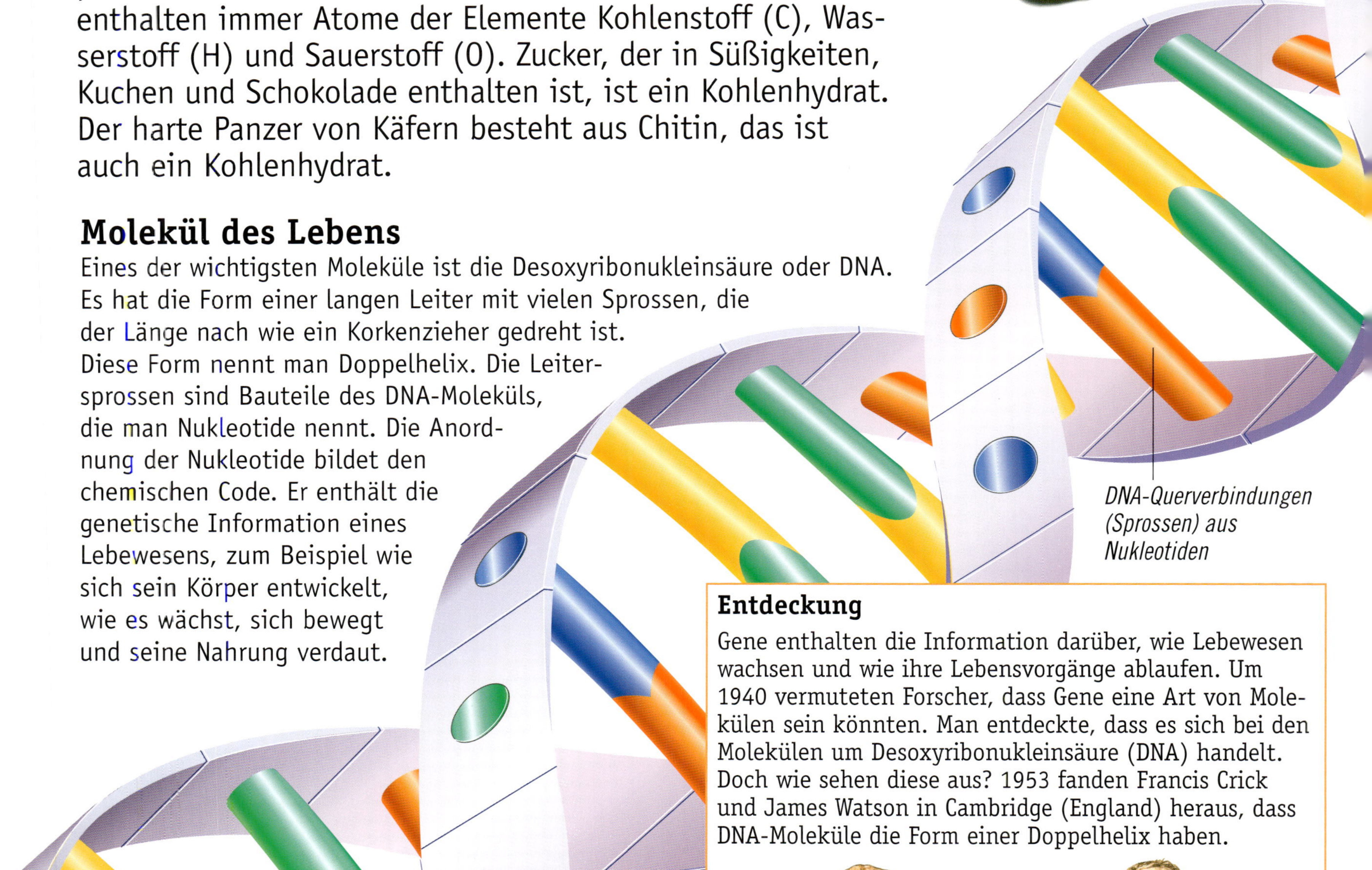

DNA-Querverbindungen (Sprossen) aus Nukleotiden

Entdeckung

Gene enthalten die Information darüber, wie Lebewesen wachsen und wie ihre Lebensvorgänge ablaufen. Um 1940 vermuteten Forscher, dass Gene eine Art von Molekülen sein könnten. Man entdeckte, dass es sich bei den Molekülen um Desoxyribonukleinsäure (DNA) handelt. Doch wie sehen diese aus? 1953 fanden Francis Crick und James Watson in Cambridge (England) heraus, dass DNA-Moleküle die Form einer Doppelhelix haben.

James Watson (geb. 1928)

Francis Crick (geb. 1916)

Mehr dazu: Atome S. 14; Moleküle S. 22; Kristalle S. 30

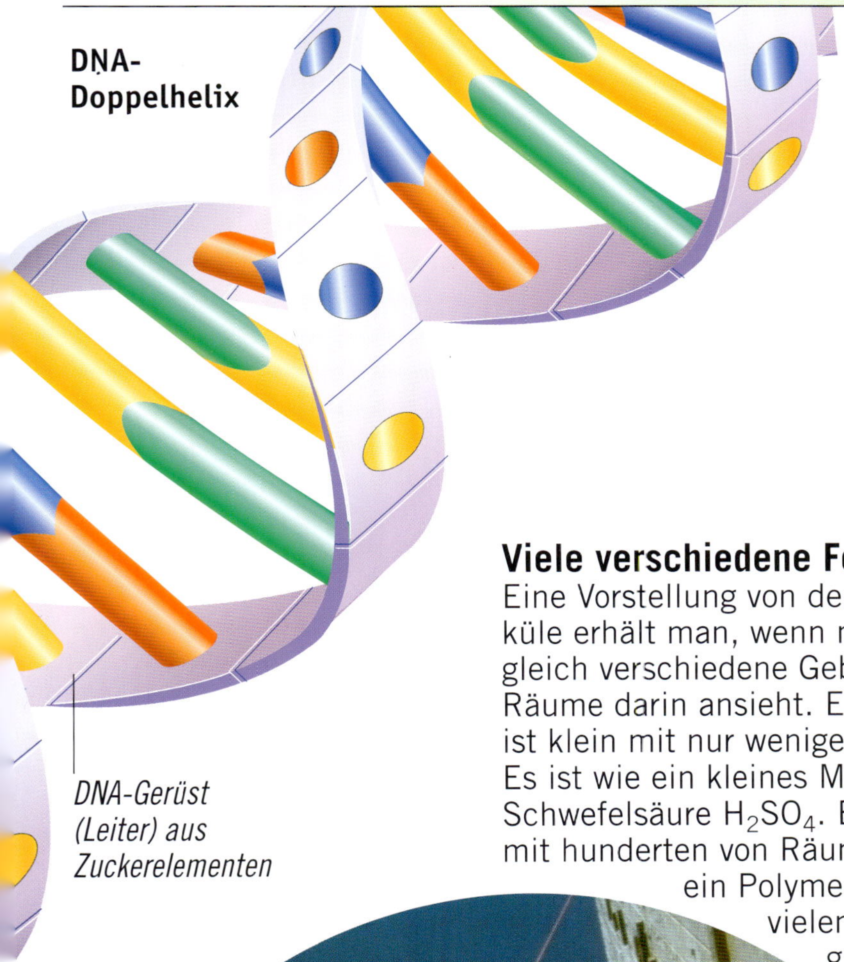

DNA-Doppelhelix

DNA-Gerüst (Leiter) aus Zuckerelementen

Haarige Moleküle

Das Fell von Tieren und die Haare von Menschen bestehen hauptsächlich aus Keratin. Die Moleküle des Keratins haben eine sehr lange, faserähnliche Form. Keratin ist ein Polymer. Es besteht aus vielen kleinen, einfacheren Elementen, die in einem sich wiederholenden Muster miteinander verbunden sind. Aus Keratin bestehen auch unsere Fingernägel.

Viele verschiedene Formen

Eine Vorstellung von der Vielfalt der Moleküle erhält man, wenn man sich als Vergleich verschiedene Gebäude und die Räume darin ansieht. Ein Wohnhaus ist klein mit nur wenigen Zimmern. Es ist wie ein kleines Molekül, etwa Schwefelsäure H_2SO_4. Ein Hochhaus mit hunderten von Räumen ist wie ein Polymermolekül mit vielen Elementen gleicher Form und Größe.

Künstliche Moleküle

Viele Moleküle kommen in der Natur nicht vor. Sie werden künstlich (synthetisch) in Labors hergestellt. Dazu gehören die Moleküle der Kunstfasern wie Nylon, das man für Seile verwendet. Die meisten Plastikprodukte bestehen aus künstlichen Polymermolekülen, darum nennt man sie auch Kunststoffe.

Fest, flüssig und gasförmig

ALS MATERIE BEZEICHNET MAN alle Stoffe und Gegenstände des Weltraums. Materie kann riesig wie ein Planet sein, aber auch so klein wie ein Atom oder sogar wie die winzigen subatomaren Partikel eines Atoms. Alle diese Dinge kommen in einer von drei Formen vor: fest, flüssig oder gasförmig. Das nennt man die drei Aggregatzustände. Ein Ziegelstein, ein Stück Holz oder ein Stahlblech sind fest. Benzin für das Auto oder Öl zum Braten sind flüssig. Eine Sauerstoffflasche für Taucher oder ein „leerer" Raum enthalten Gase. Jeder Aggregatzustand hat seine eigenen Merkmale und Eigenschaften. Die Atome sind aber immer gleich. Es verändert sich nur die Art, wie sie sich bewegen können oder zum Stillstand gezwungen werden.

Veränderung des Aggregatzustands

Ein Stoff kann seinen Aggregatzustand ändern, etwa von fest zu flüssig oder von flüssig zu gasförmig. Solche Veränderungen finden beim Schmelzen und Sieden statt (siehe S. 27 und 28). Beim Verbrennen von Stoffen laufen andere Veränderungen ab. In einem Automotor wird das Benzin zusammen mit sauerstoffhaltiger Luft in den Zylinder im Inneren des Motors gespritzt. Das Benzin fängt Feuer und verbrennt. In einer Explosion verbindet es sich mit dem Sauerstoff. Dabei entsteht eine Mischung aus Gasen, die durch den Auspuff ins Freie gelangen.

Gefährliche Gase
Gase dehnen sich aus, um das Gefäß, in dem sie sich befinden, auszufüllen. So breiten sich auch die Auspuffgase ständig in ihrem „Gefäß", der Erdatmosphäre, aus. Darum sind die Abgase von Autos heute zu einem Umweltproblem geworden.

Entdeckung

Amedeo Avogadro (1776–1856) war Richter, ehe er sich der Wissenschaft zuwandte und Physikprofessor wurde. 1811 entwickelte er eine Reihe gleich großer Gefäße. Jedes enthielt ein anderes Gas, doch Temperatur und Druck in den Gefäßen waren gleich. Avogadro stellte fest, dass sich in jedem Gefäß die gleiche Anzahl von Atomen oder Molekülen befindet. Noch heute kennt man das Avogadrosche Gesetz: Bei gleichem Volumen, gleicher Temperatur und gleichem Druck enthalten alle Gase gleich viele Moleküle.

Fest und durchsichtig
Die Glasur dieser Vase ist ein Feststoff. Die meisten Feststoffe sind undurchsichtig. Nur durch Glasuren, Glas und Lacke kann man den Untergrund sehen. Die Schicht der Glasur schützt die Farben und Muster der Malerei auf der Vase, ohne sie zu verdecken.

Mehr dazu: Atome S. 14; Schmelzen und sieden S. 28; Wasser S. 32

DER VIERTE AGGREGATZUSTAND

- Die drei Aggregatzustände (fest, flüssig und gasförmig) sind schon seit der Antike bekannt.
- Um 1920 wurde ein vierter Aggregatzustand entdeckt. Man nennt ihn Plasma.
- Plasma kommt bei unvorstellbar hohen Temperaturen vor, etwa bei Atomversuchen.
- Kleine Mengen Plasma bilden sich auch, wenn es blitzt.
- Plasma ist wie ein Gas. Aber die Atome verlieren Elektronen, sie werden positiv.
- Elektrisch geladene Teilchen nennt man Ionen. Plasma ist also eine Art Gas, das aus Ionen besteht.

Trocken schwimmen

Kinder toben gern in Bällekisten herum. Sie können sich hineinlegen, darin waten und „schwimmen“. Das ist fast wie in einem Plantschbecken, man wird nur nicht nass. Diese kleinen, leichten und hohlen Bälle sind wie vergrößerte Ausgaben der winzigen Atome in Flüssigkeiten. Sie können sich frei bewegen. Sie rollen, wenn man sie anstößt oder aus einem Eimer gießt. Wie eine Flüssigkeit lassen sich auch die Bälle nicht dichter zusammendrücken.

Festes Wasser

Festes Wasser nennen wir Eis. In einem Feststoff können sich die Moleküle fast gar nicht bewegen. Ihre Bindeglieder halten sie wie ein starres Gerüst zusammen. Darum verändern Feststoffe ihre Form nicht, wenn man sie nicht mit Gewalt verformt, verdreht oder zusammenpresst.

Flüssiges Wasser

Flüssiges Wasser nennen wir einfach Wasser. In einer Flüssigkeit können sich die Moleküle recht leicht bewegen. Darum fließen Flüssigkeiten und nehmen die Form des Gefäßes an, in dem sie sich befinden. Man kann die Moleküle aber nicht dichter zusammendrücken oder weiter auseinander ziehen.

Gasförmiges Wasser

Das ist der Wasserdampf, der sich in der Luft verteilt. In einem Gas können sich die Moleküle sehr leicht bewegen. Darum fließen auch Gase und nehmen die Form des Gefäßes an, in dem sie sich befinden. Die Abstände zwischen den Molekülen eines Gases lassen sich aber verändern. Gase dehnen sich aus und man kann sie auch zusammendrängen.

Schmelzen und sieden

STOFFE KÖNNEN IHREN ZUSTAND von fest zu flüssig und von flüssig zu gasförmig verändern. Meist geschieht das, wenn Stoffe erwärmt werden. Die Wärme liefert den Atomen zusätzliche Energie, dadurch bewegen sie sich stärker. Wird ein Feststoff erwärmt, bricht durch die stärkere Bewegung der Moleküle das starre Gerüst zwischen ihnen allmählich zusammen. Dadurch wird noch mehr Bewegung möglich, der Feststoff wird flüssig. Diesen Vorgang nennt man schmelzen. Jeder Stoff schmilzt bei einer bestimmten Temperatur, die man als Schmelzpunkt bezeichnet. Wird eine Flüssigkeit erhitzt, verwandelt sie sich in ein Gas (sie verdunstet). Die Temperatur, bei der das geschieht, ist der Siedepunkt. Wasser hat einen Schmelzpunkt von 0 °C und einen Siedepunkt von 100 °C.

Kochend heiß
Jede Flüssigkeit hat einen anderen Siedepunkt. Manche Speiseöle kochen erst bei 200 °C. Sie werden heißer als Wasser, das schon bei 100 °C kocht.

Unter Druck
Verwandelt sich ein Gas in eine Flüssigkeit, spricht man von Kondensation. Sie findet statt, wenn das Gas abkühlt, also Wärmeenergie verloren geht. Auch wenn man ein Gas komprimiert (also auf engem Raum zusammenpresst), wird es flüssig. Die Atome und Moleküle haben weniger Bewegungsfreiheit. Auf riesigen Hochseetankern wird Erdgas in komprimierter Form als Flüssiggas transportiert. Dadurch kann man sehr viel Platz sparen.

Geschmolzener Stein
Steine sind nicht immer hart. Sie können sogar schmelzen, wenn sie nur heiß genug werden. Tief unter der Erdoberfläche sind Temperatur und Druck so hoch, dass das Gestein geschmolzen ist. Flüssiges Gestein nennt man Magma. Manchmal dringt das Magma als Lava bei einem Vulkanausbruch an die Erdoberfläche.

Entdeckung
Robert Boyle (1627–1691) führte viele praktische Versuche durch. Er entdeckte, dass bei gleich bleibender Temperatur der Druck eines Gases im umgekehrten Verhältnis zu seinem Volumen steht. Presst man also ein Gas auf die Hälfte seines Volumens zusammen, dann verdoppelt sich sein Druck.

Mehr dazu: Moleküle S. 22; Wasser S. 32; Wärme und Kälte S. 58

Wasser-Gleiten

Beim Schlittschuhlaufen gleitet man eigentlich über einen dünnen Wasserfilm. Die Kufe eines Schlittschuhs ist wie ein umgekehrtes U geformt. Die beiden dünnen Kanten, die das Eis berühren, üben starken Druck auf das Eis aus. Dadurch schmilzt das Wasser in dem Moment, in dem die Kufe darüber gleitet. Minuten später gefriert das Wasser wieder.

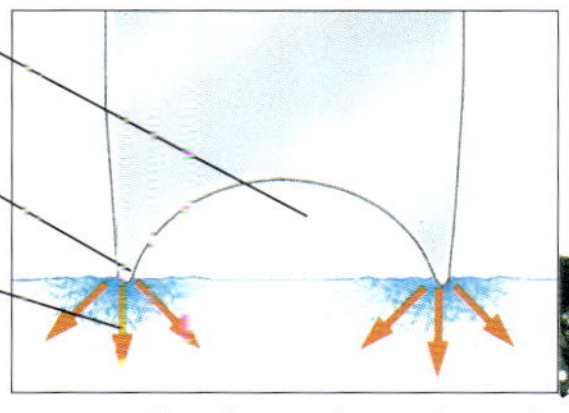

Querschnitt durch eine Schlittschuhkufe

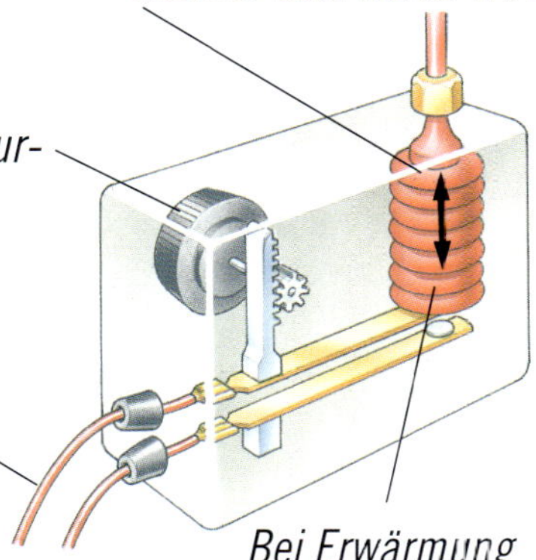

Kühlschrankthermostat (Temperatursteuerung)

Gut gekühlt

In einem Kühlschrank werden die Prinzipien des Verdunstens und Kondensierens unter verschiedenem Druck genutzt. Eine Pumpe befördert ein flüssiges Kühlmittel durch einen Rohrkreislauf. Der Kompressor außerhalb des Kühlschranks hält diese Flüssigkeit ständig unter Druck. Wenn das Kühlmittel durch die Rohre fließt, nimmt sein Druck ab, es beginnt zu kochen. Dabei verwandelt es sich in ein Gas. Bei diesem Vorgang wird dem Kühlschrank Wärme entzogen, in seinem Inneren wird es kälter. Das Gas befördert die Wärme aus dem Kühlschrank zu den Kondensationsschlangen. Sie geben die Wärme an die Raumluft ab. Das Gas gelangt in den Kompressor, der es durch Druck wieder in eine Flüssigkeit verwandelt.

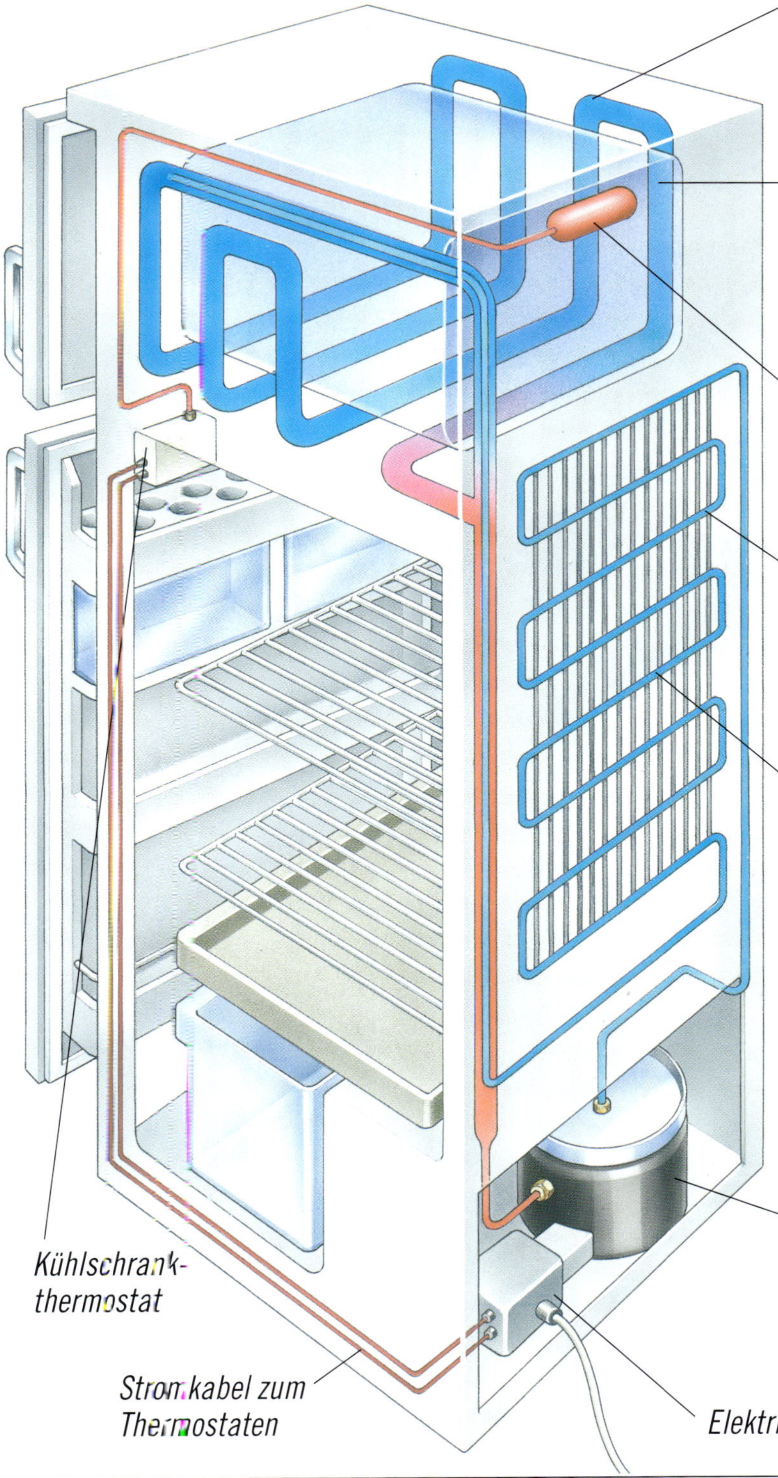

Kristalle

Einige der wertvollsten Gegenstände der Welt bestehen aus einem harten Stoff, der einen Kristall bildet. Dazu gehören Diamanten, Rubine, Saphire, Smaragde und andere Edelsteine. In diesen Kristallen fügen sich die Atome auf besondere Weise zusammen, ähnlich wie Ziegelsteine in einer Mauer. Sie können sich zu sehr großen Gebilden zusammenfügen, behalten dabei aber immer die gleiche Form wie ihre kleineren Bauteile. Ein Kristall hat flache Seiten, die Facetten. Sie sind dreieckig, quadratisch, rechteckig oder ähnlich geformt. Zwischen den Facetten liegen gerade, scharfe Kanten, die stets einen bestimmten Winkel bilden. Die natürlichen Bestandteile des Gesteins, die Mineralien, kann man oft anhand ihrer Kristallformen erkennen. Um aus natürlichen Kristallen Edelsteine herzustellen, muss man sie schleifen und polieren.

Polierte Kristalle
Der Edelstein Rubin ist die geschliffene und polierte Form eines natürlichen Kristalls. Wegen ihrer schönen Farbe, ihrer Härte und ihrer glänzenden Oberfläche sind Edelsteine sehr wertvoll.

Rohe Kristalle
Manche Kristalle kann man nur unter einem Mikroskop sehen, andere sind so groß wie ein Haus. Wenn sie ausgegraben werden, sehen sie meist matt und unförmig aus.

FORMEN UND SYSTEME

Kristalle ordnet man nach ihrer Form in sieben Gruppen oder Systeme ein. Die Form wird dadurch bestimmt, wie sich die Atome in einem Kristall zusammenfügen. Die einfachste Form ist der Würfel, bei dem alle Facetten gleich groß sind. Das ist das kubische System. Zu ihm gehören Kochsalz (Natriumchlorid), Diamant und Granat. Ein Salzkristall von einem Kubikmillimeter Volumen (das ist etwa so groß wie ein Stecknadelkopf) enthält rund 70 Millionen Atome. In das trigonale System fallen die Quarzkristalle, die wir als Sand kennen. Sandkörner am Strand sind kleine Quarzkristalle, die sich immer wieder aneinander reiben und dadurch allmählich rund werden. Quarzkristalle werden auch in Quarzuhren verwendet (siehe S. 31).

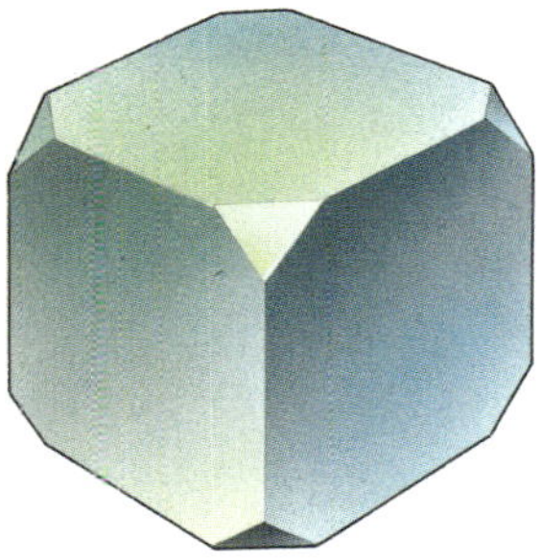

Kubisch (Salz, Diamant, Granat)

Hexagonal (Beryll)

Trigonal (Quarz, Kalzit)

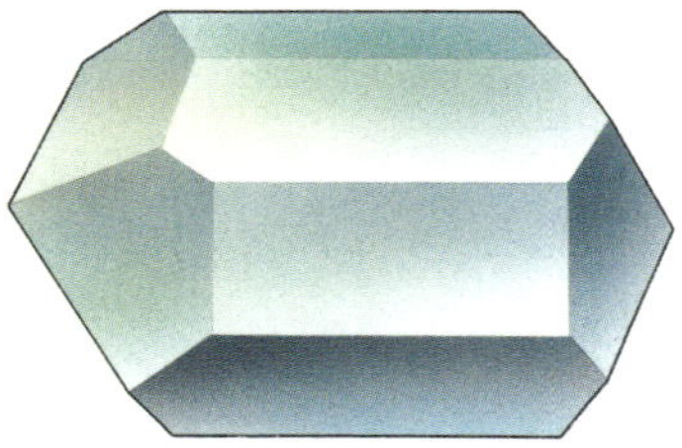

Tetragonal (Zirkon)

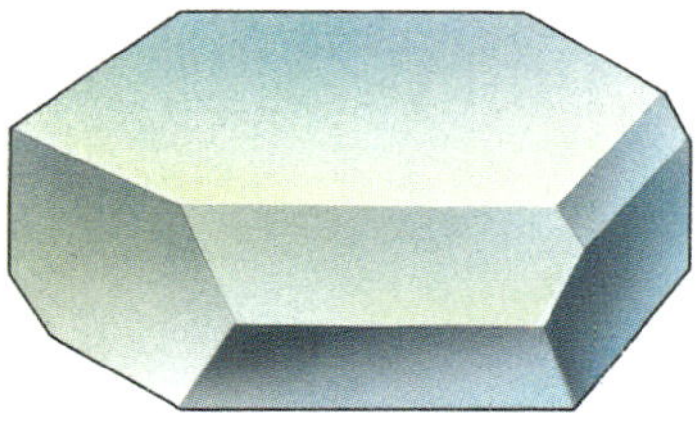

Triklin (Feldspat)

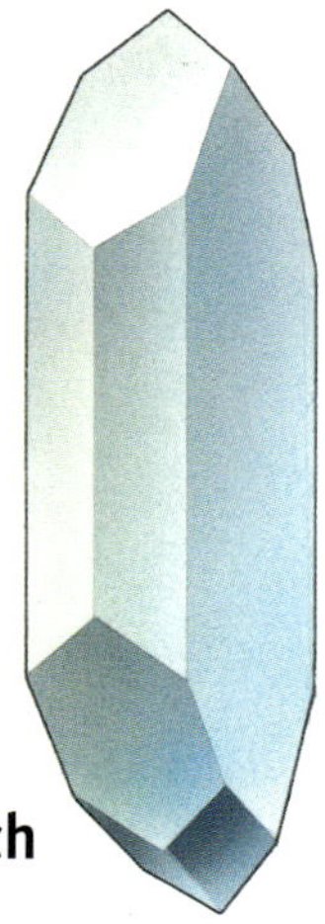

Orthorhombisch (Barit)

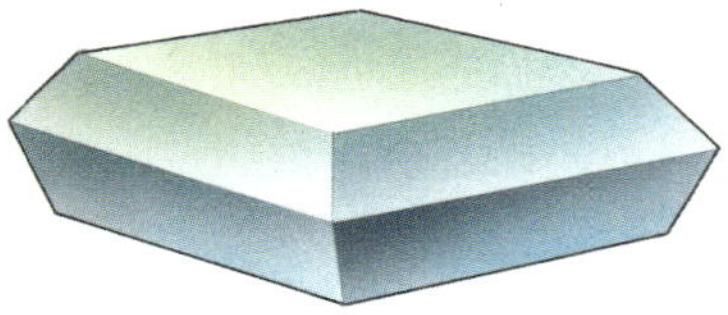

Monoklin (Gips)

Mehr dazu: Atome S. 14; Metalle S. 40; Gesteinskreislauf S. 148

Entdeckung

Pierre Curie (1859–1906) forschte zusammen mit seiner Frau Marie und seinem Bruder Jacques. Er studierte auch Kristalle und entdeckte, dass manche ihre elektrische Leitfähigkeit verändern, wenn man sie presst oder verformt. Auch das Gegenteil geschieht: Leitet man Elektrizität in unterschiedlicher Stärke durch Kristalle, verändern diese ihre Form. Das ist der piezoelektrische Effekt. In einer Quarzuhr sendet eine kleine Batterie Strom durch ein winziges Quarzkristall, dass sehr schnell vibriert und so die Zeit anzeigt.

Zuckerkristalle

Wie Salz hat Zucker die Form von Kristallen. Unter dem Mikroskop kann man die Linien und Muster erkennen, die bei ihrer Bildung entstanden sind. Unter bestimmten Bedingungen „wachsen" Kristalle, ihre scharfkantige Form bleibt dabei erhalten.

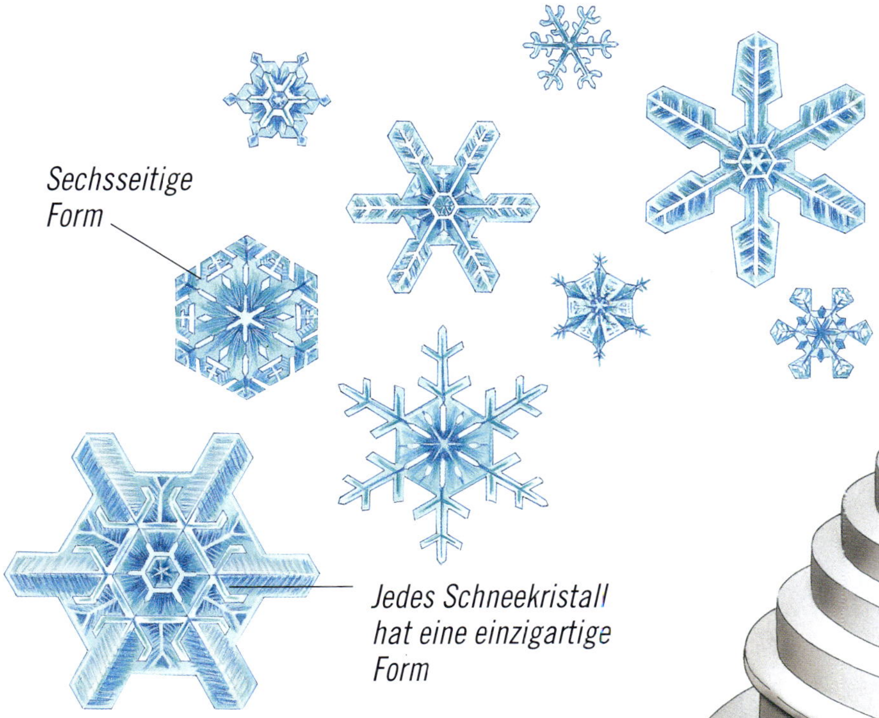

Schneekristalle

In den Wolken ist es sehr kalt. Dort gefriert Wasser zu winzigen Eiskristallen, die dann als Schnee zur Erde fallen. Alle Schneekristalle haben sechs Zacken oder Seiten, dennoch sieht jedes anders aus.

Kristallgerüst

Die Atome und Moleküle in einem Kristall passen zusammen wie die Bauteile eines Gerüsts. Viele Teile gleicher Form und Größe fügen sich zu einem größeren Gebilde mit eckigen Flächen und Kanten zusammen. Durch Schleifen kann man die Form ändern, so wie man über einem stufenförmig aufgebauten Gerüst auch eine runde Kuppel errichten kann.

Wenn Kristalle wachsen, füllen sie die Lücken und Zwischenräume

Wasser

WASSER IST WICHTIG für das Leben auf der Erde. Alle Tiere und Pflanzen brauchen Wasser, um zu überleben. An Land holen sie sich das Wasser aus Bächen und Flüssen, Seen, Pfützen, Tau oder Regen. Auch wir Menschen brauchen Wasser. Wir sammeln es zum Trinken und Waschen, zum Kochen und zum Bewässern der Felder. Um gesund zu bleiben, muss ein Mensch jeden Tag etwa zwei Liter Wasser zu sich nehmen. Wie viele andere Stoffe kommt Wasser in drei Aggregatzuständen vor. Wasser ist die flüssige Form, Eis die feste und Wasserdampf die gasförmige. Alle drei Formen von Wasser kommen in der Natur vor. Eis gibt es in kalten Gebieten, unsichtbarer Wasserdampf ist in der Luft enthalten. Der Dampf, der aus heißen Quellen aufsteigt, besteht aus Wasserdampf und winzigen, heißen Wassertröpfchen.

Eis schwimmt

Die meisten Stoffe dehnen sich aus (werden größer), wenn sie erwärmt werden. Sie ziehen sich zusammen (werden kleiner), wenn sie abkühlen. Wasser zieht sich zwar zusammen, wenn es auf 4 °C abkühlt. Wird es aber noch kälter, gefriert es zu Eis und dehnt sich wieder aus. Darum wiegt ein Eiswürfel bei 0 °C weniger als die gleiche Menge Wasser bei 10 °C. Und darum schwimmt Eis auf dem Wasser.

Wasserfluss im Rohr

Flüssigkeiten wie Wasser können durch Kanäle, Rohre und Röhren fließen. Ihr Strom ist nicht gleichmäßig. In der Nähe der inneren Rohrwand fließt das Wasser ganz langsam, weil es durch die Reibung an der Rohrfläche gebremst wird. In der Mitte fließt es schneller. Auch in Flüssen strömt das Wasser an den Ufern langsamer als in der Mitte. Das Verhalten fließender Flüssigkeiten ist für die Hydraulik wichtig. Das ist ein Forschungs- und Technikzweig, der sich unter anderem damit beschäftigt, wie Flüssigkeiten in Rohren Druck übertragen können.

Entdeckung

Daniel Bernoulli (1700–1782) studierte die Medizin, Tiere, Pflanzen, Physik und Mathematik. Er bewies, dass Wasser (oder eine andere Flüssigkeit) schneller fließt, wenn es aus einem dicken Rohr in ein dünneres gelangt. Er entdeckte, dass dabei auch der Druck abnimmt. Das gilt ebenso für Gase wie Luft. Das Bernoulli-Prinzip wird noch heute oft in der Technik benutzt, etwa beim Bau von Flugzeugtragflächen, die durch Auftrieb in der Luft gehalten werden.

Mehr dazu: Fest, flüssig und gasförmig S. 26; Schmelzen und sieden S. 28

Wasser zum Leben

Eine Oase ist eine Wasserstelle in einem sehr trockenen Gebiet. Das Wasser kann an der Erdoberfläche einen See bilden, aus einer Quelle sprudeln oder unterirdisch verlaufen, wo nur die Wurzeln der Pflanzen das Wasser erreichen.

Wassermoleküle

Die kleinsten Teilchen des Wassers bestehen aus zwei Wasserstoffatomen (H) und einem Sauerstoffatom (O), die Formel lautet H_2O. Das Molekül hat eine spezielle Form, Dipol genannt. Die Verbindungen zwischen den Atomen stehen in einem Winkel von 105° zueinander.

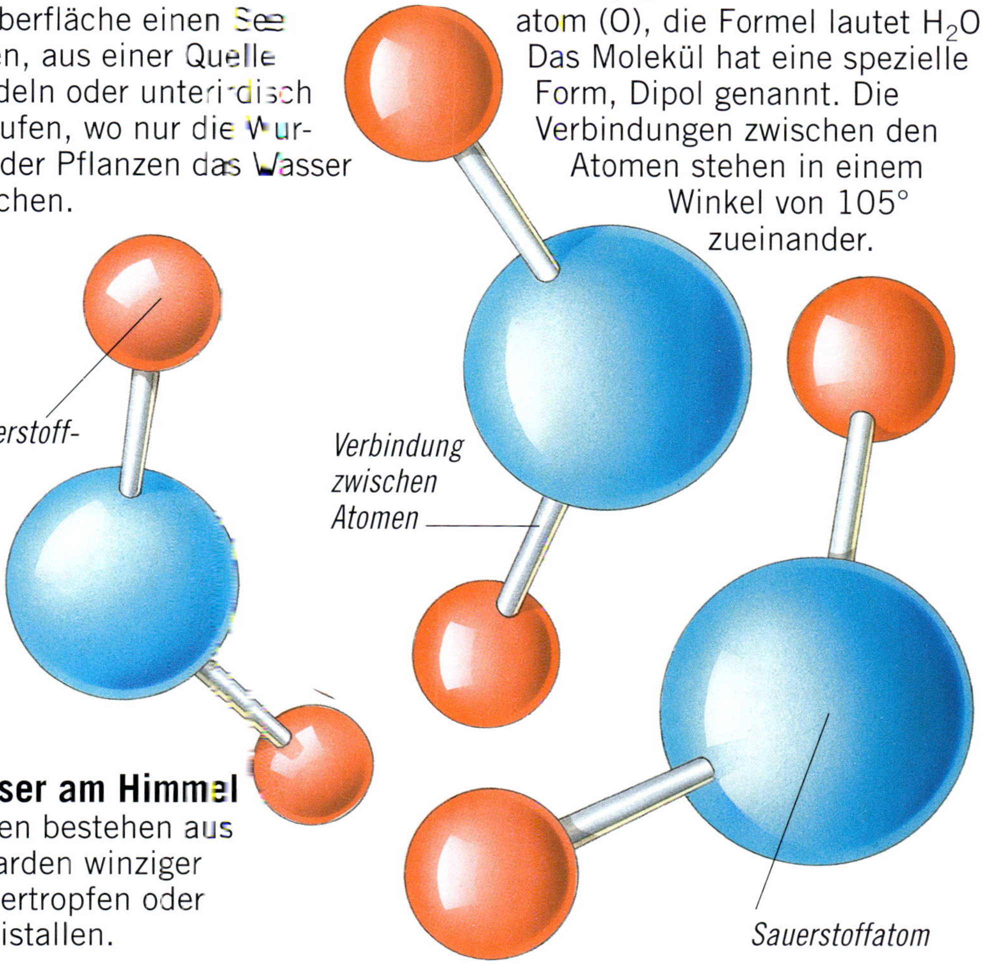

Cirrus-Wolken (Eiskristalle)

Cumulonimbus-Wolken (Gewitter)

Wasser am Himmel

Wolken bestehen aus Milliarden winziger Wassertropfen oder Eiskristallen.

SCHWIMMEN UND SINKEN

Ein Gegenstand schwimmt, wenn er leichter ist als Wasser. Ein Schiff aus Metall enthält auch viel Luft. Insgesamt ist es deswegen leichter als eine Menge Wasser gleichen Volumens, es schwimmt. Ein U-Boot kann sein Gewicht verändern. Es nimmt Wasser auf, um schwerer zu werden und zu sinken. Um wieder aufzutauchen, wird das Wasser mit Luft aus Drucklufttanks aus dem U-Boot geblasen. So wird es leichter und steigt nach oben.

Luft wird in Tanks gedrückt, sie schiebt das Wasser hinaus | **Tanks voll Luft, das U-Boot ist leichter und schwimmt** | **Tanks werden zum Tauchen mit Wasser gefüllt**

Wasserenergie

Bewegte Gegenstände und Stoffe besitzen Bewegungsenergie oder kinetische Energie. Auch Wasser, das durch die Schwerkraft bergab strömt, hat kinetische Energie. In Kraftwerken kann man sie in elektrische Energie umwandeln. Die Energie eines Wasserfalls kann sogar das harte Gestein am Grund aushöhlen.

Lösungen

GIBT MAN ETWAS ZUCKER in ein Glas mit klarem Wasser und rührt um, sieht man die Körnchen kleiner werden und schließlich verschwinden. Aber man kann den Zucker noch schmecken, er ist also nicht verschwunden. Er hat sich aufgelöst. Seine Kristalle sind immer kleiner geworden und sind schließlich in ihre Moleküle und Atome zerfallen. Man kann sie nicht sehen, aber sie sind noch da und schwimmen zwischen den Wassermolekülen. Den aufgelösten Stoff (hier den Zucker) nennt man Solut. Den Stoff, in dem er aufgelöst wird (hier Wasser), nennt man Solvens oder Lösungsmittel. Beide Stoffe gemeinsam ergeben eine Lösung. Im Alltag verwenden wir sehr oft Wasser als Lösungsmittel.

Heißes löst mehr
Je wärmer eine Flüssigkeit ist, desto mehr kann man darin auflösen. In einem heißen Getränk kann man mehr Zucker auflösen. Im kalten Getränk setzt sich der ungelöste Zucker am Boden ab.

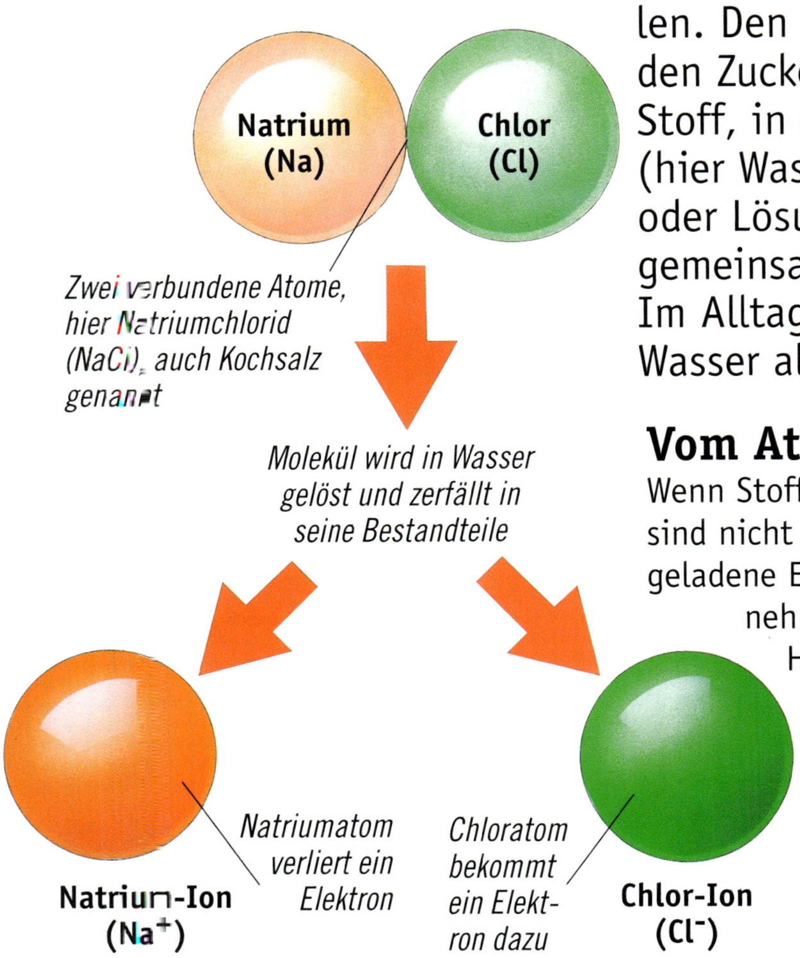

Vom Atom zum Ion

Wenn Stoffe sich auflösen, verändern sie sich geringfügig. Ihre Atome sind nicht mehr neutral. Eine Gruppe von Atomen verliert negativ geladene Elektronen, dadurch werden die Atome positiv. Andere Atome nehmen zusätzliche Elektronen auf und werden dadurch negativ. Haben sie eine elektrische Ladung, nennt man sie nicht mehr Atome, sondern Ionen. Positiv geladene Ionen heißen Kationen, negativ geladene Anionen. Die Bildung von Ionen ist für viele chemische Veränderungen und Reaktionen sehr wichtig, ebenso für die Gewinnung und Nutzung von Elektrizität (siehe S. 22 und 84).

Vorsicht ätzend!
Es gibt hunderte Lösungsmittel. Einige, wie Wasser, sind harmlos. Die Lösungsmittel, die in der Industrie benutzt werden, sind oft gefährlich. Sie können viele Stoffe auflösen, auch unsere Haut.

Im Meer aufgelöst
Im sauberen Leitungswasser sind nicht viele Stoffe gelöst, abgesehen von solchen, die schädliche Bakterien vernichten. Wer einmal Meerwasser probiert hat, weiß, dass es salzig schmeckt. Es enthält das gleiche Salz, das wir zum Kochen benutzen (Natriumchlorid). Im Meersalz sind noch viele andere Stoffe gelöst, etwa Kalzium, Sulfate und Karbonate.

Mehr dazu: Moleküle S. 22; Wasser S. 32; Elektrizität aus Chemikalien S. 84

Öl auflösen

Normalerweise löst sich Öl nicht in Wasser auf. Die Moleküle des Öls ballen sich zu Klumpen zusammen, die auf dem Wasser schwimmen. Detergenzien (waschaktive Substanzen) verändern die Eigenschaften von Wasser, sodass es ein stärkeres Lösungsmittel wird. So kann es die Ölklumpen zu viel kleineren Klümpchen aufbrechen. Wir benutzen solche Detergenzien, um Kleidung, Geschirr und Besteck zu waschen. Auch Shampoo, Seife und Duschgel enthalten Detergenzien. Mit starken Detergenzien werden bei Tankerunglücken von Öl verseuchte Strände gereinigt.

Gesättigte Lösung

Lösungsmittel können nur eine begrenzte Menge eines Soluts aufnehmen. Ist diese Menge erreicht, nennt man die Lösung gesättigt. Die Sättigung hängt von der Temperatur ab. Eine heiße Flüssigkeit kann mehr aufnehmen als eine kalte. Wenn eine warme, gesättigte Lösung abkühlt, nimmt ein Teil des Soluts wieder feste Form an.

Minerallösung

Wenn Regenwasser in den Boden einsickert und durch feine Risse ins Gestein rinnt, lösen sich natürliche Mineralien aus Erde und Gestein im Wasser auf. So entsteht eine Minerallösung. Manchmal tropft diese Lösung von der Decke einer Höhle auf den Höhlenboden. Dabei lässt jeder Tropfen seine Mineralien zurück. So entstehen im Lauf von Jahrtausenden spitze Gesteinsgebilde in Eiszapfenform: Stalaktiten und Stalagmiten.

Farbiges Solut

Auch Lacke und Farben sind Lösungen. Das Solut ist ein Pigment, ein farbiges Pulver. Wenn die Farbe trocknet, verdunstet das Lösungsmittel. Dann bleiben die Pigmentteilchen als Farbschicht zurück.

Chemische Veränderungen

ATOME SIND NICHT FEST in Moleküle eingebunden. Moleküle können sich aufspalten, dann fügen sich ihre Atome in neuen Kombinationen wieder zusammen. Das nennt man eine chemische Reaktion. Die Atome in den Molekülen eines oder mehrerer Stoffe lösen ihre Verbindungen, sie tauschen die Partner oder verbinden sich mit anderen Atomen. Dabei können neue Stoffe entstehen, deren Eigenschaften sich von denen des Ausgangsstoffes unterscheiden. Chemische Reaktionen sind mithilfe von Energie (Wärme, Licht, Elektrizität) möglich.

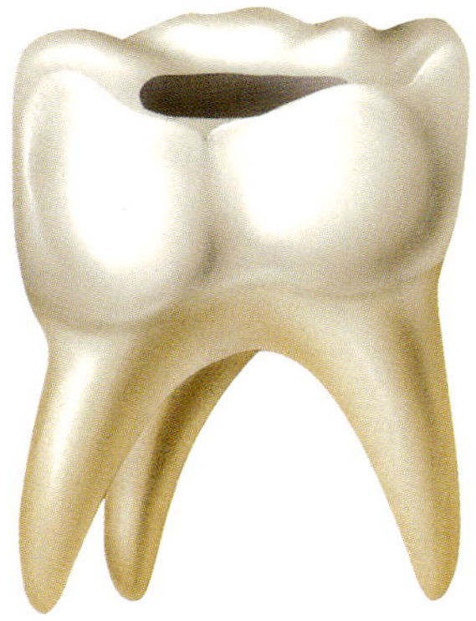

Zahnfüllung
Das Metall Quecksilber ist normalerweise flüssig. Im Verbund mit anderen Metallen bildet es aber eine sehr harte Verbindung, das Amalgam.

Farbwechsel

Als Indikator bezeichnet man einen Stoff, der seine Farbe wechselt, wenn sich die chemischen Bedingungen ändern. Ein Beispiel ist Lackmus. Man verwendet es, um zu prüfen, ob ein Stoff sauer oder basisch ist (siehe S. 38). Die Moleküle des Lackmus verändern sich entsprechend. Weil die neuen Moleküle eine andere Farbe haben, kann man diese Veränderung sehen.

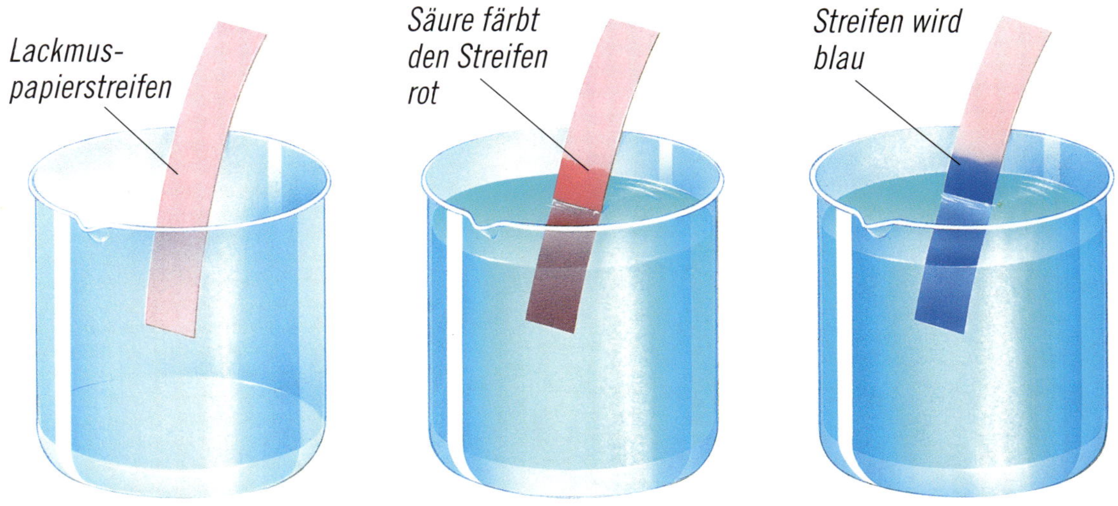

Neutral (weder sauer noch basisch): keine Veränderung

Sauer: Lackmuspapier wird rot

Basisch: Lackmuspapier wird blau

Feurige Verwandlung
Verbrennung ist eine chemische Reaktion. Fängt ein Stoff Feuer, trennen sich seine Atome in den Molekülen voneinander. Manche verbinden sich mit dem Sauerstoff in der Luft. Wenn Holz oder Kohle verbrennen, lösen sich die Kohlenstoffatome aus Holz oder Kohle und verbinden sich mit Sauerstoffatomen. Dabei entsteht der neue Stoff Kohlendioxid (CO_2). Um einen Brand zu ersticken, kann man mit einer Löschdecke oder Schaum verhindern, dass Sauerstoff ins Feuer gelangt: Die Reaktion der Kohlenstoffatome mit dem Sauerstoff wird verhindert, das Feuer erstickt.

Mehr dazu: Moleküle S. 22; Säuren und Basen S. 38; Licht S. 124

CHEMISCHE BAUSTEINE

In einem Bausteinkasten ist jeder Stein ein einzelnes Element. So sind auch Atome einzelne Elemente. Die Bausteine lassen sich miteinander verbinden. Ähnlich gehen auch Atome Verbindungen ein. Aus vielen verschiedenen Bausteinen kann man zum Beispiel ein Flugzeug bauen. Aus verschiedenen Atomen entsteht ein Molekül eines bestimmten Stoffes. Man kann die Bausteine wieder auseinander nehmen und zu einem neuen Gegenstand zusammensetzen, vielleicht einem Haus. Auch die Atome in einem Stoff können getrennt werden und sich dann zu einem neuen Stoff mit ganz anderen chemischen Merkmalen und Eigenschaften zusammenfügen. Das nennt man eine chemische Reaktion.

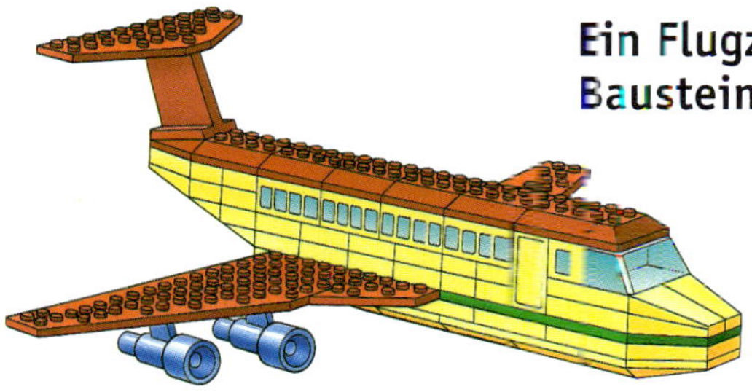

Ein Flugzeug aus Bausteinen

Ein Haus aus den gleichen Steinen

Entdeckung

Henry Cavendish (1731–1810) war ein scheuer Einzelgänger. Er war reich, aber sehr sparsam. Cavendish machte bedeutende wissenschaftliche Entdeckungen. Er ließ Sauerstoff und Wasserstoff zusammen explodieren und stellte so Wasser her. Damit bewies er, dass Wasser eine chemische Verbindung (H_2O) ist. Vorher hatte man es für ein chemisches Element gehalten.

Klebrige Veränderung

Klebstoff und Leim braucht man, um Dinge zusammenzukleben. Kommt Leim aus der Tube, ist er oft flüssig. Wenn manche Kleber trocknen, werden sie nicht einfach fest. Es findet eine chemische Reaktion statt. Die Atome trennen sich voneinander, verbinden sich mit den Atomen und Molekülen des zerbrochenen Gegenstandes und werden dann erst zu einem Feststoff. Bei anderen Klebern wird ein Harz mit einem Härter verrührt. Die Mischung dringt in die Oberflächen ein, die verklebt werden sollen. Dann gehen sie eine chemische Verbindung ein, die Teile kleben zusammen.

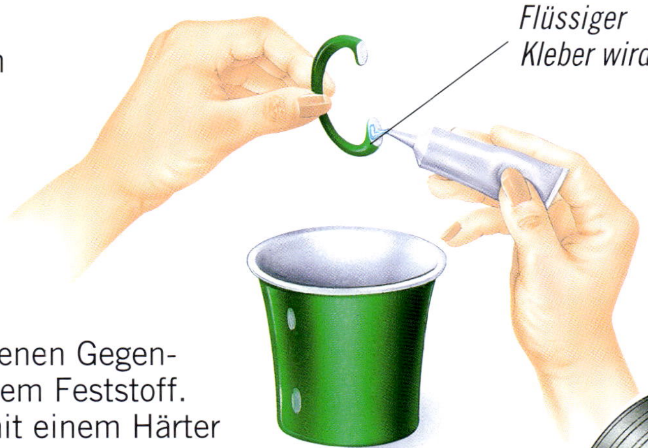

Flüssiger Kleber wird fest

Alles verändert

Der Herstellung hochtechnischer Geräte gehen viele chemische Reaktionen voraus. Für den Motor eines Rennwagens werden Metalle aus Erz gewonnen und mit Mineralien aus Gestein vermischt. Dadurch erhalten sie besondere Eigenschaften, etwa geringes Gewicht und hohe Stabilität. Natürliches Gummi wird aus Bäumen gezapft, erhitzt und chemisch mit anderen Stoffen verbunden. Dieses Vulkanisieren macht Reifen elastischer, zäher und strapazierfähiger. Die Kunststoffteile entstehen durch chemische Veränderung von Bestandteilen natürlichen Erdöls, das man auch Rohöl nennt.

Säuren und Basen

ZWEI SPEZIELLE ARTEN VON CHEMIKALIEN sind Säuren und Basen. Eine Säure ist ein Stoff, der sich auflöst (meist in Wasser) und Wasserstoffionen bildet. Das heißt, dass sich beim Auflösen einer Säure die Wasserstoffatome von den Säuremolekülen trennen und frei in der Lösung schwimmen. Dabei verlieren sie auch ihr einziges Elektron und werden ein positiv geladenes Teilchen, ein Wasserstoffion (H^+). Diese Wasserstoffionen stehen für chemische Reaktionen zur Verfügung. Starke Säuren sind ätzend. Sie lösen viele andere Stoffe auf. Eine Base ist das Gegenteil einer Säure. Sie kann Wasserstoffionen aufnehmen. Starke Basen fühlen sich seifig an und sind, wie Säuren, ätzend. Eine Base, die sich in Wasser auflöst, nennt man Alkali.

Entdeckung

Humphry Davy (1778–1829) wuchs auf einem Bauernhof auf und beschäftigte sich mit Heilmitteln, ehe er sich der Chemie und Physik zuwandte. Er untersuchte Säuren und Basen, mischte sie und untersuchte die Reaktionsergebnisse, die man Salze nennt. Er entwickelte den Zweig der Elektrochemie, bei der Elektrizität durch Stoffe geleitet wird, um sie aufzuspalten. 1815 erfand Davy eine Sicherheitsleuchte für Bergleute. Diese Lampe spendete Licht in den Kohlebergwerken, ohne dabei ein explosives Gas abzugeben.

Verdauungschemikalien

Säuren und Basen gibt es nicht nur in Chemielabors und Fabriken. Man findet sie überall im täglichen Leben, selbst in unserem Körper. Die Innenwand des Magens stellt einen Verdauungssaft her, der starke Salzsäure (HCl) enthält. Diese Säure greift die geschluckte Nahrung an und löst sie auf, damit ihr die Nährstoffe entzogen werden. Die Bauchspeicheldrüse ist ein Verdauungsorgan, das starke Basen erzeugt. Gelangt der saure Nahrungsbrei aus dem Magen in den Darm, werden die Säfte der Bauchspeicheldrüse hinzugemischt. Säuren und Basen neutralisieren einander, sodass die natürlichen Chemikalien keinen Schaden anrichten können.

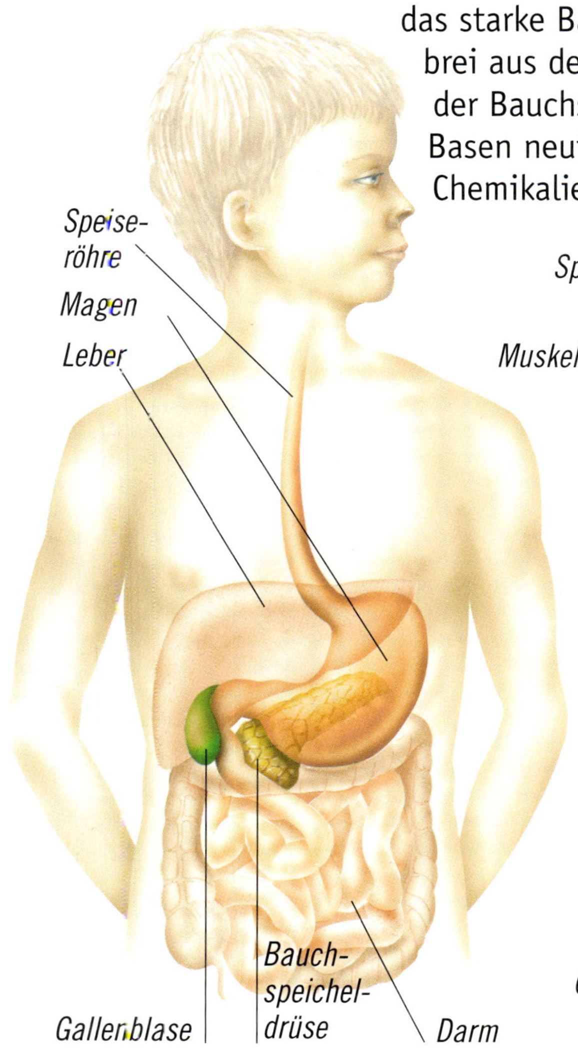

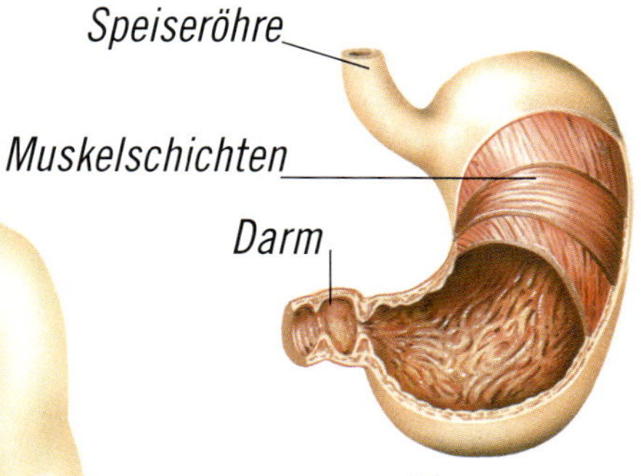

Magen

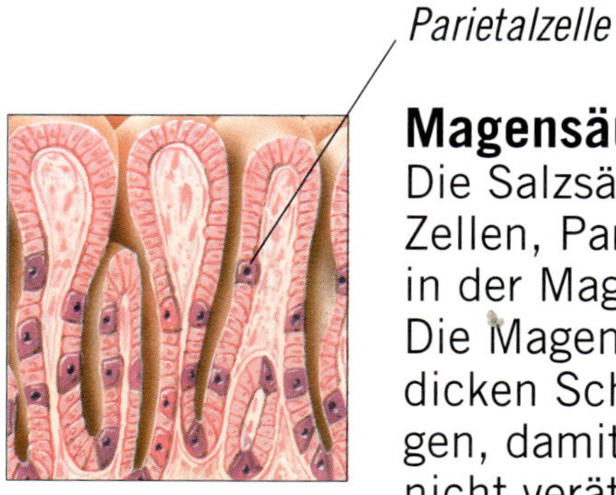

Magenschleimhaut

Magensäure

Die Salzsäure wird in winzigen Zellen, Parietalzellen genannt, in der Magenwand hergestellt. Die Magenwand ist mit einer dicken Schleimschicht überzogen, damit sie durch die Säure nicht verätzt wird.

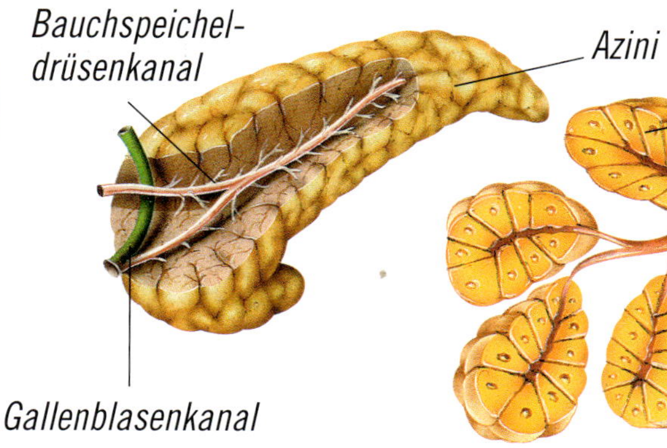

Bauchspeicheldrüse

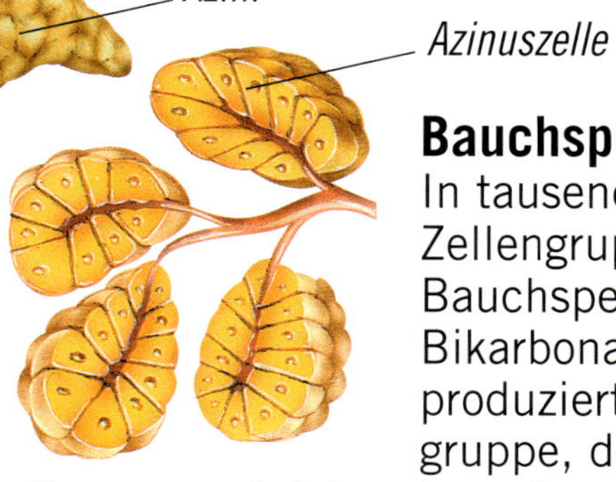

Gruppe von Azini

Bauchspeicheldrüse

In tausenden von winzigen Zellengruppen werden in der Bauchspeicheldrüse starke Bikarbonate und andere Basen produziert. Eine solche Zellengruppe, die wie eine Weintraube geformt ist, heißt Azinus.

Mehr dazu: Atome S. 14; Lösungen S. 34; Elektrizität aus Chemikalien S. 84

Zitrone enthält Zitronensäure $C_6H_8O_7$

Natron enthält Natriumbikarbonat $NaHCO_3$

Säure zum Kochen und Backen

Auch beim Kochen und Würzen finden chemische Reaktionen statt. Zitronensaft enthält Zitronensäure, die einen sauren Geschmack hat. Zitronen, Limetten, Pampelmusen und Orangen nennt man Zitrusfrüchte, weil sie viel von dieser Säure enthalten. Backpulver enthält neben Natron oder Natriumbikarbonat auch eine Säure wie Essigsäure oder Weinsteinsäure. Daraus entstehen ein Salz und das Gas Kohlendioxid. Das Gas bildet winzige Bläschen, die aufsteigen und dadurch den Teig von Plätzchen und Kuchen oder Brot luftig in die Höhe treiben.

NATÜRLICHE SÄUREN UND BASEN

Säuren und Basen kommen in der Natur häufig vor. Die brennende Flüssigkeit, die Ameisen aus ihrem Hinterteil verspritzen, enthält Ameisensäure. Die Ameise beißt einen Angreifer mit ihren scharfen Kiefern und spritzt dann die Säure in die Wunde, um dem Feind Schmerzen zuzufügen. Alkaloide sind natürliche Basen, die in Saft, Blättern oder Samen mancher Pflanzen vorkommen. Viele haben eine starke Wirkung auf den menschlichen Körper. Manche sind schon in winzigen Mengen hochgiftig. Andere werden als Heilmittel verwendet. Opiate, die Alkaloide einiger Mohnsorten, besitzen schmerzstillende Wirkung. Aus ihnen wurden verschiedene Medikamente entwickelt. Essigsäure hat die chemische Formel CH_3COOH. Sie entsteht auf natürliche Weise, wenn Früchte verrotten. Essig, den wir zum Kochen verwenden, enthält 1 Teil Essigsäure und 20 Teile Wasser.

Ameisen verspritzen Ameisensäure

Essig enthält Essigsäure

Mohnsaat enthält Alkaloide

Säure zum Fahren

Die meisten Fahrzeuge, auch Schwertransporter, brauchen zum Starten ihres Motors eine Batterie. Diese spezielle Art von Batterie nennt man Blei-Säure-Akkumulator (siehe unten). In der Batterie ist starke Schwefelsäure enthalten. Sie hat die Formel H_2SO_4. Ein kleiner Tropfen kann der ungeschützten Haut schmerzhafte Verätzungen zufügen.

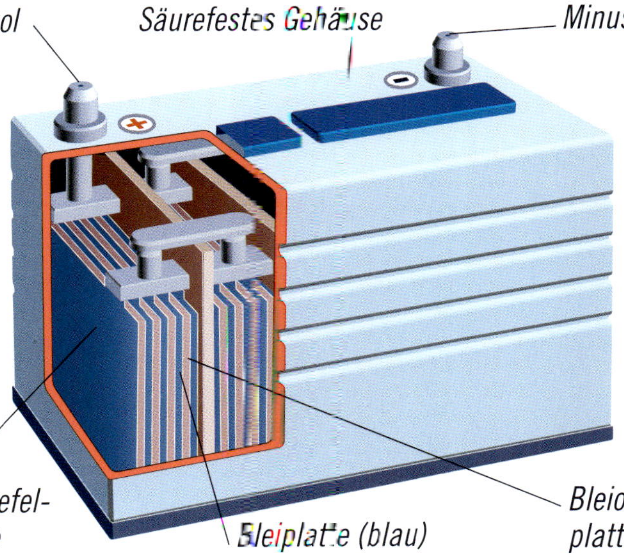

Blei-Säure-Akkumulator

Diese Batterie enthält Blei- und Bleioxidplatten in einem Bad aus konzentrierter Schwefelsäure. Chemische Reaktionen zwischen Platten und Säure sorgen dafür, dass Elektrizität fließt, wenn die Batterie an einen Stromkreis angeschlossen ist.

Metalle

BIS HEUTE SIND etwa 112 chemische Elemente bekannt. Mehr als drei Viertel davon sind Metalle. Ein typisches Metall ist hart und glänzend. Es leitet Elektrizität und Wärme gut. Wir benutzen viele Metalle im täglichen Leben. Oft werden sie mit weiteren Metallen oder anderen Substanzen gemischt. Solche Mischungen nennt man Legierungen. Fast jedes Gerät und jede Maschine enthält mindestens ein Metallteil. Das meistbenutzte Metall ist Eisen. Es wird oft mit kleinen Mengen des Nicht-Metalls Kohlenstoff vermischt, um verschiedene Arten der Legierung Stahl zu erhalten. Für die Industrie sind Legierungen wichtig, denn sie sind meist härter und stabiler als reine Metalle. Die Wissenschaft der Metalle nennt man Metallurgie.

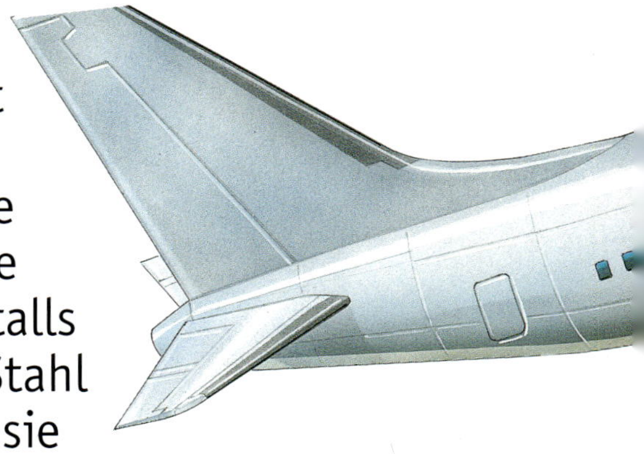

Stabil wie Stahl

Jedes Jahr verarbeiten die Industriebetriebe der Welt Millionen Tonnen Stahl. Aus Stahlplatten werden Autos, Züge und Schiffe gebaut. Aus Edelstahl stellt man Besteck und Kochtöpfe her. Edelstahl ist eine Legierung, die mindestens zehn Prozent des Metalls Chrom enthält. Stahl mit Titananteil wird für die leichten und starren Platten beim Bau von Flugzeugrümpfen benutzt. Stahlträger bilden das Gerüst von Brücken und Hochhäusern. Zu den Elementen, die bei der Stahlherstellung mit Eisen gemischt werden, gehören Mangan, Phosphor, Silizium und Schwefel.

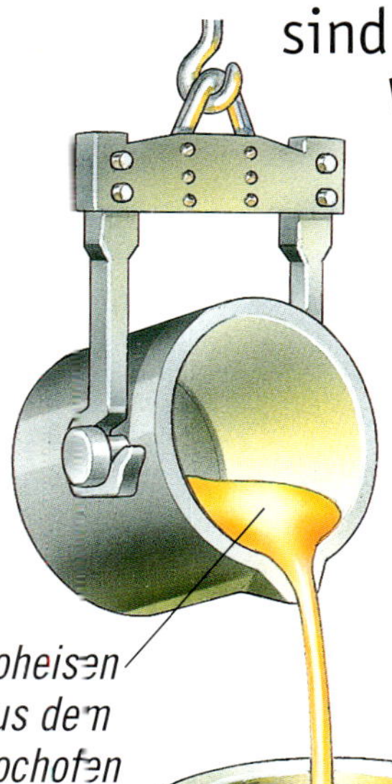

Roheisen aus dem Hochofen

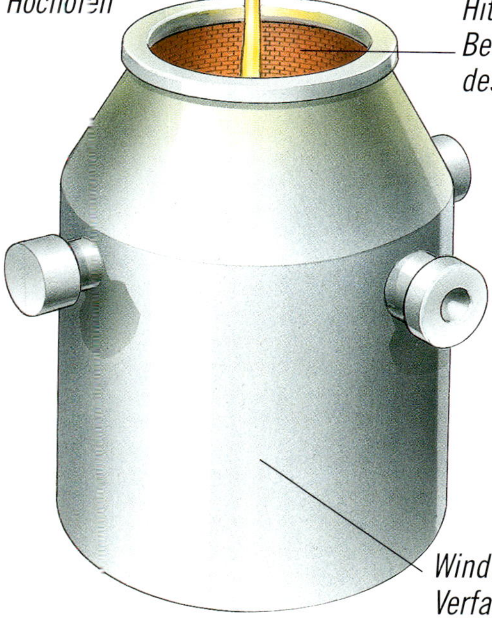

Hitzebeständige Beschichtung im Inneren des Hochofens

Windfrisch-Verfahren

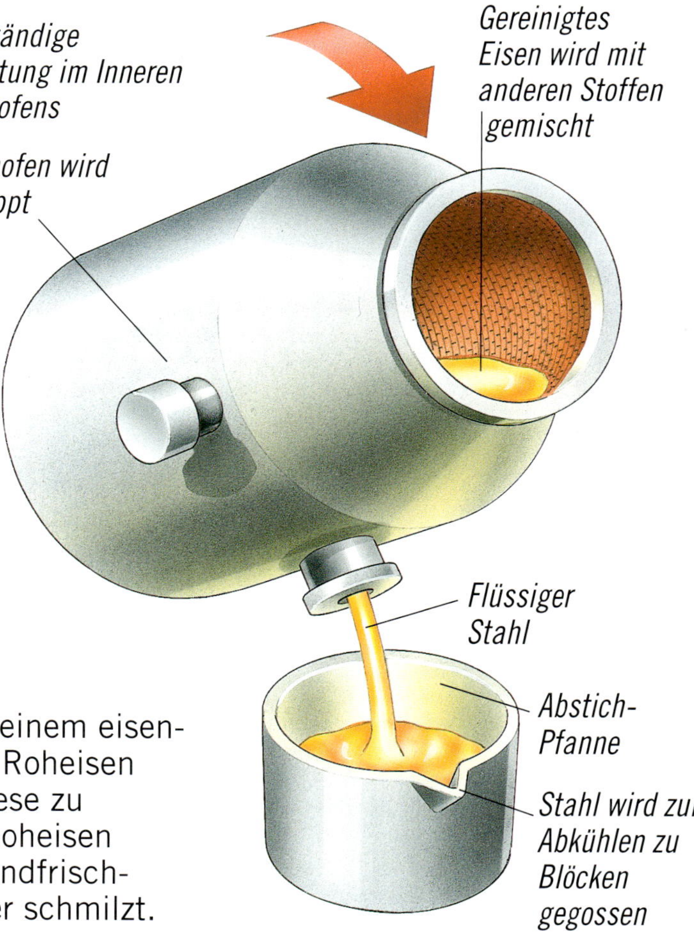

Hochofen wird gekippt

Gereinigtes Eisen wird mit anderen Stoffen gemischt

Flüssiger Stahl

Abstich-Pfanne

Stahl wird zum Abkühlen zu Blöcken gegossen

Herstellung von Stahl

In einem Hochofen wird aus Eisenerz, einem eisenhaltigen Gestein, Roheisen gewonnen. Roheisen enthält noch Verunreinigungen. Um diese zu entfernen, wird Sauerstoff durch das Roheisen geleitet. Diesen Vorgang nennt man Windfrisch-Verfahren. Der Stahl ist so heiß, dass er schmilzt.

Wertvollstes Metall?

Gold ist ein Symbol des Reichtums. Es gibt aber noch seltenere, teurere Metalle wie Platin und Palladium. Sie werden in Elektronik und Technik verwendet.

Mehr dazu: Elemente S. 18; Tabelle der Elemente S. 20; Fest, flüssig und gasförmig S. 26

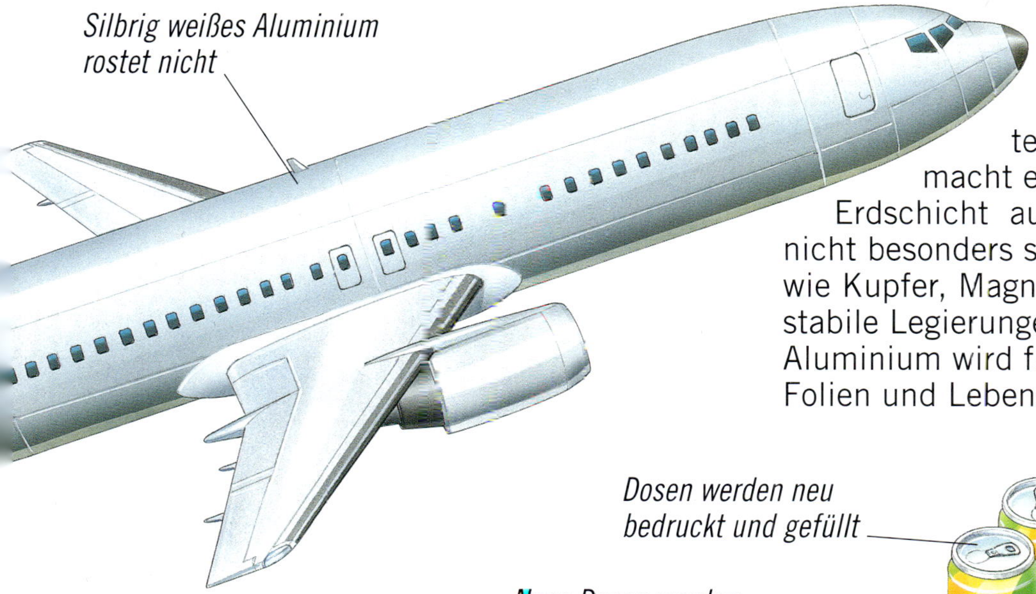

Aluminium

Aluminium kommt von allen Metallen auf der Erde am häufigsten vor (und am dritthäufigsten von allen chemischen Elementen). Es macht etwa ein Zwölftel des Gewichts der äußersten Erdschicht aus. Reines Aluminium ist sehr leicht, aber nicht besonders stabil. In Verbindung mit anderen Elementen wie Kupfer, Magnesium oder Silizium bildet es jedoch extrem stabile Legierungen. Im Gegensatz zu Stahl rostet es nicht. Aluminium wird für Flugzeuge, Schiffe, Töpfe, Getränkedosen, Folien und Lebensmittelverpackungen verwendet.

Metall-Recycling

Erze sind Gesteinsarten, die Metalle und andere Stoffe enthalten. Es kostet viel Zeit, Energie und Geld, Erze aus der Erde zu fördern, Metalle aus ihnen zu gewinnen und zu reinigen. Durch Recycling kann man erhebliche Kosten einsparen. Für das Recycling von Aluminiumdosen braucht man nur fünf Prozent der Energie, die zur Gewinnung von Aluminium aus dem Erz nötig ist. Auch andere Metalle wie Eisen und Stahl können wiederverwertet werden. Selbst Silber und Gold, die für elektrische Schaltkreise und Zahnersatz verwendet werden.

Aus Dose wird Dose

Der Wertstoffkreislauf einer gebrauchten Getränkedose aus Aluminium zu einer neuen Getränkedose dauert nicht länger als einen Monat.

Erzförderung

Als Tagebau bezeichnet man die Gewinnung von Erzen an der Erdoberfläche. Solche Minen zerstören die Landschaft viele Jahrhunderte lang.

METALLE IM LAUF DER GESCHICHTE

- Eine der ersten Legierungen war Bronze, eine Mischung aus Kupfer und Zinn. Sie ist schon seit Jahrtausenden bekannt und war nach Stein das verbreitetste Material zur Herstellung von Werkzeugen.
- Messing ist eine Legierung aus Kupfer und Zink.
- Das berühmteste Metall ist Gold. Weil es seinen Glanz nicht verliert und sich gut bearbeiten lässt, ist es schon seit uralten Zeiten sehr begehrt.
- Auch Silber ist ein beliebtes Edelmetall. Von allen Metallen leitet es Elektrizität am besten. Es wird für Schmuck, Münzen und Fotofilme verwendet.

Verbundstoffe

DIE WERKSTOFFWISSENSCHAFT ist ein Forschungszweig, der schnell wächst. Die Forscher versuchen, neue Materialien mit besonderen Eigenschaften herzustellen, indem sie Rohstoffe oder andere Zutaten mischen und miteinander reagieren lassen. Jede Zutat hat besondere Eigenschaften. Gemeinsam bestimmen diese die Merkmale des neuen Materials, des Verbundstoffs oder Komposits. Ein Beispiel ist Glasfaserkunststoff oder GFK. Um ihn herzustellen, werden winzige Glasfasern in eine Kunststoffart eingebettet. Der Kunststoff sorgt für Volumen und Flexibilität, durch die Glasfasern wird das Material stabiler und widerstandsfähiger. GFK wird für Bootsrümpfe, Fahrzeug- und Flugzeugteile sowie für Fabrik- und Büroausstattung verwendet.

Tennisschläger
Der Kompositrahmen eines guten Tennisschlägers ist sehr leicht. Er muss biegsam sein, um den Aufprall des Balls abzufangen. Dann schnellt er zurück und gibt dem Ball seine Energie zurück, sodass dieser mit Höchstgeschwindigkeit davonsaust. Die Bespannung besteht ebenfalls aus Kunststoff, meist einer Nylonart.

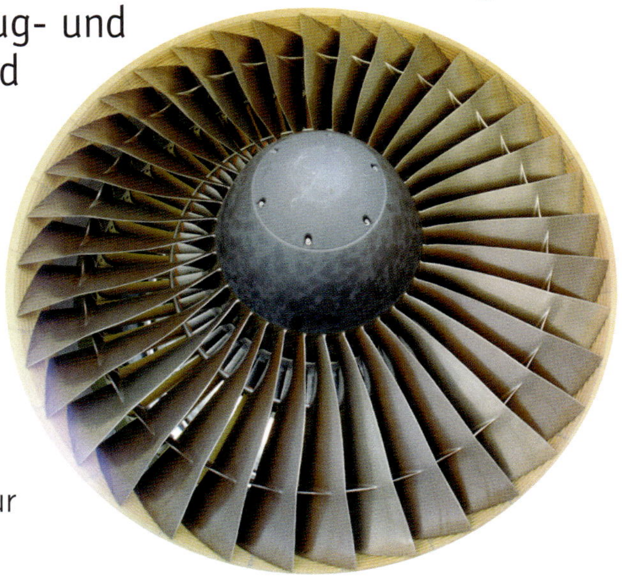

Testen und nochmals testen
Neue Verbundstoffe werden gründlich geprüft. Das Kohlefasermaterial, das für die Turbine in einem Düsentriebwerk verwendet wird, ist enormen Belastungen ausgesetzt. Es muss hunderte Stunden getestet werden. Nur so kann man sicher sein, dass es stabil genug ist und nicht zur Ursache eines Unglücks werden kann.

Segelboote
Der Rumpf einer Segeljacht besteht meist aus GFK. Die Glasfasern verlaufen in verschiedenen Richtungen, damit der Rumpf in einer Richtung stabil, in der anderen aber besonders flexibel ist. Segel bestehen aus einem Verbundstoff, der den Druck des Windes aushält, ohne zu zerreißen.

Kacheln für die Raumfahrt
Die Platten auf der Unterseite eines Space-Shuttle bestehen aus einem hitzebeständigen Keramik-Verbundstoff. Tritt der Shuttle nach einem Raumflug in die Erdatmosphäre ein, entsteht enorme Hitze. Die Platten schützen das Innere des Shuttle vor dieser Hitze. Nach jedem Flug werden die Platten geprüft.

Mehr dazu: Elemente S. 14; Kristalle S. 30; Metalle S. 40

Erste Zutat: Fasern

Die kurzen, feinen Fasern sorgen dafür, dass der Verbundstoff flexibel ist. Sie biegen sich, ohne zu brechen. Meist bestehen diese Fasern aus Kohlenstoff oder Silizium. Der Ventilator im Vorderteil eines modernen Düsenflugzeugs besteht aus Kohlefaser.

Zweite Zutat: Keramik

Keramikmaterialien bestehen meist aus natürlichen Stoffen wie Ton, Sand oder Materialien, die aus der Erde gewonnen werden. Sie werden in einem Ofen gebrannt. Dadurch werden sie hart und vertragen sehr hohe Temperaturen, sie sind aber brüchig.

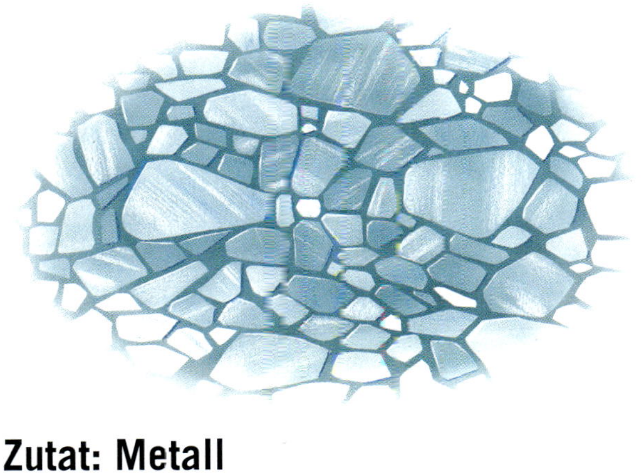

Dritte Zutat: Metall

Die meisten Metalle sind hart und stabil. Weil sie auch Wärme gut leiten, eignen sie sich, um hohe Temperaturen von einem Punkt wegzutransportieren. Unter starkem Druck verformen sie sich zwar, brechen aber nicht leicht. Metalle bestehen aus Körnchen oder Kristallen, die man nur unter dem Mikroskop sieht.

Ein Komposit herstellen

Die Grundlage der meisten Verbundstoffe ist eine Matrix, also ein Stoff, in den die verschiedenen Fasern, Körnchen, Kristalle und sonstigen Zutaten eingebettet sind. Für normale Temperaturen wird meist ein Kunststoff als Matrix verwendet. Eine Metall- oder Keramikmatrix hält größere Hitze aus. Bei der Herstellung von Verbundstoffen werden verschiedene Methoden angewandt: Sie werden gemischt, erhitzt, abgekühlt, bei hohem Druck gepresst, unter Strom gesetzt, Strahlen oder Geräuschen ausgesetzt und mit Chemikalien behandelt.

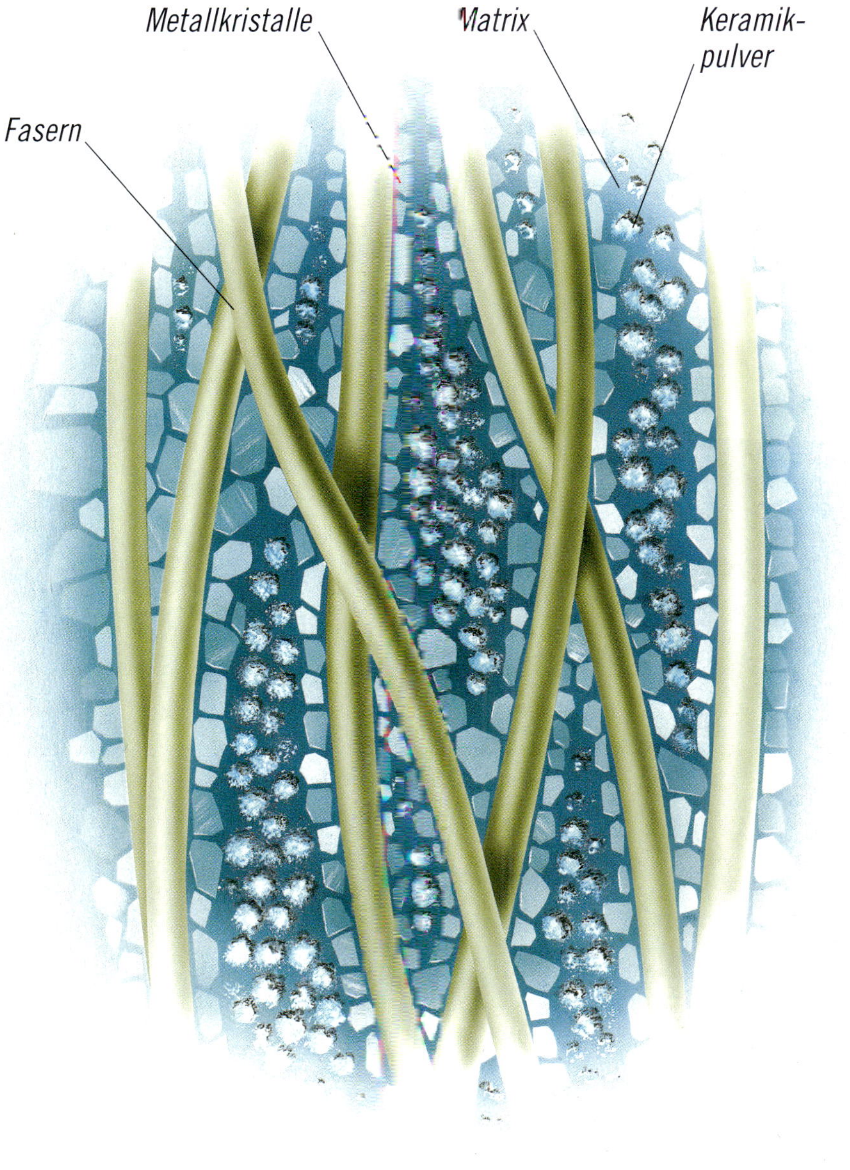

Ergebnis: ein neuer Verbundstoff

Fasern, Keramikpulver und Metallkristalle sind zu einem neuen Komposit verarbeitet. Sind die Zutaten im richtigen Mengenverhältnis enthalten und bilden sie das geplante Muster, dann wird der Verbundstoff die gewünschten Eigenschaften haben. Er soll hart, widerstandsfähig, aber auch flexibel sein, hohen Druck, starke Belastung und große Hitze aushalten.

K A P I T E L

2

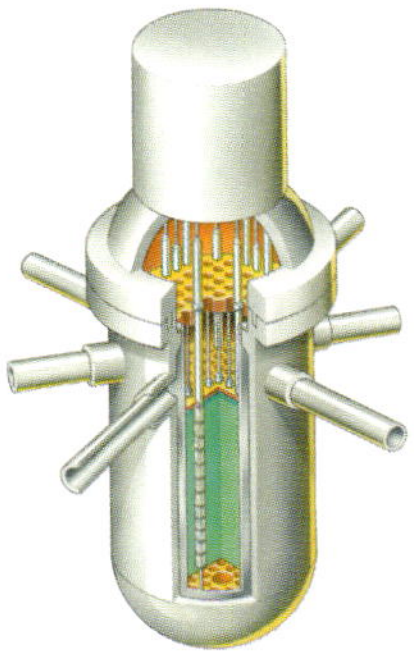

Energie, Bewegung, Maschinen

Energie lässt Dinge geschehen. Sie existiert in vielen Formen, wie Schall, Licht und Elektrizität. Bewegte Objekte besitzen kinetische Energie. Mithilfe von Energie und den Gesetzen von Kraft und Bewegung können wir aus einfachen Maschinen komplizierte bauen.

Energie

MAN KANN ENERGIE WEDER SEHEN, noch kann man sie berühren oder festhalten. Trotzdem ist sie überall. Energie ist die Fähigkeit, Arbeit zu verrichten. Es gibt viele verschiedene Formen von Energie. Ein heißes Getränk besitzt Wärmeenergie. Ein Blitz besitzt sowohl elektrische als auch Lichtenergie. Im Brüllen eines Löwen ist Schallenergie. Ein fahrender Rennwagen besitzt Bewegungsenergie, auch kinetische Energie genannt. Selbst ein Buch, das im Regal steht, besitzt Energie. Durch seine Lage und die Erdanziehungskraft (Schwerkraft) drückt es auf das Regal. Diese Energieform nennt man potenzielle Energie.

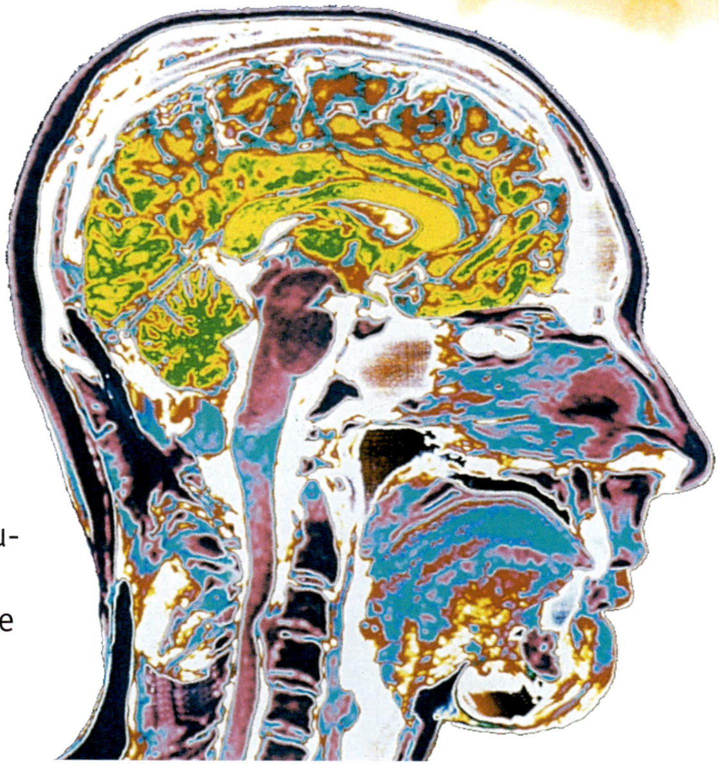

Energie erzeugt Bilder

Scanner genannte Maschinen machen Bilder vom Körperinneren. Sie senden unsichtbare Energiewellen in den Körper und messen, wie sich diese Wellen verändern, während sie durch verschiedene Körperteile dringen oder von ihnen abprallen. Ein Computer analysiert diese Veränderungen und baut daraus ein Bild auf. Das Bild rechts zeigt eine Aufnahme von Gehirn und Schädel, es wurde mit einem Magnet-Resonanz-Tomograf (MRT) gemacht.

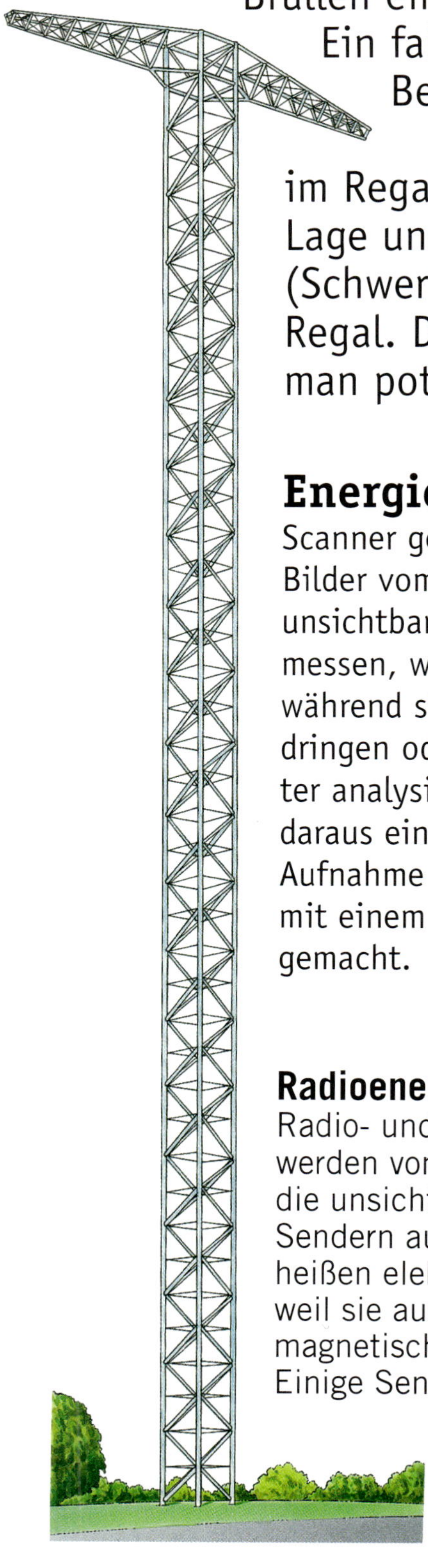

Radioenergie

Radio- und Fernsehprogramme werden von Antennen empfangen, die unsichtbare Energiewellen von Sendern aufnehmen. Diese Wellen heißen elektromagnetische Wellen, weil sie aus elektrischer und magnetischer Energie bestehen. Einige Sender werden auf Masten montiert, die auf einem Hügel stehen, damit die Energiewellen so weit wie möglich strahlen.

ENERGIEFORMEN

- Chemische Energie in Atomen und Molekülen.
- Kinetische Energie in bewegten Objekten.
- Potenzielle Energie in ruhenden Objekten.
- Schallenergie in schwingenden Atomen/Objekten.
- Kernenergie in verschmelzenden/gespaltenen Atomen.
- Elektrische Energie in sich bewegenden Elektronen.
- Magnetische Energie in sich anziehenden Polen.
- Elektromagnetische Energie in Strahlen oder Wellen, wie Funkwellen, Mikrowellen, Wärme, Licht, Röntgenstrahlen und Gammastrahlen.

Mehr dazu: Geheimnis Magnetismus S. 92; Elektromagnetisches Spektrum S. 136; Sonne S. 188

Energiespender

Die Energie der Sonne besteht aus Licht und Wärme, die durch den Weltraum reisen und bis zur Erde gelangen. Diese Energieformen stammen von Atomen, die im Sonneninneren zusammenstoßen und miteinander verschmelzen. Dies nennt man Kernfusion. Energie, die aus Atomkernen gewonnen wird, nennt man Kernenergie. Die Kernenergie in Atomkraftwerken entsteht nicht durch die Fusion, sondern durch die Spaltung von Atomkernen (siehe S. 74).

Startenergie

Ein Skispringer erhebt sich in die Höhe und lehnt sich nach vorne, um so weit wie möglich zu fliegen. Die Energie dafür erhält er, indem er eine Schanze hinunterfährt (potenzielle Energie verwandelt sich in kinetische) und dann vom aufwärts gebogenen Schanzentisch springt.

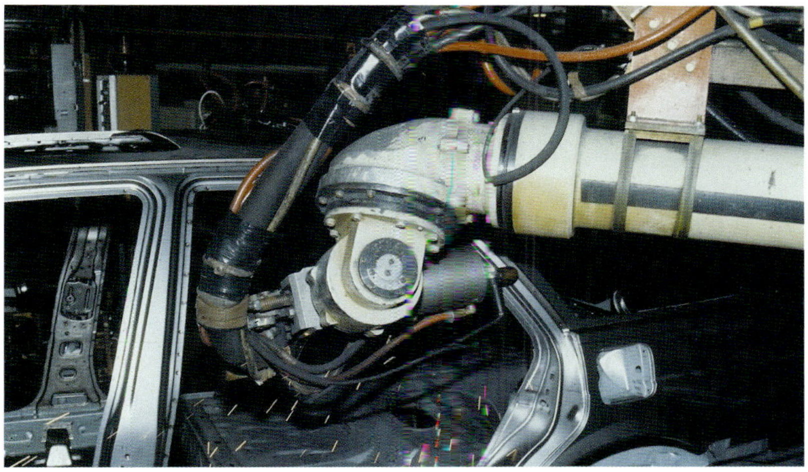

Energie für Roboter

Fließbandroboter brauchen Energie, um sich zu bewegen und Arbeit zu verrichten. Elektrische Energie treibt die Elektromotoren und damit die Bewegung der Arme an. Die Bewegungen werden von Computern präzise gesteuert.

Entdeckung

Hermann von Helmholtz (1821–1894) formulierte das Gesetz von der Erhaltung der Energie: Energie wird niemals geschaffen oder zerstört. Sie wechselt nur von einer Form in eine andere. Helmholtz studierte verschiedene Energieformen, etwa die zu seiner Zeit entdeckten Funkwellen. Er forschte in der Mathematik und Medizin.

Bewegungsenergie

Alles, was sich bewegt, hat kinetische Energie. Je schneller es sich bewegt und je größer seine Masse ist, desto mehr kinetische Energie hat es. Ein Schnellzug auf freier Strecke besitzt also sehr viel kinetische Energie.

Energieumwandlung

ENERGIE KANN NICHT HERGESTELLT oder zerstört werden. Sie kann nur umgewandelt werden. Wenn sich etwas bewegt oder irgendwie verändert, wechselt die Energie ihre Form. Ein Ball auf einem Hügel besitzt durch seine Lage potenzielle Energie. Wenn er bergab rollt, wird ein Teil der potenziellen Energie in kinetische oder Bewegungsenergie umgewandelt. Wenn ein Holzstück verbrennt, wird in seinen Molekülen gespeicherte chemische Energie in Wärme- und Lichtenergie und sogar Schallenergie umgewandelt. Energie verändert also um uns herum beständig ihre Form.

Vom Licht zur Dampfkraft
Vor Millionen von Jahren fingen Pflanzen die Lichtenergie der Sonne ein, verwandelten sie in chemische Energie, starben und wurden zu Kohle. Das Heizen mit Kohle verwandelt die gespeicherte Energie in Wärme, welche Wasser zu Dampf werden lässt, der die Räder der Lokomotive antreibt.

Entdeckung

Robert Hookes Lichtmikroskop

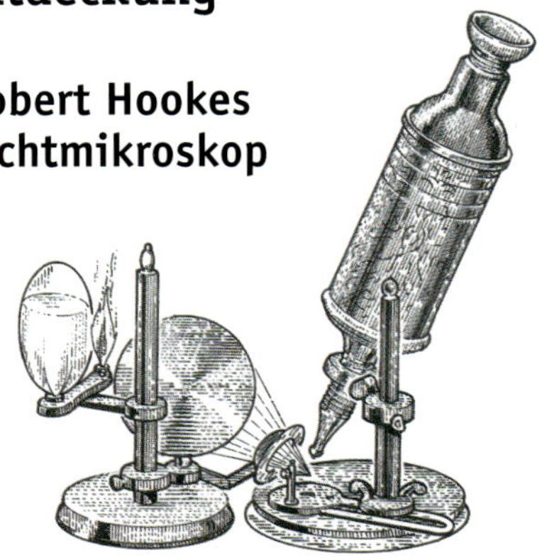

Robert Hooke (1635–1703) nahm an, dass Licht aus Energiewellen besteht. Über 200 Jahre später wurde seine Annahme bestätigt. Er untersuchte auch, auf welche Weise eine Metallfeder potenzielle Energie speichert, wenn man sie auseinander zieht. Robert Hooke war ein begeisterter Techniker. Er erfand und baute zahlreiche Instrumente und Geräte, darunter Mikroskope wie das Lichtmikroskop und auch das Kardangelenk, das noch heute in Autos verwendet wird.

Erzeugung von Elektrizität

Ein Kraftwerk erzeugt Elektrizität, indem es die Energie von Brennstoffen in elektrische Energie umwandelt. Ein Gaskraftwerk verbrennt Gas und verwandelt seine chemische Energie in Wärme. Das brennende Gas dehnt sich aus, es erhält kinetische Energie und treibt Turbinenschaufeln an, die einen Elektrizität erzeugenden Generator bewegen. Es verwandelt auch Wasser in Dampf, der wiederum Turbine und Generator antreibt. Kondensatoren verwandeln den Dampf zurück in Wasser.

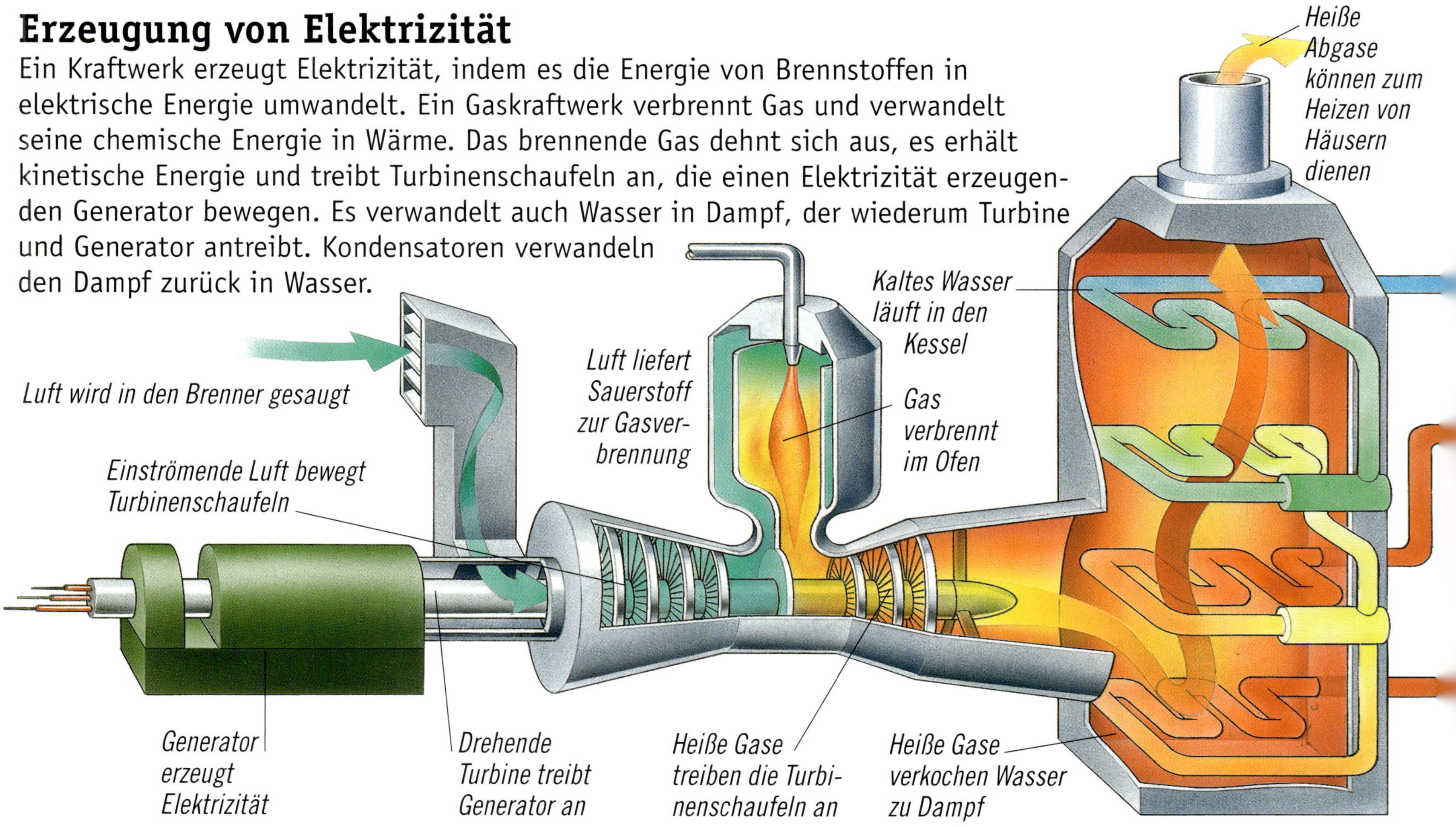

Mehr dazu: Moleküle S. 22; Bewegung erzeugt Elektrizität S. 98; Licht S. 124

Solarzellen

Ein Satellit benötigt Elektrizität für seine Messinstrumente, Kameras und Funkgeräte. Die meisten Satelliten beziehen Strom aus ihren Sonnenflügeln. Diese sind mit tausenden Solarzellen beklebt, die Sonnenlicht in Strom umwandeln. Ein Teil der elektrischen Energie wird chemisch in aufladbaren Batterien gespeichert.

MUSKELKRAFT

Das Aufpumpen eines Fahrradreifens beginnt mit chemischer Energie aus Nahrung, die in den Muskeln gespeichert ist. Ein Teil dieser chemischen Energie wird in kinetische Energie umgewandelt, wenn die Muskeln im Arm eine Pumpe bedienen, um Luft in den Reifen zu drücken.

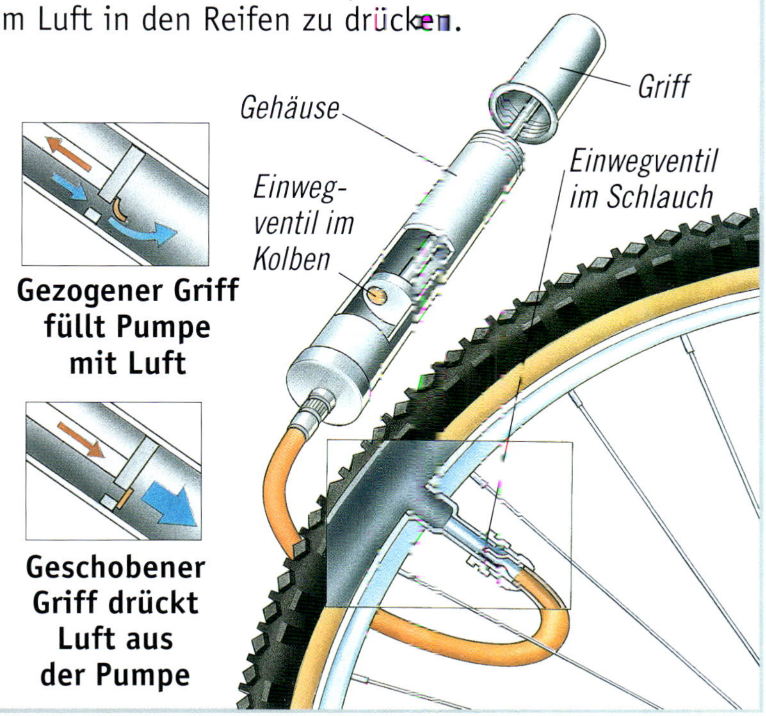

Energie zum Leben

Die Nahrungsaufnahme, ob Eis, Äpfel oder andere Speisen, löst eine Reihe chemischer Veränderungen aus, die unserem Körper Energie geben. Diese Energie wird für das Wachstum, die Muskeln, die Wärme im Körper und den Herzschlag benötigt.

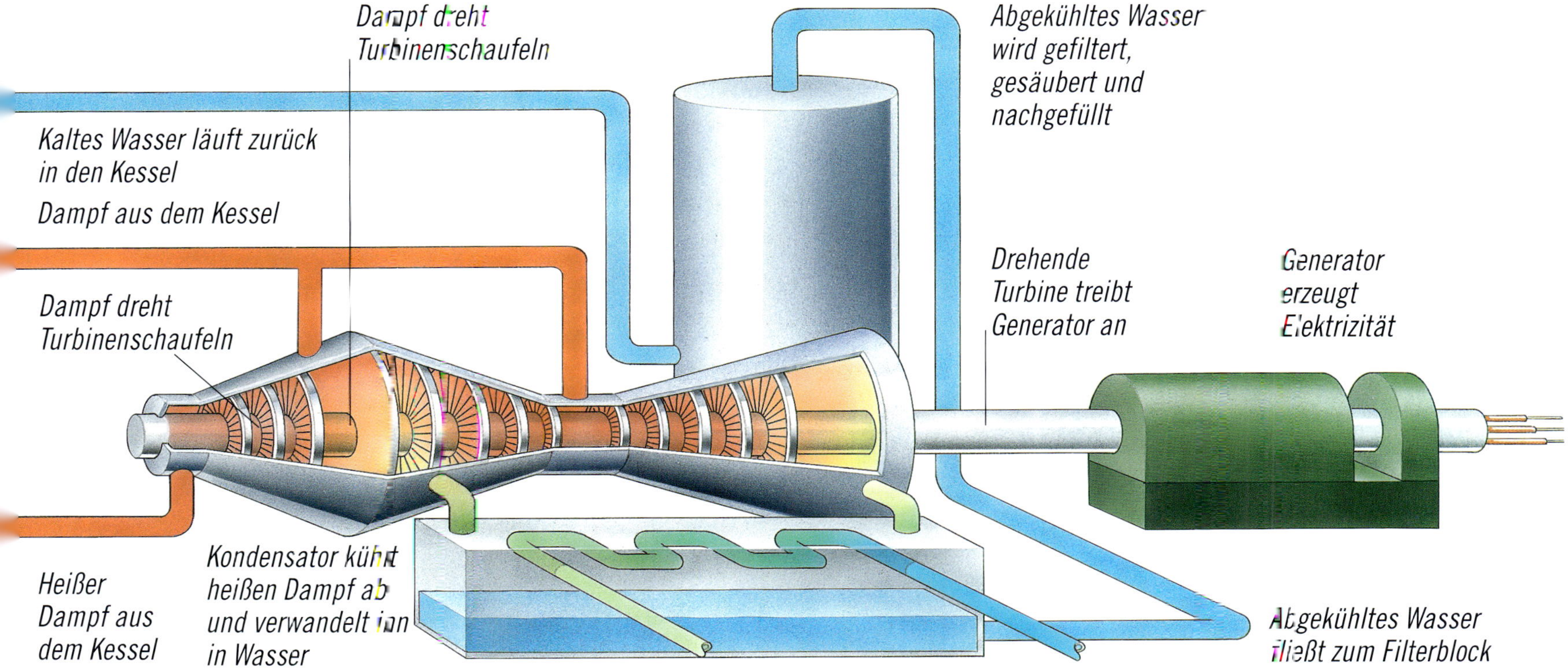

Bewegungsenergie

ALLES, WAS SICH BEWEGT, besitzt kinetische Energie. Bevor sich aber ein ruhender Gegenstand bewegt, muss ihm Energie zugeführt werden. Je größer und schwerer er ist, desto mehr Energie braucht er. Diesen Widerstand gegen Bewegung nennt man Trägheit. Sobald sich etwas aber einmal bewegt, versucht es in diesem Zustand zu bleiben. Diesen Widerstand gegen das Anhalten nennt man Impuls. Trägheit und Impuls beruhen auf demselben Prinzip: Ob sich ein Gegenstand nun bewegt oder ruht, er möchte dabei bleiben. Rotierende Scheiben besitzen einen Impuls, der ihnen eine spezielle Fähigkeit verleiht: Je schneller sie sich drehen, desto schwerer lassen sie sich kippen. Dies ist der Gyroskop- oder Kreiseleffekt.

Entdeckung

Bis zum Ende des 19. Jahrhunderts glaubte man, dass Energiewellen so glatt und kontinuierlich seien wie Wasserwellen. 1900 nahm Max Planck (1858–1947) an, dass Energiewellen, ähnlich wie Lichtwellen und Röntgenstrahlen, aus winzigen einzelnen Energiepaketen bestehen, den so genannten Quanten. Das bedeutet, dass eine Energiewelle eher einer gewellten Kette aus kleinen, aber einzelnen Gliedern gleicht als dem Auf und Ab eines Seils. Plancks Quantentheorie bereitete den Weg für viele moderne Entdeckungen.

Spielzeug-Gyroskope

Wenn man einen Spielzeugkreisel hinstellt, fällt er um. Wenn er aber rotiert, steht er ohne unsere Hilfe aufrecht und widersteht der Schwerkraft. Er bleibt so lange aufrecht, wie er sich dreht. Durch diese Eigenschaft wird der Kreisel zu einer Art Gyroskop. Ein echtes Gyroskop besitzt eine schwere rotierende Scheibe in einem Rahmen und kann rotierend dennoch auf einer feinen Spitze stehen.

Rasende Gyroskope

Motorradrennfahrer lehnen sich in Kurven weit zur Seite. Sie müssen ihr Körpergewicht einsetzen, um das Motorrad aus der Senkrechten zu bringen: Die schweren, sich schnell drehenden Räder wehren sich wie Gyroskope dagegen, gekippt zu werden.

TÖDLICHES BEWEGUNGSMOMENT

Zur Untersuchung der Energien bei Autounfällen verwendet man Dummies (englisch für Puppe). Bei Autounfällen entstehen Verletzungen dadurch, dass beim Aufprall die kinetische Energie des menschlichen Körpers zu schnell in andere Energieformen umgewandelt wird. Der Impuls des Körpers hält ihn in Bewegung, bis er im Inneren des Wagens aufprallt. Sicherheitsgurte und Airbags sollen diese Energieumwandlungen verlangsamen. In Tests werden Autos mit Dummies gegen Mauern oder andere Autos gefahren. Sensoren an und in den Dummies messen die dabei auftretenden Kräfte.

Frontalaufprall im Test

Mehr dazu: Energie S. 46; Kraft für Maschinen S. 66; Elektrizität erzeugt Bewegung S. 96

Sicherer Transport von Kernbrennstoff

Brennstoff für Kernkraftwerke ist gefährlich und darf nicht auslaufen. Deshalb wird er in Sicherheitsbehältern transportiert. Sie bestehen aus Stahl und wiegen mehr als 100 Tonnen. So große, schwere Objekte können bei Zusammenstößen oder Feuern enorme Mengen an Energie aufnehmen, ohne zu verbiegen oder zu reißen. Die Behälter werden normalerweise nachts transportiert, wenn die Bahnstrecken weniger befahren sind, um das Unfallrisiko zu verringern.

Eine der ersten Dampflokomotiven, die *Locomotion* (1825)

Fallenergie

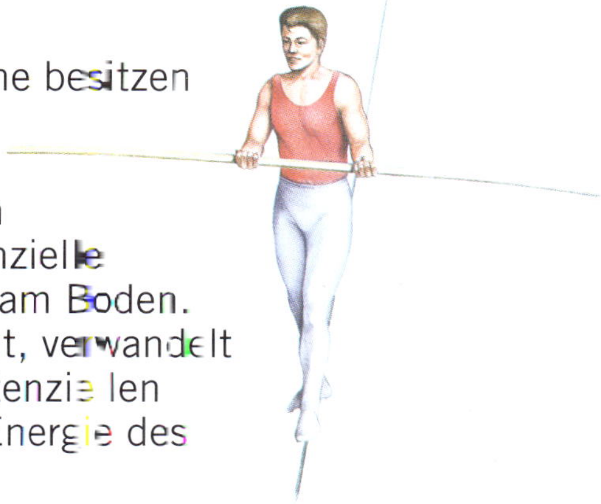

Gegenstände in großer Höhe besitzen mehr potenzielle Energie als solche auf dem Boden. Deshalb besitzt ein Drahtseiltänzer mehr potenzielle Energie als die Zuschauer am Boden. Wenn er vom Seil abrutscht, verwandelt sich ein großer Teil der potenziellen Energie in die kinetische Energie des Sturzes.

Dampfmaschinen

Dampf nimmt viel mehr Platz ein als Wasser. Wenn Wasser zu Dampf verkocht, strömt der Dampf in alle Richtungen. Eine Dampfmaschine leitet den Dampf in einen hohlen Zylinder, wo er gegen einen Kolben drückt und diesen bewegt. Der Kolben treibt eine Welle oder Räder an. Die Vor- und Zurückbewegung ist ruckartig und muss von einem Schwungrad ausgeglichen werden.

Schwungräder

Ein Schwungrad ist ein großes, schweres Rad. Sobald es sich dreht, hat es sehr viel Impuls und dreht sich eine ganze Weile weiter. Schwungräder werden eingesetzt, um die ruckartigen Bewegungen von Maschinen sanfter und gleichmäßiger zu machen. Ein schnell rotierendes Schwungrad ist außerdem ein Speicher für kinetische Energie. Ein Generator-Schwungrad kann als elektrischer Motor dienen, wenn elektrische Energie es mit mehr als 1000 Umdrehungen pro Sekunde rotieren lässt. Es kann stundenlang rotieren, Energie speichern und als Generator die Energie zurück in Elektrizität verwandeln.

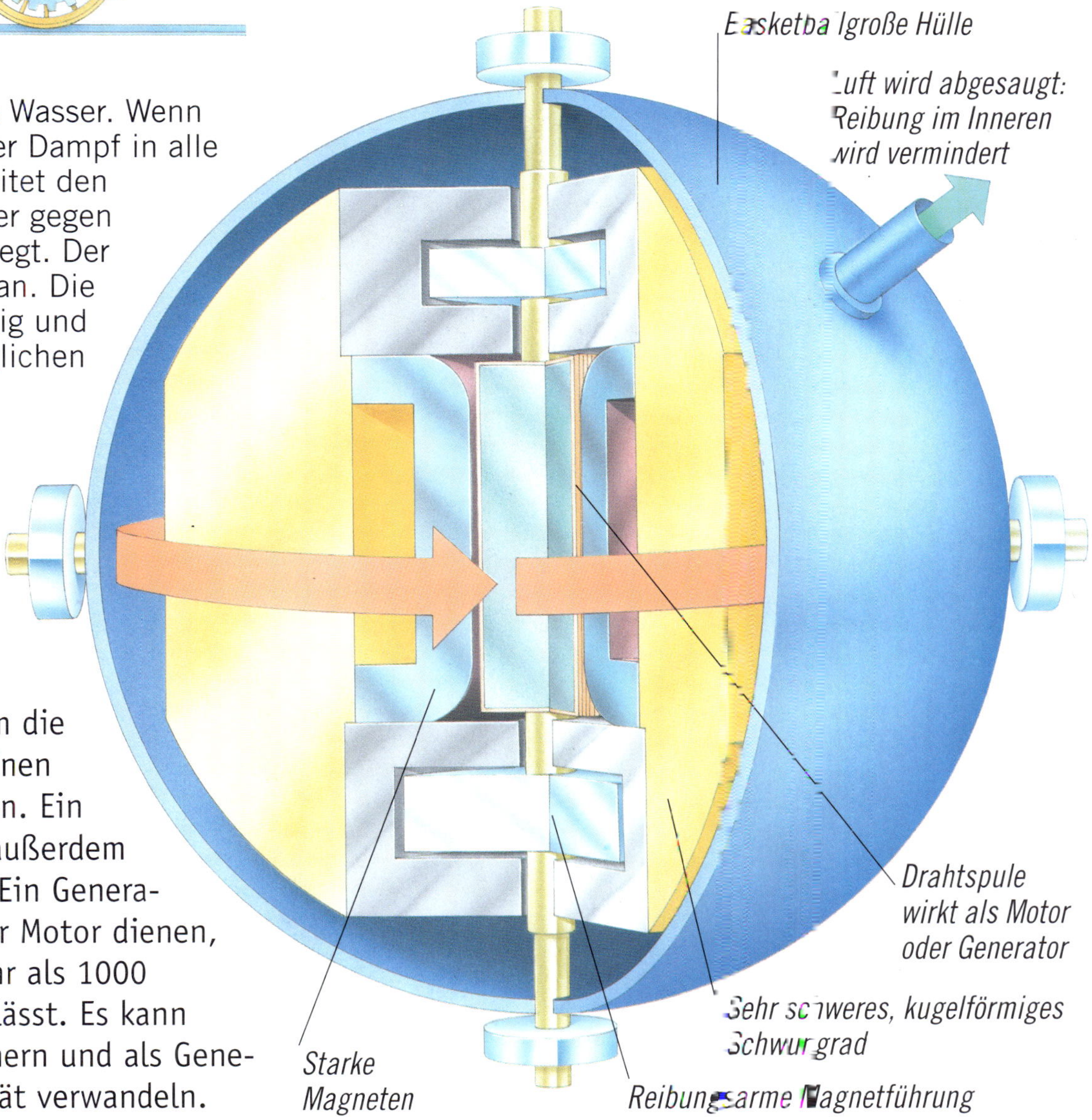

Kräfte und Bewegung

KRÄFTE DRÜCKEN, ZIEHEN UND BEWEGEN DINGE. Kräfte haben eine Größe oder Stärke und eine Richtung. Eine Kraft wirkt immer in einer bestimmten Richtung auf einen Gegenstand. Wenn das Objekt sich frei bewegen kann, beschleunigt die Kraft es in die Richtung ihrer Wirkung. Wenn ein Gegenstand sich nicht bewegen kann, verändert die Kraft seine Form oder zerbricht ihn sogar. Presst eine Kraft gegen eine Oberfläche, nennt man das Druck. Je größer die Kraft und je kleiner die Oberfläche, auf die sie wirkt, desto höher ist der Druck.

Spaß durch Kräfte
Beim Rutschen wirkt die Kraft des Körpergewichts senkrecht nach unten. Der Winkel der Rutsche teilt diese Kraft in zwei Teile auf: eine, die nach unten zieht, und eine, die nach vorne drückt. Je steiler die Rutsche, desto größer der senkrechte Teil der Kraft und desto schneller rutscht man!

Gesetze der Bewegung

Tritt man gegen einen Ball, bewegt er sich. Er würde immer weiter in die gleiche Richtung mit gleicher Geschwindigkeit fliegen, wenn nicht zwei Kräfte seine Geschwindigkeit und Richtung ändern würden: Luftwiderstand und Schwerkraft. Die Gesetze der Bewegung folgen drei Prinzipien.

Gesetz 1: Immer weiter

Ein Gegenstand bewegt sich immer mit der gleichen Geschwindigkeit in die gleiche Richtung, solange keine Kraft auf ihn wirkt. Wenn man einen Ball wegtritt, zwingen die Kräfte von Schwerkraft und Luftwiderstand ihn, langsamer zu werden und herunterzufallen.

Gesetz 2: Mehr heißt schneller

Je größer die Kraft ist, die auf einen Gegenstand wirkt, desto schneller bewegt er sich: Die Beschleunigung eines Gegenstands hängt direkt von der Kraft ab, die auf ihn wirkt.

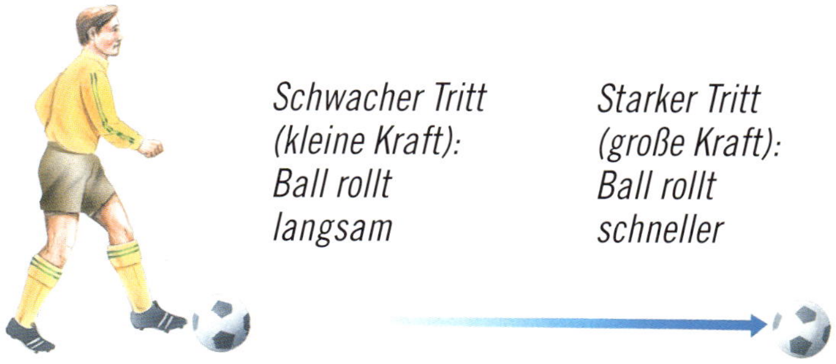

Gesetz 3: Abprallen

Trifft ein Gegenstand auf einen anderen, erzeugt der zweite Gegenstand eine gleich große Kraft, aber in die entgegengesetzte Richtung. Wenn zwei Bälle mit gleicher Geschwindigkeit aus exakt entgegengesetzter Richtung aufeinander stoßen, prallen sie voneinander ab und rollen auf dem Weg zurück, auf dem sie gekommen sind.

Entdeckung

Zu den bedeutendsten Entdeckungen des Physikers und Mathematikers Isaac Newton (1642–1727) gehörten die drei Grundgesetze der Bewegung und das Gesetz der Schwerkraft. Diese Gesetze beeinflussen alles im Universum, von Atomen und Sandkörnern bis zu Erde, Mond, Sternen und Galaxien im Weltraum.

Mehr dazu: Kräfte und Bewegung messen S. 54; Schwerkraft S. 56; Reibung S. 70

Tauziehen

Wenn zwei Mannschaften beim Tauziehen gegeneinander antreten, ziehen sie nicht nur mit ihren Armen, sondern lehnen sich auch so weit wie möglich zurück. Das erhöht die Kraft ihres Zugs: Zur Kraft ihrer Beinmuskeln, die gegen den Boden drückt, kommt ihr Körpergewicht hinzu.

Pfähle einschlagen

Einige Häuser werden mit Pfählen im Boden verankert, die von einer so genannten Pfahlramme eingeschlagen werden. Das Fallgewicht der Pfahlramme wirkt wie ein riesiger Hammer, der den Pfahl mit gewaltiger Kraft in den Boden treibt. Wenn die Höhe, aus der das Gewicht fällt, größer wird, verstärkt sich die Kraft des Schlages, weshalb Pfahlrammen hohe Falltürme haben. Je weiter der Pfahl im Boden verschwindet, desto tiefer fällt das Gewicht.

Druckkräfte

Eine Schrottpresse erzeugt so gewaltige Kräfte, dass sie ein Auto zu einem kleinen Würfel zusammenpressen kann. Dies spart Platz bei der Lagerung.

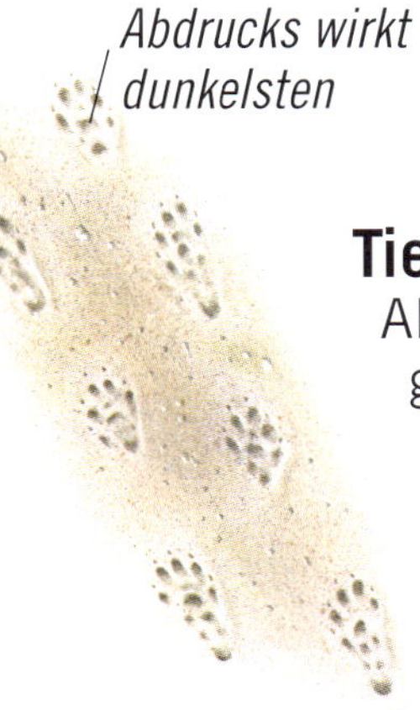

Tierspuren

Abdrücke in weichem Boden zeigen, wo ein Tier gelaufen ist. Der Druck seines Gewichts ist stärker als der Widerstand des Bodens: Das Tier ist leicht eingesunken. Ein gleich schweres Tier mit kleineren Pfoten würde tiefere Spuren hinterlassen, weil das gleiche Gewicht auf eine kleinere Fläche wirkt und größeren Druck ausübt.

Breitere Räder, weniger Druck

Schwere Fahrzeuge haben manchmal breite Gleisketten. Sie verteilen das Gewicht des Fahrzeugs auf eine große Fläche und sinken nicht so tief in den Boden ein. Arbeitstiere wie Ochsen und Büffel haben aus dem gleichen Grund von Natur aus breite Hufe.

Kräfte und Bewegung messen

Um eine Kraft zu messen, kann man ihre Wirkung auf einen Gegenstand beobachten. Eine Vorstellung von einer Kraft bekommt man, wenn man etwas hebt: Man spürt die Anstrengung, die es kostet. Um Bewegung zu messen, bedienen wir uns der Geschwindigkeit, die besagt, wie weit sich ein Gegenstand in einer bestimmten Zeit bewegt. Geschwindigkeit ist gleichmäßige Bewegung in eine bestimmte Richtung. Einen Wechsel der Geschwindigkeit nennt man Beschleunigung beziehungsweise Verlangsamung.

Entdeckung

Blaise Pascal (1623–1662) leistete Bedeutendes in der Mathematik und Physik. Er zeigte unter anderem, dass Gase und Flüssigkeiten mit gleichem Druck in alle Richtungen nach außen pressen. Hydraulische (flüssigkeitsgetriebene) Maschinen wie Bagger funktionieren nach diesem Prinzip.

Orientierung unter Wasser

Woher weiß eine U-Boot-Besatzung unter Wasser, wo sie sich befindet? Sie verfolgt ihren Kurs mithilfe von Gyroskopen und Beschleunigungsmessern. Ein Beschleunigungsmesser ist ein schweres Gewicht mit viel Trägheit im Stillstand und viel Impuls in der Bewegung. Wenn das U-Boot die Richtung ändert, will das Gewicht weiter geradeaus. Empfindliche Federn messen die Kräfte, die durch die unterschiedlichen Bewegungen von Gewicht und U-Boot entstehen. Ein Computer berechnet daraus Position und Kurs des U-Boots.

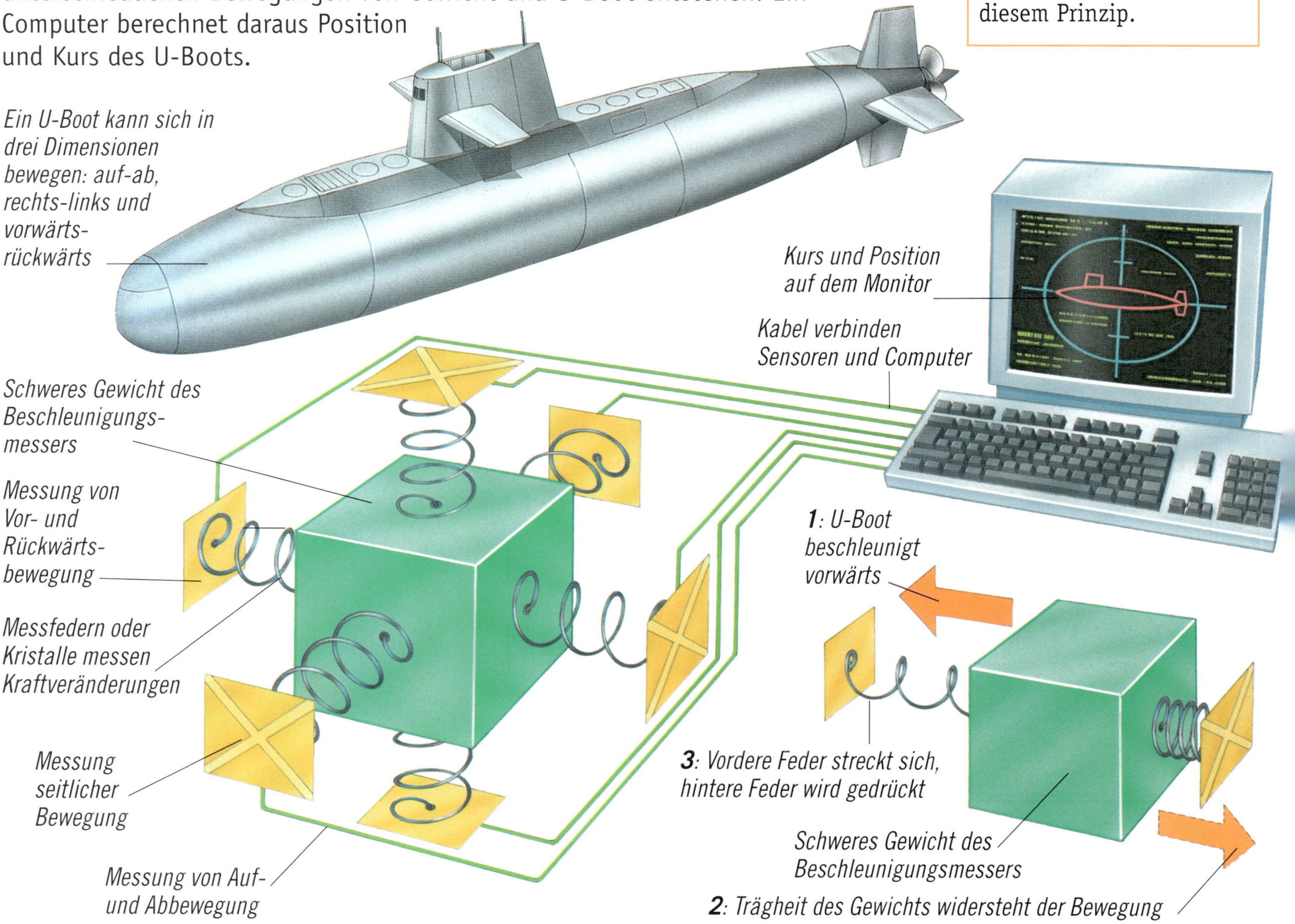

Mehr dazu: Kräfte und Bewegung S. 52; Schwerkraft S. 56; Schallwellen S. 112

Seitliche Kräfte

Wenn ein Auto schnell um die Kurve fährt, bewegt sich der Körper des Fahrers nach dem 1. Gesetz der Bewegung weiter geradeaus. Das Auto presst dann mit einer Kraft gegen den Körper, die wir Zentrifugalkraft oder Fliehkraft nennen.

G-KRÄFTE

- Die Schwerkraft zieht alles mit einer Kraft von 1 g (Gravitation oder Schwerkraft) zu Boden.
- Ein Flugzeugpilot in einer sehr schnellen Kurve erfährt durch die Richtungsänderung des Flugzeugs eine zusätzliche Krafteinwirkung von bis zu 6 g. Sein Körper ist damit also sechsmal schwerer als normal!
- Der Körper kann solche Kräfte normalerweise nicht aushalten. Das Herz kann das Blut nicht mehr ins Gehirn pumpen.

Maximale Kraft

Ein Golfspieler schwingt seinen Schläger, um das untere Ende, den Schlägerkopf, zu beschleunigen. Der Kopf muss am unteren Punkt des Schwungs, wenn er den Ball trifft, am schnellsten sein. Je schneller der Kopf ist, desto mehr Kraft wirkt auf den Ball und desto weiter fliegt er. Kräfte werden in der Einheit Newton (N) gemessen. Ein Apfel in der Hand drückt wegen der Schwerkraft mit etwa 1 Newton auf die Handfläche. Ein Golfschläger trifft den Ball mit einer Kraft von mehr als 100 Newton.

Schneller als der Schall

Am 15. Oktober 1997 fuhr die Thrust SSC (SuperSonic Car; deutsch: Überschallauto) als erstes Landfahrzeug schneller als der Schall. Zwei Flugzeugdüsen beschleunigten es auf dem glatten und harten Sand der Black-Rock-Wüste in Nevada, USA, auf die Rekordgeschwindigkeit von 1228 Kilometer pro Stunde. Am Ende der Fahrt wurde das Fahrzeug mithilfe eines großen Fallschirms abgebremst.

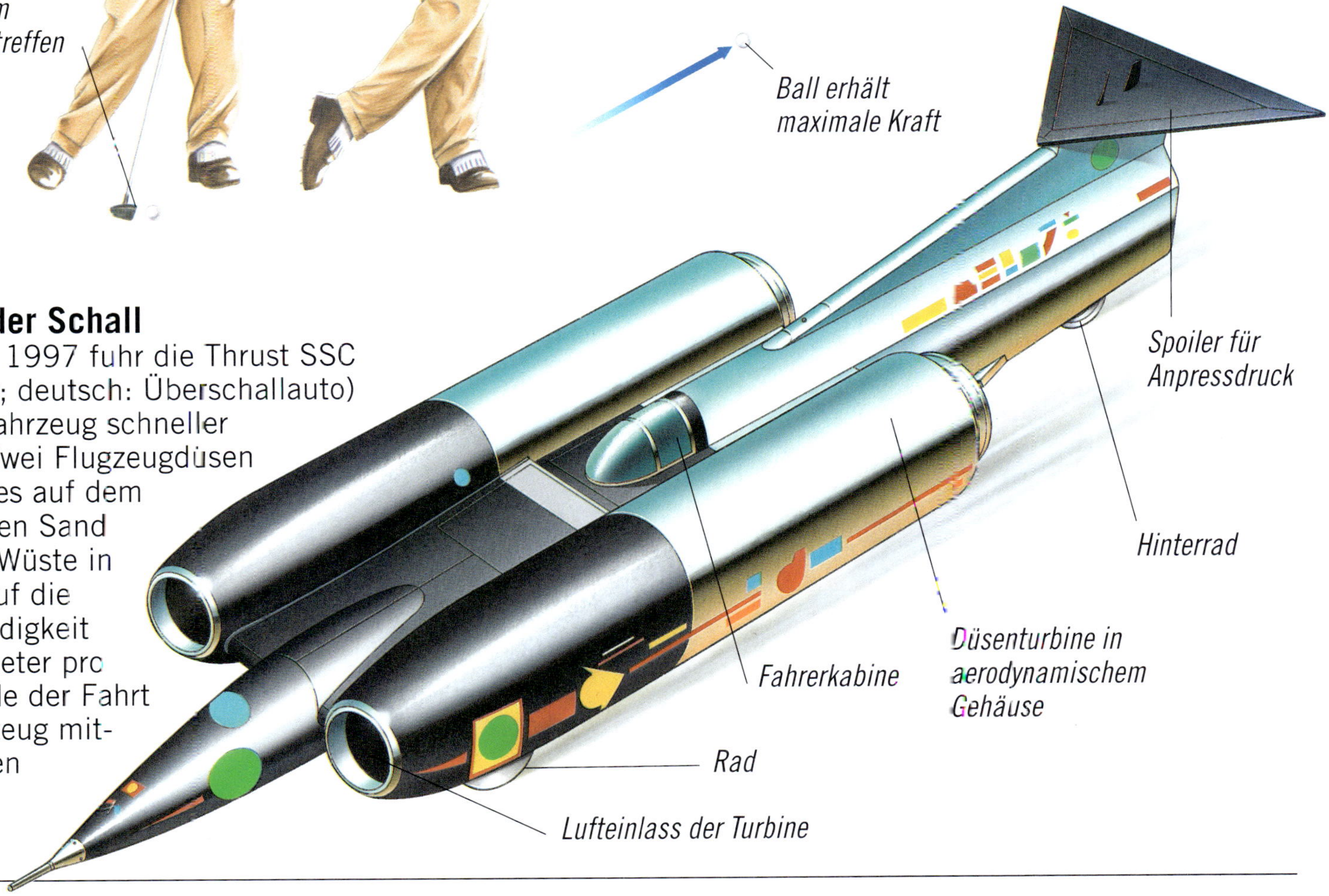

Schwerkraft

WENN MAN IN DIE LUFT SPRINGT, landet man schnell wieder auf dem Boden. Egal mit welcher Kraft man einen Ball in die Luft wirft, er fällt zur Erde. Die unsichtbare Kraft, die alles zur Erde zieht, heißt Schwerkraft. Jeder Gegenstand besitzt Schwerkraft oder auch Massenanziehung. Diese Kraft zieht andere Gegenstände an. Deshalb zieht ein durch die Luft fliegender Ball die Erde ebenso an wie die Erde den Ball. Da aber die Erde viel mehr Masse besitzt als der Ball, bewegt sich der Ball viel weiter auf die Erde zu als umgekehrt. Gegenstände wie Sterne haben so viel Masse, dass sie eine gewaltige Anziehung besitzen. Die Schwerkraft der Sonne hält alle Planeten des Sonnensystems einschließlich der Erde in ihrer Umlaufbahn.

Erde und Mond
Erde und Mond ziehen einander an, aber die Erde hat viel mehr Masse und steht deswegen im Vergleich zum Mond fast still, während der Mond sie umrundet.

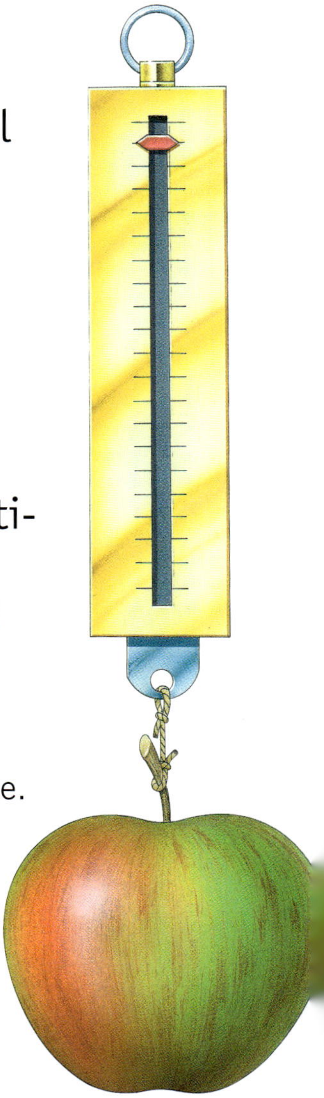

Schwerkraft messen
Die Schwerkraft der Erde zieht Gegenstände auf die Erdoberfläche. Im täglichen Leben sprechen wir von „Gewicht", das wir in Kilogramm (kg) messen. Für Wissenschaftler ist Gewicht eine Kraft, das sie in der Einheit Newton (N) messen. Größere Objekte mit mehr Masse (Materie oder Atome) werden stärker von der Erde angezogen. Mit anderen Worten: Sie wiegen mehr.

Schieflage
Der weltberühmte Schiefe Turm von Pisa ist von der Schwerkraft in eine Schieflage gezogen worden. Ein hoher, schmaler Gegenstand steht solange aufrecht, wie er sich senkrecht im Lot befindet und die Schwerkraft genau senkrecht durch ihn hindurch wirkt. Der Turm von Pisa wurde im Jahr 1350 unglücklicherweise auf einem Boden gebaut, der auf einer Seite weicher ist als auf der anderen. Deshalb begann der Turm, sich zu neigen. Vor kurzem hat man die Fundamente verstärkt und hofft nun, dass er sich nicht weiter neigt.

Endgeschwindigkeit
Skydiver springen aus Flugzeugen und beschleunigen auf ihrem Fall zum Boden solange, bis die Anziehung der Erde durch den Luftwiderstand ausgeglichen wird. Sind beide Kräfte im Gleichgewicht, beschleunigen die Skydiver nicht weiter. Diese höchste erreichbare Geschwindigkeit liegt bei etwa 180 Kilometer pro Stunde.

Mehr dazu: Planet Erde S. 142; Erforschung des Weltraums S. 176

Raumschiffe mit Schwerkraft-Antrieb

Die Weltraumsonde *Cassini-Huygens* wurde 1997 zum Saturn geschickt. Weil aber ein direkter Flug eines Raumfahrzeugs zum Saturn viel zu teuer ist, benutzt die Sonde die Swing-by-Technik.

Saturnringe

Cassini-Huygens wird den Saturn mit seinen faszinierenden Ringen im Jahr 2004 erreichen. Die Schwerkraft des Planeten Saturn wird die Sonde immer schneller anziehen. Aber durch den Anflugwinkel wird die Sonde in eine Umlaufbahn um den Saturn schwenken. Dann löst sich die Eintauchsonde, die Funksignale zurück zur Erde sendet.

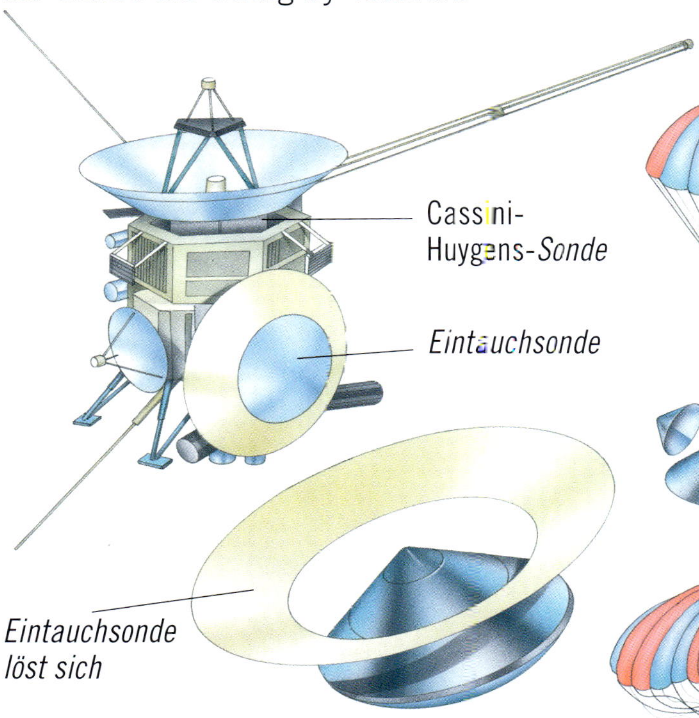

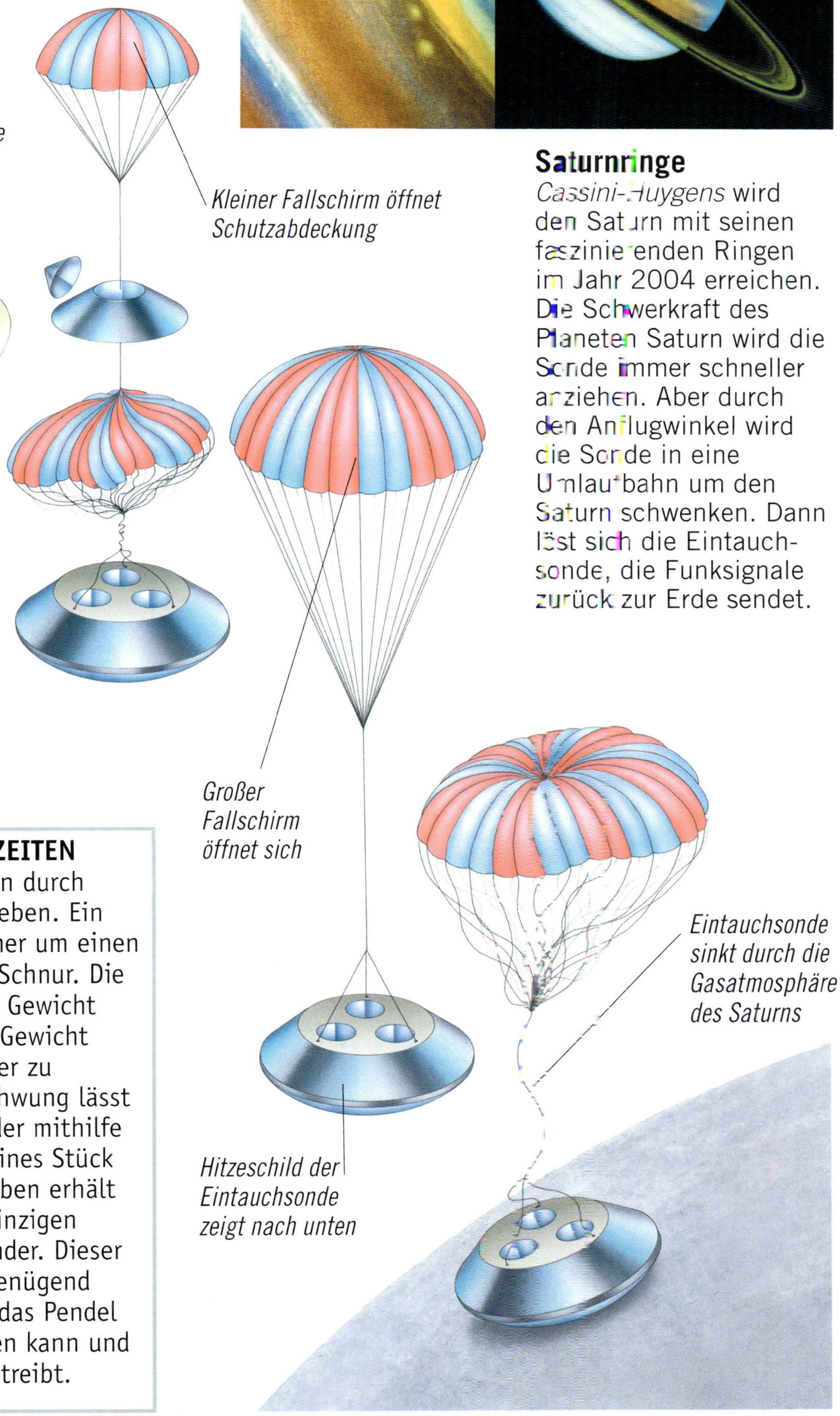

Swing-by-Technik

Cassini-Huygens wurde zunächst zur Venus geschickt. Durch die Schwerkraft der Venus schwingt die Sonde um den Planeten und wird dann zurück zur Erde geschossen. Die Schwerkraft der Erde beschleunigt sie weiter und sie schwingt um die Sonne, erneut um die Venus, um den Jupiter und schließlich zum Saturn.

BESCHWINGTE ZEITEN

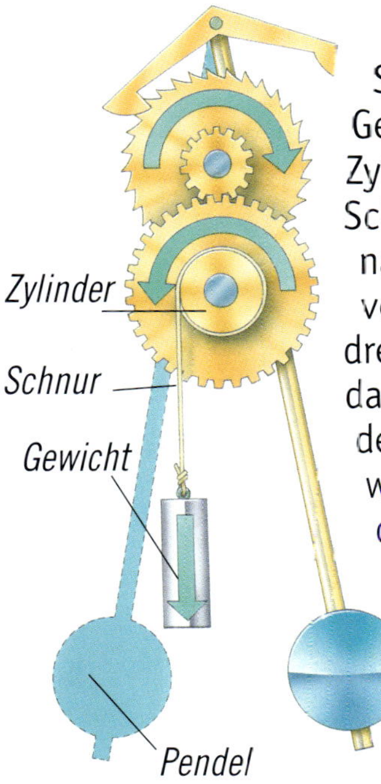

Pendeluhren werden durch Schwerkraft angetrieben. Ein Gewicht hängt an einer um einen Zylinder gewickelten Schnur. Die Schwerkraft zieht das Gewicht nach unten und das Gewicht versucht, den Zylinder zu drehen. Mit jedem Schwung lässt das Pendel den Zylinder mithilfe des Gangrads ein kleines Stück weiter drehen. Daneben erhält das Pendel einen winzigen Schubs vom Zylinder. Dieser Schubs liefert genügend Energie, damit das Pendel weiter schwingen kann und die Uhrzeit vorantreibt.

Wärme und Kälte

WÄRME IST EINE FORM von kinetischer Energie. Es ist die kinetische oder Bewegungsenergie der Atome in einem Stoff oder einem Gegenstand. Wenn etwas kalt ist, bewegen sich seine Atome nur sehr wenig. Wenn es sich erwärmt, bewegen sich die Atome immer schneller. Temperatur ist nicht das gleiche wie Wärme. Wärme ist eine Energieform. Temperatur ist das Maß, wie viel Wärme etwas enthält. Bei der Temperaturmessung in Grad Celsius orientiert man sich an zwei Temperaturen: 0 °C, wenn Wasser zu Eis gefriert, und 100 °C, wenn Wasser zu kochen beginnt.

Heißer Flug
Bei hohen Geschwindigkeiten erzeugt die Reibung mit der Luft enorme Hitze. Deshalb haben schnelle Flugzeuge eine Panzerung (oft aus Titan), die hohen Temperaturen widersteht.

Temperaturmessung

Mit einem Thermoelektrischen Element lässt sich Temperatur sehr genau messen. Es besteht aus zwei Drähten aus unterschiedlichen Metallen, die an ihren Enden (Messpunkten) zusammengelötet sind. Wenn die beiden Messpunkte unterschiedliche Temperaturen haben, fließt Strom durch die Drähte. Die Stärke des Stroms hängt vom Temperaturunterschied ab: je größer der Unterschied, desto stärker der Strom. Wenn ein Messpunkt eine bekannte Temperatur (etwa 0 °C) hat, kann die Temperatur des anderen Messpunkts anhand der Stromstärke bestimmt werden.

Beide Messpunkte haben die gleiche Temperatur: kein Strom

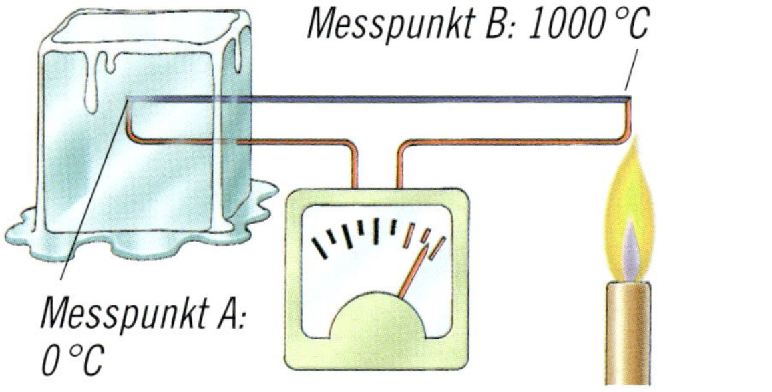

Messpunkte haben unterschiedliche Temperaturen: Strom fließt

Entdeckung

James Joule (1818–1889) bewies als Erster, dass mechanische Arbeit wie das Drücken einer Türklinke Wärme erzeugt. Das heißt, mechanische Arbeit und Wärme sind zwei unterschiedliche Formen von Energie. Joules Forschung führte zur Gründung eines neuen Wissenschaftszweigs, der Thermodynamik. Sie beschäftigt sich mit der Umwandlung von Wärmeenergie in andere Energieformen.

Thermoelektrisches Element

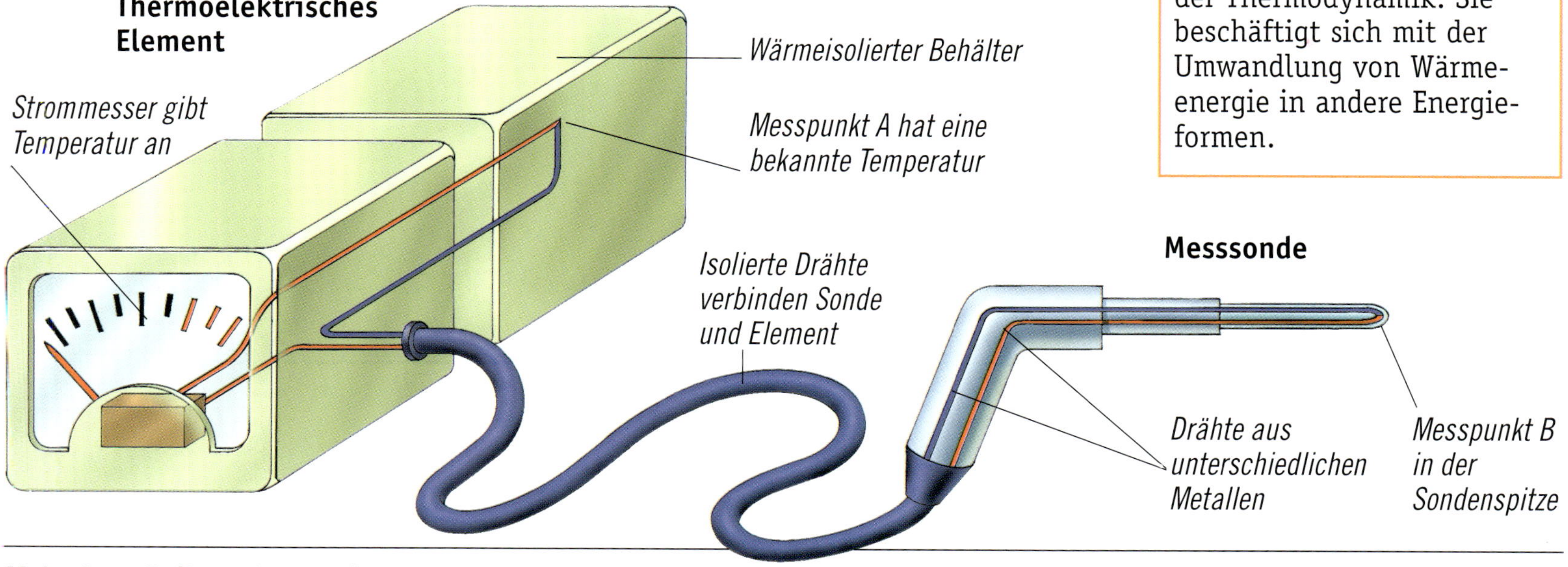

Mehr dazu: Reibung S. 70; Fließende Elektrizität S. 82; Elektromagnetisches Spektrum S. 136

Sehr heiß

In einem sehr heißen Stoff bewegen sich die Atome und Moleküle stark hin und her. Dabei schwingen sie nicht nur vor und zurück, sondern fliegen in alle Richtungen wie ein kleiner Ball (grün) in einem viel größeren Ball (orange).

Kühler

Wenn die Wärme in einem Stoff abnimmt, bewegen sich seine Atome und Moleküle immer weniger. Wir wissen, dass die Wärme abnimmt, weil sich der Stoff kühler anfühlt und das Thermometer eine niedrigere Temperatur anzeigt.

Sehr kalt

Ein sehr kalter Stoff hat sehr wenig Wärmeenergie. Seine Atome und Moleküle bewegen sich kaum noch. Bei der niedrigsten möglichen Temperatur, dem absoluten Nullpunkt (–273,15 °C), stehen sie völlig still.

Wärme sehen

Unsere Augen sehen nur Lichtstrahlen, die eine Form der elektromagnetischen Strahlung sind. Auch Wärme, die sich von einem Ort zum anderen bewegt, ist eine Form elektromagnetischer Strahlung, die wir Infrarotstrahlung nennen. Einige Satellitenkameras nehmen nur Infrarotstrahlung auf. Sie machen „Wärmebilder" wie die der oben gezeigten Stadt. Rottöne zeigen wärmere Stellen, Blau und Schwarz kältere.

Wärmeschutz

Stoffe, die Wärmeenergie sehr langsam durchlassen, nennt man Wärme-Isolatoren. So ist die Glaswolle im Hausdach ein Wärme-Isolator, der die Wärme im Haus hält. Feuerschutzanzüge bestehen aus einem besonders biegsamen Isolationsmaterial. Sie besitzen auch eine glatte Oberfläche, die einen Teil der Wärmeenergie reflektiert. Weil die Oberfläche auch Lichtstrahlen reflektiert, glänzen die Anzüge.

TEMPERATURBEREICHE

Im Alltag kennen wir nur einen kleinen Temperaturbereich. Ein kalter Tag kann –10 °C haben, während wir an einem warmen Tag vielleicht 32 °C messen. In der Wissenschaft misst man die Temperatur mit der Kelvin-Skala. Der absolute Nullpunkt ist 0 K (–273,15 °C). Wasser kocht bei 373,15 K (100 °C).

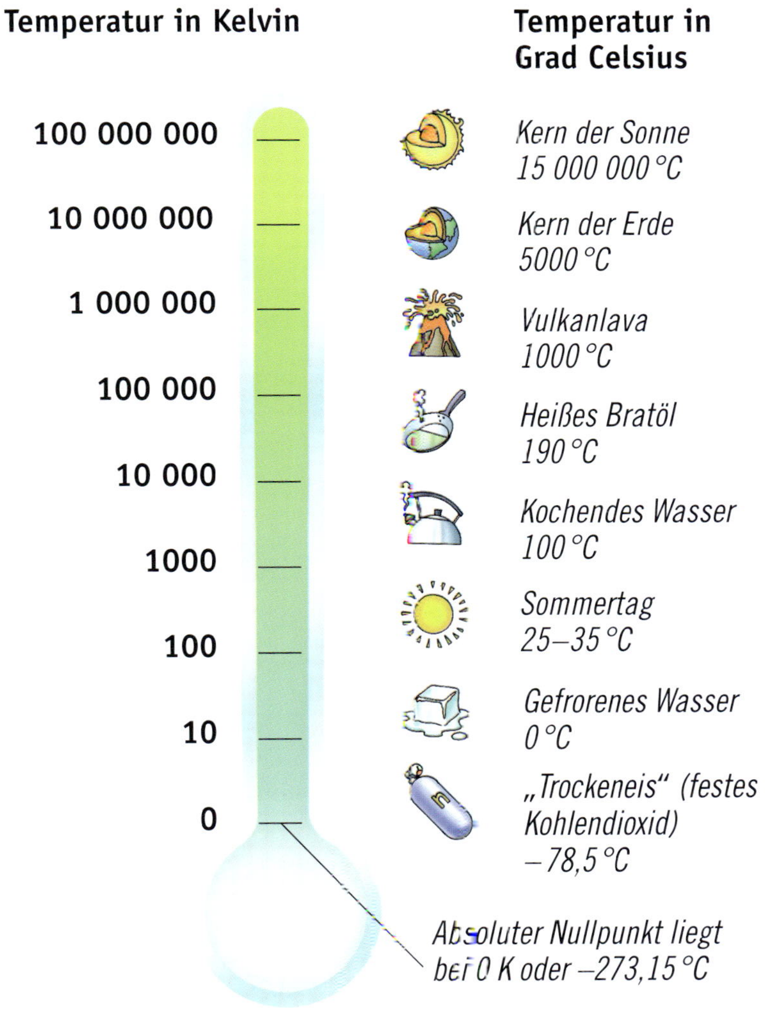

Hilfreiche Maschinen

EINE WELT OHNE MASCHINEN ist heute kaum vorstellbar. Das Leben wäre sehr viel unbequemer. Maschinen erleichtern uns die Arbeit oder nehmen sie uns sogar ab. Sie bewegen schwere Lasten, halten Dinge zusammen oder ziehen sie auseinander, waschen unsere Kleidung, transportieren Menschen und Fracht und stellen Dinge her – von Nägeln bis zu Flugzeugen. Maschinen haben aber auch einen Nachteil: Herstellung und Einsatz von Maschinen verbrauchen Rohmaterialien und Treibstoffe der Erde.

Fortschritt durch Maschinen?
Wir messen unseren Fortschritt oft an den Maschinen, die wir benutzen. Ein Land, in dem Menschen die neuesten Autos, Flugzeuge, Computer und Haushaltsgeräte besitzen, gilt als modern. Aber auch altmodische und überholte Maschinen können sehr interessant sein.

Früher ...
Vor langer Zeit wurde die Ernte mit menschlicher Muskelkraft und einfachem Werkzeug wie Sicheln eingebracht.

... und heute
Ein Landwirt kann heute mit einem Mähdrescher die Arbeit von 100 Menschen mit Handwerkzeugen erledigen. Aber die Herstellung eines Mähdreschers beruht selbst auf der Arbeit von vielen Menschen, zum Beispiel Ingenieuren, Mechanikern, Verkäufern und Wartungspersonal. Die Arbeitsschritte, die ein Mähdrescher verrichtet, zeigen die Zahlen in der Abbildung.

Komplexe Maschine

Der Mähdrescher erledigt alle Aufgaben bei der Ernte von Getreide. Er ist eine große, komplexe Maschine, das heißt: Er besteht eigentlich aus mehreren Maschinen. Ein großer Dieselmotor liefert die Energie für den Antrieb, die Räder, Messer, Getriebe, Bänder und anderen beweglichen Teile. Das Schneidwerk mäht das Getreide ab. Die Rüttelsiebe und Dreschtrommeln trennen das wertvolle Korn von Spelzen und Stroh. Große Tanks oder Anhänger nehmen das Korn auf, während sich der Mähdrescher über das Feld bewegt.

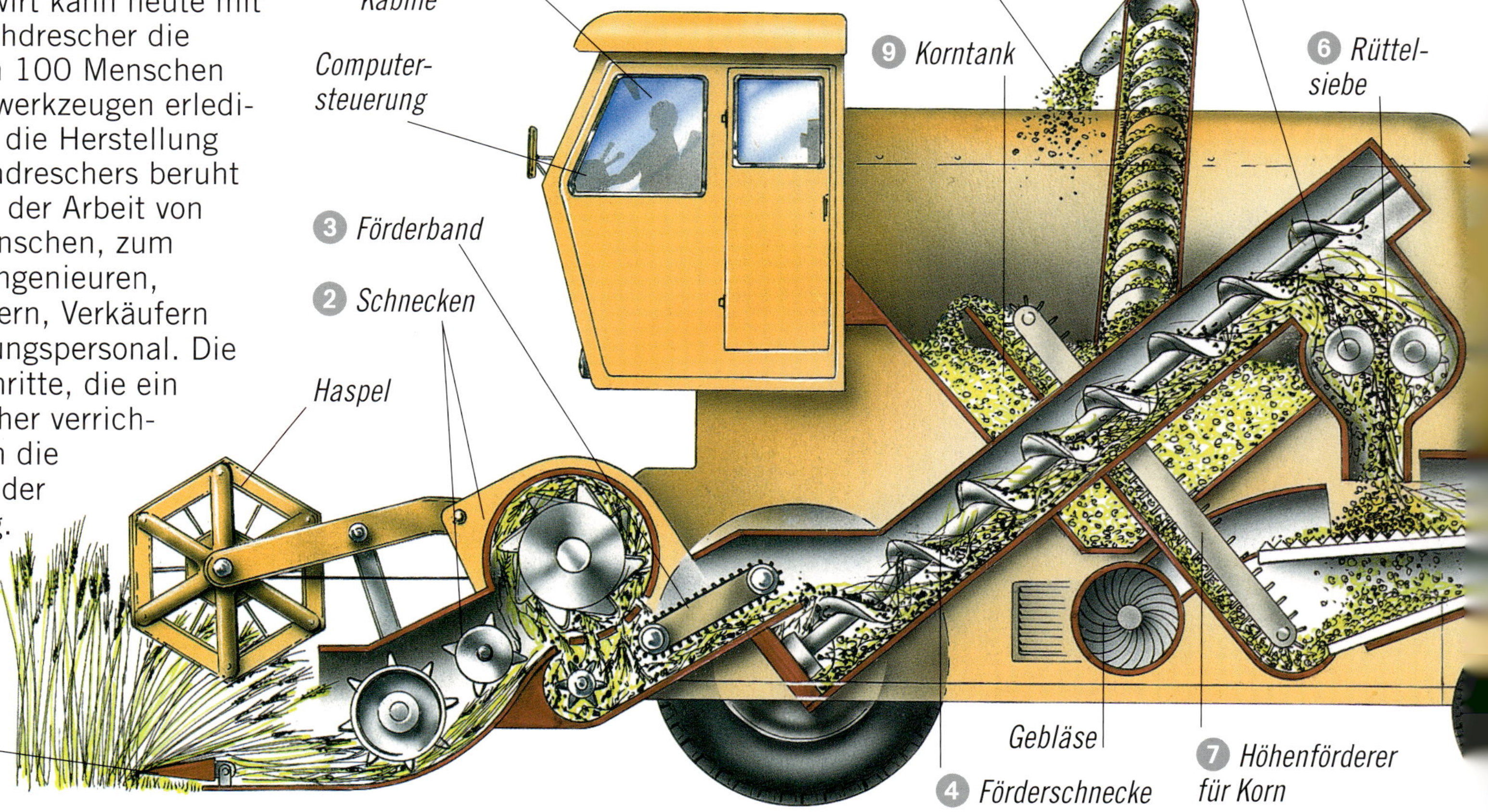

Mehr dazu: Einfache Maschinen S. 62; Kraft für Maschinen S. 66; Die Erde in Gefahr S. 170

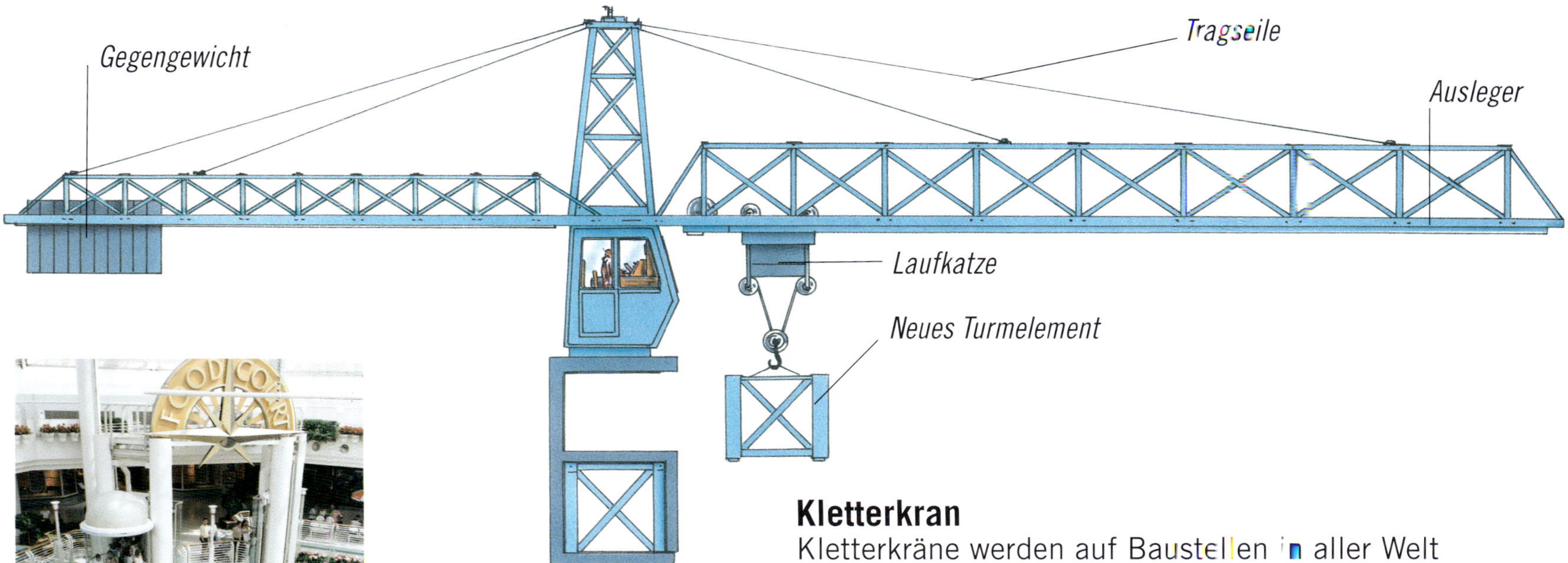

Kletterkran

Kletterkräne werden auf Baustellen in aller Welt eingesetzt. Sie können schwere Lasten heben und diese in einem Umkreis von rund 100 Metern überall wieder absetzen. Der Kranausleger dreht sich auf dem Turm und die kleine Laufkatze fährt an ihm mit der Last hin und her. Dieser Kran baut sich sogar selbst auf: Er zieht ein Turmelement nach oben, setzt es auf die Turmspitze und klettert an diesem neuen Stück weiter nach oben.

Aufzüge

Aufzüge wurden entwickelt, um Menschen und Frachten über einen Höhenunterschied zu befördern. Ein Aufzug fährt an dicken Seilen auf und ab. Die Seile laufen um eine Walze, die von einem Elektromotor angetrieben wird (siehe S. 65).

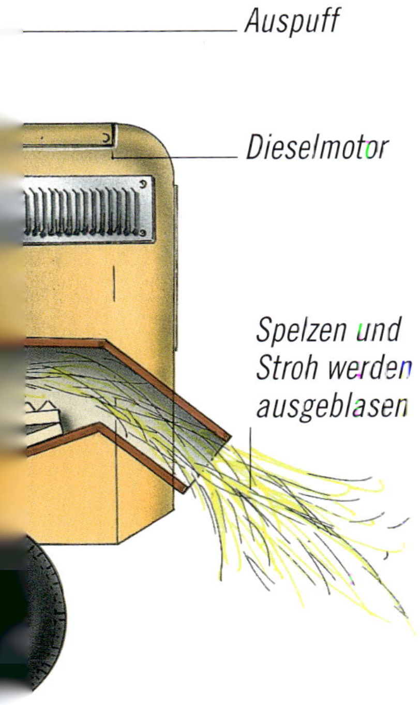

Entdeckung

Einige wissenschaftliche Entwicklungen und Erfindungen waren so entscheidend, dass sie das Leben von Menschen in aller Welt veränderten. 1903 gelang es zwei Brüdern in den Vereinigten Staaten (USA), ein bis dahin ungelöstes Problem zu lösen. Sie hießen Wilbur und Orville Wright. Sie bauten eine Flugmaschine, nachdem sie Flügelformen, die Funktionsweise von Propellern und die Steuerung einer Flugmaschine im Flug lange wissenschaftlich untersucht hatten. Am 17. Dezember 1903 gelang ihnen am Strand von Kitty Hawk in North Carolina der erste bemannte Flug mit Motorantrieb. Ihre Erfindung sollte die Welt verändern.

Das erste Flugzeug der Gebrüder Wright, der *Flyer,* wurde von einem kleinen, selbst gebauten Benzinmotor angetrieben. Sie wussten, dass die Automotoren dieser Zeit zu schwer für ein Flugzeug waren. In den folgenden Jahren bauten sie verbesserte Versionen des *Flyer* und machten längere Flüge.

Kurz nach den ersten Flügen der Gebrüder Wright stiegen auch andere Piloten in die Lüfte. 1909 überflog Louis Blériot als Erster den Ärmelkanal zwischen Frankreich und England. Schon bald begann man, Flugzeuge auch für den Passagiertransport zu nutzen.

Einfache Maschinen I

SELBST KOMPLIZIERTE UND GROSSE MASCHINEN gehen oft auf nur vier Arten von einfachen Maschinen zurück: Hebel, schiefe Ebene, Rad mit Achse und Flaschenzug. Der Hebel ist ein starrer Balken, der sich um einen so genannten Drehpunkt herum dreht. Liegt der Drehpunkt näher zu einem Ende hin, kann man mit dem Hebel ein schweres Gewicht leichter heben. Auch die schiefe Ebene (zum Beispiel eine Rampe oder ein Keil) ist eine einfache Maschine. Es ist nämlich leichter, ein schweres Gewicht eine Rampe hinaufzuschieben, als es gerade hochzuheben. Zwei Rücken an Rücken stehende schiefe Ebenen bilden einen Keil, wie bei einer Axt oder einem Meißel. Ein wie ein Korkenzieher um eine Stange gewickelter Keil bildet ein Gewinde oder eine Schraube. Mit Schrauben kann man Dinge heben oder aneinander befestigen.

Bau der Pyramiden
Die ägyptischen Pyramiden wurden vor 4500 Jahren aus tausenden tonnenschwerer Steinblöcke errichtet. Wahrscheinlich hat man sie mithilfe von Hebeln aufgeschichtet oder auf Rundhölzern über eine Rampe geschoben. Genau wissen wir es bis heute nicht.

Entdeckung
Der griechische Mathematiker Archimedes (um 287–212 v. Chr.) entdeckte das mechanische Prinzip von Hebeln und Flaschenzügen. Diese einfachen Maschinen nehmen dem Menschen die Arbeit nicht vollständig ab. Mit einem Hebel kann man ein schweres Gewicht mit weniger Aufwand heben, aber nicht sehr hoch. Im Endeffekt benötigt man die gleiche Gesamtmenge an Energie, ob man das Gewicht nun direkt oder mit einem Hebel anhebt.

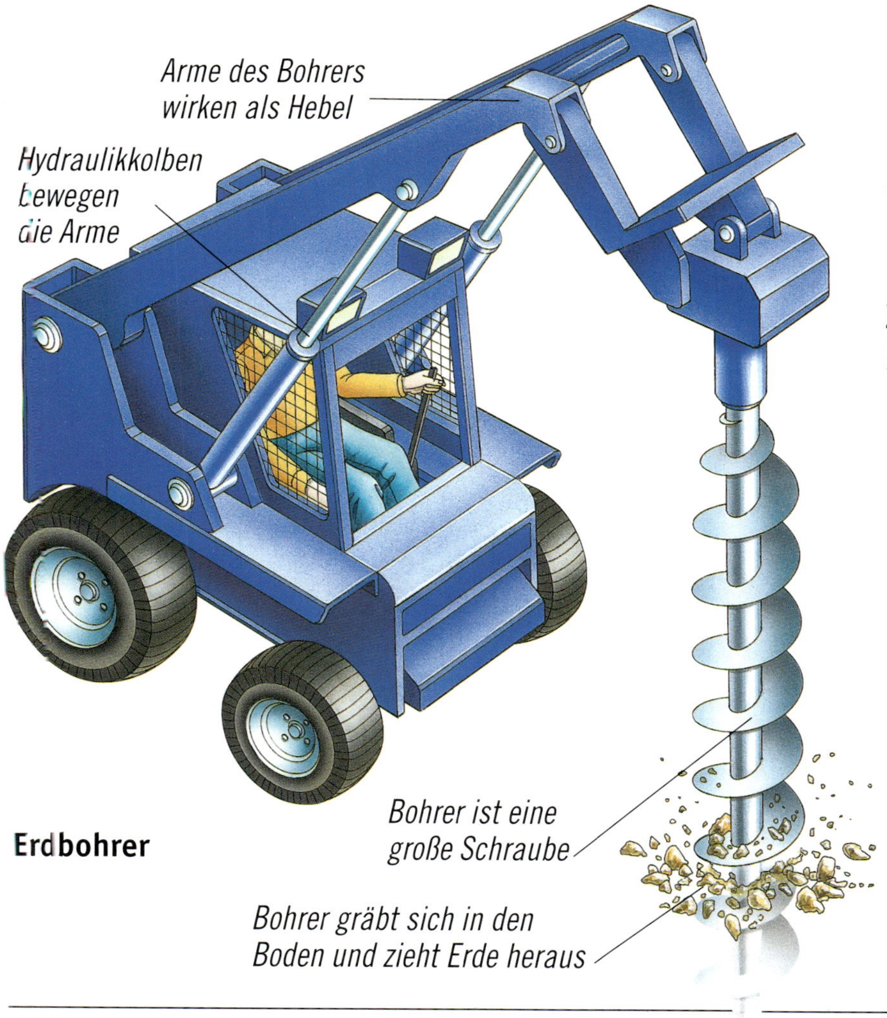

Erdbohrer

Hebel im Arbeitsleben

Die Arme eines Baggers bestehen aus einer Reihe miteinander verbundener Hebel. Sie werden durch Öl bewegt, dass mit sehr hohem Druck durch Leitungen in einen Zylinder gepresst wird. Der Druck des Öls schiebt einen Kolben aus dem Zylinder und liefert damit die Kraft, um den Arm zu bewegen. Dies nennt man hydraulischen Antrieb.

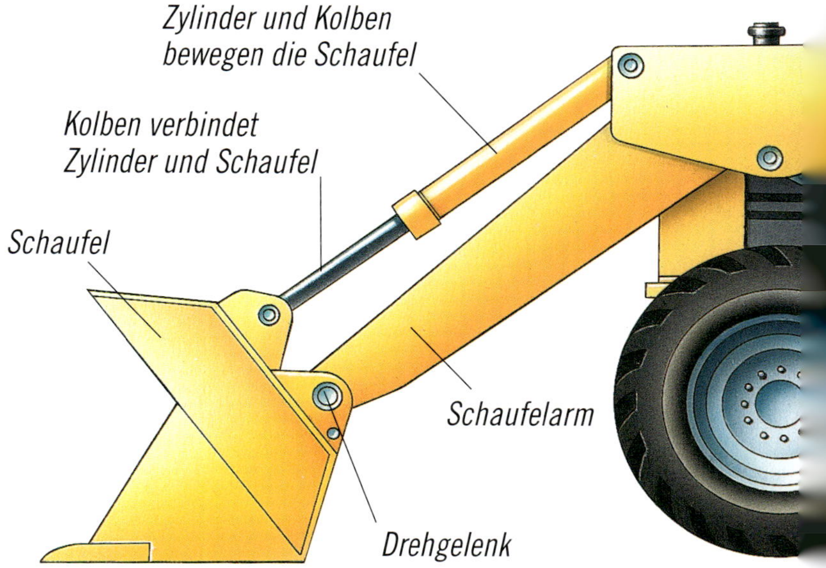

Mehr dazu: Fest, flüssig und gasförmig S. 26; Einfache Maschinen S. 64; Kraft für Maschinen S. 66

VERSCHIEDENE HEBELARTEN

Es gibt drei verschiedene Arten, den Aufwand (die bewegende Kraft), den Drehpunkt und die Last eines Hebels anzuordnen. Diese drei unterschiedlichen Anordnungen nennt man Hebelordnungen. Je näher sich der Drehpunkt an der Last befindet, desto leichter ist sie zu bewegen. Dies bringt aber nicht immer Vorteile, da sie sich dabei auch über eine entsprechend kürzere Strecke bewegt.

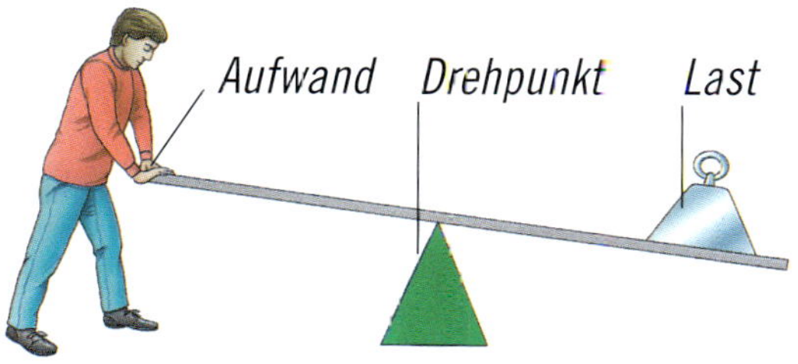

Beim Hebel 1. Ordnung liegt der Drehpunkt in der Mitte zwischen Aufwand und Last. Zwei Hebel, die sich denselben Drehpunkt teilen, bilden eine Schere.

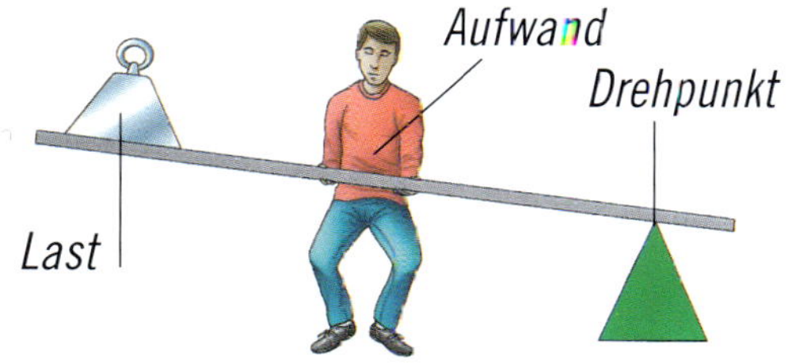

Beim Hebel 2. Ordnung setzt der Aufwand in der Mitte an, während Drehpunkt und Last an den Enden liegen. So funktioniert ein Baggerarm.

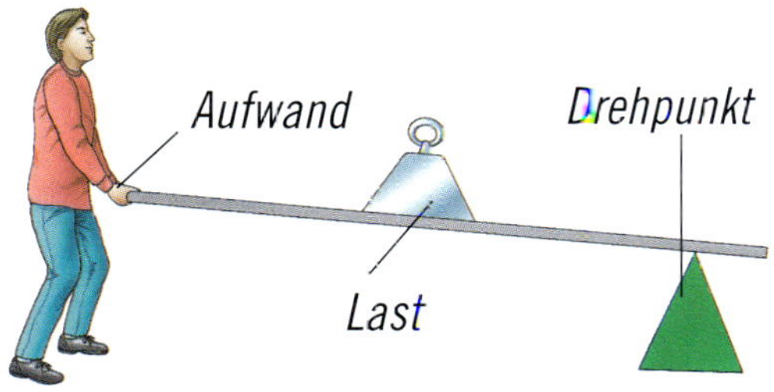

Beim Hebel 3. Ordnung sitzt die Last in der Mitte zwischen Drehpunkt und Aufwand, wie bei einer Schubkarre oder einem Nussknacker.

Kraft des Keils

Ein Bildhauer formt einen Stein mithilfe von Hammer und Meißel. Die Kraft des Hammers wird durch den Meißel zur dünnen, keilförmigen Meißelklinge transportiert. So wirkt die große Kraft des Schlages auf einen winzigen Punkt an der Spitze und erzeugt enormen Druck: Der Stein wird gesprengt.

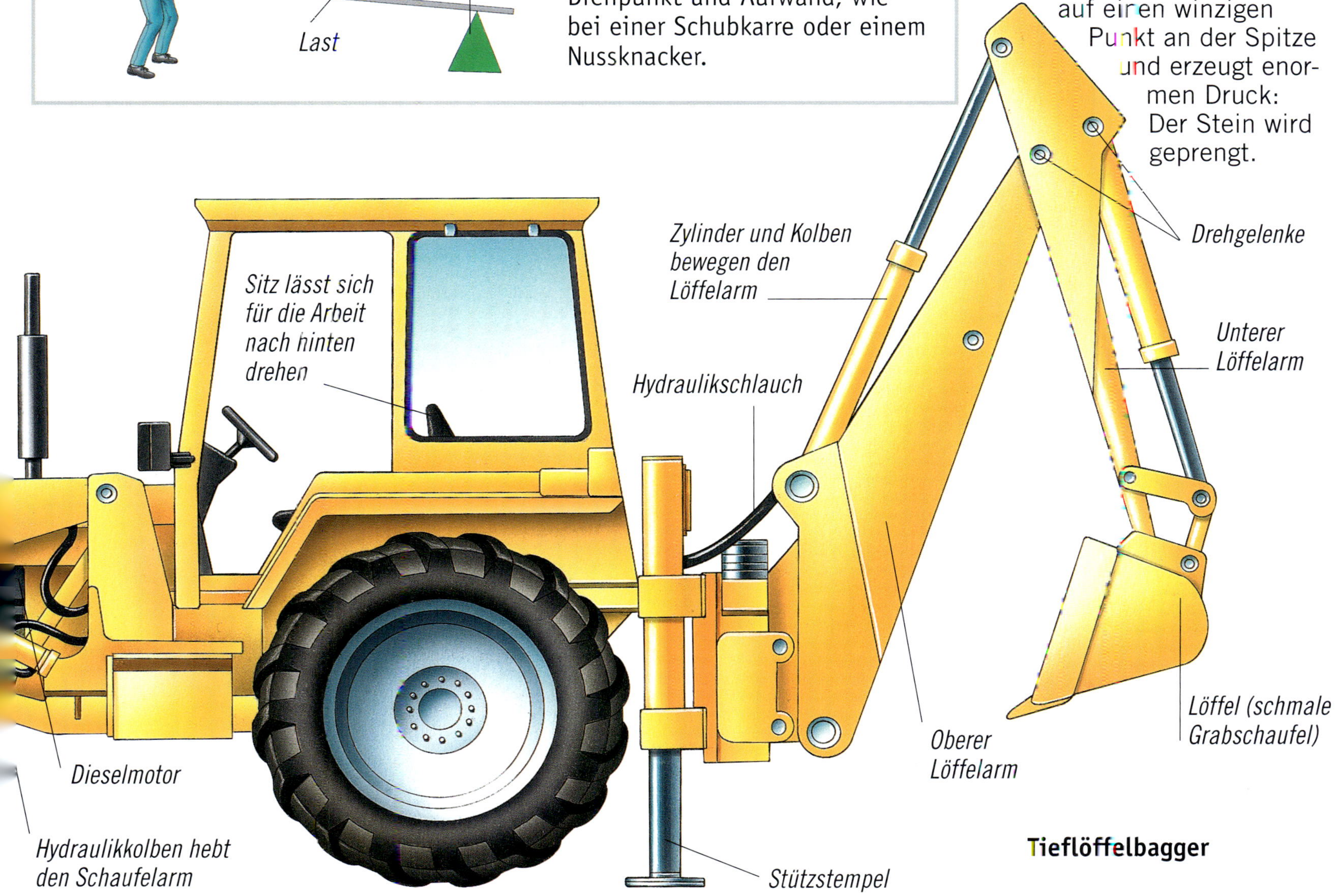

Tieflöffelbagger

Einfache Maschinen II

Das Rad ist eine einfache Maschine, die wie ein Hebel wirkt. Statt sich aber auf einem Drehpunkt zu neigen, dreht sich das Rad um eine Achse. Ein Flaschenzug ist ein Rad mit einer umlaufenden Rinne für ein Seil oder eine Kette. Bindet man ein Seil um eine Last und zieht es dann über das Rad eines Flaschenzugs, kann man die Last heben, indem man am Seil nach unten zieht. Das ist einfacher, als die Last am Seil direkt nach oben zu ziehen, weil man dabei sein Körpergewicht als zusätzliche Kraft einsetzen kann.

Erfindung des Rads
Das Rad erleichtert den Transport von Menschen und Waren über Land. Die ersten Karren hatten Scheibenräder. Das Speichenrad wurde vor ca. 5000 Jahren erfunden.

Radmaschine

Ein Fahrrad ist ein gutes Beispiel für das Zusammenspiel von einfachen Maschinen wie Keil, Hebel, Schrauben, Räder, Flaschenzüge, Federn und Getriebe.

Getriebe
Das Hinterrad dieses Fahrrads hat mehrere verschieden große Zahnräder (Getrieberitzel). Beim Gangwechsel rutscht die Kette von einem Ritzel auf das nächst kleinere oder größere. Je kleiner ein Ritzel ist, desto weniger Zähne hat es und umso mehr Umdrehungen machen Ritzel und Hinterrad bei jeder Umdrehung des vorne liegenden Kettenrads, an dem die Pedale angebracht sind. Je kleiner der Gang, desto größer das Ritzel und desto einfacher das Treten, desto geringer aber der zurückgelegte Weg.

Mehr dazu: Hilfreiche Maschinen S. 60; Einfache Maschinen S. 62; Kraft für Maschinen S. 66

Luftschraube

Ein Flugzeugpropeller ist eine einfache Maschine: eine Schraube. Der Propeller schraubt sich durch die Luft, schiebt diese nach hinten und damit das Flugzeug nach vorne. Das abgebildete Flugzeug wird von dem Piloten mit Fahrradpedalen angetrieben.

Kettenfahrzeug

Die Räder eines Bulldozers arbeiten als Flaschenzüge. Nur zwei Räder werden vom Motor angetrieben. Der Rest leitet die Ketten in einer Endlosschleife herum. Zum Lenken bewegt sich die Kette auf der einen Seite langsamer als die auf der anderen.

Aufwärts oder abwärts?

Der Antrieb eines Aufzugs besteht aus einer einfachen Maschine, dem Flaschenzug. Flaschenzüge dienen dazu, die Richtung einer Kraft umzulenken. Das Kabel, das den Aufzug hält, läuft über mehrere Flaschenzüge und wird von einem Elektromotor aufgewickelt. Dadurch hat es der Motor doppelt so leicht, die Kabine heraufzuziehen, als wenn er direkt an ihr ziehen würde. Allerdings bewegt sich das Kabel mit jeder Umdrehung des Motor-Flaschenzugs nur halb so weit, als wenn es direkt an der Kabine befestigt wäre.

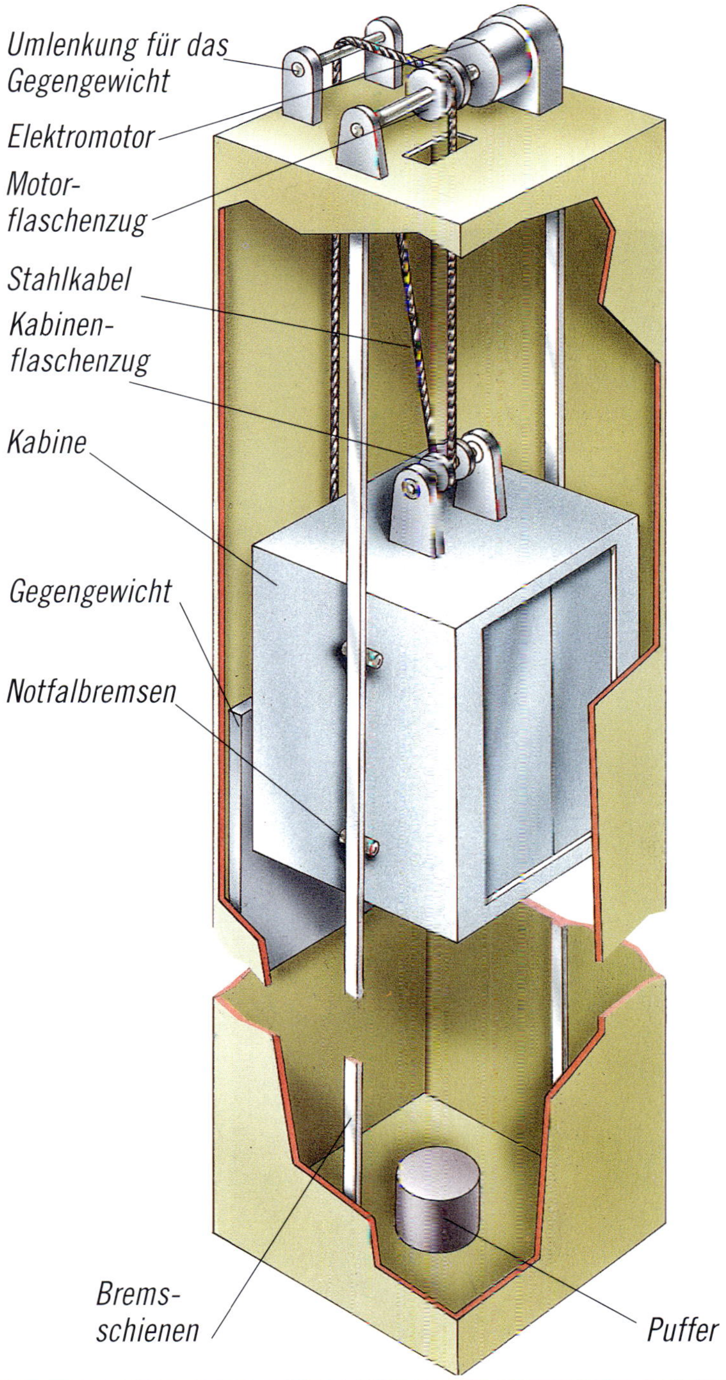

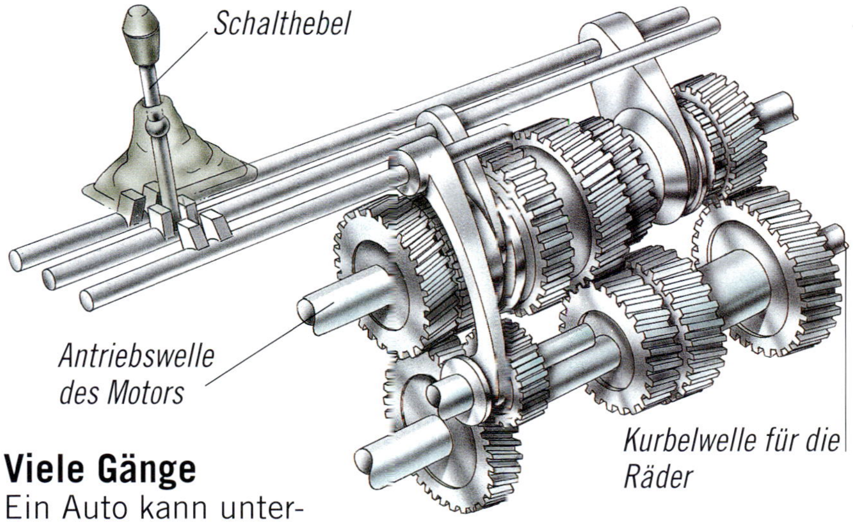

Viele Gänge

Ein Auto kann unterschiedlich schnell fahren, obwohl der Motor mit gleicher Geschwindigkeit dreht. Dafür sorgt das Schaltgetriebe aus mehreren Zahnrädern, die unterschiedlich zusammengeführt werden können. Die Antriebswelle wird vom Motor angetrieben. Die Kurbelwelle treibt die Räder an.

Kraft für Maschinen

MANCHE MASCHINEN WERDEN VON MUSKELKRAFT angetrieben, viele andere besitzen einen Motor. Ein Motor benötigt Energie in Form von Treibstoff, den er in kinetische Energie umwandelt. Elektromotoren wandeln elektrische Energie in die Bewegungsenergie einer rotierenden Welle um. Andere Motoren nutzen die chemische Energie in Treibstoffen wie Benzin, Dieselöl, Kerosin (Flugzeugbenzin), Erdgas, Kohle und Holz. Die gespeicherte Energie wird durch Verbrennung freigesetzt. Dampfmaschinen verbrennen ihren Treibstoff außerhalb der Maschine. Benzin- und Dieselmotoren verbrennen ihren Treibstoff im Inneren. Deswegen werden sie Verbrennungsmotoren genannt.

Platz für Motor und Tank
Bei den meisten Autos liegt der Motor vorne unter der Motorhaube. Der Benzintank befindet sich hinten und ist gut gegen Unfälle geschützt.

Benzinmotor

Im Inneren eines Benzinmotors bewegt sich ein Kolben in einem hohlen Zylinder auf und ab und saugt Luft sowie einen feinen Benzinnebel durch das Einlassventil an (1). Das Ventil schließt sich und der Kolben hebt sich und presst (komprimiert) die Benzin-Luft-Mischung im Zylinder zusammen (2). Ein Funke von der elektrischen Zündkerze lässt die Mischung explodieren. Bei dieser kurzen, kräftigen Explosion dehnt sie sich aus und schiebt den Kolben im Zylinder nach unten (3). Diese Kraft treibt die Autoräder an. Schließlich steigt der Kolben wieder nach oben und drückt die Verbrennungsabgase durch das Auslassventil heraus (4). In der Regel arbeiten vier oder sechs Kolben nacheinander, damit der Motor rund läuft.

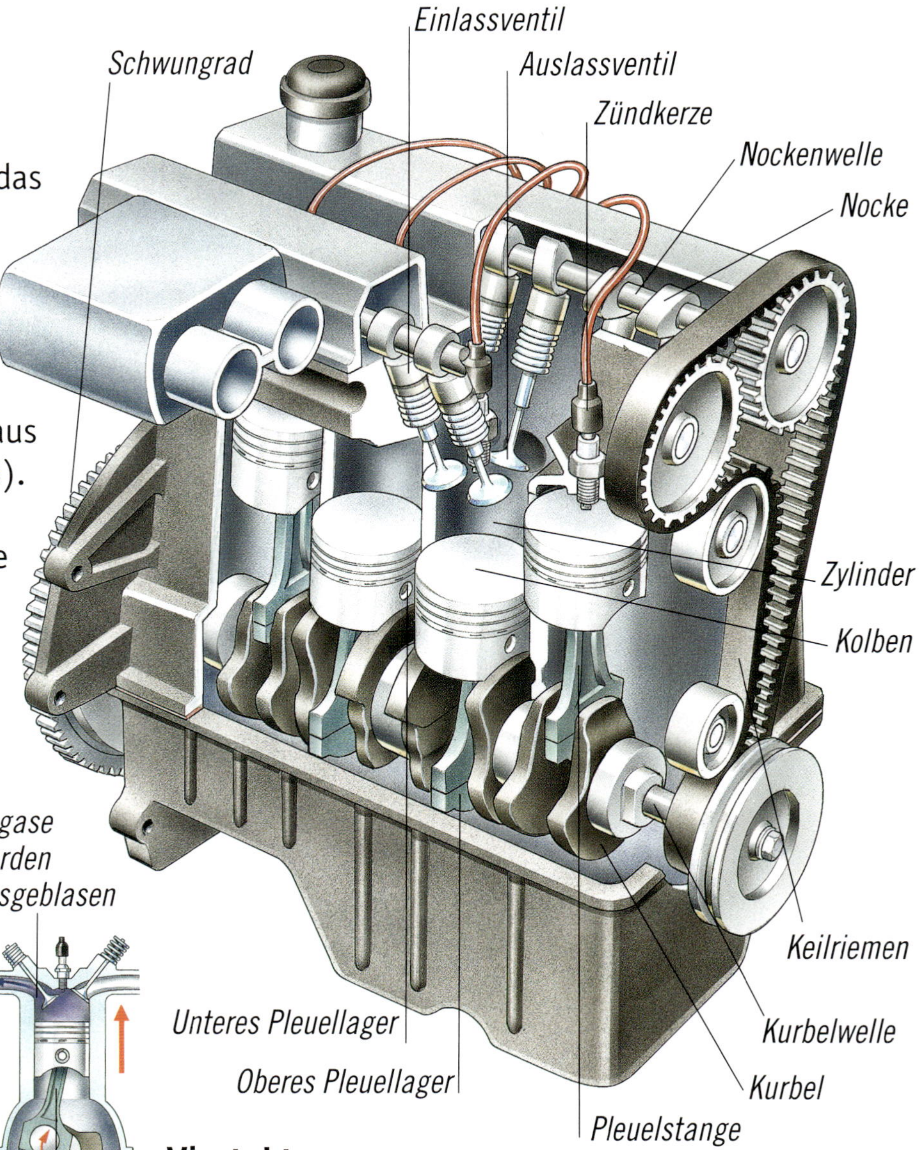

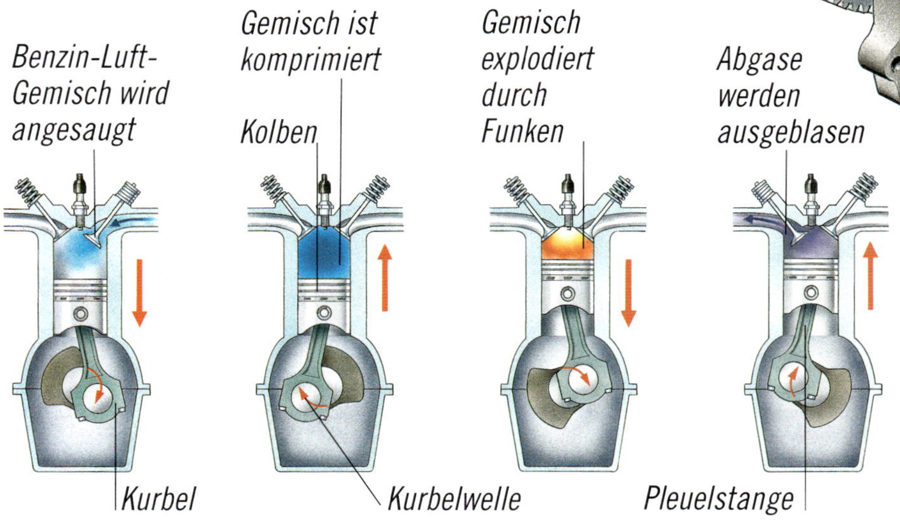

1 Ansaugen **2 Verdichten** **3 Zünden** **4 Ausstoßen**

Viertakt
Die Auf- und Abbewegung des Kolbens im Zylinder wird Takt genannt. Bei einem typischen Benzinmotor ist der Arbeitsablauf eines Kolbens in vier Takte unterteilt. Es ist also ein Viertaktmotor.

Mehr dazu: Chemische Veränderungen S. 36; Elektrizität erzeugt Bewegung S. 96

Entdeckung

Der Ingenieur Carl Friedrich Benz (1844–1929) erfand eine Maschine, die die Welt veränderte: das Automobil. Es gab zwar schon dampf- und benzingetriebene Fahrzeuge, aber sie waren gefährlich. 1885 produzierte Benz das erste brauchbare Benzinauto. Es war ein dreirädriges Fahrzeug mit einer Höchstgeschwindigkeit von 29 Kilometer pro Stunde: Eine neue Ära begann.

Woher kommt das Benzin?

Autofahrer tanken den Kraftstoff für ihr Auto an der Tankstelle. Aber woher kommt es? Benzin und Diesel werden aus Rohöl gewonnen. Das dickflüssige schwarze Öl aus der Erde ist nicht direkt brauchbar. Es wird in Raffinerien zu nützlichen Stoffen wie Bitumen für Straßenbeläge, Dieselöl, Benzin, Kerosin für Flugzeuge, Erdgas und eine Vielzahl von Kunststoffen, Ölen und anderen Materialien für die chemische Industrie umgewandelt.

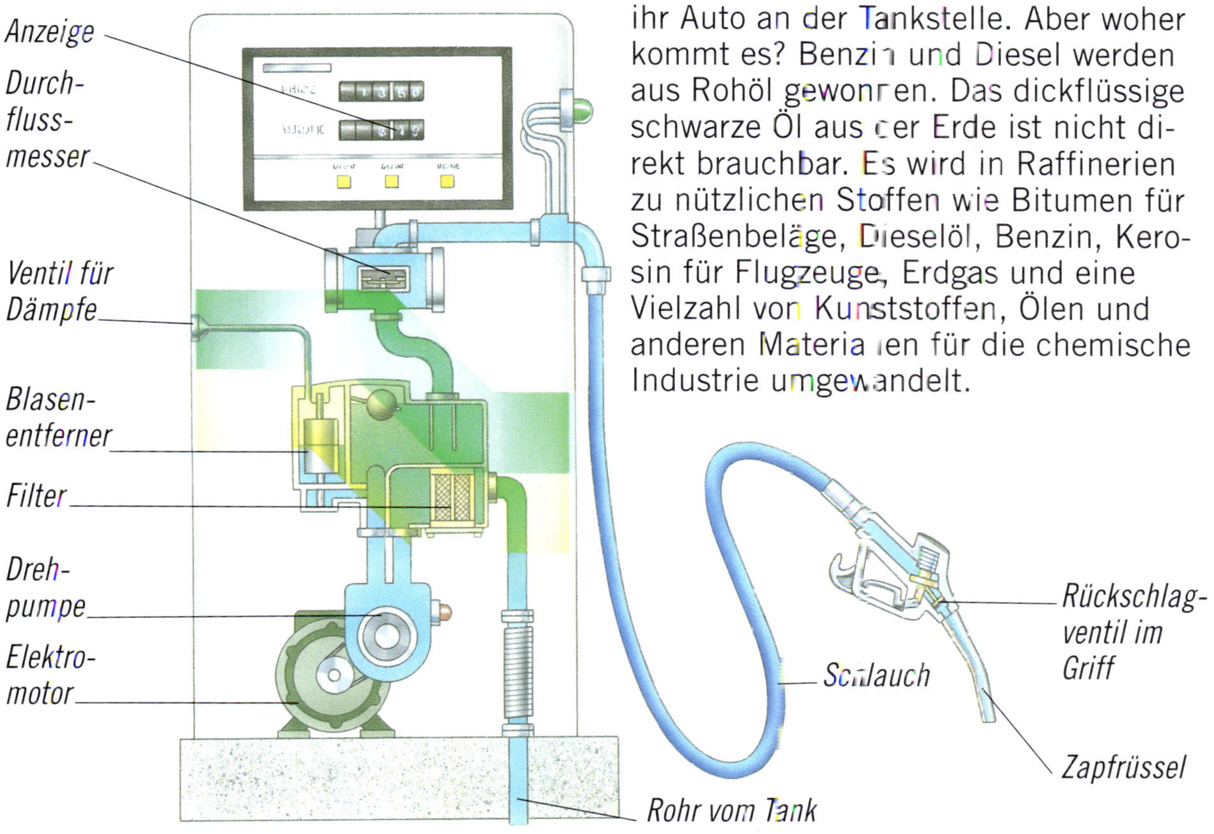

Vorwärts mit Dampf

Schon im 17. Jahrhundert und während der industriellen Revolution lieferten dampfgetriebene Balkenmaschinen die Kraft für viele weitere Maschinen in Fabriken. Dabei erhitzt ein Kohlen- oder Holzfeuer Wasser im Kessel. Der Dampf strömt mit hohem Druck in den Zylinder und treibt den Kolben an. Mit Beginn des 20. Jahrhunderts wurden viele Dampfmaschinen nach und nach durch Verbrennungs- und Elektromotoren ersetzt.

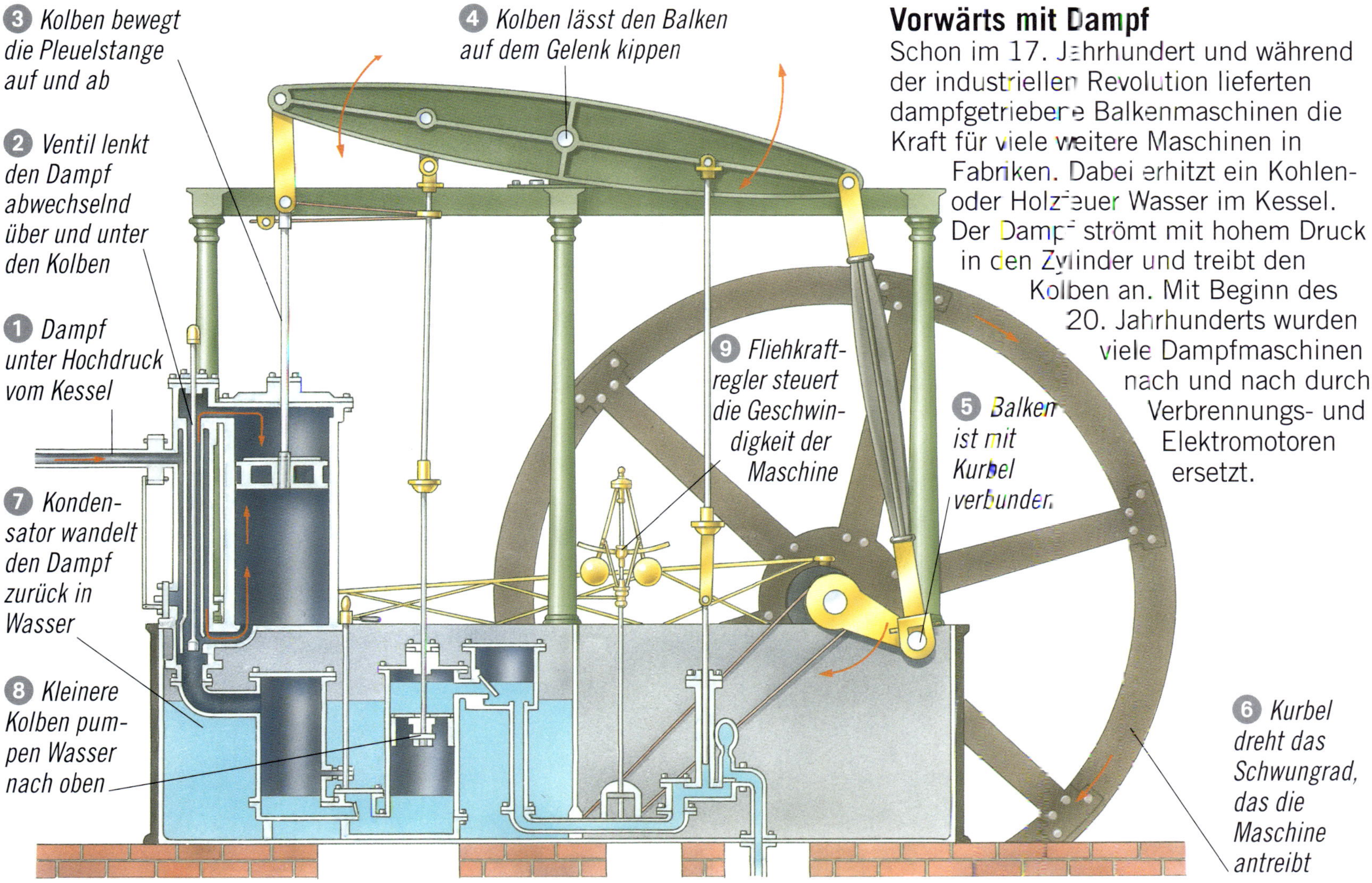

Gewaltige Maschinenkraft

DÜSENMOTOREN UND RAKETEN werden von ständigen Explosionen im Inneren angetrieben. Ein Düsenmotor verbrennt Kerosin zu einem Strahl aus heißem Gas, der nach hinten austritt und Flugzeuge, Autos oder andere Fahrzeuge nach vorne treibt. Dazu muss der Motor Luft ansaugen, die den zur Verbrennung nötigen Sauerstoff enthält. Düsenmotoren funktionieren deshalb nur in der Erdatmosphäre. Im Weltraum gibt es keine Luft, darum müssen Raumschiffe ihren Sauerstoff in Form von Chemikalien (Sauerstoffträgern) mitnehmen. Zum Start benutzen sie die stärkste Maschine der Welt, die Rakete.

Entdeckung

Ende der 1920er Jahre erkannte der Engländer Frank Whittle (1907–1996), dass ein Düsenantrieb ein Flugzeug viel schneller antreiben kann als die damals gebräuchlichen Propellermotoren. 1937 gelang es ihm, einen Prototypen auf seiner Werkbank zu testen. Das erste Düsenflugzeug, das wirklich flog, war im August 1939 die deutsche *Heinkel He178*.

Solar-Auto
Honda Dream

Sonnenkraft

Fahrzeuge, die über Solarzellen von Sonnenenergie angetrieben werden, wären für die Umwelt viel besser als Fahrzeuge mit Benzinmotoren. Sonnenenergie verursacht keine Luftverschmutzung. Solarzellen auf dem Auto verwandeln das Sonnenlicht in Elektrizität für den Motor.

Düsenantrieb

In Passagierflugzeugen werden meist Mantelstromtriebwerke eingesetzt. Die vordere Turbine saugt Luft an. Ein Teil der Luft strömt in die Maschine und wird von einem Kompressor verdichtet. Treibstoff wird in die verdichtete Luft gesprüht und explodiert. Das Gemisch dehnt sich aus und strömt durch eine Turbine, die ihrerseits Kompressor und Ansaugturbine antreibt. Die brennenden Gase liefern den Vorwärtsschub.

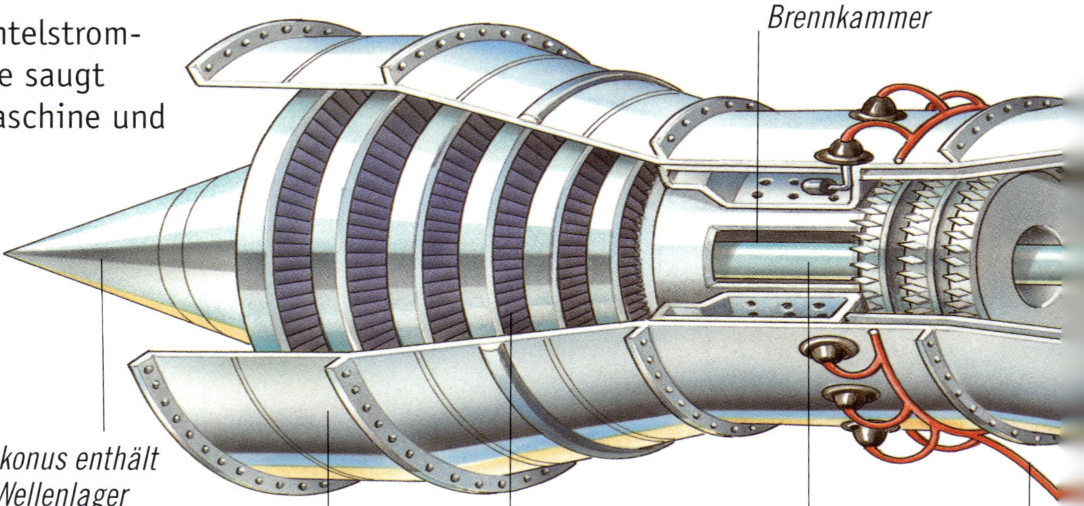

Das Innenleben

Der große Hauptrotor eines Mantelstromtriebwerks arbeitet wie ein Propeller. Er bläst Luft zum Teil in den Motor, zum Teil daran vorbei. Diese vorbeiströmende Luft verleiht dem Gasschub mehr Kraft. Außerdem wirkt sie wie ein „Luftmantel", der das Triebwerk kühlt und leiser macht.

Mehr dazu: Reibung S. 70; Licht nutzen S. 132; Erforschung des Weltraums S. 176

PERPETUUM MOBILE

Bevor die Wissenschaft die Energiegesetze kannte, glaubten manche Forscher, es sei möglich, eine Maschine zu bauen, die ohne Treibstoff immer weiter läuft: das Perpetuum mobile. Trotz unzähliger Versuche ist die Herstellung so einer Maschine nie gelungen. Selbst die bestgeölten Maschinen verlieren durch Reibung und Wärme Energie. Deshalb benötigen sie immer wieder zugeführte Energie, um weiterzulaufen.

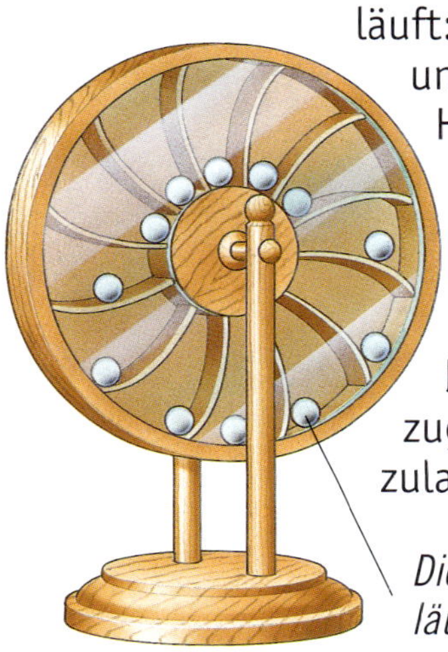

Die Maschine der „fallenden Kugeln“ läuft tagelang, aber nicht ewig

Rakete

In einem Raketenmotor verbrennt Treibstoff zusammen mit einem chemischen Sauerstoffträger in einer Brennkammer. Die heißen Gase strömen aus dem Heck und schieben die Rakete voran. Eine Weltraumrakete muss mindestens 28 000 Kilometer pro Stunde schnell sein, um die Atmosphäre zu verlassen und in eine Umlaufbahn zu gelangen. Eine mehrstufige Rakete hat mehrere Motoren und Tanks. Diese fallen nacheinander ab und sparen so Gewicht, während der Zug der Schwerkraft mit steigender Höhe nachlässt und weniger Kraft benötigt wird.

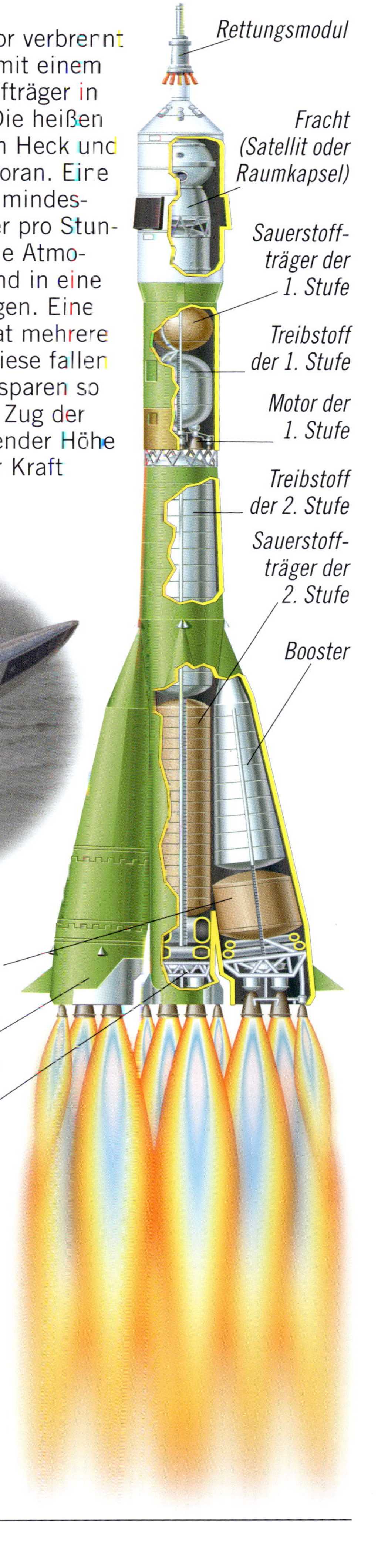

Minimaler Luftwiderstand

Schnelle Boote, Autos, Flugzeuge und Züge werden stromlinienförmig gebaut. Dadurch wird die Reibung mit der Luft, der Luftwiderstand, verringert. Die schlanke Form gleitet an den Luftmolekülen vorbei, statt gegen sie zu prallen. Ein geringerer Luftwiderstand bedeutet höhere Geschwindigkeit und sparsameren Benzinverbrauch.

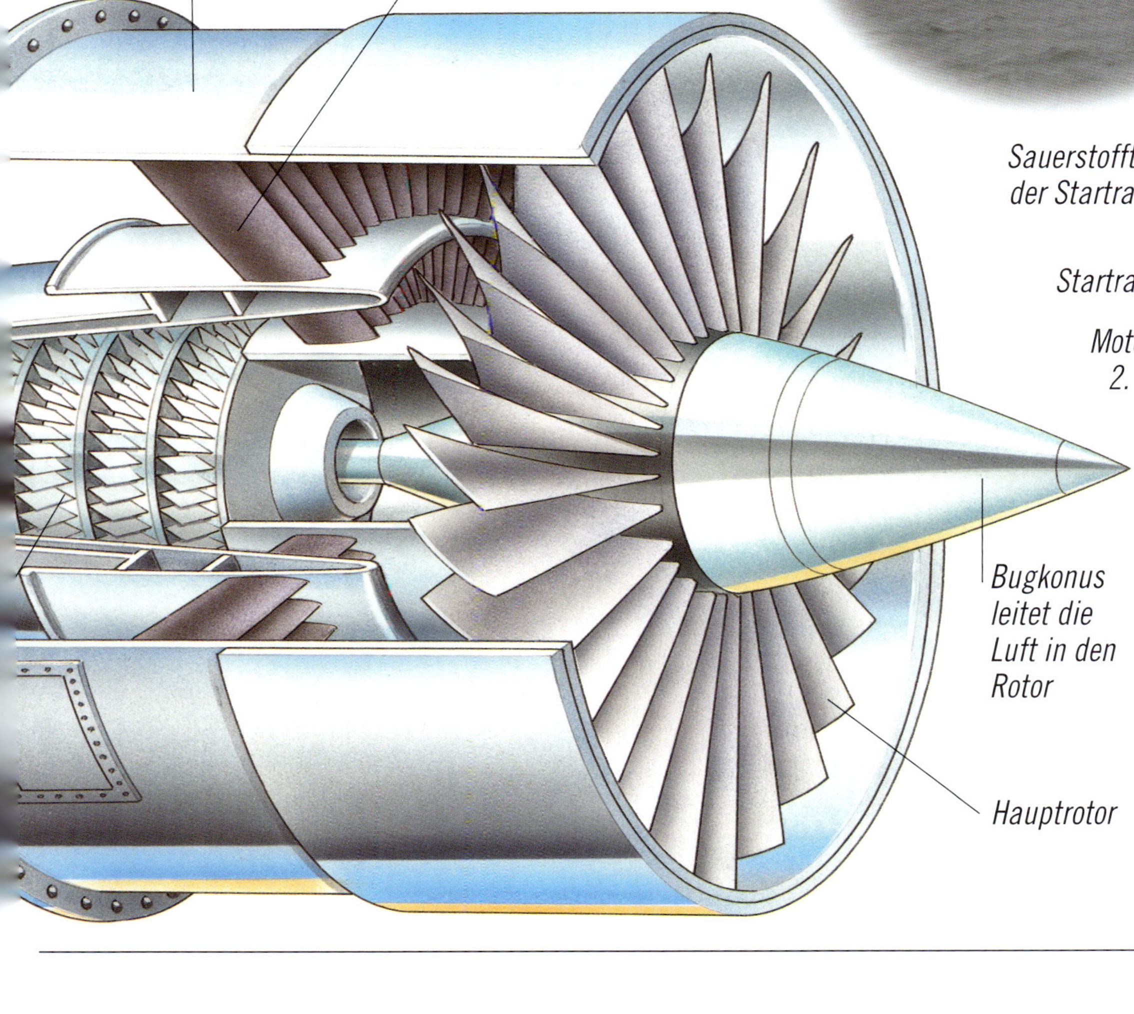

Reibung

REIBUNG BEHINDERT BEWEGUNG. Sie wirkt immer in die zur Bewegung entgegengesetzte Richtung. Gleiten zwei Flächen übereinander, entsteht Reibung, wenn die Unebenheiten der Flächen aneinander hängen bleiben. Selbst die glatteste Oberfläche besitzt solche Unebenheiten. Durch Reibung werden Gegenstände verlangsamt und verlieren Bewegungsenergie, die aber nicht verschwindet, sondern in Wärme umgewandelt wird. Bei Maschinen mit beweglichen Teilen verringert ein Ölfilm zwischen den Teilen Reibung und Abnutzung. Dies nennt man Schmierung.

Kontrollierter Abstieg
Ein Bergsteiger gleitet an einem Seil, das durch Stahlringe am Klettergeschirr geführt wird, nach unten. Durch diese Reibung zwischen Seil und Ringen bestimmt der Bergsteiger die Geschwindigkeit seines Abstiegs.

KUGELLAGER

Ein Lager ist ein Maschinenteil, das die Reibung zwischen beweglichen Teilen verringert. Ein Kugellager lässt die Teile rollen statt gleiten. Die beiden mit Rinnen versehenen Ringe des Lagers nennt man Laufringe. Steht der äußere Ring still, während der innere rotiert, rollen die Kugeln zwischen den Ringen.

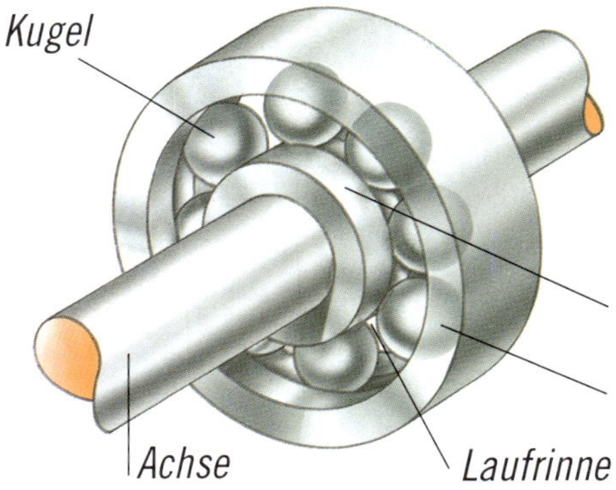

Auf Luft gebettet

Ein Luftkissenboot gleitet auf einem Polster aus Luft über das Wasser. Wenn ein normales Boot durch Wasser fährt, drückt das Wasser gegen das Boot und verlangsamt es. Das nennt man Reibungswiderstand. Bei einem Luftkissenboot wird Luft so schnell unter das Boot geblasen, dass der Druck der Luft es über die Wasseroberfläche hebt. Die Gummischürze lässt die Luft nur langsam entweichen und kontrolliert dadurch die Höhe des Luftkissens.

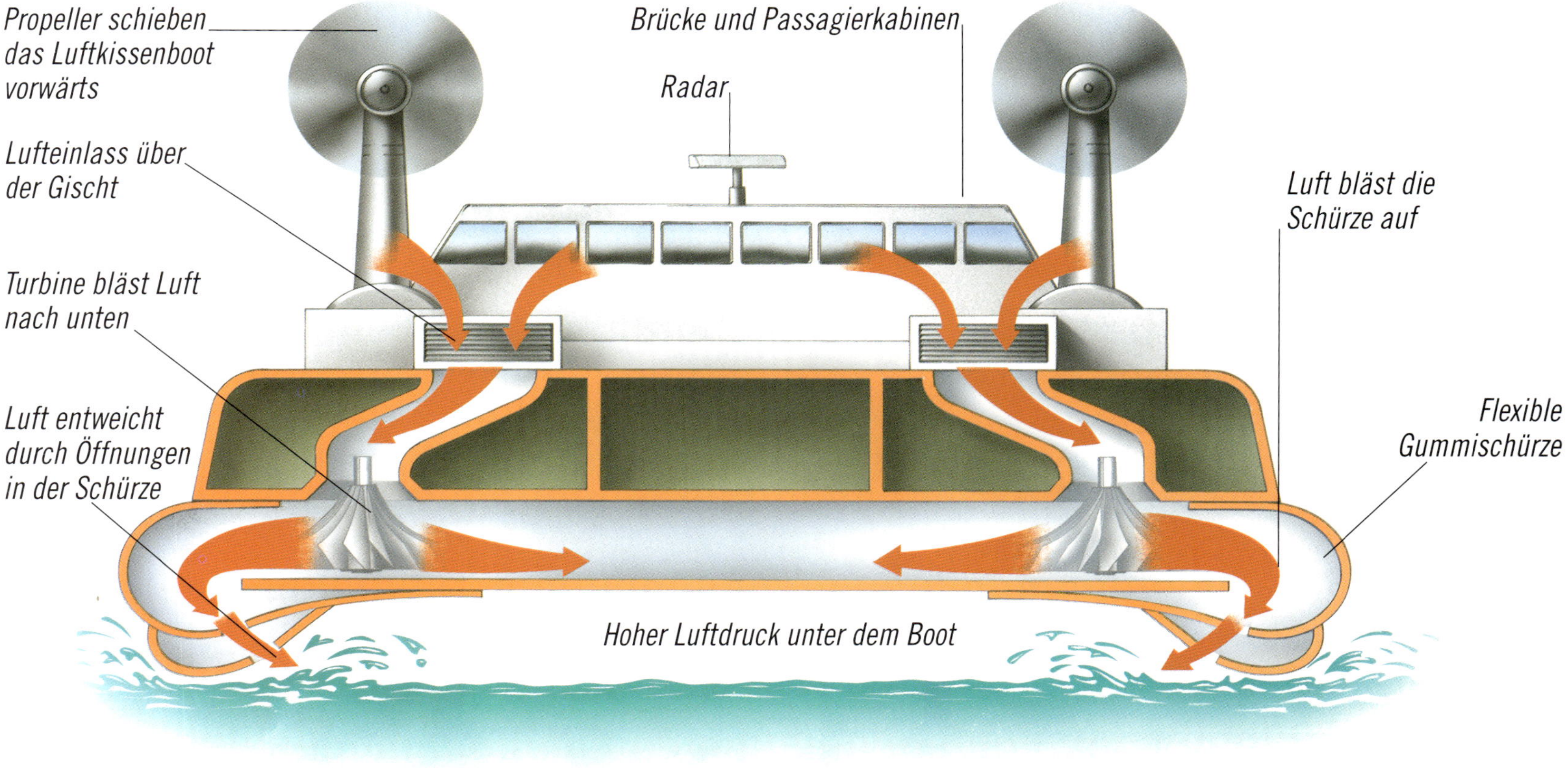

Mehr dazu: Wasser S. 32; Bewegungsenergie S. 50; Kräfte und Bewegung S. 52

Nützliche Reibung

Reibung wird oft „der Feind der Maschinen“ genannt. Manchmal nutzen Maschinen aber auch die Reibung. Ein Beispiel ist die Autobremse, bei der die Reibung zwischen Bremsscheibe und Bremsbelägen die Räder verlangsamt. Die Reibung zwischen Rädern und Straße bremst zusätzlich.

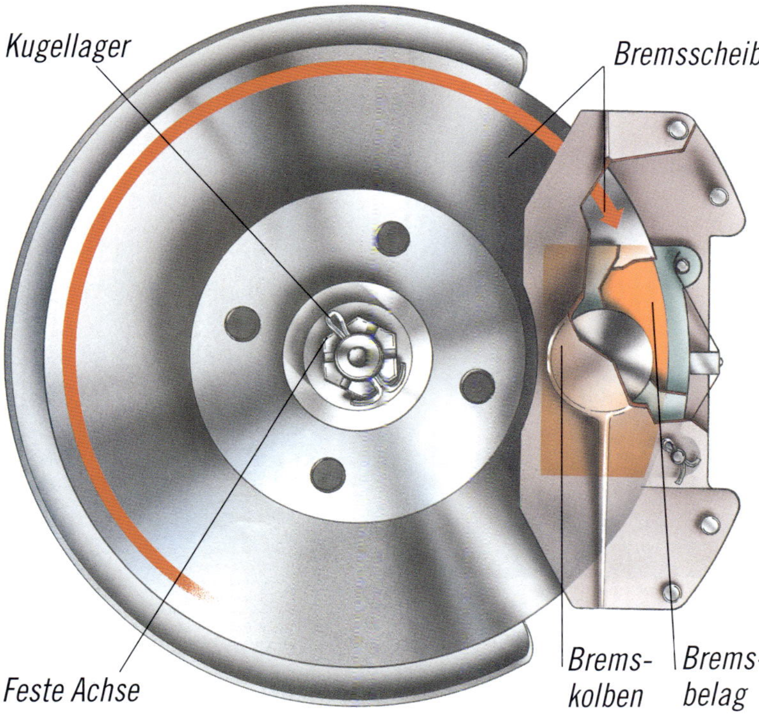

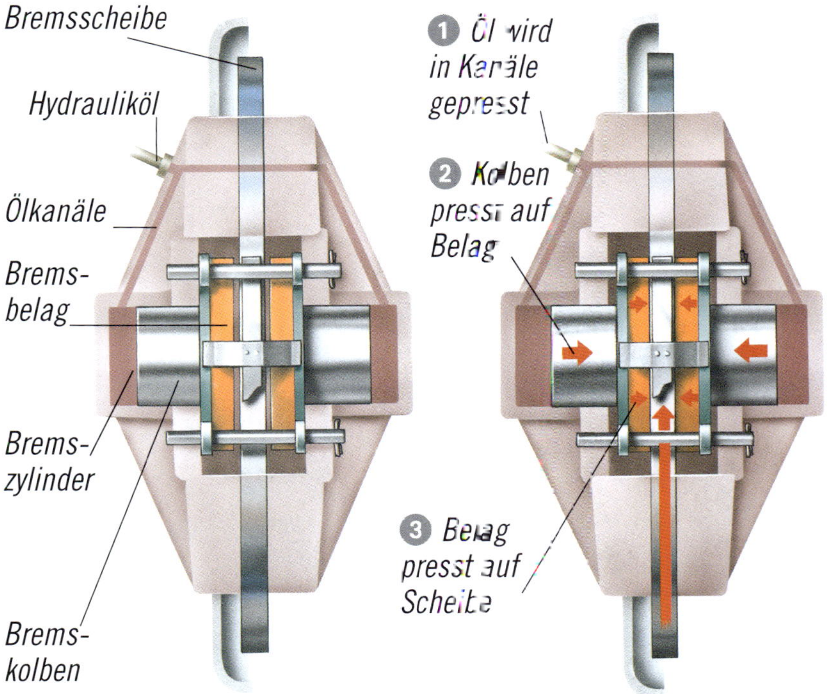

Gelöste Bremse **Getretene Bremse**

Scheibenbremsen

Wenn ein Autofahrer auf das Bremspedal tritt, wird Öl in Zylinder auf beiden Seiten der am Rad befestigten Bremsscheibe gepresst. Der Öldruck drückt auf Kolben, die raue Bremsbeläge gegen die rotierende Bremsscheibe pressen. Die Reibung zwischen der Scheibe und den Belägen verlangsamt Scheibe und Rad.

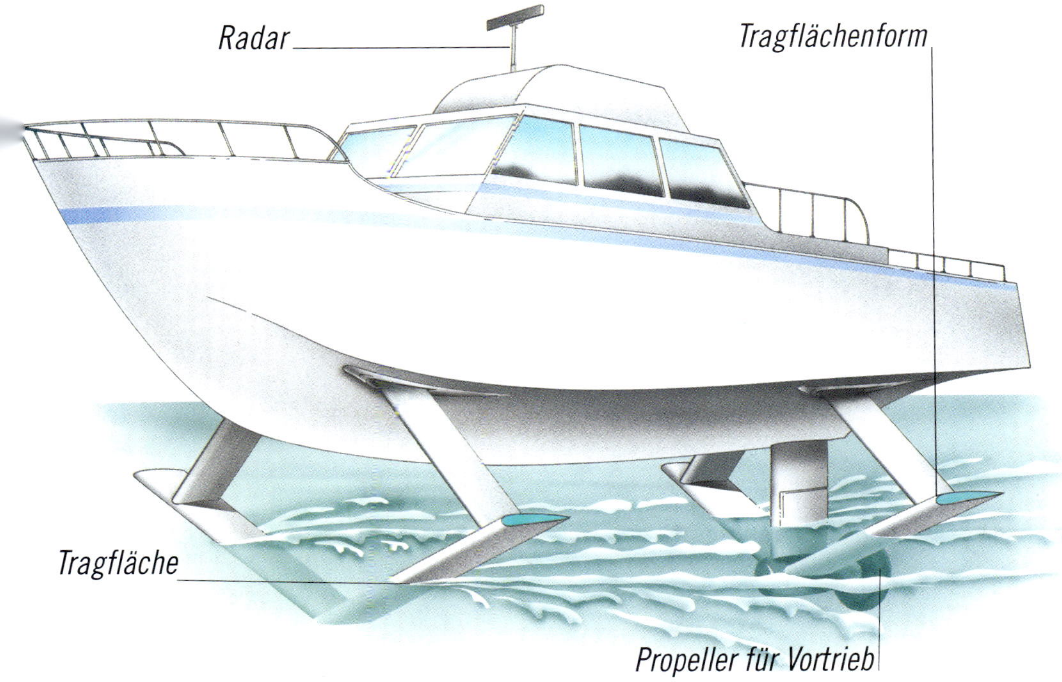

Flug durch das Wasser

Die Tragflächen eines Tragflächenboots sind geformt wie ein Flugzeugflügel. Er ist auf der Oberseite stärker gewölbt als auf der Unterseite. Wenn das Boot fährt, muss das Wasser über dem Flügel einen weiteren Weg zurücklegen als unter ihm: Es strömt schneller. Dadurch entsteht ein Unterdruck, die Tragfläche wird hochgezogen. Bei hohen Geschwindigkeiten steigt das Boot weit aus dem Wasser und reduziert so den Reibungswiderstand.

Seitenansicht der Tragfläche

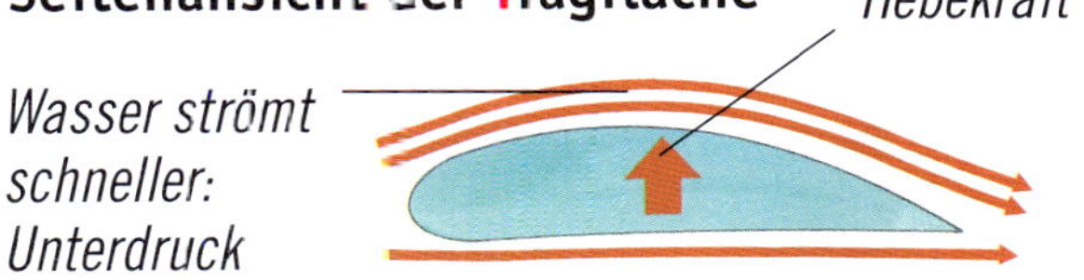

Hauptenergiequellen

Die weltweit meistverwendete Energie stammt aus drei Quellen: Öl, Kohle und Erdgas. Diese nennt man fossile Brennstoffe, weil sie aus verrotteten, halb versteinerten Überresten von Pflanzen bestehen, die vor Millionen von Jahren gelebt haben. Daneben ist Biomasse wie Holz oder Tierdung eine weitere Energiequelle. In einigen Teilen der Welt ist Biomasse in Form von Feuerholz die einzige Energiequelle. In anderen Ländern spielt die Kernenergie eine große Rolle, auch wenn sie Probleme wie Atommüll und Reaktorkatastrophen aufwirft. Länder mit hohen Bergen und viel Regen können Strom aus der Energie fließenden Wassers gewinnen (hydroelektrische Energie).

Windenergie
Bis zur Erfindung der Dampfmaschine im 17. Jahrhundert standen nur Wind, Wasser und Muskelkraft als Energiequellen für Maschinen zur Verfügung. Eine Windmühle dreht ihre Flügel in den Wind, damit sich diese mit größter Kraft drehen. Die Flügel treiben eine Achse an, die wiederum Maschinen im Inneren der Mühle antreibt (etwa Mühlsteine).

Wasserenergie

Ein Wasserkraftwerk gewinnt seine Elektrizität aus strömendem Wasser. Das Wasser fließt durch Röhren mit Turbinen, die Generatoren antreiben. Wenn der Wasserdruck gegen die Turbinenschaufeln zunimmt, drehen sie sich schneller und erzeugen mehr Energie. Um den Druck zu erhöhen und einen Wasserspeicher zu erhalten, baut man oft einen Damm durch ein Flusstal. Das Wasser staut sich hinter dem Damm auf, füllt das Tal und bildet einen See.

Energiebedarf
Kraftwerke speisen ihre Elektrizität in ein Stromnetz ein.

Mehr dazu: Wasser S. 32; Energieumwandlung S. 48; Die Erde in Gefahr S. 170

Entdeckung
Marie Curie (1867–1934) war Chemikerin und Physikerin. Als sie von der Entdeckung hörte, dass Uran seltsame Strahlen produziert, testete sie viele Stoffe, ob sie ebenfalls Strahlen aussenden. Der von ihr geprägte Begriff „Radioaktivität“ beschreibt die Energien, die von solchen Stoffen abgegeben werden. Sie entdeckte zwei neue radioaktive Elemente: Radium und Polonium. Sie erhielt für ihre Arbeit zweimal den Nobelpreis.

Versiegende Energien

Wir verbrauchen fossile Brennstoffe millionenfach schneller, als sie entstehen können. Beim heutigen Energiebedarf werden die bekannten Ölreserven in 100–200 Jahren und die Kohlevorkommen in 300–400 Jahren ganz verbraucht sein.

WELLENENERGIE

Wellen und Gezeiten besitzen sehr viel Energie, die in Elektrizität umgewandelt werden kann. So wippt ein Schwimmer, der „Ente“ genannt wird, in den Wellen auf und ab. Diese Bewegung treibt einen Generator an oder pumpt eine Flüssigkeit oder ein Gas in eine Turbine mit einem Generator.
Um die Energie der Gezeiten zu nutzen, baut man eine Barriere quer über eine Flussmündung oder eine Bucht. Im Inneren der Barriere treibt der Gezeitenstrom Turbinen an. Energie, die aus Wellen und Gezeiten gewonnen wird, ist eine nachhaltige Energieform.

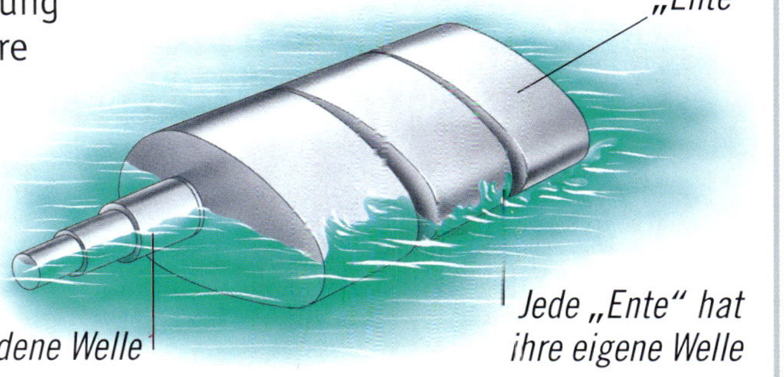

Nachhaltige und erneuerbare Energien

Unsere bevorzugte Energieform ist die Elektrizität. Sie kann über große Entfernungen transportiert und in Bewegung, Licht, Wärme, Schall und andere nützliche Formen umgewandelt werden. Aber unsere Hauptenergiequellen für Elektrizität (fossile Brennstoffe) versiegen. Sie verursachen außerdem starke Umweltverschmutzungen. Also erforschen Wissenschaftler nachhaltige oder erneuerbare Energiequellen, die nicht versiegen und weniger Schäden verursachen. Dazu zählen Wind, Wellen, Gezeiten, Sonnenlicht, Wasser und heißes unterirdisches Gestein (geothermale Energie). Windkraftwerke sind moderne Versionen der Windmühlen, die Elektrizität aus bewegter Luft gewinnen

Kernenergie

ENERGIE KANN SICH IN MATERIE (ATOME) umwandeln und Materie kann zu Energie werden. Das geschieht bei der Kernspaltung. Einige Stoffe, wie bestimmte Formen von Uran, haben Atome mit großen, instabilen Kernen. Wenn sie mit Teilchen wie Neutronen beschossen werden, spalten sich diese Kerne. Dabei geben sie einen Energiestoß und weitere Neutronen ab, sodass sich der Prozess selbsttätig wiederholt. Die Kernspaltung wird in Kernkraftwerken genutzt. Es ist Wissenschaftlern auch gelungen, Energie in Materie umzuwandeln. Unter richtigen Bedingungen können Materieteilchen dort entstehen, wo es vorher keine Materie gab.

Die Kontrolle behalten
Kernreaktoren haben viele Sicherheitseinrichtungen wie Sensoren, Messschaltkreise und Warngeräte. Aber trotzdem kommt es zu Unfällen.

Kernkraft

In einem typischen Kernkraftwerk werden die Kerne bestimmter Atome im Brennstoff gespalten. Dabei bilden sie andere Stoffe. Diese wiegen aber nicht so viel wie der ursprüngliche Brennstoff, der gewöhnlich aus Uran besteht. Winzige Mengen von Materie werden zu gewaltigen Mengen von Wärme und anderen Energieformen umgewandelt. Kernreaktionen sind so stark, dass ein faustgroßer Uranklumpen die gleiche Wärmemenge abgeben kann wie ein Haufen Kohle, der größer als ein Haus ist.

1 Kernkraftwerk
Kernkraft kann riesige Mengen an Wärmeenergie erzeugen, die in Elektrizität umgewandelt werden. Dazu braucht man aber gefährliche radioaktive Stoffe, und viele Arten von radioaktivem Müll entstehen. Die Lagerung dieser Abfälle, die noch viele Jahrhunderte lang radioaktiv sind, wird zunehmend zum Problem.

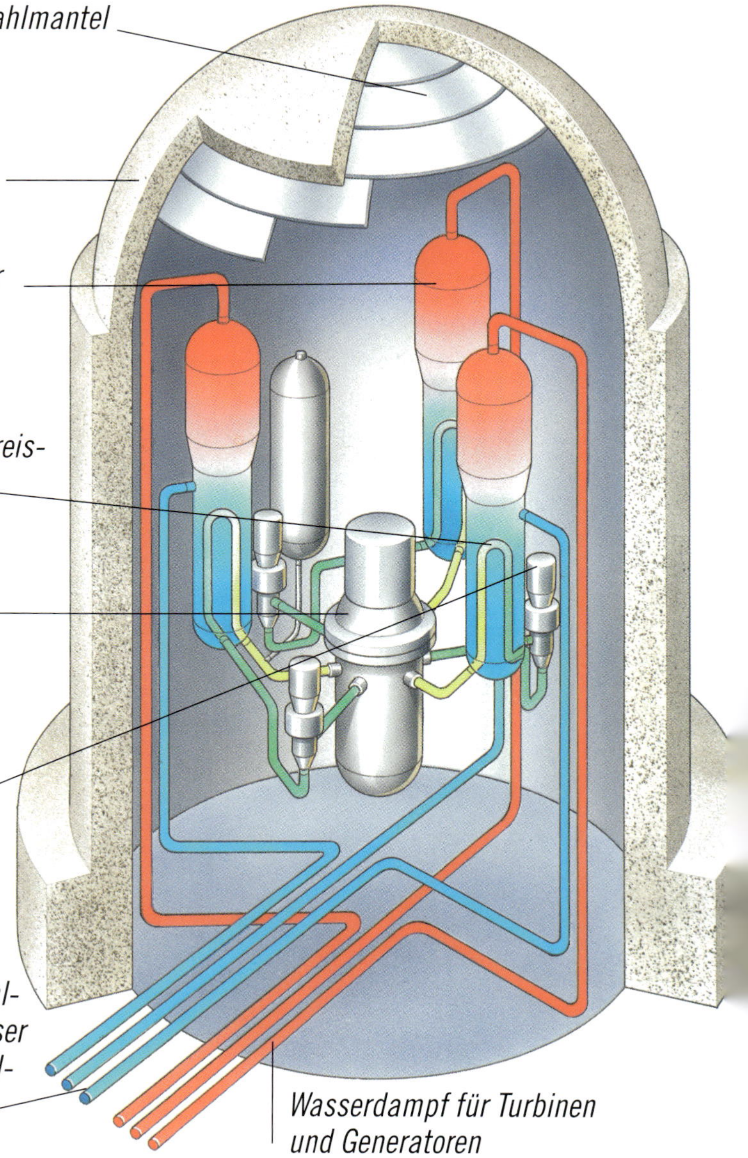

2 Sicherheitsmantel
Wärme aus dem Reaktor geht durch die Primärflüssigkeit. Diese leitet sie an Wasser weiter, das aufkocht und als Dampf die Turbinen für die Stromerzeugung antreibt.

Mehr dazu: Atome S. 14; Das Innere der Atome S. 16; Sonne S. 188

③ Kernreaktor

Der Teil im Kernkraftwerk, wo die Wärme entsteht, heißt Reaktor. Er erhitzt eine Primärflüssigkeit auf extrem hohe Temperaturen. Die Primärflüssigkeit wird durch rundum liegende Wärmetauscher gepumpt, wo sie Wasser für die Turbinen erhitzt.

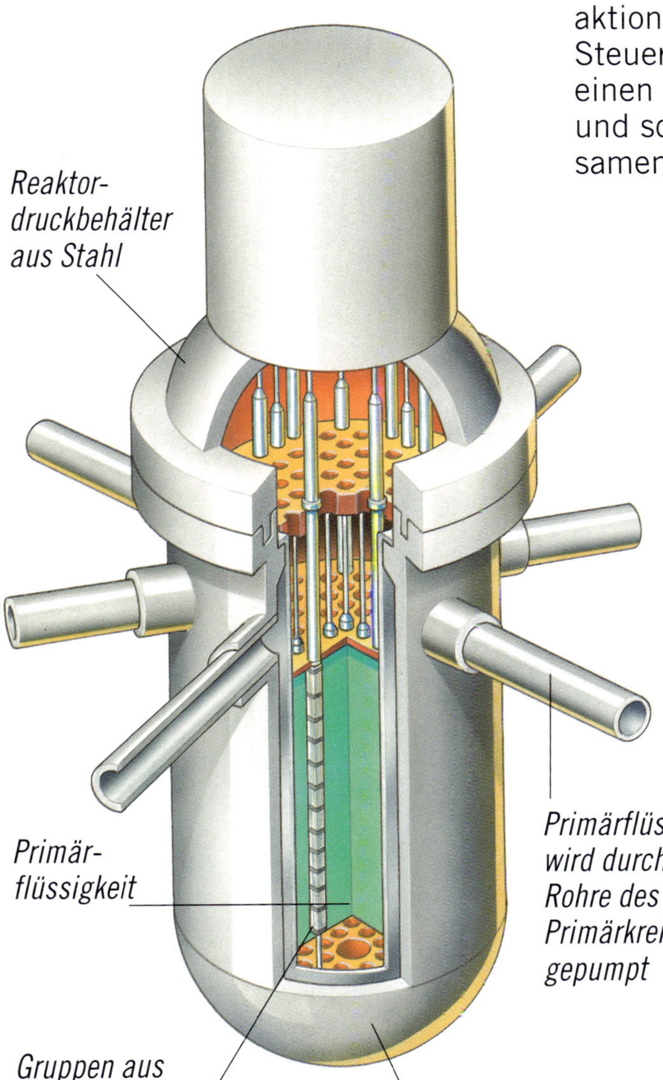

④ Brennstabgruppen

Der Kernbrennstoff (Uran) wird zu Stäben geformt. Manche Anlagen lagern den Brennstoff in eine zweite Substanz, den Moderator, ein. Dieser verlangsamt die atomaren Teilchen, die sich bei der Kernspaltung lösen. So ist es wahrscheinlicher, dass sie auf andere Atome treffen und sich die Kernreaktion fortsetzt. Oder man schiebt Steuerstäbe in den Reaktor, die einen Teil der Teilchen schlucken und so die Kettenreaktion verlangsamen.

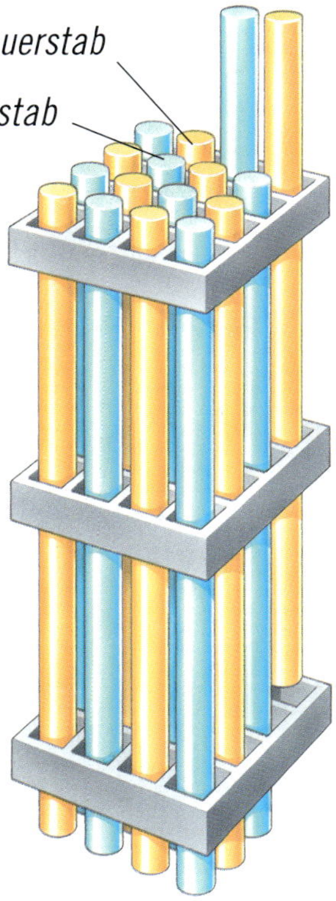

⑤ Kernspaltungen

Der Kern eines Brennstoffatoms wird von einem schnellen Teilchen, einem Neutron, getroffen. Der Kern spaltet sich in zwei kleinere Kerne von Spaltprodukten. Dabei gibt er weitere Neutronen und große Energiemengen ab. Die Neutronen spalten weitere Kerne, die wieder Neutronen abgeben und so weiter. Diese Kettenreaktion wird durch Steuerstäbe und Moderatoren kontrolliert.

Kernenergie der Zukunft?

Kernenergie birgt große Risiken wie eine radioaktive Verseuchung. Weit weg von der Erde erzeugen Sterne ebenfalls Wärme und Licht aus Kernenergie. Hier aber werden die Kerne verschmolzen statt gespalten. Wissenschaftler versuchen, dies in Versuchsreaktoren nachzustellen. Die Kernfusion nutzt Wasserstoff als Brennstoff. Er kann aus Meerwasser gewonnen werden und erzeugt wenig oder keinen radioaktiven Müll. Die unglaublichen Temperaturen sind aber ein bisher ungelöstes Problem.

KAPITEL

3

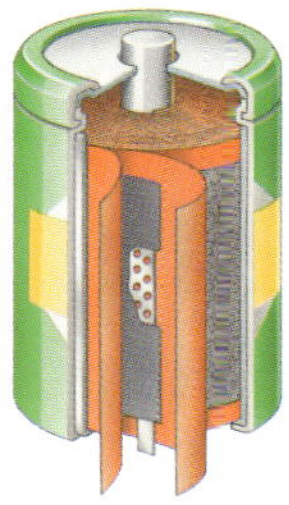

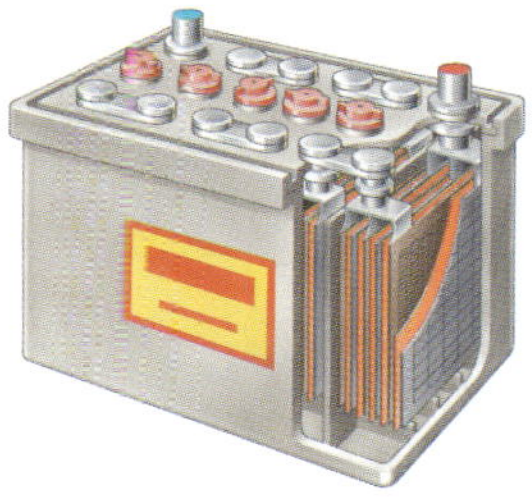

Elektrizität und Magnetismus

Elektrizität ist eine Energieform, die auf der Bewegung von Elektronen beruht. Magnetismus ist eine geheimnisvolle, unsichtbare Kraft, die schieben und ziehen kann. Durch Elektrizität entsteht Magnetismus und durch Magnetismus entsteht Elektrizität. Gemeinsam bilden sie die Grundlage vieler Maschinen.

Elektrische Energie

ELEKTRIZITÄT IST EINE UNSICHTBARE FORM von Energie. Sie beruht auf kleinen geladenen Teilchen in Atomen. In einem Atomkern gibt es positiv geladene Teilchen, die Protonen. Um den Atomkern herum flitzen Elektronen, die eine negative Ladung besitzen. Normalerweise gleichen sich die positiven und die negativen Ladungen aus. Wenn sie aus dem Gleichgewicht geraten, entsteht eine elektrische Kraft. Sie kann als statische Elektrizität an einem Ort bleiben oder als Strom von Ort zu Ort fließen. Elektrizität kann durch Drähte dorthin fließen, wo man sie braucht. Sie kann in andere Energieformen wie Licht, Wärme oder Bewegung umgewandelt werden.

Vorsicht Strom!
Elektrische Energie kann sehr gefährlich sein. Stromleitungen haben bei uns 230 Volt, in einigen Ländern auch 110 Volt. Ein Stromschlag dieser Stärke kann einen Menschen töten. Der Strom, der durch Hochspannungsleitungen auf Strommasten fließt, kann sogar mehrere hunderttausend Volt haben und einige Meter weit springen. Also hält man sich besser von ihnen fern!

Das Stromnetz

Kraftwerke wandeln Bewegungsenergie in elektrische Energie um. Sie ist mittelstark, also von mittlerer Spannung. Sie wird in stärkere Hochspannungselektrizität umgewandelt und durch große Kabel und Drähte geleitet, die durch die Erde oder über Hochspannungsmasten laufen. Dieses Netzwerk aus Kabeln und Drähten nennt man Stromverteilungsnetz. In Umspannwerken wird dann die Spannung auf Mittel- und Niederspannung reduziert, um an Fabriken, Bürogebäude und Wohnhäuser weitergeleitet zu werden.

Mehr dazu: Statische Aufladung S. 80; Fließende Elektrizität S. 82

Atome und Elektrizität

Alles, was es gibt, besteht aus Atomen. Ein Atom hat einen Kern, der Protonen mit positiver Ladung und Neutronen ohne Ladung enthält. Um den Atomkern herum bewegen sich die Elektronen. Sie haben eine negative Ladung. Wenn Atome Elektronen hinzugewinnen oder verlieren, werden sie elektrisch geladen: Bekommen sie Elektronen hinzu, werden sie negativ geladen, verlieren sie Elektronen, wird ihre Ladung positiv (siehe S. 14).

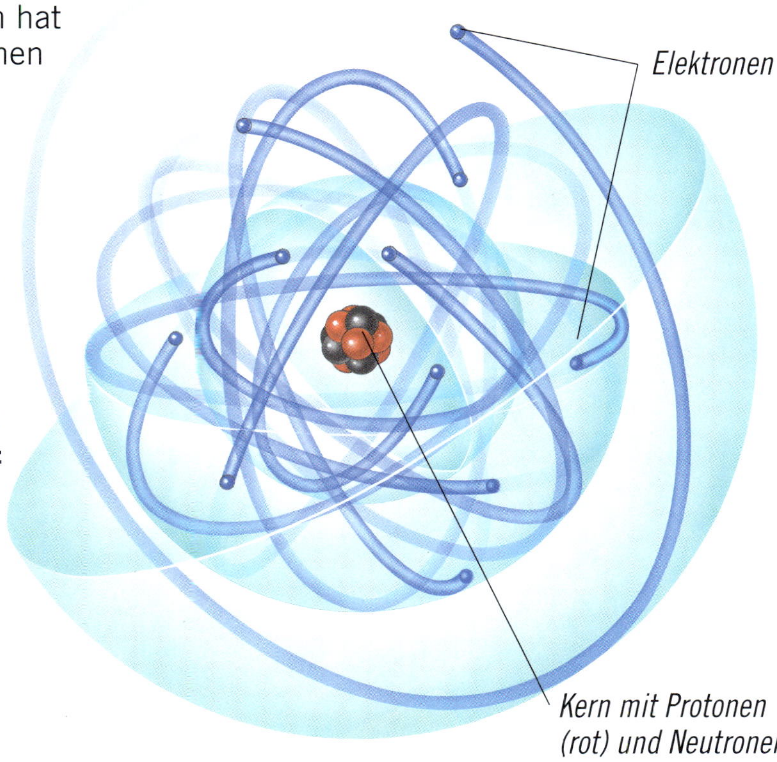

Entdeckung

Benjamin Franklin (1706–1790) war Drucker, Verleger, Politiker und Wissenschaftler. Er war einer der Ersten, die Elektrizität genau untersuchten. 1752 ließ er einen Drachen mit einem Schlüssel aus Metall in eine Gewitterwolke steigen. Der Schlüssel schlug Funken und so war bewiesen, dass Blitze eine Form von Elektrizität sind.

Elektrizität im Einsatz

Wenn in einer Stadt der Strom ausfiele, müssten die Menschen auf Licht, Wärme und die meisten Maschinen verzichten, die ihnen das Leben einfacher machen. Der normale Alltag käme zum Erliegen und die einzigen Energiequellen wären Batterien, Kerzen, Holz, Kohle und Gas. Tausende von Jahren sind Menschen ohne Elektrizität ausgekommen. In einigen Teilen der Welt ist das bis heute so. Erst seit etwas mehr als 100 Jahren wird Elektrizität verwendet. Einer ihrer Vorzüge ist, dass sie in dem Moment verfügbar ist, wenn wir einen Schalter betätigen.

ELEKTRIZITÄT SPÜREN

Haie haben einen besonderen Sinn, mit dem sie schwache elektrische Signale aufspüren können. Die Signale werden von den Muskeln ihrer Beutetiere abgegeben und im Wasser übertragen. Ein Hai besitzt in der Haut von Kopf und Schnauze kleine Poren, mit denen er die Elektrizität wahrnimmt. Aber auch andere im Wasser lebende Tiere wie Quallen können Elektrizität wahrnehmen. Elektrische Aale, Rochen und Welse können sogar starke Stromstöße abgeben, um ihre Beute zu betäuben.

Statische Aufladung

MAN LÄUFT ÜBER EINEN TEPPICH oder fasst eine Türklinke aus Metall an und – pitz! – springt ein kleiner Funke von der eigenen Hand auf das Metall und man fühlt einen leichten Stromschlag. Diese Form der Elektrizität nennt man statische Aufladung. Sie bewirkt, dass einem die Haare zu Berge stehen, Staub vom Fernseher angezogen wird oder ein Ballon an der Wand kleben bleibt. Statische Elektrizität baut sich auf, wenn zwei unterschiedliche nichtmetallische Materialien aneinander reiben. Sie bewirkt, dass sich Dinge gegenseitig anziehen oder abstoßen. Statik kann gefährlich, aber auch sehr nützlich sein.

Blitze
Durch einen Blitz wird elektrische Energie freigesetzt, die sich in Gewitterwolken aufbaut. Er ist die Entladung der statischen Aufladung.

Statische Aufladung nutzen

Fotokopierer arbeiten mit statischer Aufladung. Eine sich drehende Trommel ist mit einem Material überzogen, durch das Elektrizität fließen kann, wenn es mit Licht beschienen wird. Die Trommel ist mit statischer Elektrizität positiv aufgeladen. Scheint das Licht von den weißen Stellen des Papiers, das kopiert werden soll, auf die Trommel, fließt die Ladung ab. Die schwarzen Stellen behalten ihre positive Ladung. Sie ziehen die negativ geladenen Teilchen des Toners an, die dann auf Papier übertragen werden.

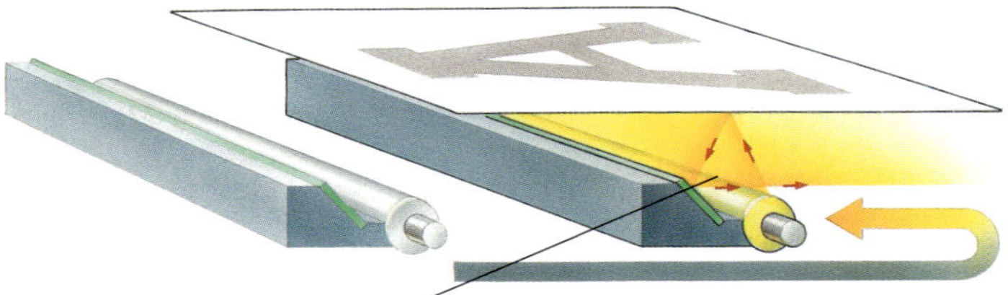

1 Licht wird reflektiert
Die Lichtstrahlen werden von den weißen Stellen des Papiers reflektiert. Wo sie auf die positiv geladene Trommel treffen, fließt die Ladung ab.

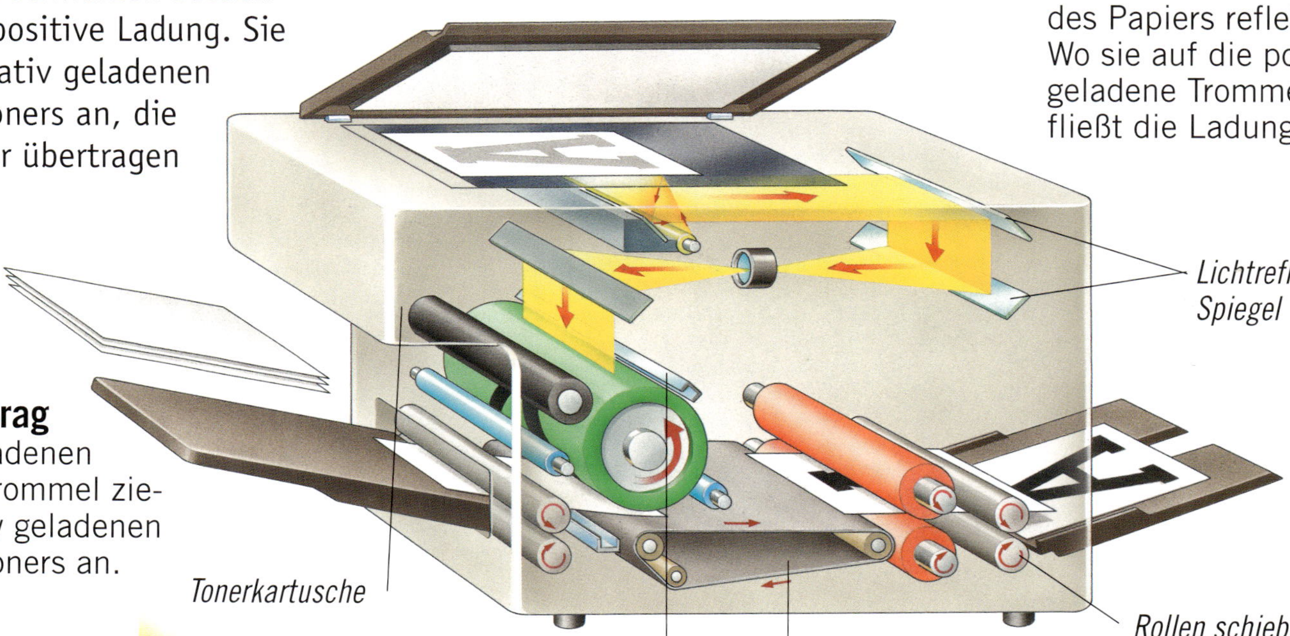

2 Tonerübertrag
Die positiv geladenen Bereiche der Trommel ziehen die negativ geladenen Teilchen des Toners an.

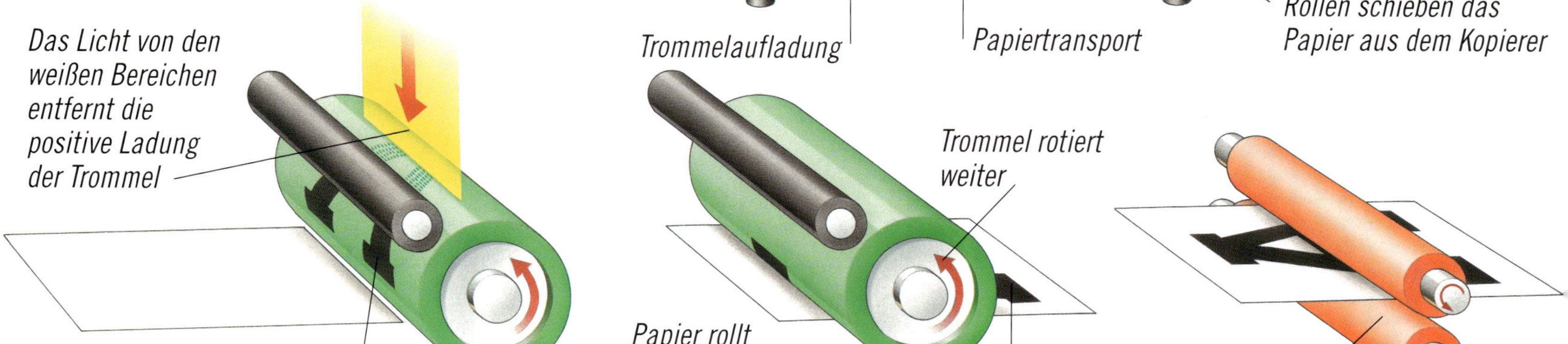

Mehr dazu: Elektrische Energie S. 78; Geheimnis Magnetismus S. 92

Riesige Ladungen

Es gibt große Maschinen wie diese Van-der-Graaf-Generatoren, mit denen statische Ladungen von mehreren Milliarden Volt erzeugt werden. Diese Ladungen schickt man durch Substanzen, um zu sehen, was passiert. Oder man lädt Atome damit auf, damit sie sich mit großer Geschwindigkeit bewegen.

Für jede Kopie muss die Trommel neu aufgeladen werden

❸ Toner versiegeln

Die hitzeempfindlichen Teilchen des Toners werden von Heizrollen in das Papier „geschmolzen". In der Zwischenzeit wird die Trommel wieder aufgeladen.

Entdeckung

Der erste Fotokopierer wurde 1938 von dem Anwalt Chester Carlson (1906–1968) gebaut. Er nannte sein Verfahren Xerographie, nach den griechischen Worten *xeros* (trocken) und *graphos* (Schrift). Damals wurde oft mit Tinte geschrieben, die erst trocknen musste. Fotokopien waren wertvoll, weil sie mit der Vorlage identisch waren und vor Gericht verwendet werden konnten. Schreibt man etwas mit der Hand ab, können Fehler entstehen.

LADUNGEN TRENNEN

Reibt man zwei Gegenstände aneinander, bewegen sich die Elektronen. Dadurch bekommt ein Gegenstand eine positive, ein anderer eine negative Ladung. Die Ladungen bleiben statisch auf der Oberfläche des Gegenstands, bis sie einen Weg finden, auf dem sie abfließen (sich entladen) können. Durch statische Aufladung können Dinge voneinander angezogen oder abgestoßen werden.

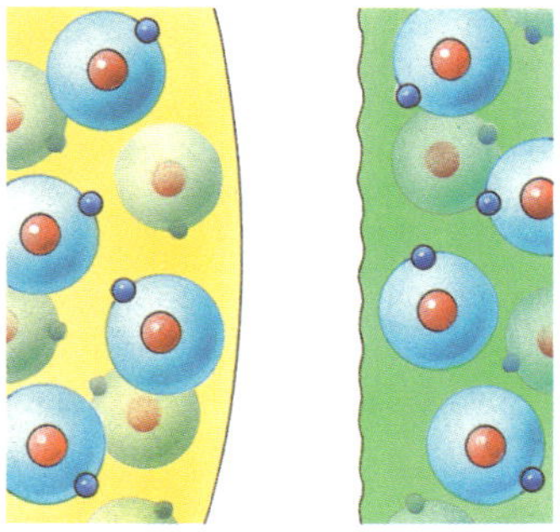

Zwei Materialien werden nahe aneinander gebracht. Jedes besitzt Milliarden von Atomen mit je einem Kern (rot) und einem oder mehreren Elektronen (blau). Die negativ geladenen Elektronen werden durch elektrostatische Kraft nahe am positiv geladenen Kern gehalten.

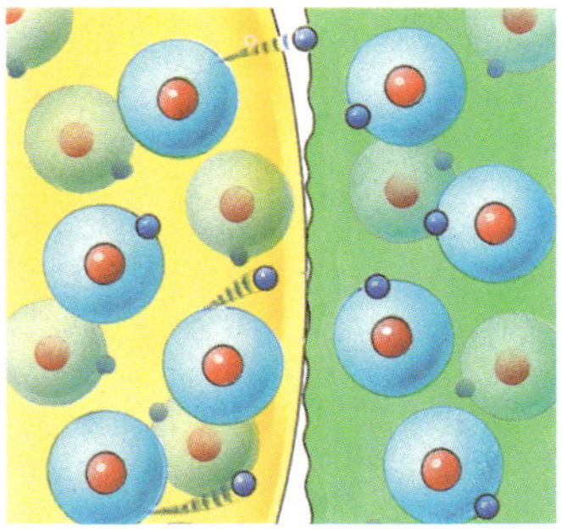

Reibt man die Materialien aneinander, verleiht die Reibungsenergie den Elektronen zusätzliche Energie. Dadurch können sich einige von ihren Kernen lösen und frei bewegen. Das nennt man Ladungstrennung. Einige Elektronen wandern von einem Material zum anderen.

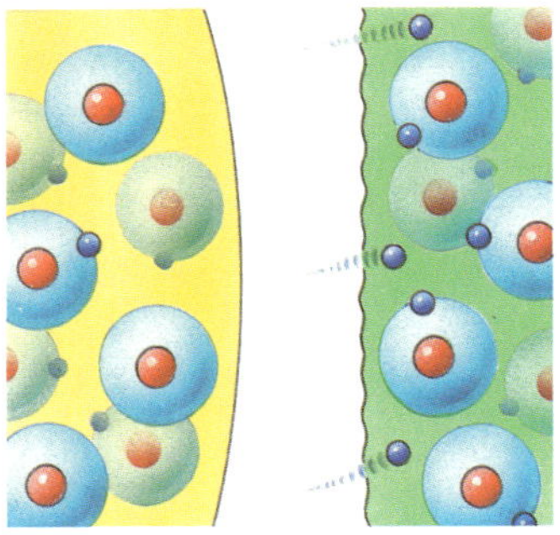

Ein Material hat nun zusätzliche Elektronen gewonnen und wird dadurch negativ geladen. Das andere hat Elektronen verloren und ist positiv geladen. Die Ladungen bleiben auf der Oberfläche der Materialien. (Bei einem Objekt aus Metall könnten die Ladungen eindringen und sich verteilen.)

Ladungsspeicher

Stromkreisläufe in Fernsehern, Stereoanlagen und Computern enthalten Bauteile, die Kondensatoren genannt werden (im Foto als hellbraune „Knöpfe" dargestellt). Sie speichern elektrostatische Ladung. Ihre Ladung kann entweder in einem Moment vollständig oder langsam abgegeben werden.

Fließende Elektrizität

UM LICHT EINZUSCHALTEN, benötigt man Elektrizität, die durch Drähte fließt. Dies nennt man einen elektrischen Strom. Er besteht aus Milliarden von Elektronen, die durch einen Draht oder ein elektrisches Gerät strömen. Die Elektronen fließen aber nicht von alleine. Sie müssen durch einen Unterschied in der elektrischen Ladung durch den Draht geschoben werden. Man spricht von Spannungsunterschied. Dieser wird von einer Batterie oder einem Kraftwerk erzeugt. Die Kraft des Stroms treibt alle möglichen Maschinen in Wohnungen, Schulen und an Arbeitsplätzen an.

Das Innenleben eines Drahts

Strom besteht aus Milliarden von Elektronen, die von ihren Atomen getrennt werden und durch einen Draht fließen. Die Elektronen „hüpfen" von einem Atom zum nächsten und wandern in kurzen Stößen. Ein einzelnes Elektron wandert dabei nur den Bruchteil eines Millimeters in der Sekunde. Aber wie beim Schieben von Eisenbahnwaggons schieben sich die Elektronen gegenseitig durch den Draht. Dadurch bewegt sich Strom mit Lichtgeschwindigkeit (300 000 Kilometer pro Sekunde).

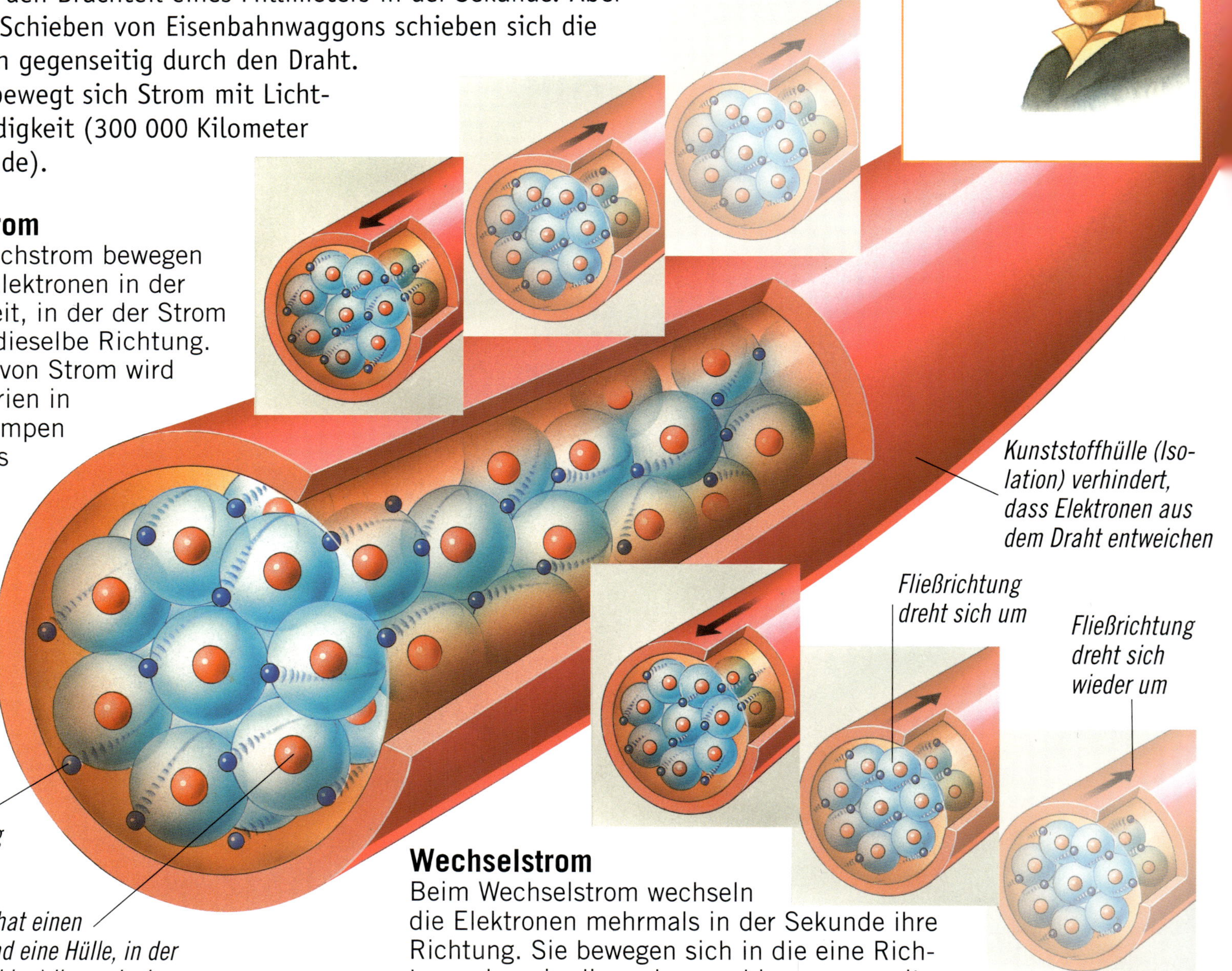

Gleichstrom

Beim Gleichstrom bewegen sich die Elektronen in der ganzen Zeit, in der der Strom fließt, in dieselbe Richtung. Diese Art von Strom wird von Batterien in Taschenlampen oder Autos erzeugt.

Wechselstrom

Beim Wechselstrom wechseln die Elektronen mehrmals in der Sekunde ihre Richtung. Sie bewegen sich in die eine Richtung, dann in die andere und immer so weiter.

Entdeckung

Der Ingenieur Nikola Tesla (1856–1943) setzte sich dafür ein, Wechselstrom für elektrische Anwendungen des Alltags einzusetzen. 1888 baute er den ersten Induktionsmotor. Diese Art von Motor wird heute in den meisten Haushaltsgeräten verwendet. Er erfand auch die Tesla-Spule, die hohe Voltzahlen erzeugt und heute in der Radiotechnologie eingesetzt wird.

Mehr dazu: Elektrische Energie S. 78; Elektrizität aus Chemikalien S. 84

Verschiedene Aufgaben

Elektrizität kann durch einige Materialien leicht hindurchwandern oder -fließen, etwa Metalle, aus denen Drähte bestehen. Andere Materialien wie Kunststoff halten sie auf. Die meisten Kabel haben eine Hülle aus Plastik, die Isolation heißt.

Stromkabel

Stromkabel werden oberirdisch über Masten geführt und unter der Erde durch Schächte gelegt. Sie können sogar von speziellen Schiffen (Foto oben) auf dem Meeresboden verlegt werden und so Länder miteinander verbinden, die hunderte von Kilometern voneinander entfernt sind. Ähnliche Kabel werden auch zur Übermittlung von Telefongesprächen und elektronischen Informationen verwendet. Jedoch können Seebeben die Kabel durchtrennen.

ELEKTRISCHER STROM IN UNSEREM KÖRPER

Winzige elektrische Ströme und Impulse bewegen sich durch den Körper. Einige sind Nervensignale, die sich durch das Gehirn oder von den Sinnesorganen, wie den Augen, zum Gehirn oder vom Gehirn zu den Muskeln bewegen. Auch Muskeln erzeugen elektrische Impulse, wenn sie sich bewegen. Die Impulse des Gehirns können mithilfe von Sensoren auf der Haut gemessen und auf Bildschirmen oder Papier sichtbar gemacht werden. Die Maschine, die dies leistet, heißt EEG (Elektroenzephalogramm).

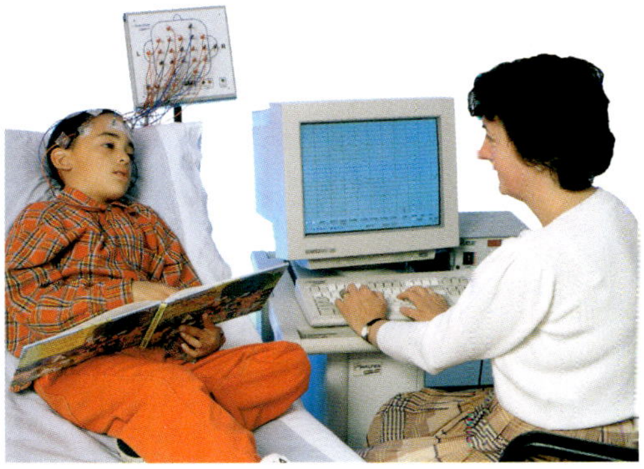

Ein EEG ist völlig schmerzlos. Die auf die Kopfhaut geklebten Sensoren nehmen schwache elektrische Ströme im Gehirn auf. Die unten abgebildeten Muster der Gehirnsignale zeigen, dass das Gehirn gesund ist.

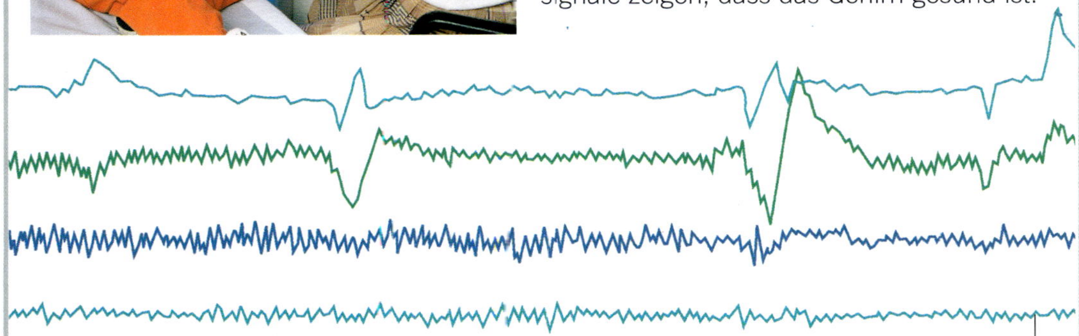

Die Wellen auf dem Papier zeigen „Gehirnwellen“

Die Zackenlinien zeigen elektrische Nervensignale

INTERNATIONALE ABKÜRZUNGEN

Elektroingenieure und Techniker verwenden weltweit einheitliche Abkürzungen, um Merkmale der Elektrizität zu beschreiben.

A	**Ampere, das Maß für die Stromstärke**
AC	**Wechselstrom, der schnell und regelmäßig die Richtung wechselt**
C	**Coulomb, das Maß für elektrische Ladung, die gespeichert werden kann**
DC	**Gleichstrom, der immer in dieselbe Richtung fließt**
EMF	**Elektromotorische Kraft, die in Volt gemessene Urspannung, ohne dass Strom fließt**
F	**Farad, das Maß elektrischer Kapazität**
Hz	**Hertz, das Maß, wie schnell etwas schwingt (zum Beispiel Wechselstrom)**
J	**Joules, das Maß an Energie oder Arbeit**
kWh	**Kilowattstunde, das Maß, wie viele tausend Watt an Leistung pro Stunde verbraucht oder abgegeben werden**
p.d.	**Spannungsunterschied, die „Schubstärke“ der Elektrizität, die in Volt gemessen wird**
V	**Volt, das Maß für die Stromspannung**
W	**Watt, das Maß für Leistung**
Ω	**Ohm, das Maß, wie stark sich ein Stoff dem Strom widersetzt (Widerstand)**

Elektrizität aus Chemikalien

DIE EINFACHSTE ART, Elektrizität zu erzeugen, ist die Batterie. Sie produziert Elektrizität aus chemischen Reaktionen und pumpt sie durch Drähte. Eine Batterie besitzt eine oder mehrere Zellen. Einige Arten, etwa Autobatterien, bestehen aus Reihen von einzelnen Zellen. In einer Primärbatterie werden die Chemikalien bei der Elektrizitätserzeugung langsam vollständig verbraucht. Bei einer Sekundärbatterie (Akku) können die Chemikalien erneuert oder aufgefrischt werden, indem man die Batterie wieder mit Elektrizität auflädt.

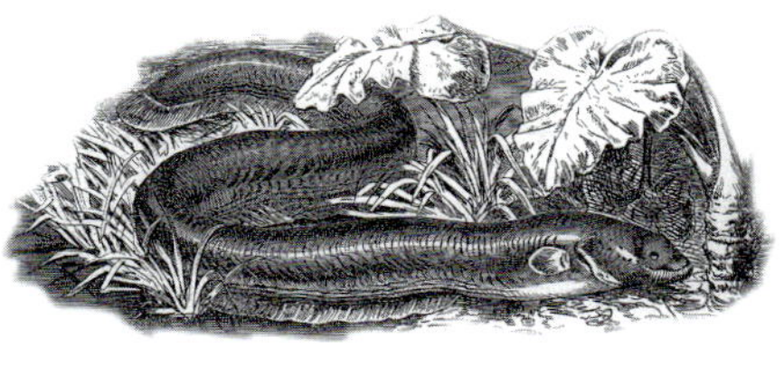

Elektro-Tier
Muskeln erzeugen bei der Arbeit winzige elektrische Signale. Beim Elektrischen Aal bilden diese Muskeln große Blöcke entlang des Körpers. Wie eine lebende Batterie erzeugen sie starke Stromstöße mit hunderten von Volt.

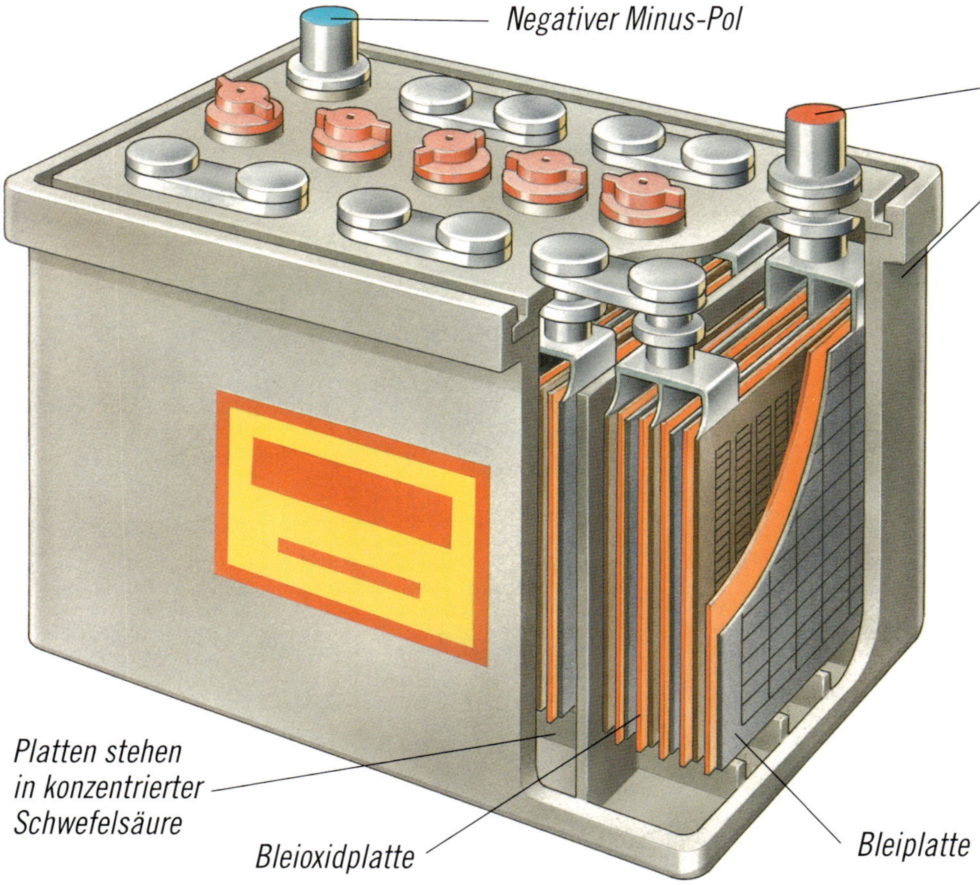

Autobatterie

Autobatterien sind Akkumulatoren (Akkus) und können wieder aufgeladen werden. Die chemische Reaktion zur Erzeugung der Elektrizität kann umgekehrt werden, indem man Strom wieder hineinleitet. Bei einem Auto geschieht dies durch die Lichtmaschine, die vom Motor angetrieben wird. Die meisten Autobatterien bestehen aus sechs verbundenen Zellen, von denen jede etwa zwei Volt liefert. Jede Zelle besteht aus Bleiplatten, Bleidioxidplatten und Schwefelsäure. Durch die chemische Reaktion zwischen Platten und Säure entsteht Elektrizität.

In Wasser gelöste Säuren bilden geladene Teilchen, die Ionen: positiv geladene Kationen (rot) und negativ geladene Anionen (blau). In einer Batterie bilden sie den Elektrolyt. Wenn andere Materialien wie Metallstäbe in den Elektrolyt getaucht werden, wirken sie als Elektroden. Sie ziehen die entgegengesetzt geladenen Ionen an und lassen einen elektrischen Strom fließen.

WIE EINE BATTERIE FUNKTIONIERT

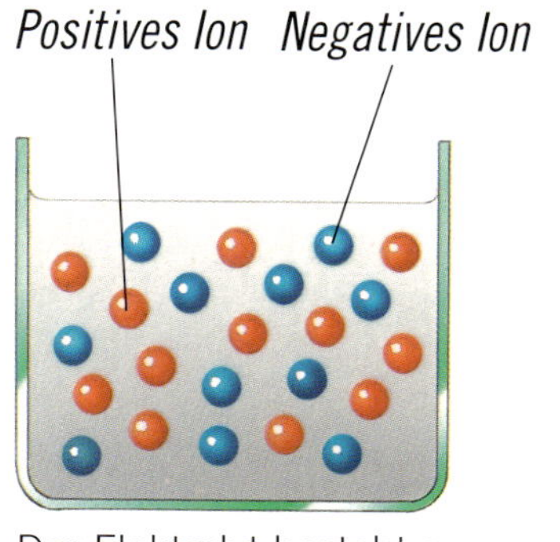

Der Elektrolyt besteht aus positiv und negativ geladenen Teilchen, den Ionen.

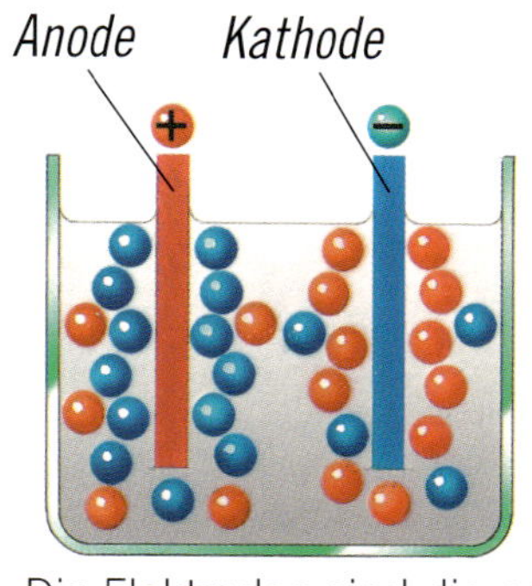

Die Elektroden sind die positiv geladene Anode und die negativ geladene Kathode.

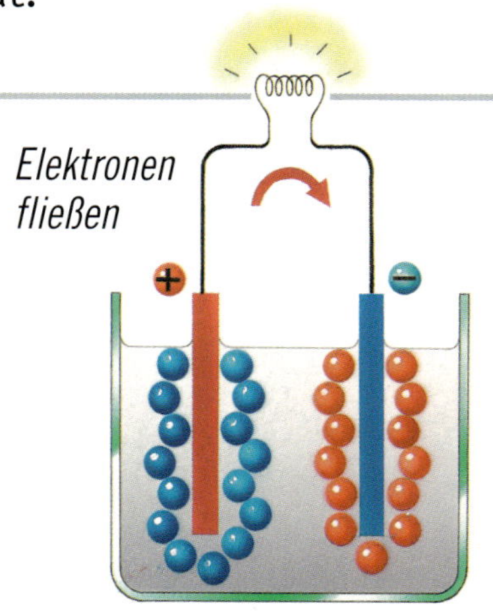

Gegensätzliche elektrische Ladungen ziehen sich an: Die Elektronen erzeugen Strom.

Mehr dazu: Elektrische Energie S. 78; Elektrische Schaltungen S. 86

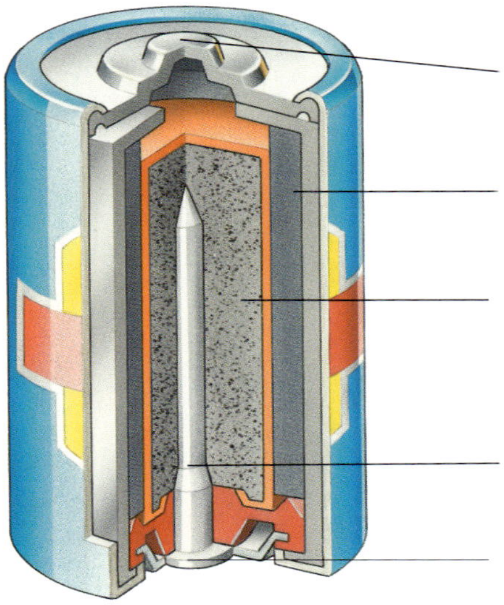

Trockenzelle

Trockenzellen enthalten im Gegensatz zu einer Autobatterie eine Elektrolytpaste. Sie verfügen über eine kombinierte Anode (Plus-Pol) und einen Elektrolyt aus Zinkpulver in einer Paste.

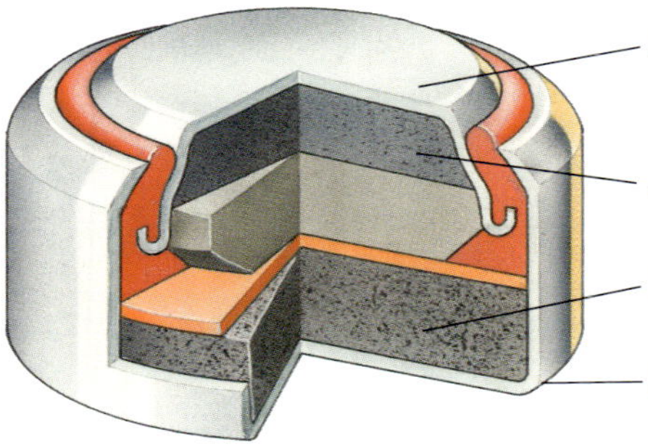

Knopfzelle

Die knopfgroßen Batterien werden in Kameras, Uhren und Taschenrechnern verwendet. Die Anode besteht aus Zinkpulver, die Kathode aus Quecksilberoxid. Knopfzellen liefern eine Spannung von etwa 1,4 Volt.

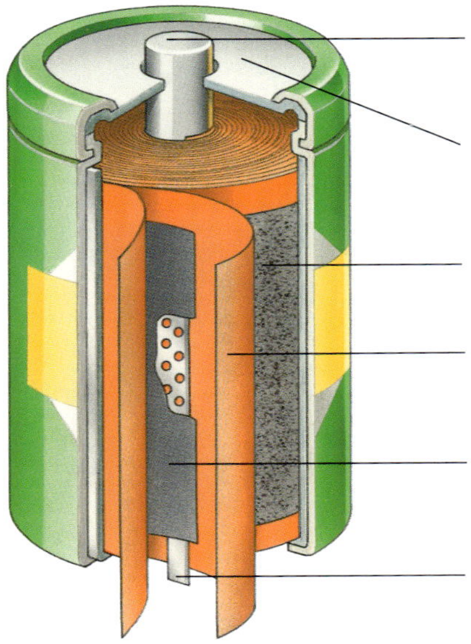

Aufladbarer Akku

Wiederaufladbare Trockenzellen verwenden unter anderem die Metalle Nickel (Ni) und Cadmium (Cd), daher auch die Bezeichnung „NiCad".

Entdeckung

Im Jahr 1800 entdeckte der Italiener Alessandro Volta (1745–1827), dass zwei durch feuchte Chemikalien getrennte unterschiedliche Metalle einen elektrischen Strom erzeugen können. Dies war die erste elektrische Zelle. Volta stapelte die Zellen zur ersten echten Batterie, der Voltaschen Säule, aufeinander. Als er einen von der Spitze der Säule kommenden Draht mit einem Draht an der Unterseite verband, flogen elektrische Funken. Damit war zum ersten Mal eine verlässliche Quelle für elektrischen Strom verfügbar. Es entstand eine neue Forschungsrichtung, die viele Erfindungen hervorbrachte.

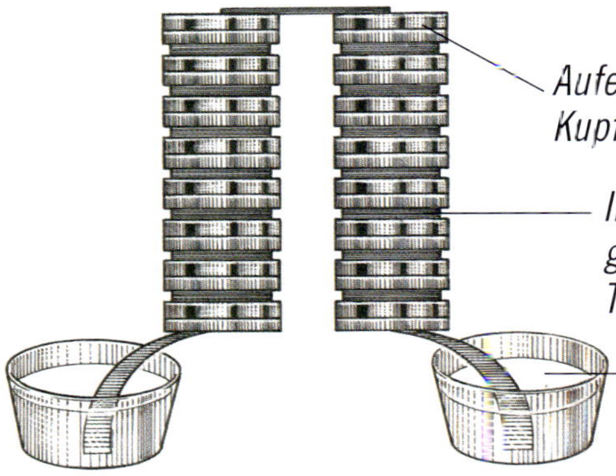

BATTERIE FÜRS HERZ

Manchmal funktionieren die winzigen elektrischen Impulse, die das Herz schlagen lassen, nicht richtig. Dann muss ein elektrischer Schrittmacher dafür sorgen, dass das Herz regelmäßig einmal pro Sekunde schlägt. Er wird von Batterien angetrieben, die zwischen fünf und zwölf Jahren halten. Der Herzschrittmacher erkennt, wenn das Herz unregelmäßig schlägt, und gibt dann seine Impulse ab.

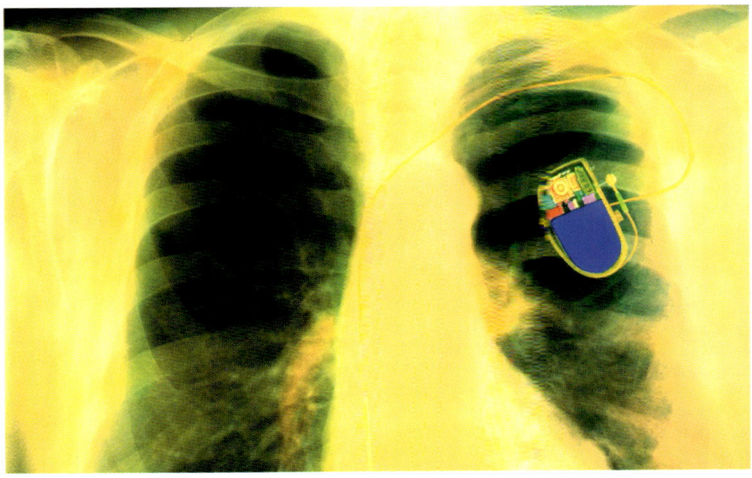

Diese gefärbte Röntgenaufnahme zeigt einen unter die Brusthaut implantierten Herzschrittmacher (blau). Das Herz liegt direkt darunter, hinter den Rippen.

Elektrische Schaltungen

In manchen Materialien, Leitern genannt, können sich die Elektronen frei bewegen. Dadurch kann Elektrizität ungehindert fließen. In anderen Materialien, den Isolatoren, werden die Elektronen von ihren Atomen festgehalten und der Strom kann nur schwer fließen. Der Weg, den eine elektrische Ladung nimmt, wird Schaltkreis genannt. Der Strom fließt nur, wenn dieser Weg nicht unterbrochen ist, also einen geschlossenen Kreislauf bildet. Entsteht eine Lücke durch Luft oder einen anderen Isolator, kann der Strom nicht fließen. Solche Lücken werden mit einem Schalter kontrolliert geöffnet und geschlossen. Dadurch können wir den Strom an- und ausschalten.

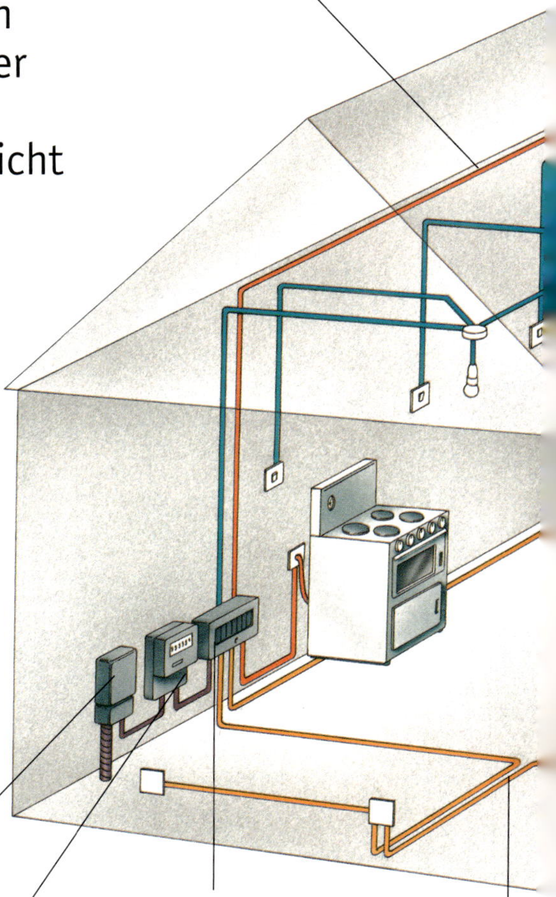

Stromkreisläufe im Haus

Der Strom kommt durch Kabel in den hauseigenen Sicherungskasten. Von hier aus wird er auf verschiedene Stromkreise verteilt, etwa für die Beleuchtung und die Wandsteckdosen. Ein solcher Stromkreis besteht aus einem Kabel, das nacheinander durch alle Anschlüsse und dann wieder zurück zum Sicherungskasten läuft. Dadurch kann die Elektrizität in beide Richtungen durch den Kreislauf fließen. So wird der Strombedarf verteilt und eine Überlastung an einer Stelle vermieden.

Entdeckung

Georg Simon Ohm (1789–1845) bewies, dass sich selbst die besten Leiter dem Stromfluss bis zu einem gewissen Grad widersetzen. Nach ihm heißt das Maß für elektrischen Widerstand „Ohm". Das Ohmsche Gesetz besagt, dass die Stromstärke in Ampere proportional zur Spannung in Volt ist: Volt = Ampere x Ohm

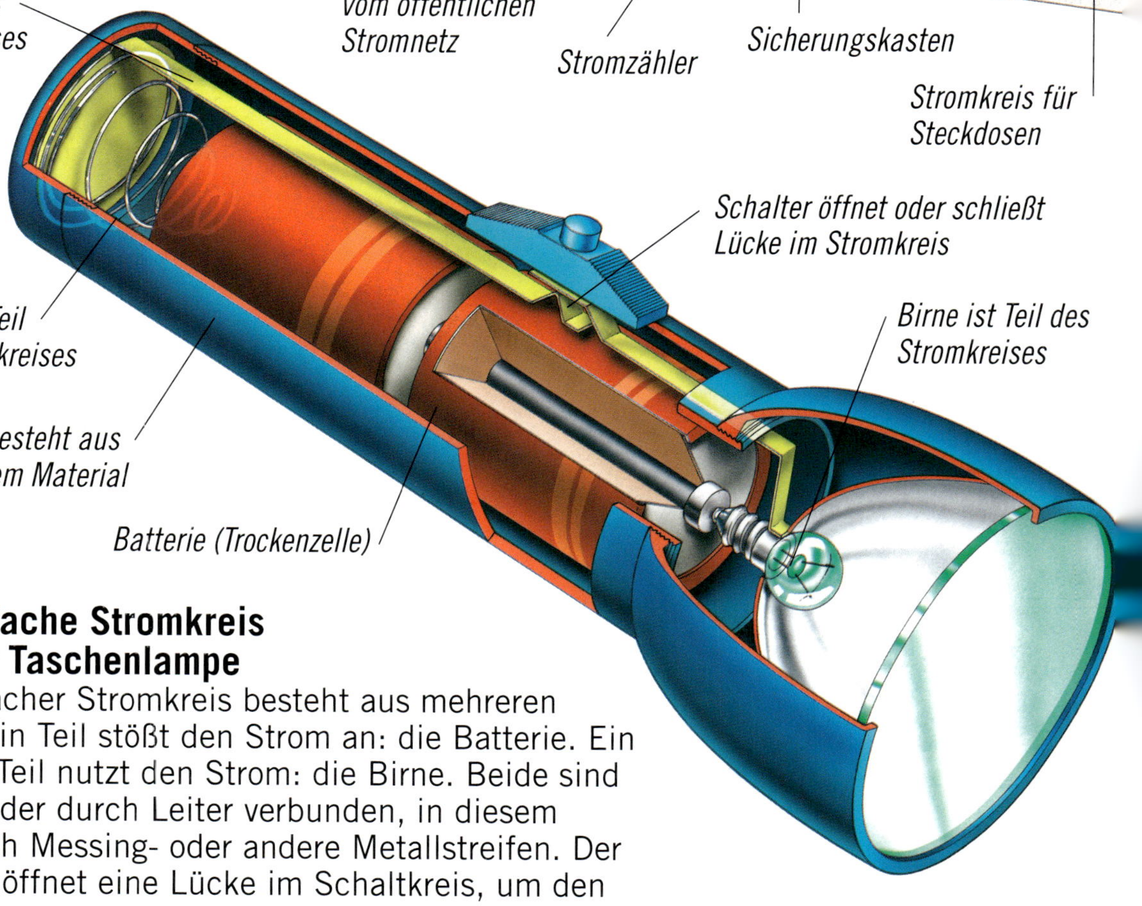

Der einfache Stromkreis in einer Taschenlampe

Ein einfacher Stromkreis besteht aus mehreren Teilen. Ein Teil stößt den Strom an: die Batterie. Ein anderes Teil nutzt den Strom: die Birne. Beide sind miteinander durch Leiter verbunden, in diesem Fall durch Messing- oder andere Metallstreifen. Der Schalter öffnet eine Lücke im Schaltkreis, um den Strom zu stoppen und die Taschenlampe auszuschalten.

Mehr dazu: Elektrische Energie S. 78; Fließende Elektrizität S. 82

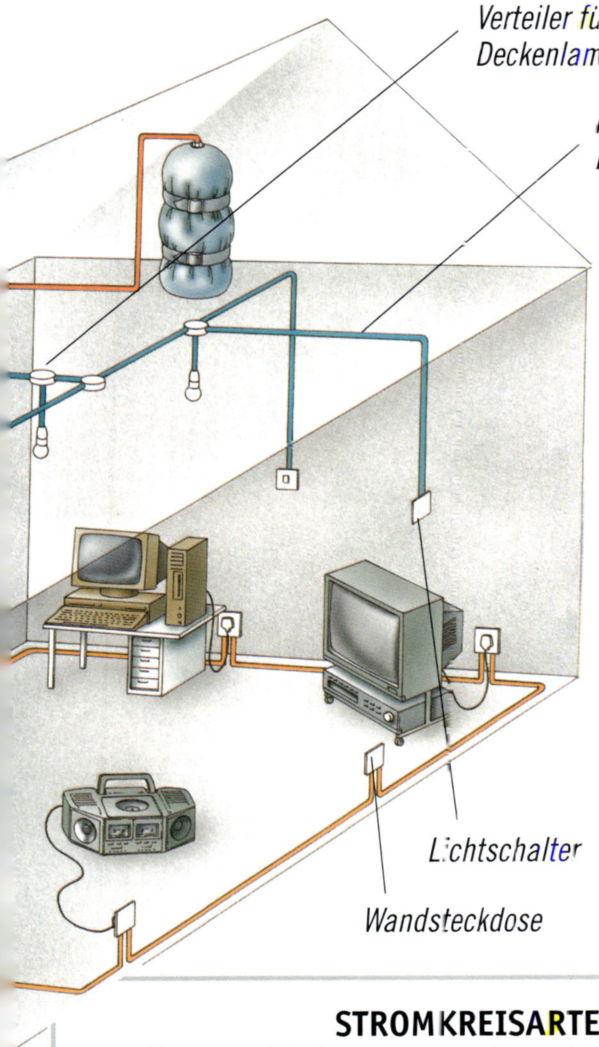

Widerstand

Die Stromkabel, die den Strom über Land transportieren, bestehen aus einer Mischung von Metallen, um Haltbarkeit mit niedrigem Widerstand zu verbinden. Der Widerstand lässt die elektrische Energie nicht einfach verschwinden, sie wird vor allem in Wärme umgewandelt. Aus diesem Grund besitzt der dünne Glühfaden einer Glühbirne einen sehr hohen Widerstand. Da der Strom nur sehr schwer durch ihn fließen kann, wird der Faden so heiß, dass er mit einem strahlend weißen Licht leuchtet.

STROMKREISARTEN

Es gibt verschiedene Arten, die zahlreichen Teile und Drähte eines Stromkreises miteinander zu verbinden. Bei einer Reihenschaltung liegen die Teile hintereinander im Stromfluss. Wenn ein Teil ausfällt, ist der Kreislauf unterbrochen. Bei einer parallelen Schaltung besitzt jedes Teil seinen eigenen „Minikreislauf".

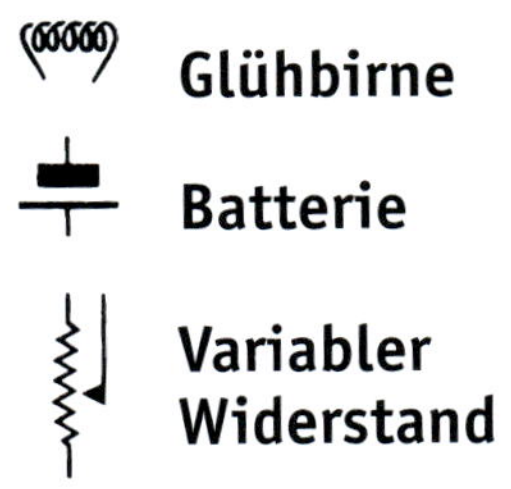

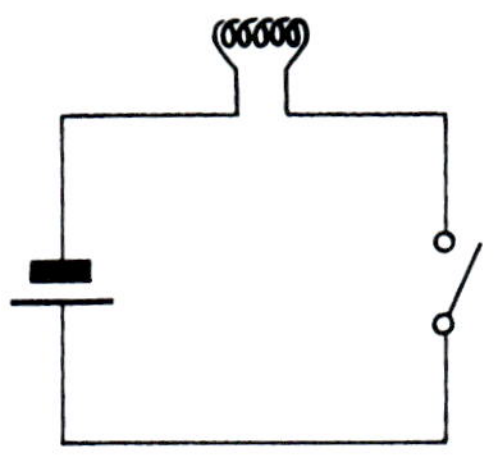

Schalter offen: Strom fließt nicht

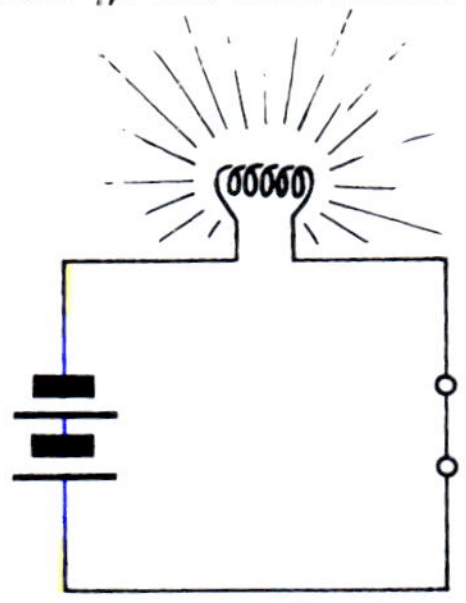

Zweite Batterie in Reihe: doppelter Strom

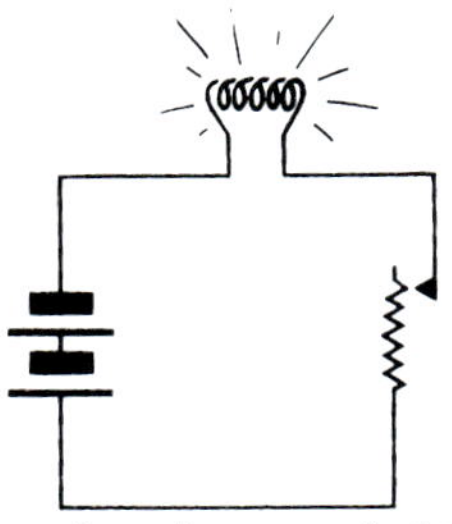

Maximaler variabler Widerstand

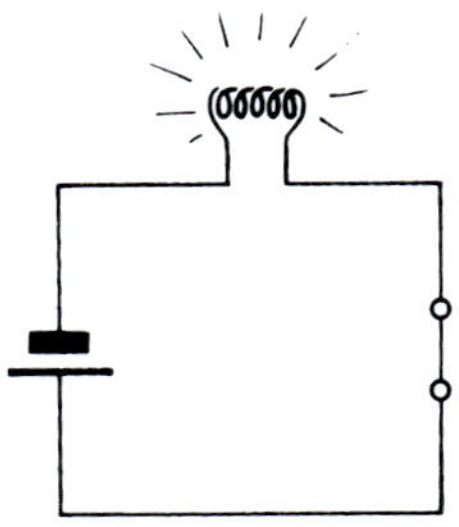

Schalter geschlossen: Strom fließt

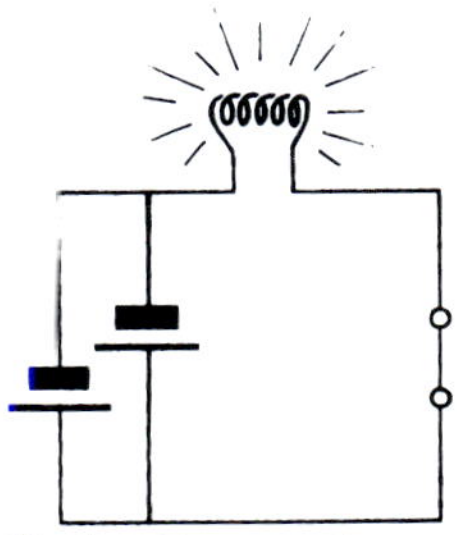

Parallele Batterien: gleicher Strom, doppelte Lebensdauer

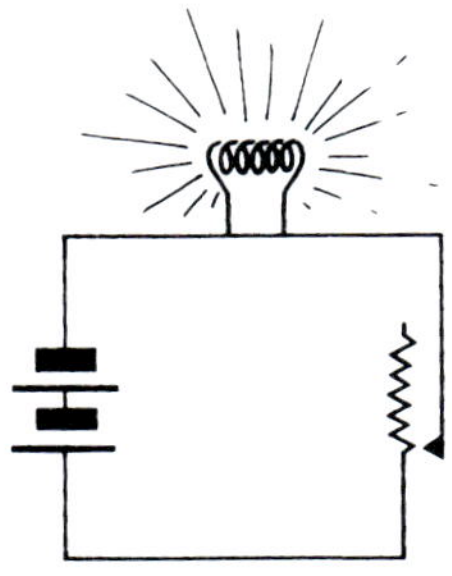

Minimaler variabler Widerstand

ELEKTRONISCHE SCHALTZEICHEN

Um Zeit zu sparen und Missverständnisse zu vermeiden, werden Schaltpläne mit Symbolen versehen, die Standardbauteile darstellen. Dies ist ein Beispiel für die internationale Sprache der Zeichen und Symbole.

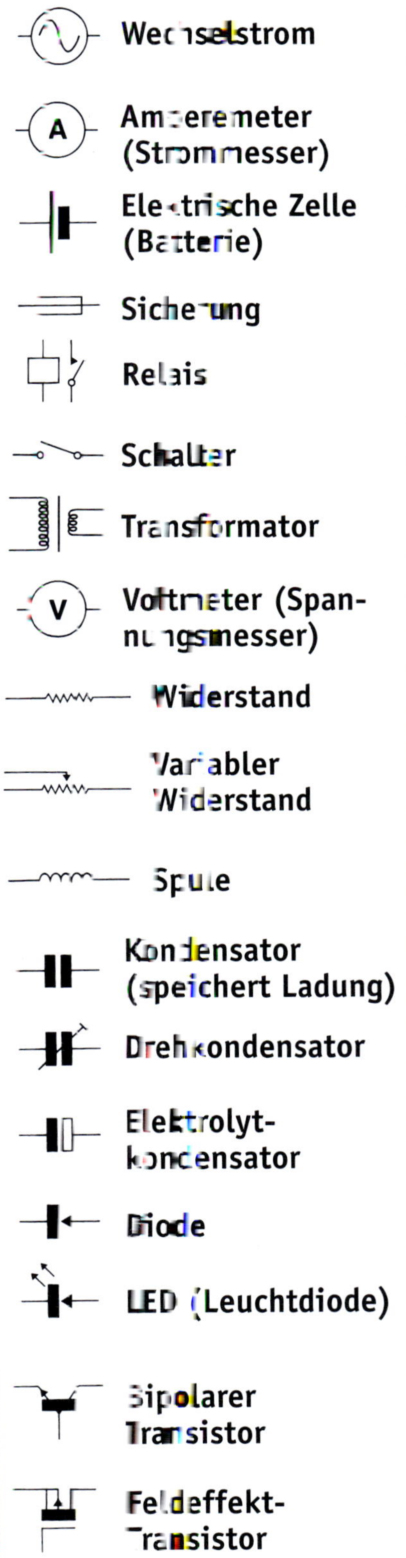

Elektrizität nutzen

ELEKTRIZITÄT IST UNSERE NÜTZLICHSTE und vielseitigste Energiequelle. Sie kann über lange Strecken transportiert und in andere Energieformen umgewandelt werden. Zu Hause nutzen wir sie für Licht in Glühbirnen, Neonröhren und Fernseher, wir bringen mit ihrer Hilfe Bewegung in Motoren, Pumpen und Ventilatoren, erhalten Schall aus dem Telefon und der Stereoanlage, Wärme im Herd und in der Mikrowelle und sogar Kälte in Kühlschrank und Gefriertruhe. Die Industrie nutzt die Elektrizität, um Maschinen, Werkzeuge und Roboter anzutreiben. Krankenhäuser vertrauen auf die Elektrizität, wenn sie Röntgenapparate, Tomografen, Herz-Lungen-Maschinen und andere lebensrettende Geräte betreiben. Elektrizität ist schließlich auch für Transport und Kommunikation unerlässlich.

Entdeckung

André Marie Ampère (1775–1836) arbeitete auf vielen Wissenschaftsgebieten einschließlich Physik, Chemie und Wissenschaftsphilosophie. Er machte viele wichtige Entdeckungen über Elektrizität und Elektromagnetismus. Er stellte fest, dass die Stärke eines Magnetfelds um einen Draht von der Menge der durch den Draht fließenden Elektrizität und dem Abstand zum Draht abhängt (Ampèresches Gesetz). Er entwickelte die Idee, einen Draht zu einer Spule zu wickeln, um seine magnetische Kraft zu erhöhen. Die Einheit für Stromstärke (Ampere) ist nach ihm benannt.

Elektrizität in der Landwirtschaft

Elektrisch betriebene Landmaschinen sparen Zeit und verrichten viele schwere Arbeiten. Melkmaschinen beschleunigen das Melken, elektrische Förderbänder transportieren Stroh und Korn. Fütterungsautomaten stellen sicher, dass die Tiere das richtige Futter zur richtigen Zeit erhalten. Küken können in elektrisch betriebenen Brutöfen ausgebrütet werden. Elektroheizungen ermöglichen eine längere Wachstumszeit für Treibhauspflanzen und durch Uhren gesteuerte Lampen sorgen für ein längeres „Tageslicht“. Dadurch öffnen sich Blüten und reifen Früchte selbst im Winter. Beregnungsanlagen wässern die Pflanzen und selbst der Boden kann beheizt werden.

Mehr dazu: Elektrische Energie S. 78; Elektrische Schaltungen S. 86

Elektrische Wärme

Wenn ein elektrischer Strom durch einen Draht fließt, prallen die Elektronen gegen die Metallatome des Drahts und lassen sie schwingen. Dadurch erhalten die Atome zusätzliche Energie, die vom Draht als Wärme abgegeben wird. Je schneller sich die Atome bewegen, desto wärmer wird der Draht, weil der Wärmegrad eines Gegenstands von der Bewegung seiner Atome abhängt. Viele Maschinen wie Wasserkocher, Toaster und elektrische Öfen enthalten Heizelemente, die auf diese Art arbeiten. Die Wärme wird entweder durch aufsteigende warme Luft abgegeben oder durch ein Gebläse wie bei einem Föhn ausgeblasen. Eine andere Technik verwendet Reflektoren, um die infraroten Wärmestrahlen zu verteilen. Elektrische Öfen besitzen meist einen Thermostat, der den Strom unterbricht, wenn das Heizelement zu heiß wird. Dies soll Feuer oder Schäden am Gerät verhindern.

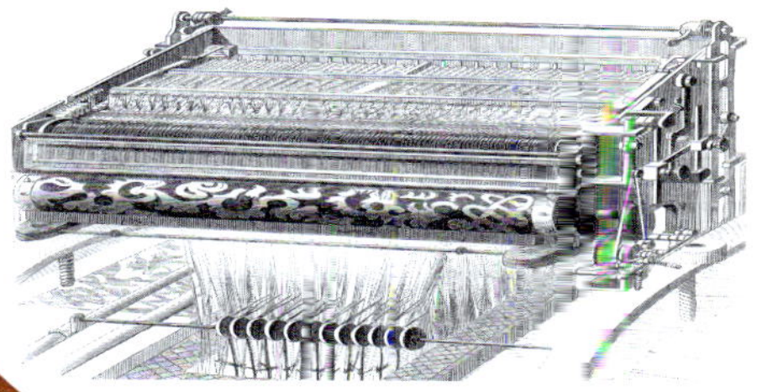

Strom für Fabriken

Ab Mitte des 19. Jahrhunderts stellten die ersten Fabriken von Dampfkraft auf Elektrizität um. Sie nutzten den gleichmäßigen Strom einer Reihe von Blei-Säure-Batterien, um die ersten elektrischen Maschinen, zum Beispiel den elektrischen Seidenwebstuhl zu betreiben.

ELEKTRISCHE MASSEINHEIT

Die Menge an Strom, die ein Gerät verbraucht, hängt zunächst vom Gerät selbst ab, aber auch davon, wie lang es in Betrieb ist. In der Regel verbrauchen Geräte, die Strom in Wärme umwandeln (Wasserkocher, Öfen, Durchlauferhitzer und Herde) mehr elektrische Energie und sind damit im Verbrauch teurer. Auch sehr helle Lampen wie Halogenlampen sind teuer. Geräte, die Mikrochips und kleine Motoren nutzen (elektrische Zahnbürsten und Rasierapparate), verbrauchen weniger Strom. Die Leistungsaufnahme (Wattzahl) eines Geräts ist auf dem Gehäuse oder dem Typenschild angegeben. So hat eine typische Glühbirne eine Leistung von 60–100 Watt. Bei uns wird der Stromverbrauch in Kilowattstunden (kWh) berechnet: 1 kWh ist die Strommenge, die ein Gerät mit 1000 Watt (1 kW) Leistung in einer Stunde (h) verbraucht. Diese Energie verschwindet nicht. Sie wird nur in andere Formen wie Licht, Wärme, Schall oder Bewegung umgewandelt. Strom kostet nachts weniger, weil geringere Nachfrage herrscht.

100 Watt-Birne: 10 Stunden

Bohrmaschine: 2 Stunden

Diese Tabelle zeigt, wie viele Stunden Haushaltsgeräte mit 1 Kilowattstunde auskommen

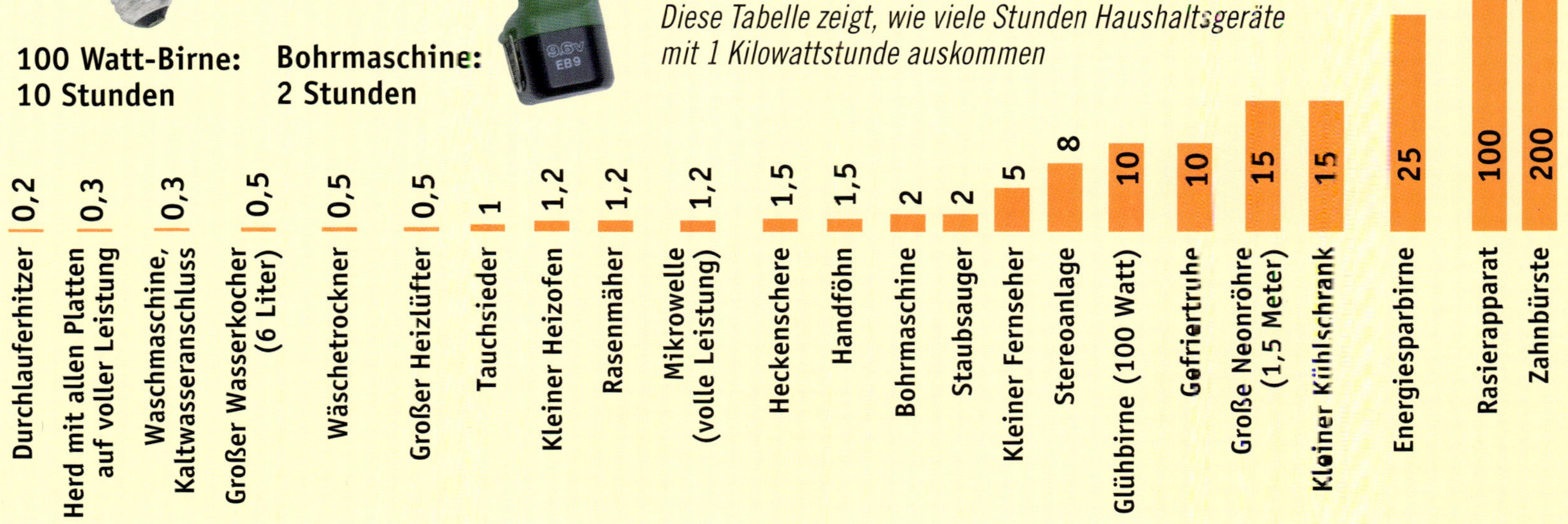

Elektrizität erzeugt Magnetismus

ELEKTRIZITÄT STEHT IN ENGEM ZUSAMMENHANG mit der unsichtbaren Kraft des Magnetismus. Was Magnetismus ist, wird auf den folgenden Seiten erklärt. Elektrizität und Magnetismus sind zwei Aspekte der gleichen Kraft, die die Wissenschaft als eine der Grundkräfte des Universums versteht: des Elektromagnetismus. Wenn Elektrizität durch einen Leiter fließt, erzeugt sie um diesen Leiter herum ein unsichtbares Magnetfeld (elektromagnetischer Effekt). Auf diese Weise durch Strom erzeugte Magnete heißen Elektromagnete.

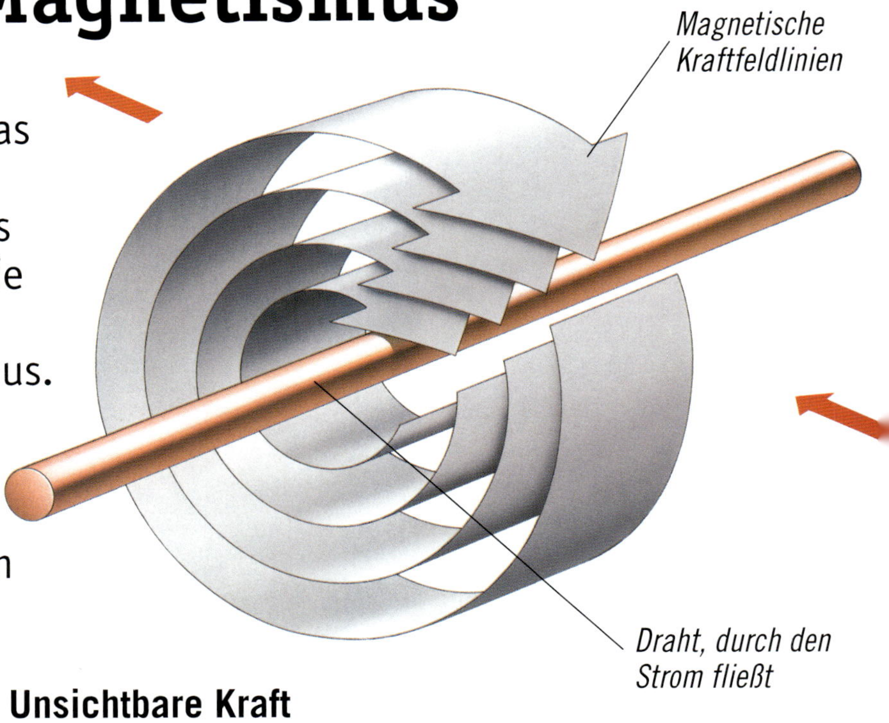

Unsichtbare Kraft

Fließt Strom durch einen Draht, bildet sich ein kreisförmiges Magnetfeld um ihn herum.

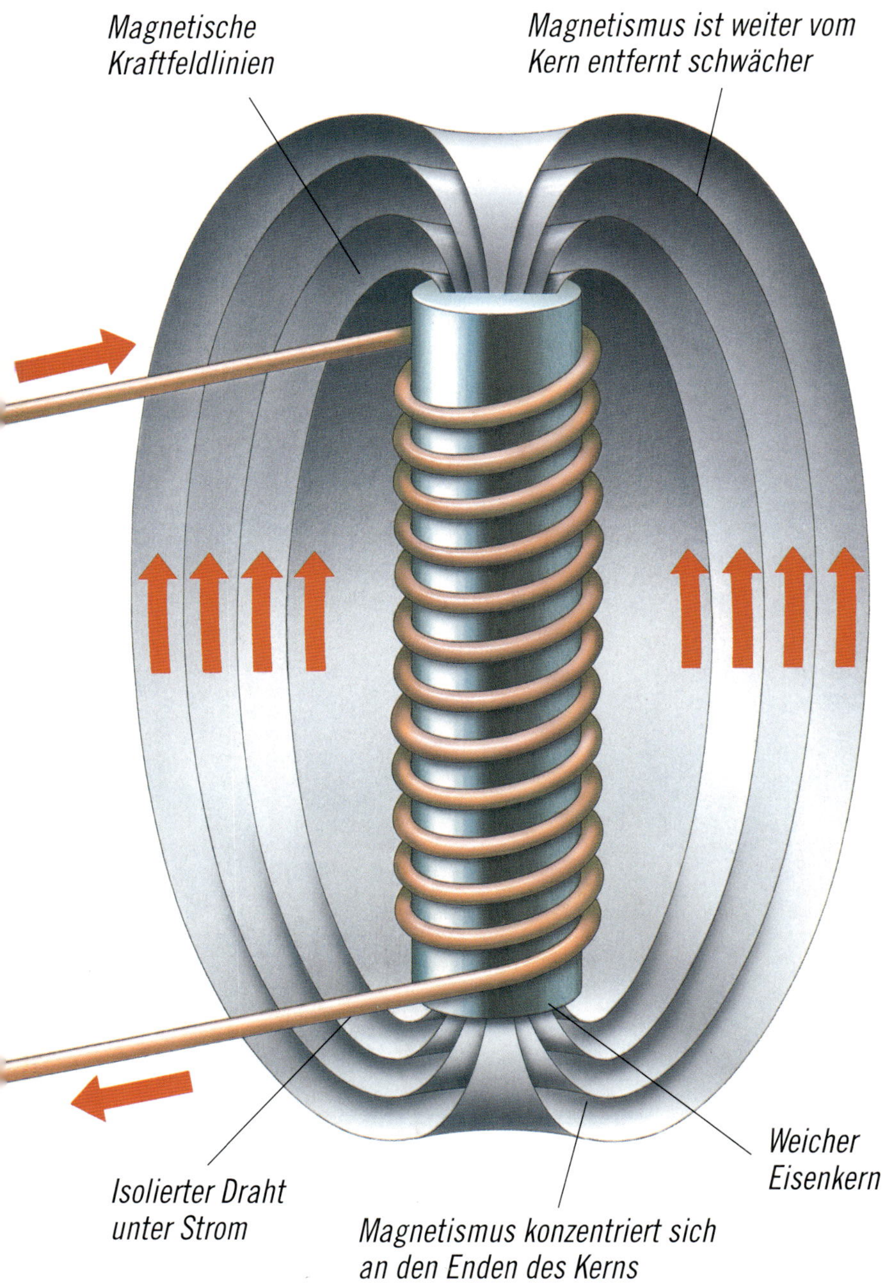

Elektromagnet

Ein typischer Elektromagnet besteht aus einer Spule aus isoliertem Draht, die um eine Eisenstange, den „Kern", gewickelt ist. Eine Drahtspule erzeugt ein stärkeres Magnetfeld als ein gerades Stück Draht. Der Draht wird mit einer Stromquelle (zum Beispiel einer Batterie) verbunden. Sobald der Strom fließt, wird der Kern zu einem sehr starken Magneten. Schaltet man den Strom aus, verschwindet der Magnetismus. Die meisten Elektromagneten besitzen einen Kern aus weichem Eisen, da dieses Material seinen Magnetismus sofort verliert, sobald der Strom ausgeschaltet wird. Ein harter Stahlkern bliebe noch eine Zeitlang magnetisch.

Entdeckung

1820 entdeckte der dänische Wissenschaftler Hans Christian Ørsted (1777–1851), dass ein von Strom durchflossener Draht eine Kompassnadel wie ein Magnet ablenken kann. Die Kompassnadel selber ist ein winziger Magnet und Magnete ziehen einander an oder stoßen sich ab. Ørsted erkannte, dass der Strom Magnetismus erzeugte, und war damit der Erste, der den elektromagnetischen Effekt entdeckte. Sofort begannen andere Wissenschaftler, mit diesem Effekt zu experimentieren.

Mehr dazu: Fließende Elektrizität S. 82; Geheimnis Magnetismus S. 92

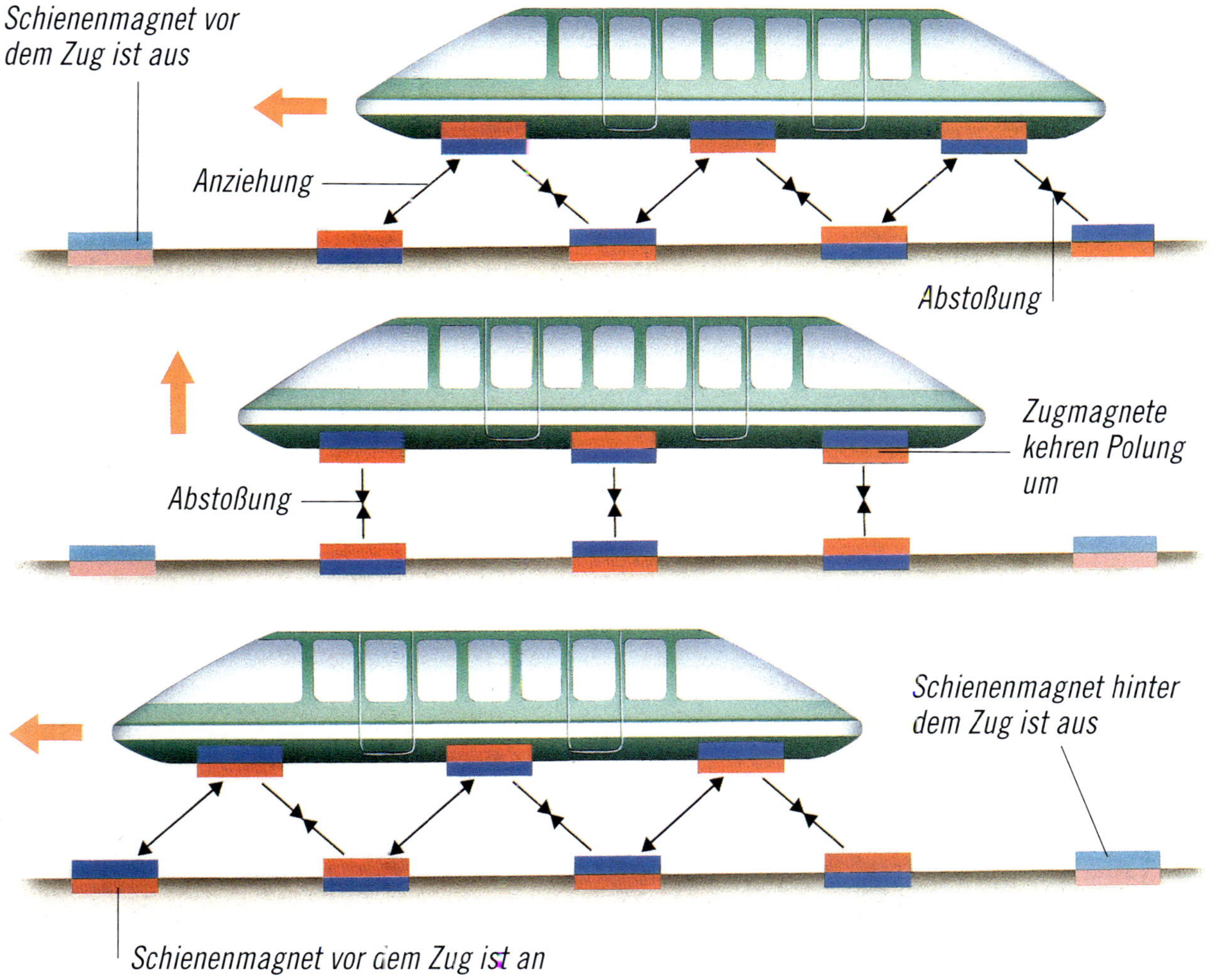

① Vorwärts
Elektromagneten im Zug und auf der Schiene erzeugen anziehende und abstoßende Kräfte, die den Zug antreiben.

② Aufwärts
Elektromagneten im Zug kehren ihr Magnetfeld für den Bruchteil einer Sekunde um. Der Zug wird durch die Abstoßung in der Luft gehalten.

③ Vorwärts
Die Elektromagneten des Zugs kehren ihre Polung wieder um, um den Zug anzutreiben. Dieser Wechsel geschieht viele Male pro Sekunde.

Magnetschwebebahnen

Diese Züge fahren mit Elektromagneten anstatt mit Rädern. Der Zug schwebt wenige Zentimeter über der Schiene auf einem von Elektromagneten erzeugten Magnetfeld. Es wurden schon viele Versionen von Magnetschwebebahnen entwickelt. Die meisten scheiterten aber an praktischen Problemen wie zum Beispiel den Kosten für die Verlegung und den Unterhalt der komplizierten elektromagnetischen Fahrtrasse.

Schnell und leise

Bei einer Magnetschwebebahn gibt es keinen Fahrlärm, weil kein Teil des Zugs die Schiene berührt. Außerdem wird er nicht durch Reibung zwischen Rädern und Schiene gebremst. Allerdings verbraucht diese Technik viel Strom und sie beruht auf hochkomplizierten Schaltkreisen. Vielleicht wird diese Art des „Schienenverkehrs" dennoch bald auch in Europa genutzt. Ein Pilotprojekt gibt es bereits in China.

Metalle sortieren

Auf Schrottplätzen verwendet man Elektromagneten, um bestimmte Gegenstände aus dem Müllhaufen auszusortieren. Magnete ziehen die Metalle Eisen, Stahl (der vorwiegend aus Eisen besteht), Nickel und Kobalt an. Der starke Elektromagnet unten hängt an einem Kran.

Geheimnis Magnetismus

HÄLT MAN EINEN MAGNETEN vor die Kühlschranktür, wird er von der Tür angezogen. Lässt man ihn los, bleibt er an der Tür „kleben“. Das funktioniert aber nicht mit einem Plastikbecher oder einem Holzstück. Die unsichtbare Kraft des Magnetismus bleibt geheimnisvoll, auch wenn wir sie schon seit über 2000 Jahren kennen. Magnetismus scheint etwas mit Gruppen von Atomen zu tun zu haben, die man Domänen oder Bereiche nennt. Bei nicht magnetischen Materialien weisen die Atome der Domänen in unterschiedliche Richtungen. Bei magnetischen Materialien sind alle Domänen in eine Richtung ausgerichtet und ihre Magnetkräfte addieren sich.

An den Polen sind die Kraftfeldlinien am dichtesten und der Magnetismus am stärksten

Magnetfelder

Jeder Magnet ist von einem unsichtbaren Magnetfeld umgeben, dem Bereich, in dem die Kraft seines Magnetismus wirkt. Dieses Feld kann man sich als ein Muster von Linien vorstellen. Die Kraftlinien zeigen, dass das Magnetfeld umso schwächer wird, je weiter man vom Magneten entfernt ist. Am stärksten ist die Kraft eines Magneten an seinen beiden so genannten Polen, die bei einem stabförmigen Magneten jeweils an den Enden liegen. Man unterscheidet zwischen Nord- und Südpol. Sie sind nach den Polen der Erde benannt, von denen sie angezogen werden. Ungleiche Pole ziehen sich an, gleiche Pole stoßen sich ab.

ORIENTIERUNG

Die Spitze einer Kompassnadel zeigt immer zum magnetischen Nordpol, ihr Ende zum magnetischen Südpol der Erde. Das ist so, weil die Nadel ein kleiner Magnet und die Erde ein riesiger Magnet ist. Deshalb richtet sich die Nadel nach dem Magnetfeld der Erde aus. Sie ruht auf einer dünnen Spitze im Kompass, um sich leicht drehen zu können. Der magnetische Südpol der Erde liegt etwa 1600 Kilometer vom geografischen Nordpol entfernt. Der magnetische Nordpol der Erde befindet sich rund 2400 Kilometer vom geografischen Südpol entfernt.

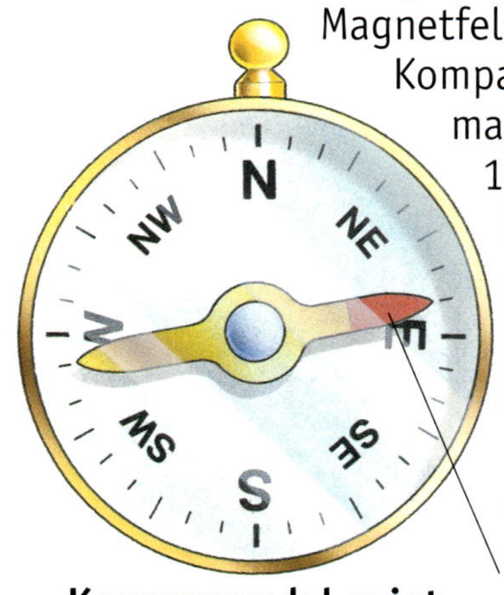

Dreht man die Windrose des Kompasses mit N (Norden) unter die Spitze der Nadel, kann man die Himmelsrichtungen ablesen

Kompassnadel zeigt nach Norden

Spitze der Kompassnadel richtet sich nach Norden aus

Mehr dazu: Elektrizität erzeugt Magnetismus S. 90

Magnetische Tiere

Schiffe verwenden einen Magnetkompass, um sich auf dem Meer zurechtzufinden. Wale, Delfine, Meeresschildkröten, Tauben, Schwalben, Gänse und Störche scheinen sich auf ihren langen Reisen ebenfalls am Magnetfeld der Erde zu orientieren. Wissenschaftler sind sich nicht sicher, wie diese Tiere den Magnetismus aufspüren. Es könnte etwas mit winzigen Teilchen aus eisenhaltigen Mineralien im Inneren oder in der Nähe des Gehirns zu tun haben, die wie ein „lebender Kompass" wirken.

Entdeckung

Charles Auguste Coulomb (1736–1806) war ein Ingenieur, der sich 1791 der Physik zuwandte. Er studierte die Anziehung und Abstoßung von Magneten und Gegenständen mit elektrostatischer Ladung. Er erfand eine Drehwaage, die mithilfe eines sich drehenden Drahtstücks geringste Kräfte exakt messen konnte. Er entwickelte ein Gesetz, wonach Magnetkräfte proportional zum Quadrat des Abstands zwischen zwei magnetischen Objekten abnehmen.

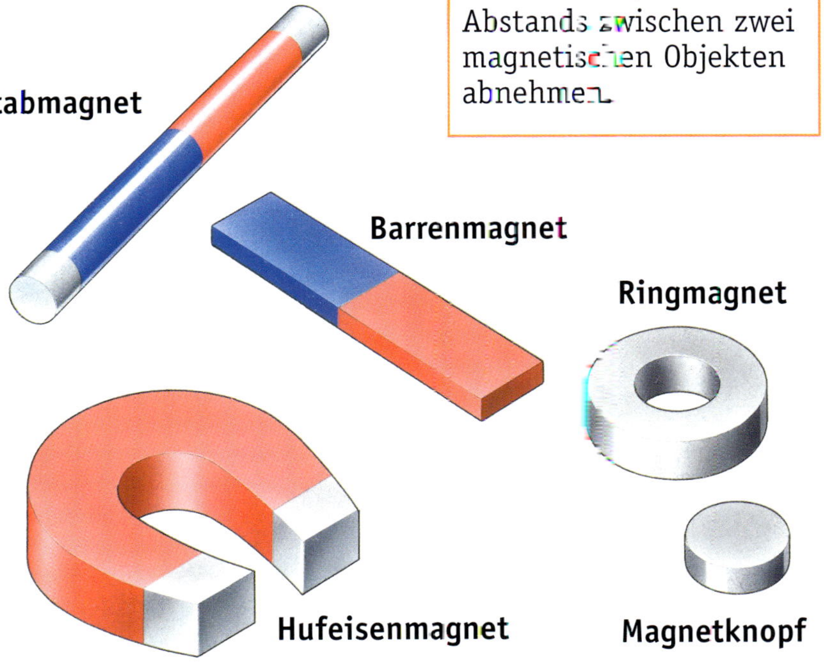

Magnetformen

Magnete gibt es in ganz verschiedenen Formen. Barrenmagnete sind lang und flach, während Hufeisenmagnete gebogen sind. Außerdem kann man Magnete als Ringe oder dünne Stäbe finden. Ein Ringmagnet kann einen Pol im Inneren des Rings, den anderen Pol auf der Ringaußenseite haben.

Magnetismus erzeugt Elektrizität

Michael Faraday, ein englischer Wissenschaftler, nahm 1831 an, dass nicht nur ein Strom in einem Draht Magnetismus erzeugen könne, sondern auch ein sich nahe dem Draht bewegender Magnet Strom erzeugen müsste. Als er einen Magneten im Inneren einer Drahtspule hin und her bewegte, floss Strom durch den Draht. Dies nennt man elektromagnetische Induktion. Der Strom fließt nur, solange sich das Magnetfeld bewegt oder verändert. Stehen Magnet und Draht still, fließt kein Strom. Die Induktion wird in hunderten von Geräten – von Kassetten- und Videorekordern über E-Gitarren bis hin zu Ampeln – verwendet. Außerdem kommt sie in Elektromotoren und Generatoren zur Anwendung.

Viel Induktion

Ein Videorekorder speichert jede Sekunde Millionen winziger Magnetflecken. Diese werden später wieder in elektrische Signale und Lichtpunkte für den Fernseher verwandelt.

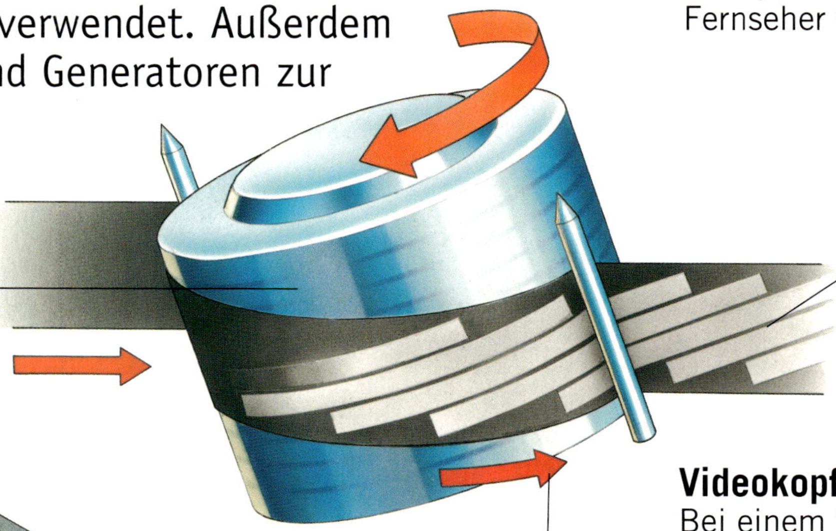

Videokopf

Bei einem Videorekorder rotiert der Kopf in eine Richtung, während das Band an ihm vorbei in die andere läuft. Dadurch erhöht sich die Bandlaufgeschwindigkeit am Kopf, wodurch mehr Signale aufgenommen werden können und man ein besseres Bild erhält.

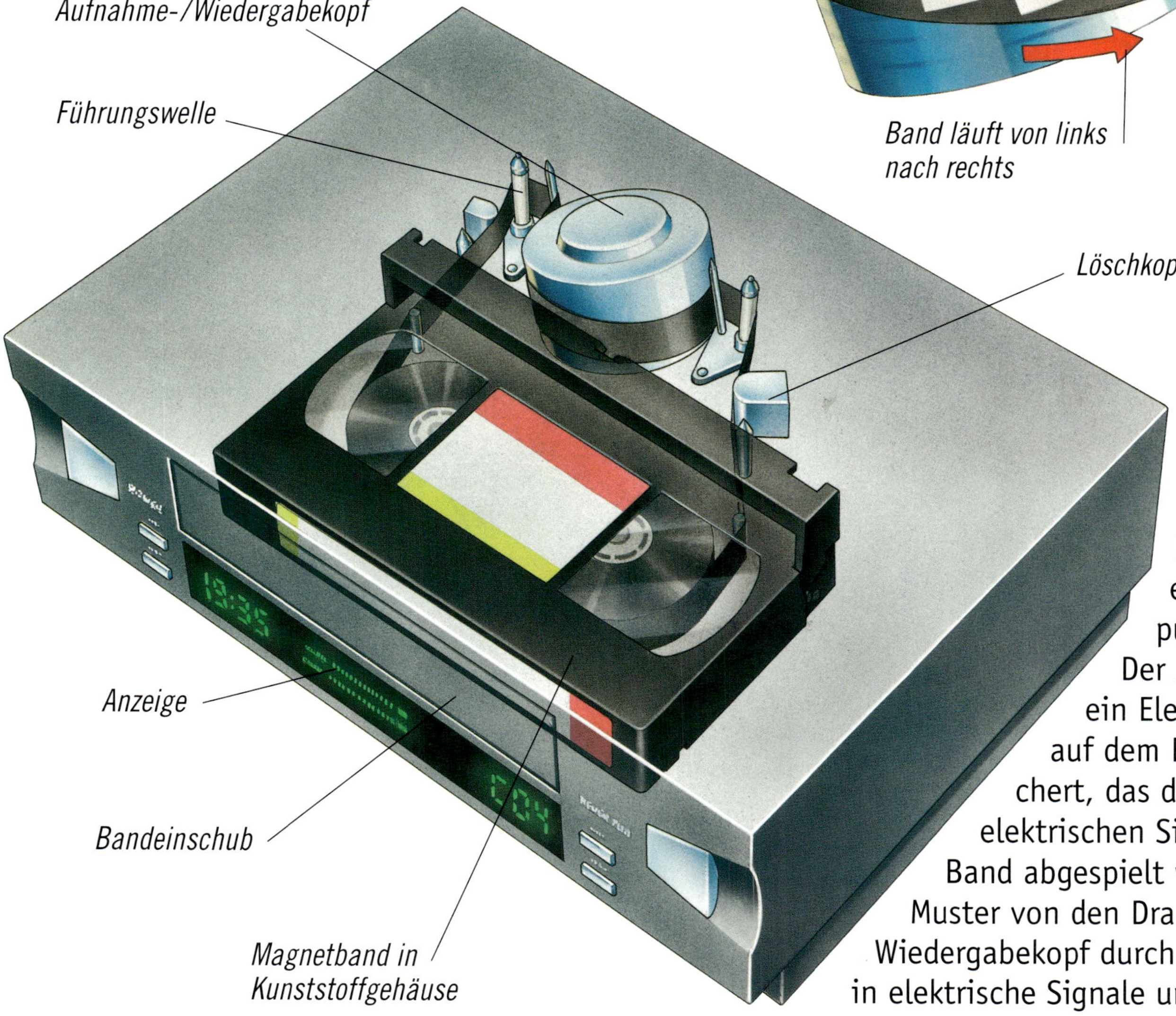

Videorekorder

Ein Videorekorder speichert elektrische Signale als Magnetpunkte auf einem Magnetband. Der Aufnahme-/Wiedergabekopf ist ein Elektromagnet, der Metallteilchen auf dem Band in einem Muster abspeichert, das dem Muster der eintreffenden elektrischen Signale entspricht. Wenn das Band abgespielt wird, wird das gespeicherte Muster von den Drahtspulen im Aufnahme-/Wiedergabekopf durch elektromagnetische Induktion in elektrische Signale umgewandelt.

Mehr dazu: Elektrische Energie S. 78; Elektrizität erzeugt Magnetismus S. 90

Entdeckung
Der amerikanische Physiker Joseph Henry (1797–1878) entdeckte die elektromagnetische Induktion etwa ein Jahr vor Michael Faraday, veröffentlichte seine Experimente und Entdeckungen aber nicht so schnell. Henry machte viele Entdeckungen auf dem Gebiet der Elektrizität. Er konstruierte einen frühen Elektromotor, half Samuel Morse bei der Entwicklung des Telegrafen und entdeckte die Gesetze, auf denen der Transformator beruht. Nach ihm ist die Einheit für Induktivität benannt: Henry.

Vergrabener Schatz

Ein Metalldetektor kann bestimmte metallene Gegenstände wie Münzen, Order und Kelche im Boden entdecken. Er enthält eine Drahtspule, die von einer Batterie mit Strom versorgt wird. Dadurch entsteht um die Spule herum ein Magnetfeld. Jedes metallhaltige Objekt, das in dieses Magnetfeld gerät, verändert es. Dadurch verändert sich dank der Induktion auch der Strom in der Spule. Diese Veränderung wird von einem Mikrochip im Griff erfasst und zu einem Warnton umgewandelt.

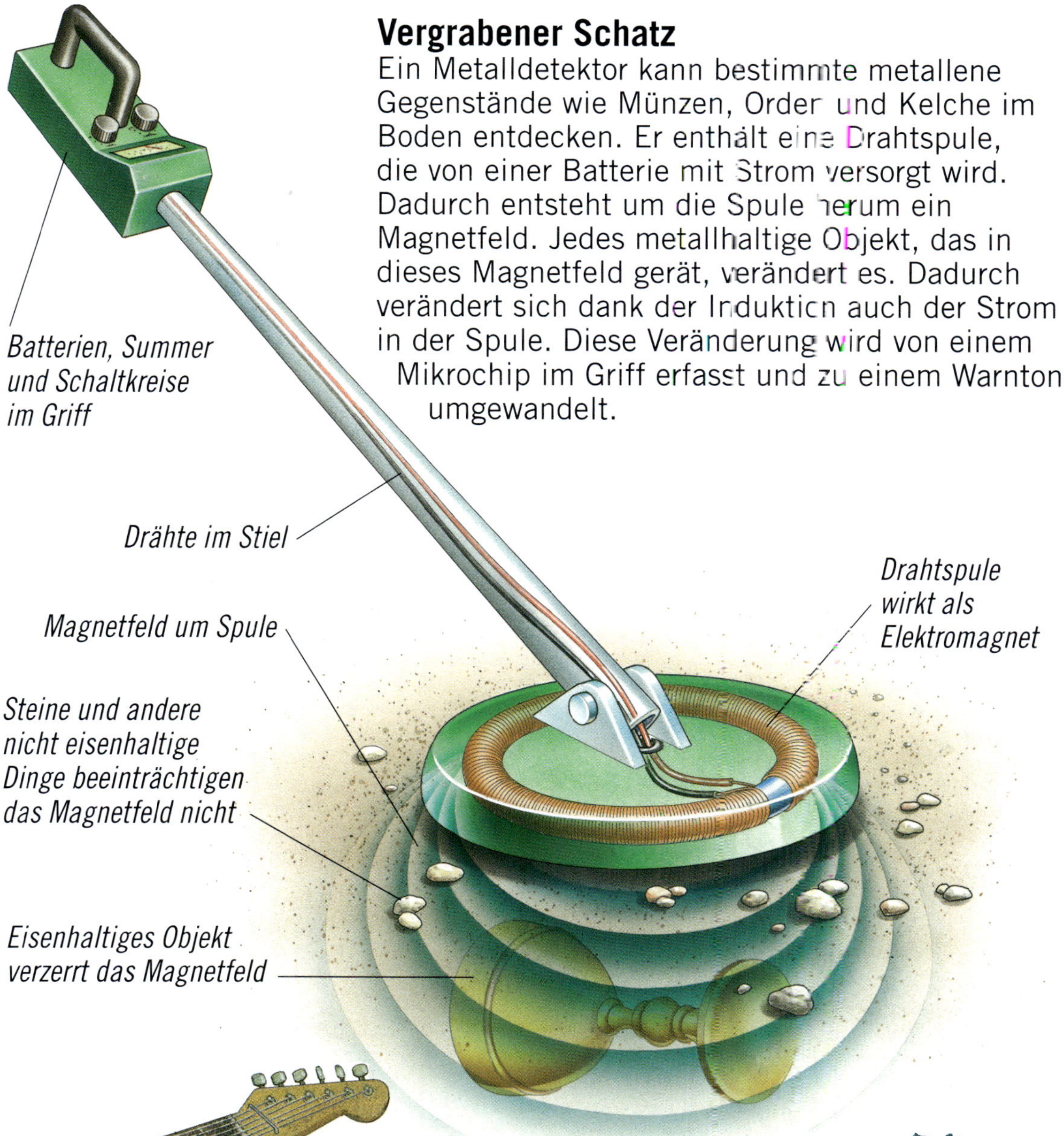

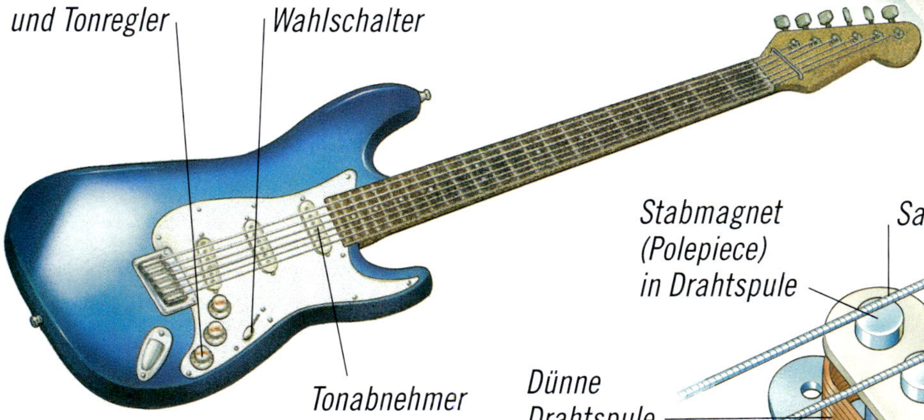

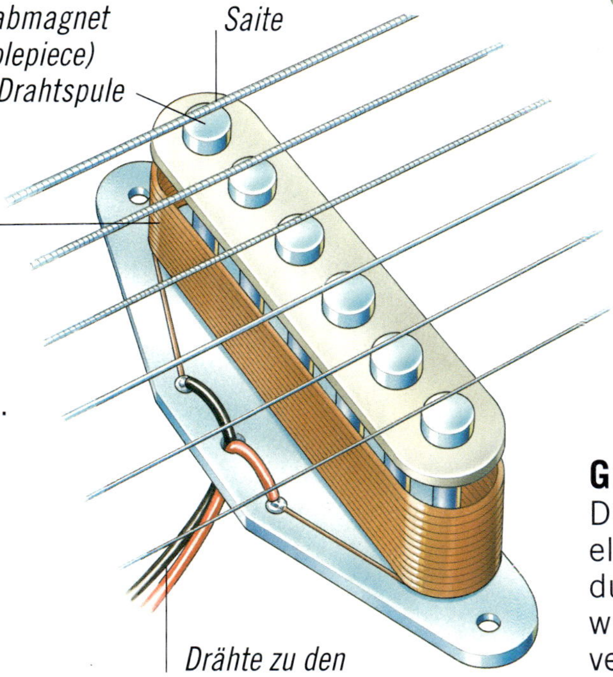

E-Gitarre

Man kann die Saiten einer E-Gitarre nur dank der elektromagnetischen Induktion laut hören. Durch den Anschlag vibrieren die Saiten im Magnetfeld der unter ihnen liegenden Tonabnehmer. Die Vibrationen verändern den Stromfluss in den Drahtspulen der Tonabnehmer und erzeugen elektrische Signale, die durch ein Kabel zum Verstärker gelangen. Dieser verstärkt die Signale und macht sie durch seinen Lautsprecher hörbar.

Gitarreneffekte
Die E-Gitarre erzeugt elektrische Signale, die durch elektronische Geräte wie Echo und Verzerrer auf verschiedenste Weise verändert werden können.

Elektrizität erzeugt Bewegung

ELEKTRIZITÄT UND MAGNETISMUS ERZEUGEN Bewegung. Wenn ein Strom durch einen Draht fließt, erzeugt er ein Magnetfeld um den Draht herum. Wenn dieses Feld auf ein weiteres Magnetfeld trifft, wirken sie auf bekannte Weise aufeinander: Gleiche Pole stoßen sich ab, ungleiche Pole ziehen sich an. Dadurch wirkt eine Bewegungskraft auf den Draht. Man kann sie als die Kraft des Magneten sehen, die auf die geladenen Teilchen des Stroms im Draht wirkt. Dieser dynamoelektrische Effekt ist die Grundlage von Elektromotoren. Ein Elektromotor besteht aus einer Drahtspule, die sich zwischen den Polen eines Permanentmagneten dreht. Fließt ein Strom durch die Spule, entsteht ein Magnetfeld, das die Drehbewegung auslöst.

Entdeckung
Michael Faraday (1791–1867) war Buchhändler und Buchbinder und zog seine wissenschaftlichen Kenntnisse aus Büchern. Er machte viele physikalische Entdeckungen, etwa die Prinzipien der elektromagnetischen Induktion, des Transformators und des Elektromotors. Außerdem kam er auf die Idee, Magnetfelder als Kraftfeldlinien darzustellen.

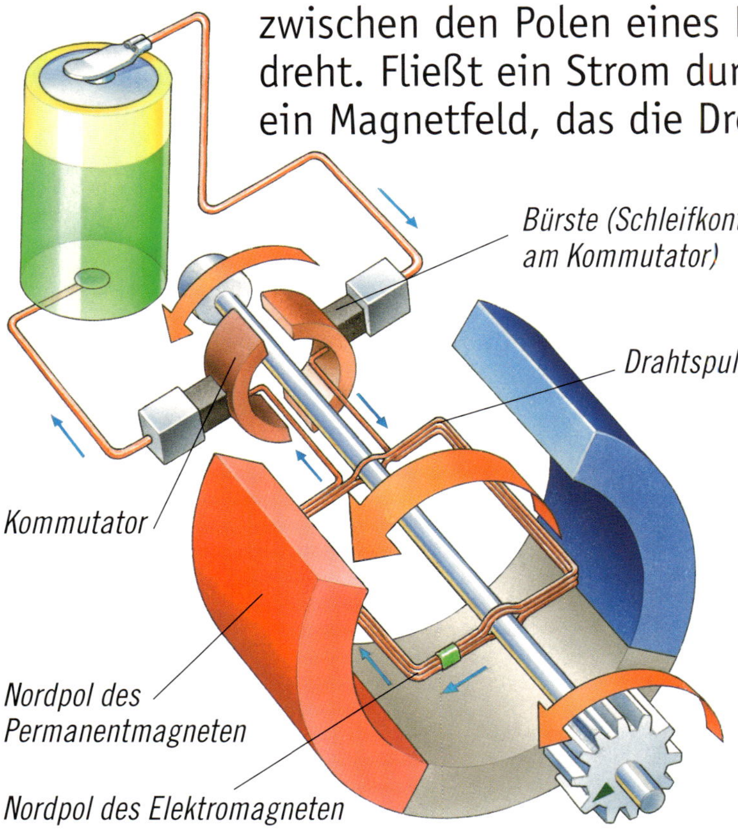

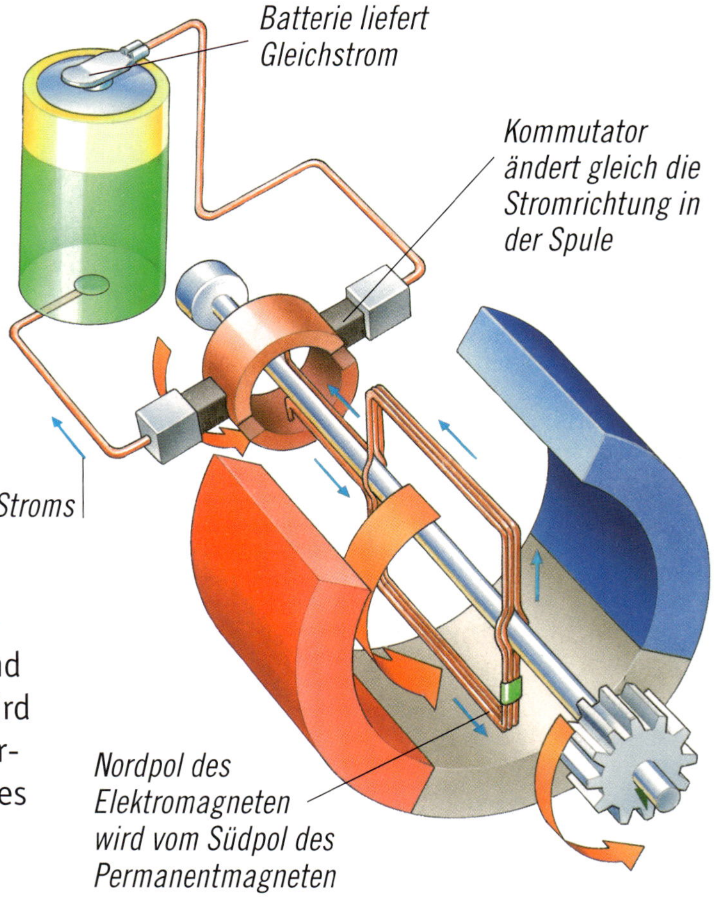

Elektromotor

Bei einem einfachen Elektromotor wird ein Gleichstrom an eine Drahtspule auf einer Welle angelegt, die sich zwischen Nord- und Südpol eines Permanentmagneten befindet. Durch den Strom wird die Spule zum Elektromagneten. Sie dreht die Welle, weil sie versucht, ihren Nordpol am Südpol und ihren Südpol am Nordpol des Permanentmagneten auszurichten, da gegensätzliche Pole sich anziehen. Während sich die Spule aber dreht, ändert ein Gerät namens Kommutator auf der Welle die Richtung des Stroms. Dadurch werden die Pole des Elektromagneten umgekehrt, sodass sie jetzt von den Polen abgestoßen werden, an denen sie gerade vorbeigekommen sind, und von den gegenüberliegenden Polen angezogen werden. Nach jeder halben Drehung ändert der Kommutator die Stromrichtung, sodass die Spule sich immer weiter dreht.

Drehkraft

Der Permanentmagnet ist fest montiert, sodass sich der Elektromagnet durch die magnetische Anziehung und Abstoßung bewegen muss.

Mehr dazu: Geheimnis Magnetismus S. 92; Bewegung erzeugt Elektrizität S. 98

ELEKTROMOTOREN

- Moderne Elektromotoren wandeln über 90 Prozent der elektrischen Energie in Bewegungsenergie um. Damit ist er eine der effizientesten Maschinen überhaupt.
- Viele Haushaltsgeräte besitzen mindestens einen Elektromotor. Andere haben sogar mehrere, zum Beispiel:
- Bei einer Waschmaschine dreht ein großer Elektromotor die Waschtrommel. Ein kleinerer Motor treibt die Pumpe an, die das Schmutzwasser abpumpt, während ein noch kleinerer Motor den Programmwahlknopf dreht.

Kleine und große Motoren

Die Elektromotoren in Eisenbahnzügen sind größer als ein Mensch. Jedes Räderpaar besitzt einen eigenen Motor, sodass der Zug noch weiterfahren kann, wenn ein Motor ausfällt. Bei einer Diesellokomotive treibt ein Dieselmotor einen Generator an, der den Strom für die Elektromotoren der Räder liefert. Dadurch kann der Zug auch auf solchen Strecken fahren, auf denen es keine Oberleitungen gibt. Solche Motoren erzeugen eine ununterbrochene Drehbewegung. Im Gegensatz dazu drehen die Schrittmotoren in Computerlaufwerken (Disketten- und CD-Laufwerke) die Medien in sehr kleinen, genauen Schritten.

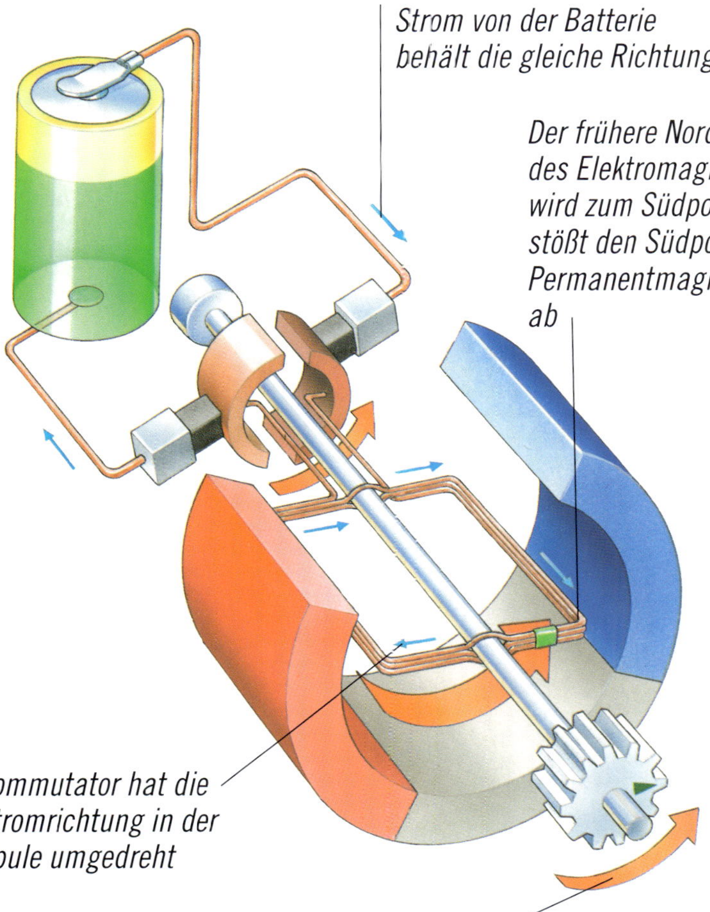

WECHSELSTROMMOTOR

Der Wechselstrom aus der Steckdose wechselt seine Richtung 50–60 Mal pro Sekunde – er hat also eine Frequenz von 50–60 Hertz. Deshalb benötigt ein Elektromotor, der bei Wechselstrom läuft, keinen Kommutator, um die Stromrichtung zu ändern. Der Wechselstrommotor besitzt Bürsten (Schleifkontakte), die gegen Schleifringe drücken, um den Strom zur rotierenden Spule zu transportieren. Der Motor rotiert in der gleichen Geschwindigkeit, mit der sich die Stromrichtung ändert.

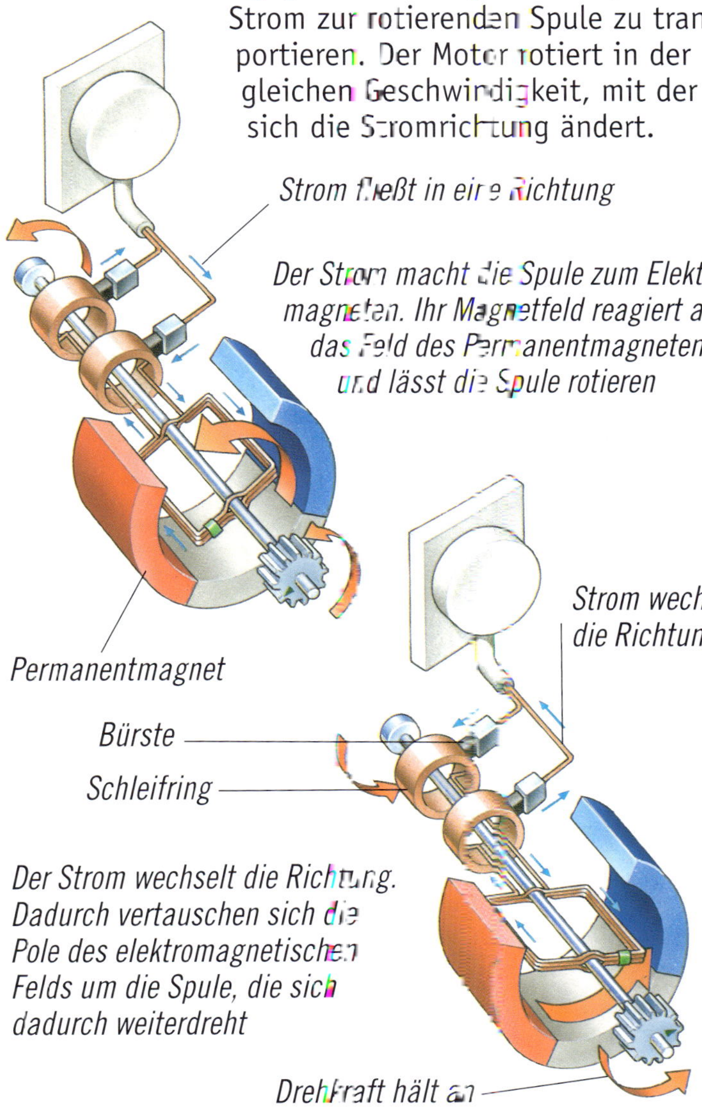

Bewegung erzeugt Elektrizität

Der meiste Strom, den wir heute verbrauchen, wird in Kraftwerken von Generatoren erzeugt. Sie verwenden Magnete und Bewegung, um Elektrizität zu erzeugen. Sie wirken umgekehrt wie ein Elektromotor. In einem Generator rotiert ein Permanent- oder Elektromagnet im Inneren einer Drahtspule, in der er durch elektromagnetische Induktion Strom erzeugt. Die dafür benötigte Bewegungsenergie wird durch Dampf, fließendes Wasser oder Wind bereitgestellt.

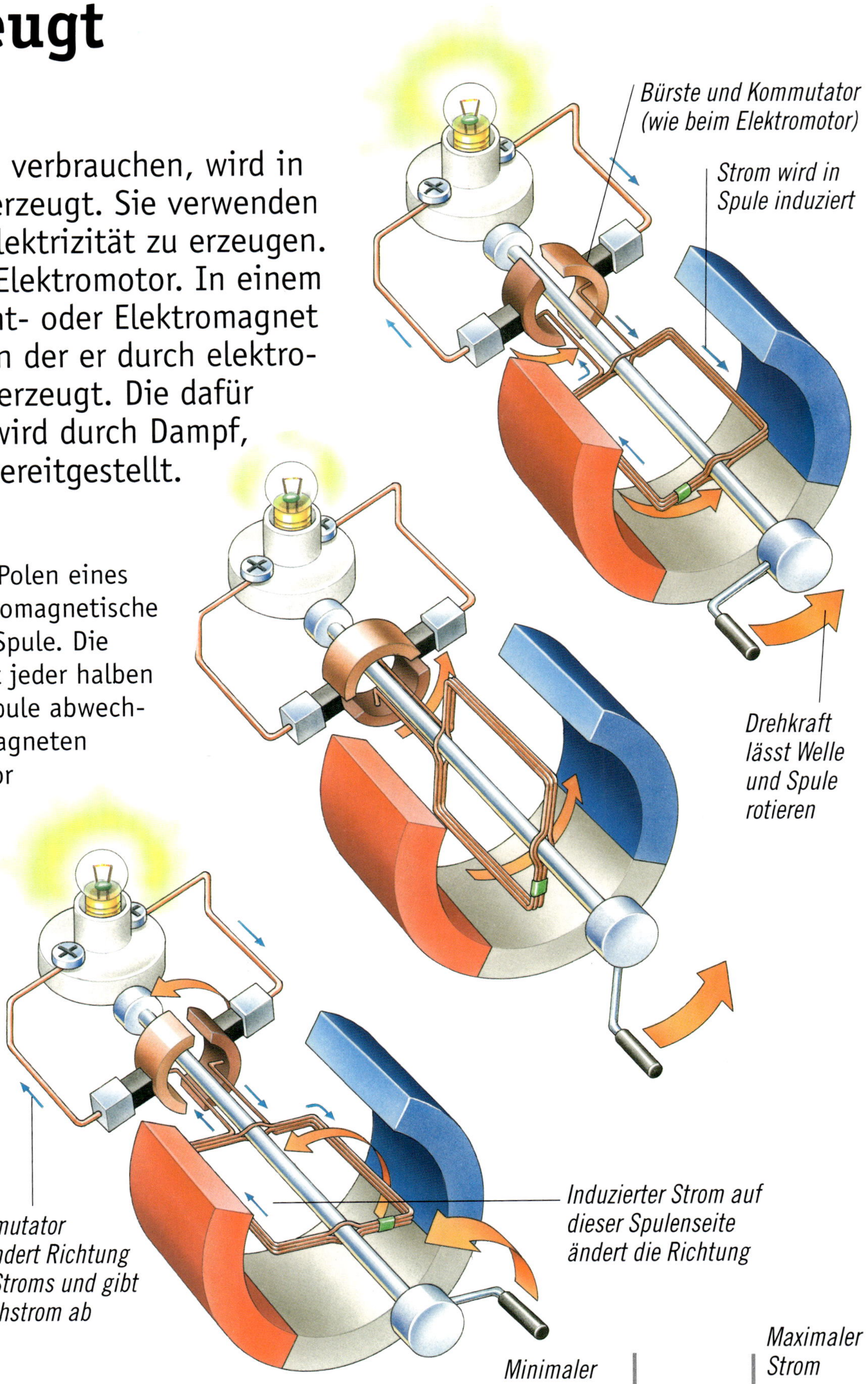

Gleichstromgenerator

Eine Drahtspule rotiert zwischen den Polen eines Permanentmagneten. Durch die elektromagnetische Induktion fließt ein Strom durch die Spule. Die Richtung dieses Stroms kehrt sich mit jeder halben Umdrehung um, weil jede Seite der Spule abwechselnd am Nord- und am Südpol des Magneten vorbeikommt. Da aber der Kommutator die Verbindungen in jeder halben Umdrehung umkehrt, fließt der Strom nur in eine Richtung.

Entdeckung

1884 erfand der Ingenieur Charles Parsons (1854–1931) eine Dampfturbine mit schräg gestellten Schaufeln, bei der Dampf unter hohem Druck dieselbe Welle antrieb, die den Generator drehte. Sie war kleiner, effizienter und leiser als die früheren kolbengetriebenen Generatoren. Die Dampfturbine wird heute in Kraftwerken verwendet und das gleiche Prinzip treibt auch Schiffe an (Propeller).

Nicht ganz gleichmäßig

Der Gleichstromgenerator erzeugt Gleichstrom. Dessen Stärke aber steigt, wenn sich die Drahtspule dem Pol des Permanentmagneten nähert, und sinkt, wenn sie sich von ihm entfernt. Er ist mit vielen Spulen und Elektronik ausgestattet, damit der Strom immer gleich stark fließt.

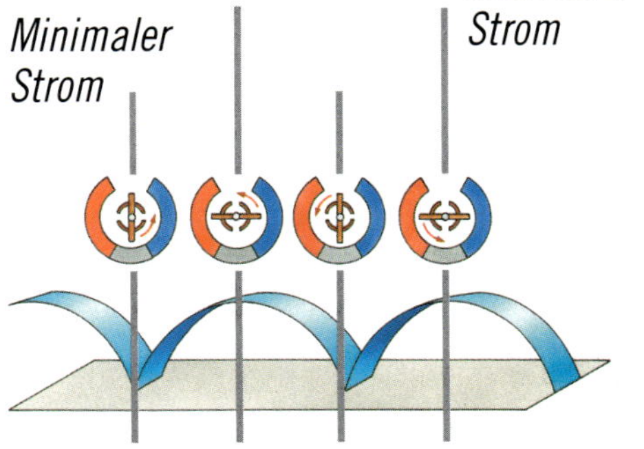

Mehr dazu: Elektrische Energie S. 78; Geheimnis Magnetismus S. 92

WECHSELSTROMGENERATOR

Dieses auch Alternator genannte Gerät funktioniert umgekehrt wie der Wechselstrommotor. Da es keinen Kommutator hat, dreht sich die Stromrichtung mit jeder halben Umdrehung um. Dies ist das Prinzip der Generatoren in Kraftwerken. Die Rotationsgeschwindigkeit der Spule bestimmt die Frequenz, also die Häufigkeit der Stromumkehrung.

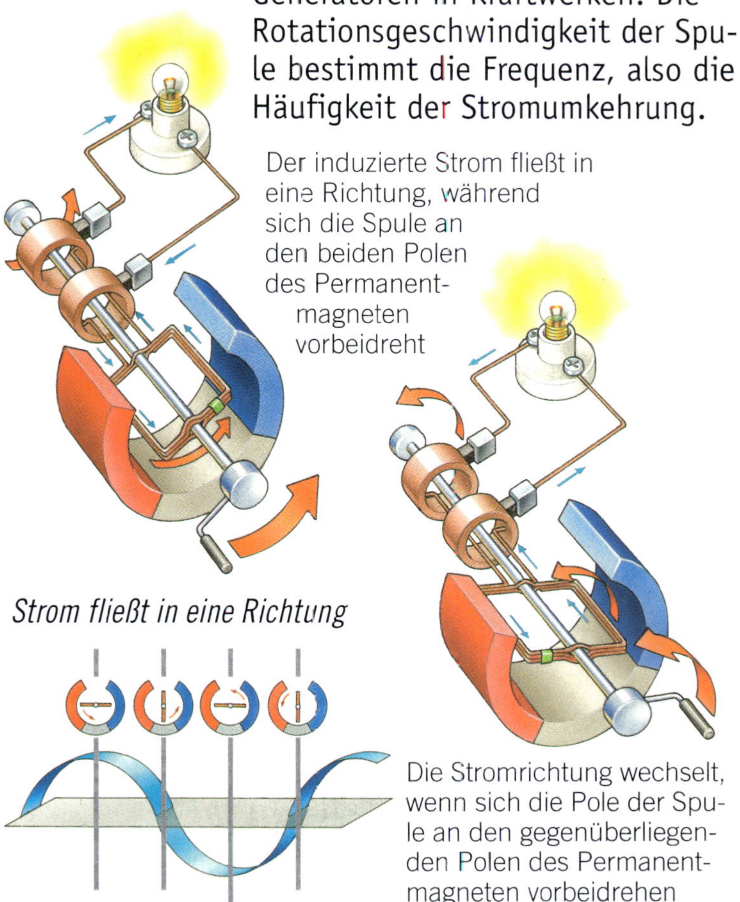

Kraftwerke

In einem Kraftwerk erzeugen riesige Generatoren den Strom. Diese werden meist mit Dampf oder fließendem Wasser angetrieben. Dampf oder Wasser drücken gegen die Schaufeln einer Turbine (eine Art großer Propeller). Die Turbine sitzt auf einer Welle und dreht sie. Ein Ende dieser Welle ist mit dem Generator verbunden.

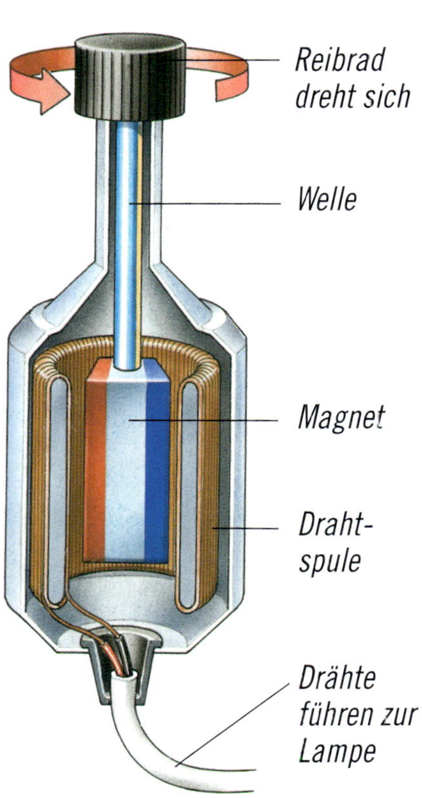

Fahrrad-Dynamo

Normale Fahrradlampen werden von einem einfachen Generator oder Dynamo betrieben. Dabei liegt ein kleines Reibrad am Reifen an. Wenn es sich dreht, lässt es einen Magneten in einer Drahtspule rotieren. Durch die Induktion entsteht in der Spule ein Strom, der die Lampen leuchten lässt – allerdings nur so lange, wie sich der Reifen dreht.

Elektronische Informationen

DURCH STEUERUNG DES ELEKTRONENFLUSSES in einem Leiter kann man vielfältige Informationen als kodierte Impulse durch elektronische Schaltungen wie Mikrochips und Computer um die ganze Welt schicken. Diese elektrischen Signale wurden erstmals Mitte des 19. Jahrhunderts als Morsecode beim elektrischen Telegrafen verwendet. Auch heute noch verwenden wir diese An-Aus-Signale und nennen sie „binären digitalen Code".

Umwandlung von analog in digital
Die Welle wird in jedem Sekundenbruchteil ein Mal abgetastet. Ihre Höhe wird mit einer dezimalen digitalen Skala gemessen und dann in Binärzahlen umgewandelt.

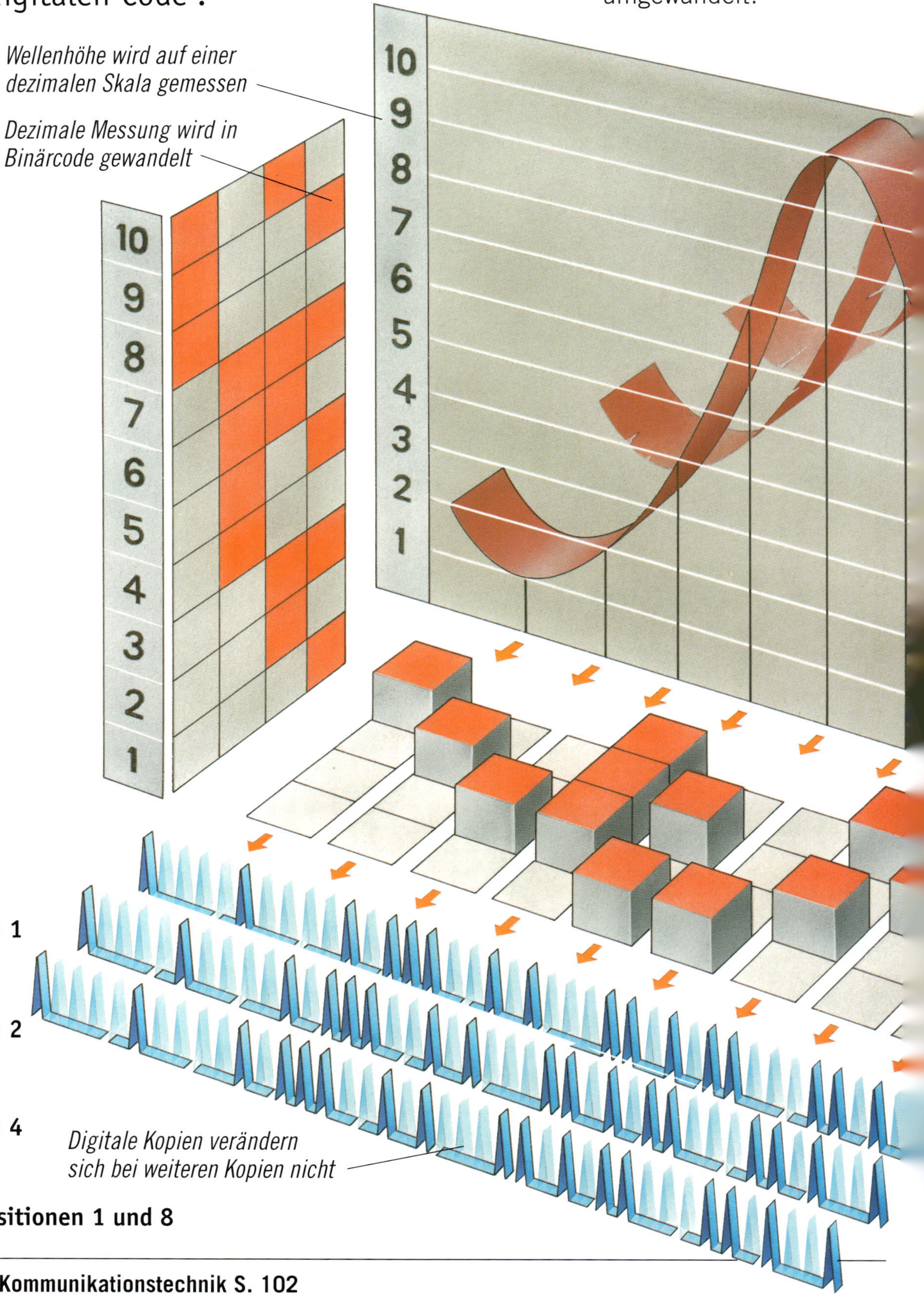

BINÄRCODE

Der binäre digitale Code beruht nur auf den beiden Zahlen 0 und 1 (anders als unser normales dezimales Zahlensystem von 0 bis 9).

Dezimal		Binär			
Zehner	Einer	Achter	Vierer	Zweier	Einer
1	0	1	0	1	0
	9	1	0	0	1
	8	1	0	0	0
	7	0	1	1	1
	6	0	1	1	0
	5	0	1	0	1
	4	0	1	0	0
	3	0	0	1	1
	2	0	0	1	0
	1	0	0	0	1
	0	0	0	0	0

Binär 1 ist ein Impuls an Position 1

Binär 2 ist ein Impuls an Position 2

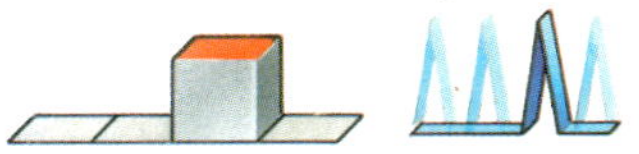

Binär 4 ist ein Impuls an Position 4

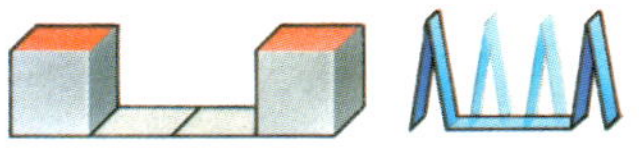

Binär 9 ist zwei Impulse an die Positionen 1 und 8

Mehr dazu: Elektrische Energie S. 78; Kommunikationstechnik S. 102

Analog

Eine analoge Anzeige verändert sich ununterbrochen und fließend. Eine Analoguhr besitzt Zeiger. Bei einer analogen Stoppuhr ist die abgelaufene Zeit nicht immer genau zu bestimmen, weil der Zeiger zwischen den Strichen stehen bleiben kann.

Digital

Die Zahlen einer digitalen Anzeige verändern sich in einzelnen Schritten. Diese Schritte haben eine feste Länge und es gibt keine Zwischenpositionen. Eine digitale Stoppuhr zeigt die abgelaufene Zeit exakt in Minuten, Sekunden, Zehntelsekunden und so weiter an.

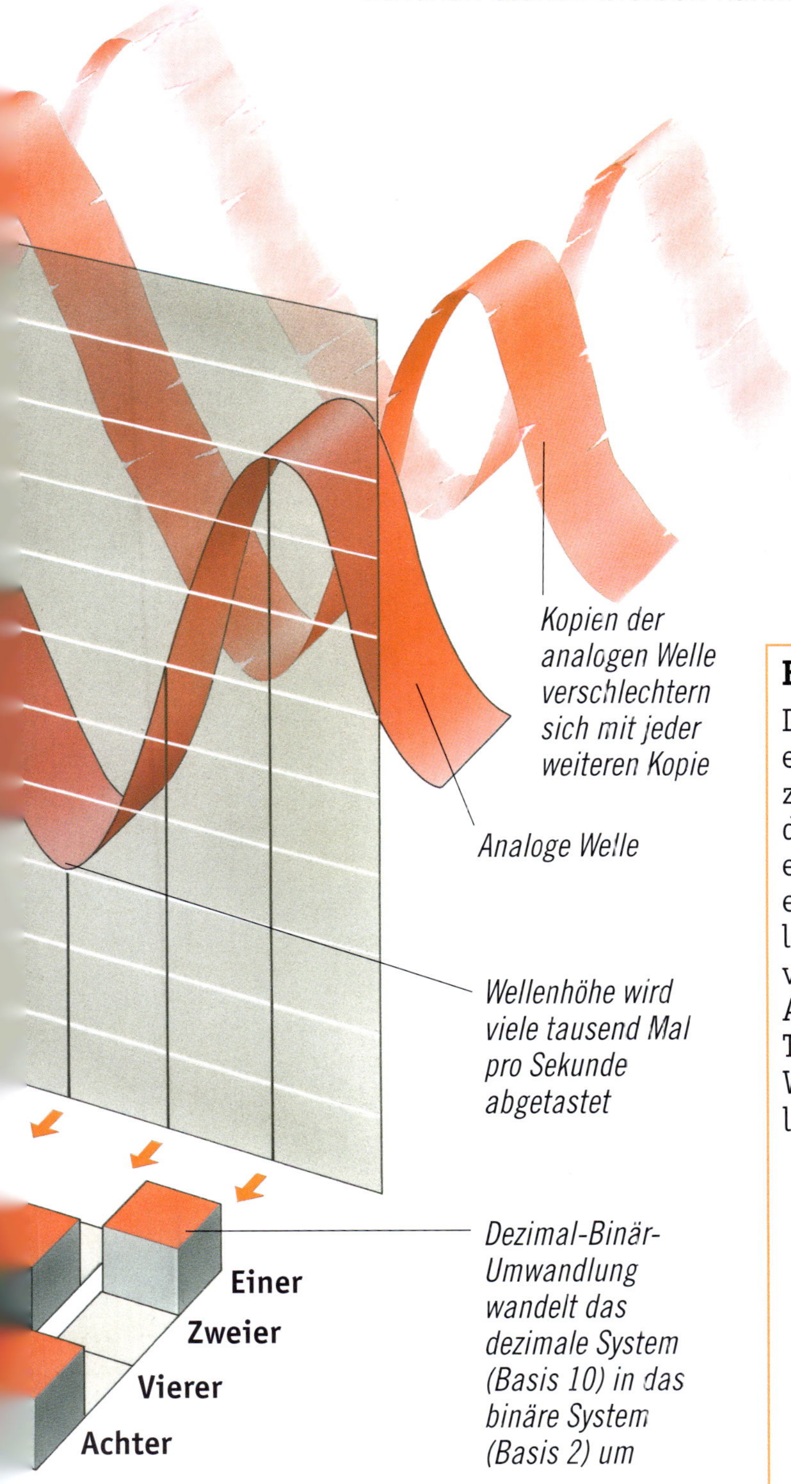

Binärcode wird mit winzigen Stromimpulsen dargestellt

Von analog zu digital

Eine Welle ist ein analoges System. Sie verändert sich ununterbrochen und sei es nur geringfügig. Ein digitales System besteht aus einzelnen elektronischen Impulsen. Sie sind entweder da oder nicht. Kopiert man ein analoges System, zum Beispiel eine Tonkassette, schleichen sich mit der Zeit Fehler ein. Eine Kopie eines digitalen Codes bleibt immer ein exaktes Doppel. Die Umwandlung von analog in digital nennt man Digitalisierung. Ein Computer oder CD-Player arbeitet mit digitalen Informationen.

Entdeckung

Der Porträtmaler Samuel Morse (1791–1872) kehrte 1832 nach einem Kunststudium in Europa mit dem Schiff nach Amerika zurück. Auf der Fahrt hörte er von einer neuen Entdeckung, dem Elektromagneten. Dies brachte ihn auf die Idee, einen elektrischen Telegrafen zu bauen. Er entwickelte einen Code aus kurzen und langen Stromsignalen (bzw. aus Punkten und Strichen) für die verschiedenen Zahlen und Buchstaben des Alphabets. 1844 wurde die erste ständige Telegrafenverbindung zwischen Baltimore und Washington eröffnet. Die erste Nachricht lautete: „Was Gott zusammengefügt hat."

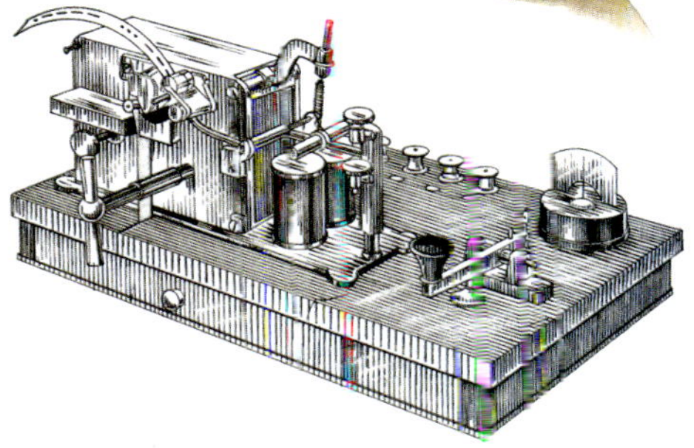

Ein früher Morsetelegraf

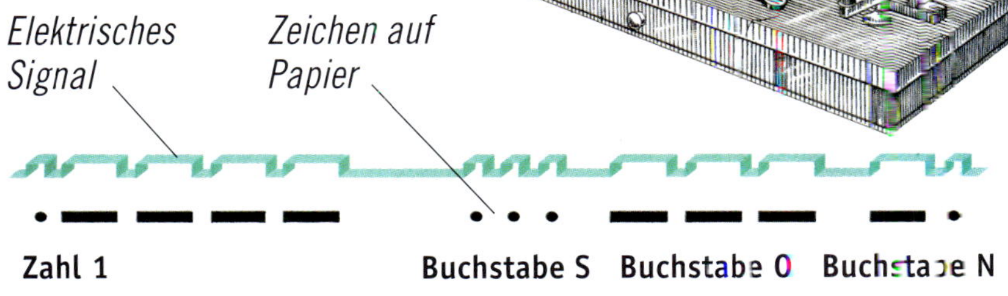

Ausschnitt aus dem Morsecode

Kommunikationstechnik

DIE MODERNE KOMMUNIKATIONSTECHNIK liefert uns in Sekunden fast jede Information fast überall auf der Welt. Die meisten Geräte arbeiten mit Strom und Magnetismus, manchmal auch mit Licht. Die Ton- und Bildinformationen für Telefone und Fernseher werden in elektrische Signale umgewandelt und mit Lichtgeschwindigkeit (300 000 Kilometer pro Sekunde) durch Kabel geleitet oder als Funkwellen über Antennen oder Satelliten geschickt. Außerdem können Informationen von elektrischen Signalen in die elektromagnetischen Wellen eines Laserstrahls verwandelt und durch Glasfaserkabel geschickt werden. Anschließend müssen die Funk- und Lichtsignale wieder in elektrische Signale zurückverwandelt werden, die wiederum in Töne und Bilder umgewandelt werden.

Elektronisches Zeitalter

In den letzten 170 Jahren hat die elektronische Informationsverarbeitung unsere Art zu kommunizieren revolutioniert. Telekommunikationsnetzwerke können Nachrichten in Sekunden um die ganze Welt schicken. Diese faszinierende Entwicklung nahm ihren Anfang mit dem elektrischen Telegrafen, der sich später zum Telexsystem entwickelte. Das Telefonnetz kann heute Computerdaten, elektronische Post, Bilder und viele andere Informationen transportieren.

Glasfaseroptik

Eine optische Glasfaser ist dünner als ein Haar und sehr flexibel. Um sie zu schützen und von anderen Fasern in einem Bündel zu isolieren, wird sie mit einer Schutzhülle versehen. Sie transportiert Informationen in Form von kodierten Laserblitzen. Da diese Blitze die Wand der Faser in einem sehr flachen Winkel treffen, bewegen sie sich ohne Verluste in einem Zickzack-Kurs selbst durch gekrümmte Fasern. Die Blitze transportieren Informationen in digitaler Form. Wie bei der elektrischen Übertragung bedeutet ein Blitz im Binärcode eine 1, kein Blitz bedeutet eine 0. Auf diese Weise werden Zahlen, Buchstaben, Wörter, Töne und Bilder übertragen. Für ein einziges Glasfaserkabel werden tausende dieser optischen Fasern in einer Ummantelung gebündelt.

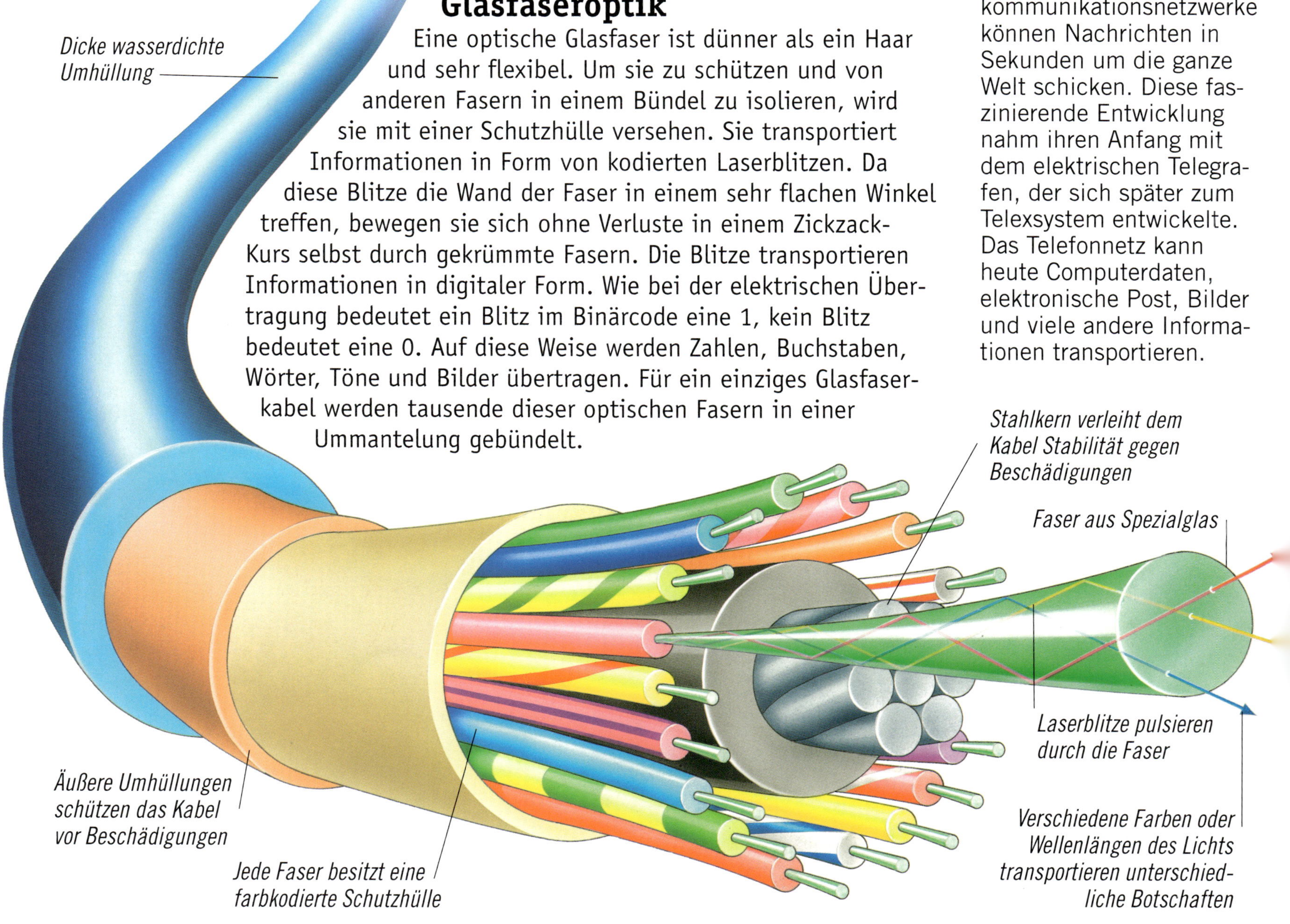

Mehr dazu: Elektronische Informationen S. 100; Computer S. 106

Entdeckung

In den 1920er Jahren entwickelte Wladimir Zworykin (1889–1982) das Ikonoskop (Fernsehsenderöhre) und das Kineskop (Fernsehempfängerröhre). Diese beiden Erfindungen waren das erste rein elektronische Fernsehsystem und der Ausgangspunkt für die Entwicklung des modernen Fernsehens. Die heutige Bildröhre entspricht praktisch Zworykins Kineskop. Die ersten regelmäßigen Fernsehsendungen wurden 1936 in London produziert. Zworykin war auch an der Entwicklung des Farbfernsehers und des Elektronenmikroskops beteiligt.

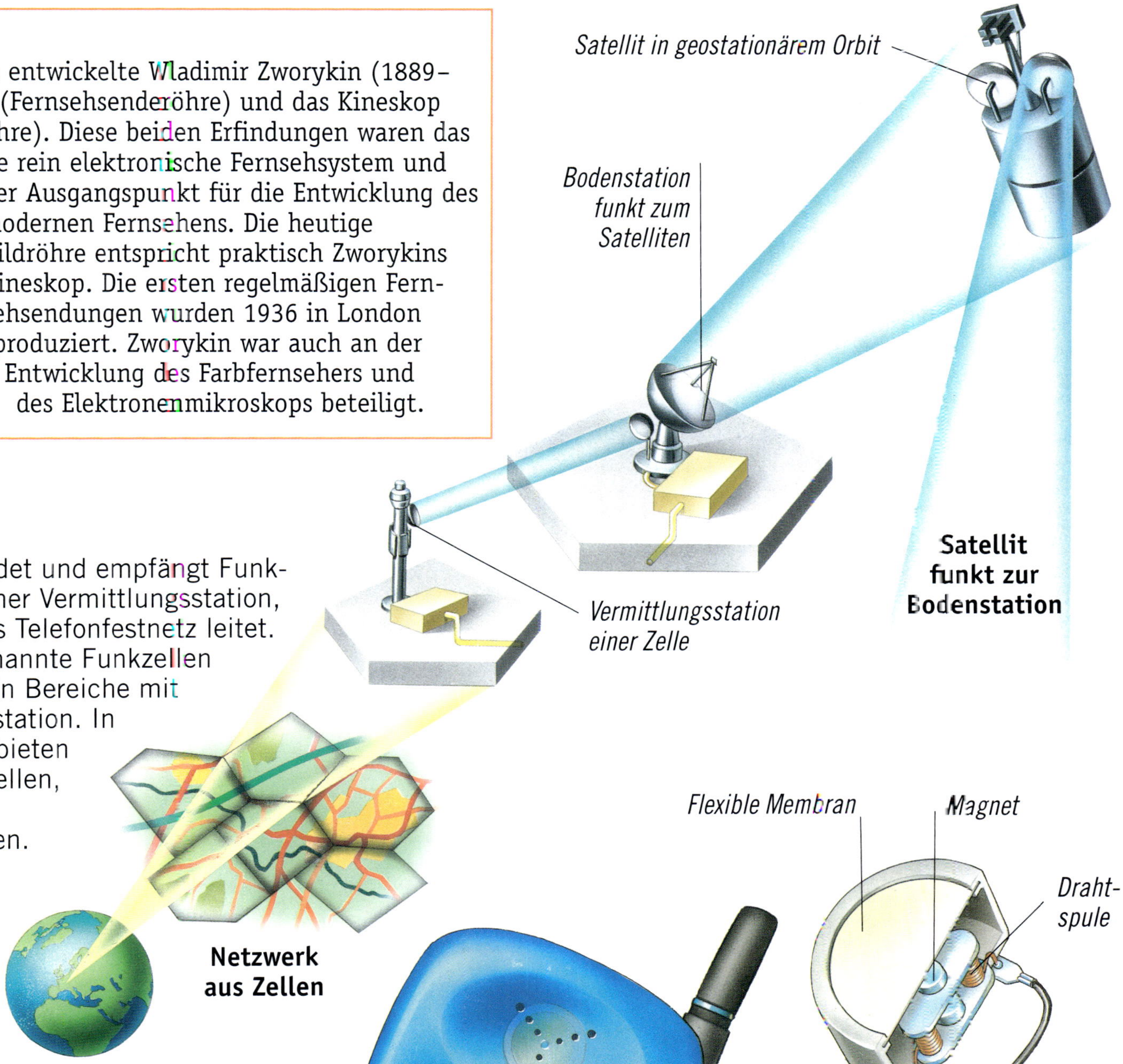

Funknetz

Ein Mobiltelefon sendet und empfängt Funkwellen zu und von einer Vermittlungsstation, die die Signale in das Telefonfestnetz leitet. Länder sind in so genannte Funkzellen unterteilt, das heißt in Bereiche mit eigener Vermittlungsstation. In dicht besiedelten Gebieten gibt es viele kleine Zellen, weil mehr Menschen Funktelefone benutzen. In dünn besiedelten Gegenden sind die Zellen größer.

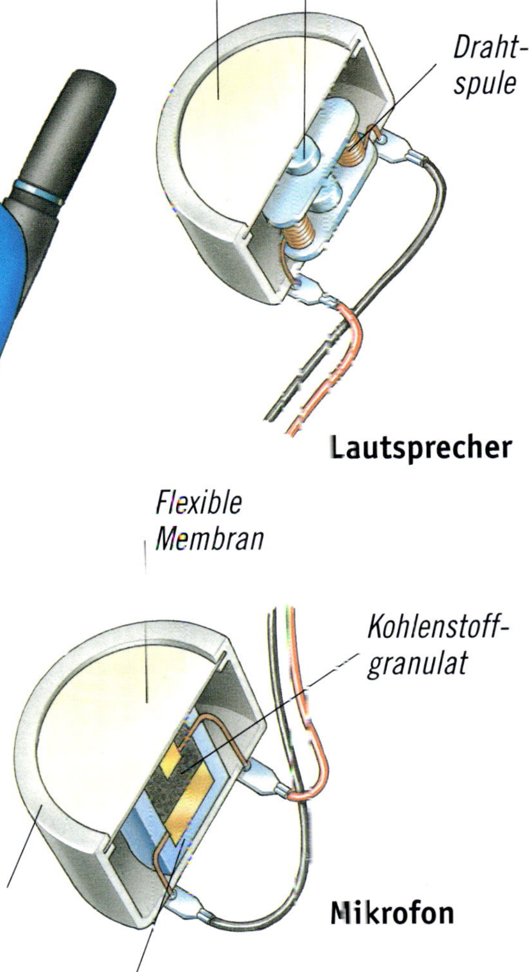

Innenleben eines Mobiltelefons

Ein Mobiltelefon ist ein schwacher Funksender und -empfänger. Das Mikrofon verwandelt Schallwellen in elektrische Signale und der Lautsprecher verwandelt elektrische Signale in Schallwellen. Sender und Empfänger müssen nur Funkwellen von der nächsten Vermittlungsstation auffangen, die sich meist wenige Kilometer von ihnen entfernt befindet. Allerdings können Hügel und hohe Gebäude die Funkwellen blockieren. Auch in Gegenden mit weit auseinander liegenden Vermittlungsstellen können die Signale für einen Empfang zu schwach sein.

Elektronische Geräte

OHNE ELEKTRONISCHE GERÄTE wäre unser Leben anders: Man könnte weder seine Freunde anrufen, noch fernsehen, Computerspiele spielen oder Musik von CD hören. In einem Büro könnten die Menschen nicht über Telefon, Fax, Computer, Computer-CD oder E-Mail miteinander kommunizieren. In Fabriken gäbe es keine computergesteuerten Roboter, keine Sicherheitssensoren oder automatischen Bestell- und Bezahlsysteme. All diese Geräte sprechen eine gemeinsame „Sprache“: elektronische Signale in Form von winzigen Stromstößen. Diese Signale werden durch Mikrochips gesteuert, sie verarbeiten, übertragen und zeigen Informationen an.

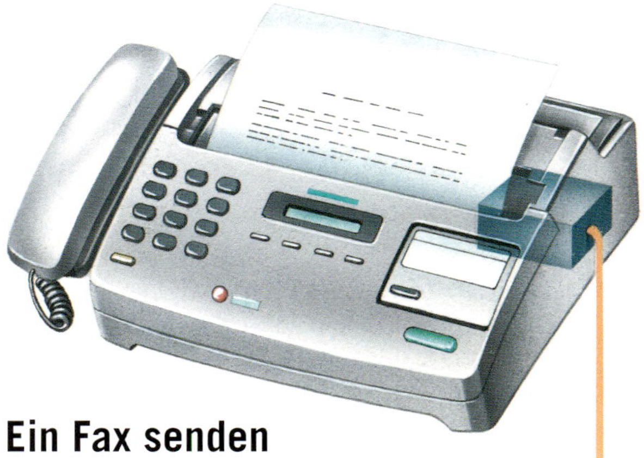

Ein Fax senden

Das Wort Fax ist die Kurzform von „Faksimile“, Reproduktion oder Kopie. Ein Faxgerät sendet und empfängt über das Telefonnetz geschriebene Wörter, Bilder und Zeichnungen. Ein Scanner wandelt die Zeichen auf dem Papier in elektrische Signale um und sendet sie über die Telefonleitung.

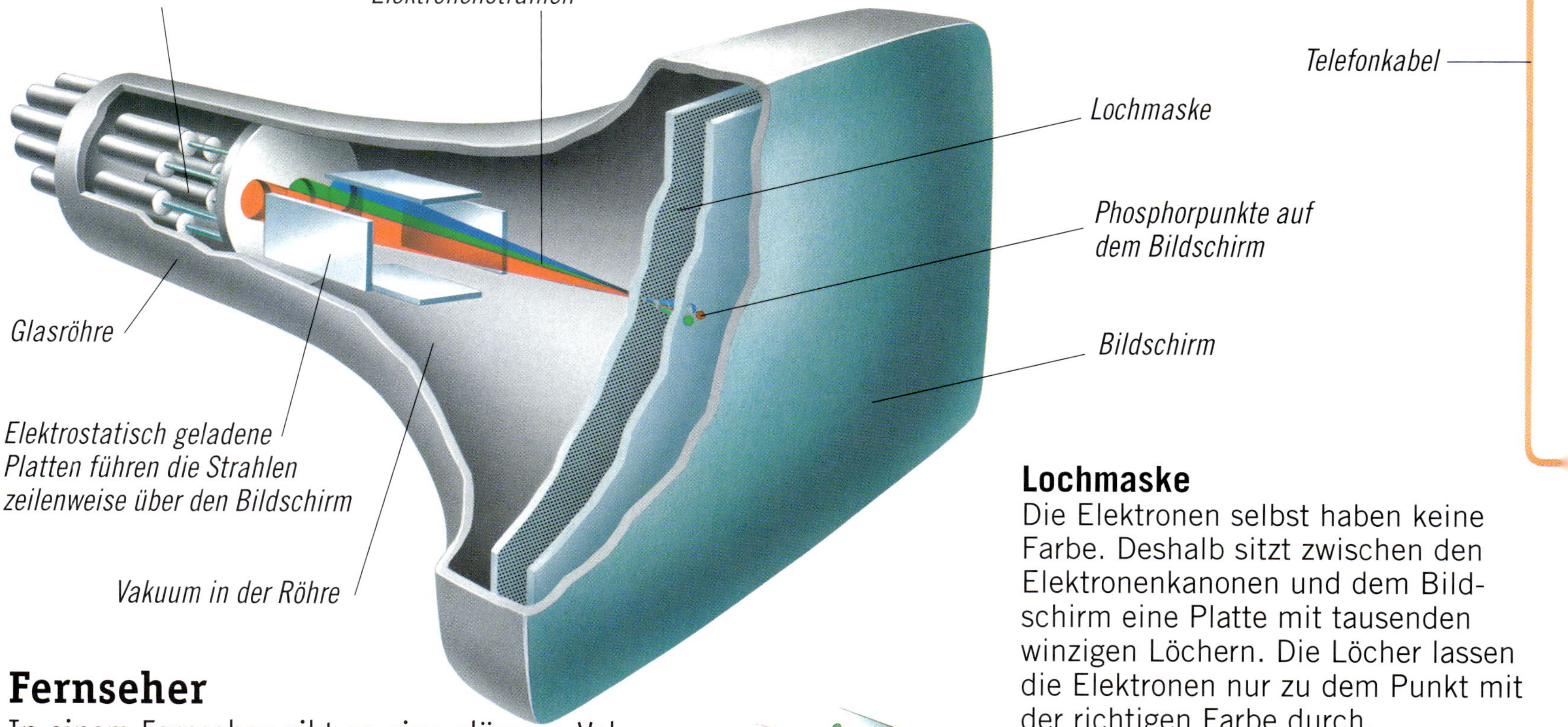

Lochmaske

Die Elektronen selbst haben keine Farbe. Deshalb sitzt zwischen den Elektronenkanonen und dem Bildschirm eine Platte mit tausenden winzigen Löchern. Die Löcher lassen die Elektronen nur zu dem Punkt mit der richtigen Farbe durch.

Fernseher

In einem Fernseher gibt es eine gläserne Vakuumröhre (das heißt, sie enthält keine Luft) mit einem Bildschirm am vorderen Ende. Elektronenkanonen schießen Elektronen gegen den Bildschirm. Ein Farbfernseher hat drei Kanonen, eine für jede der Primärfarben Rot, Grün und Blau. Der Bildschirm ist innen mit Phosphorpunkten überzogen, die rot, blau oder grün leuchten, wenn sie von Elektronen getroffen werden. Unsere Augen fügen die bunten Punkte zu einem vollständigen Bild zusammen.

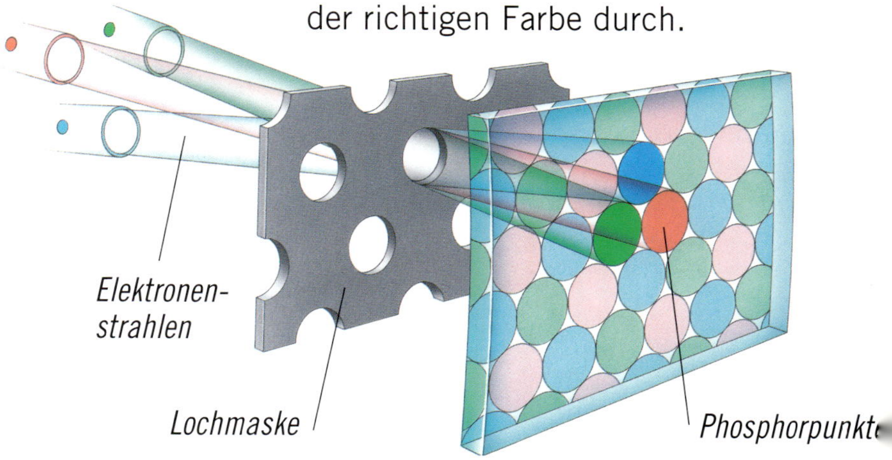

Mehr dazu: Elektronische Informationen S. 100; Kommunikationstechnik S. 102

Entdeckung

René Descartes (1596–1650) war Philosoph, Mathematiker und Naturwissenschaftler. Er führte Geometrie und Algebra zur analytischen Geometrie zusammen, die die Grundlage unserer heutigen Tabellen und Diagramme ist und auch beim Entwurf von elektronischen Schaltungen verwendet wird. Descartes machte sich Gedanken darüber, was wir wissen oder glauben zu wissen, und wie und warum wir es wissen. Sein berühmtester Satz lautet: Cogito, ergo sum. (Ich denke, daher bin ich.)

AUF DEM WEG ZUM COMPUTER

- **1930er Jahre** Der Mathematiker Alan Turing entwickelt die Idee einer elektronischen Rechenmaschine, die Daten nach den Befehlen eines Programms verarbeitet.
- **1949** Johann von Neumanns Computer EDVAC benutzt als Erster binäre Arithmetik und speichert seine Arbeitsanweisungen intern. Dies ist die Grundlage unserer heutigen Computer.

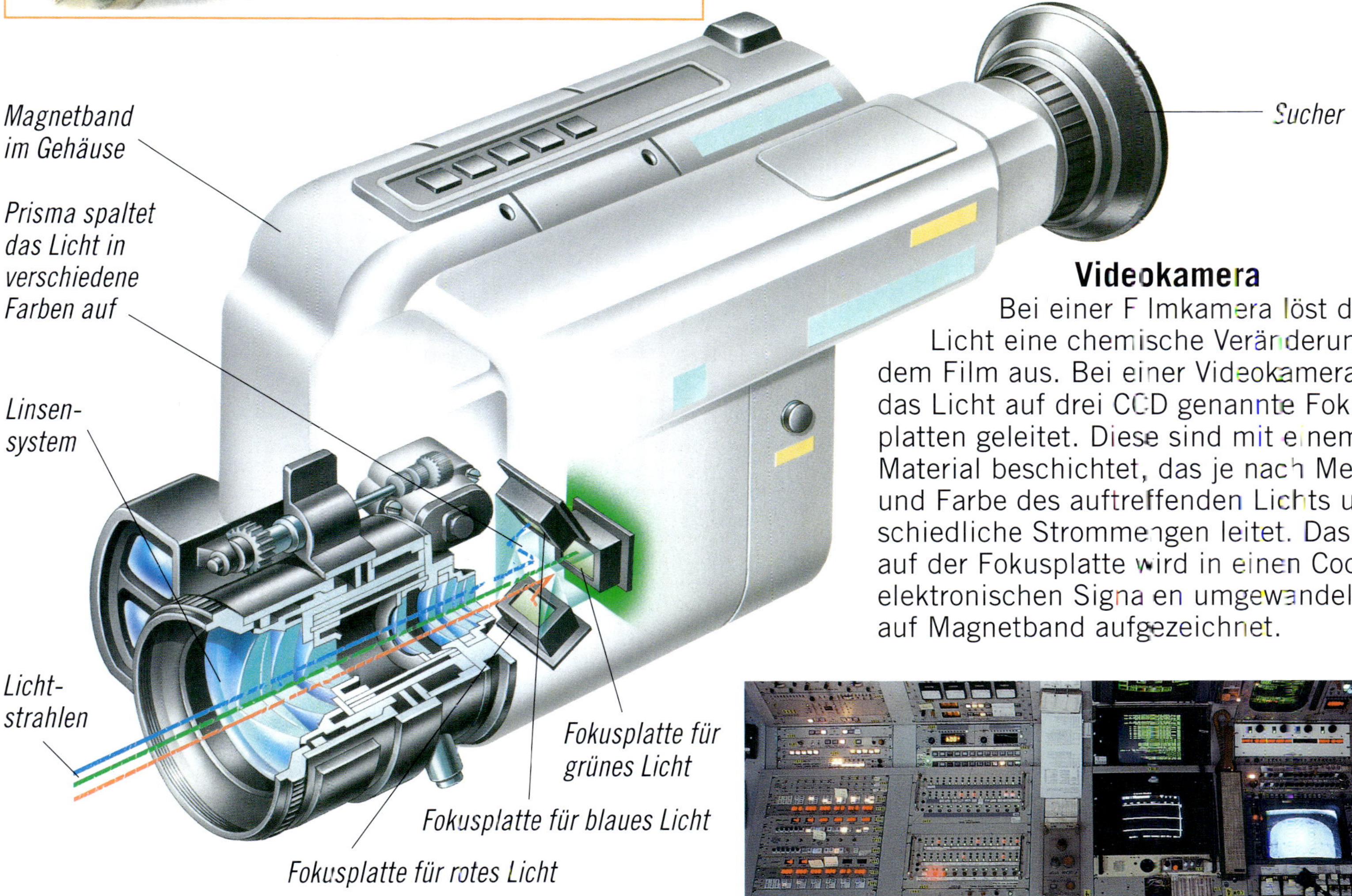

Videokamera

Bei einer Filmkamera löst das Licht eine chemische Veränderung auf dem Film aus. Bei einer Videokamera wird das Licht auf drei CCD genannte Fokusplatten geleitet. Diese sind mit einem Material beschichtet, das je nach Menge und Farbe des auftreffenden Lichts unterschiedliche Strommengen leitet. Das Bild auf der Fokusplatte wird in einen Code aus elektronischen Signalen umgewandelt und auf Magnetband aufgezeichnet.

Datenanzeigen

Früher bestanden Datenanzeigen und Kontrolltafeln aus Reihen von Lampen und Schaltern. Heute verwendet man Monitore. Sie können Informationen als Tabellen und Diagramme grafisch darstellen und schnell umschalten, wenn neue Informationen eintreffen.

Ein Fax empfangen

Das Empfängergerät verwandelt die elektrischen Signale in ein Punktmuster auf dem Papier zurück. All dies dauert nur wenige Sekunden.

Computer

EIN COMPUTER IST EIN ELEKTRONISCHES GERÄT zum Verändern, Verarbeiten und Speichern von Informationen oder Daten aller Art, etwa Zahlen, Wörter, Muster, Bilder, Filme und Geräusche. Die Verarbeitung der Daten erfolgt über eine Reihe von Befehlen, die man Programm nennt. Das Programm sagt dem Computer, was er tun soll. Im Computer werden Programm und Daten in digitale Signale verwandelt. Das sind elektrische Signale, die durch viele Stromkreise und Mikrochips geleitet werden. Computer können große Informationsmengen in kurzer Zeit verarbeiten. Ein Supercomputer rechnet in einer Sekunde die Auswirkungen von über 200 Millionen Schachzügen aus.

Supercomputer
Ein Supercomputer arbeitet so schnell, dass seine wichtigsten Arbeits- und Speicherelemente auf mehrere Grad unter dem Gefrierpunkt gekühlt werden müssen. Durch die starke Kühlung wird der elektrische Widerstand der Leiterbahnen verringert.

Entdeckung

Um 1830 etwa entwickelte der englische Mathematiker Charles Babbage (1792–1871) verschiedene programmierbare Rechner für die Medizin. Sie arbeiteten mit Zahnrädern und hatten mehr als 2000 bewegliche Teile. Es war damals technisch zu schwierig und auch zu teuer, diese Rechner herzustellen. Doch die modernen Computer bauen noch heute auf seiner Idee auf.

Teile eines PC

Der PC oder Personal-Computer besteht aus mehreren Teilen. Neben dem eigentlichen Rechner sind das der Bildschirm oder Monitor als Ausgabegerät sowie Eingabegeräte wie die Tastatur. Außerdem kann man so genannte Peripheriegeräte anschließen, etwa Drucker und Scanner.

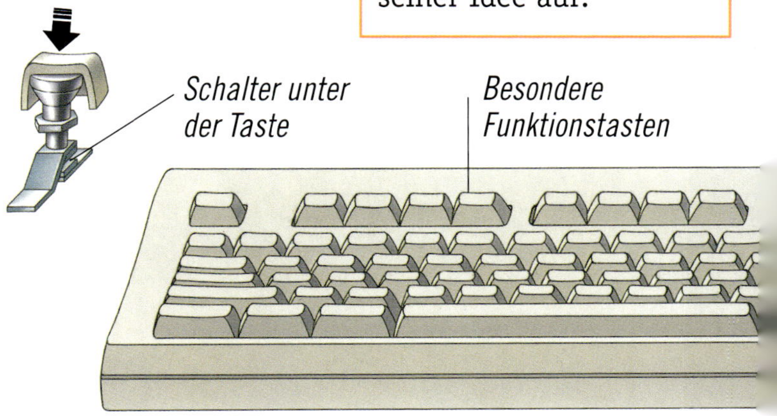

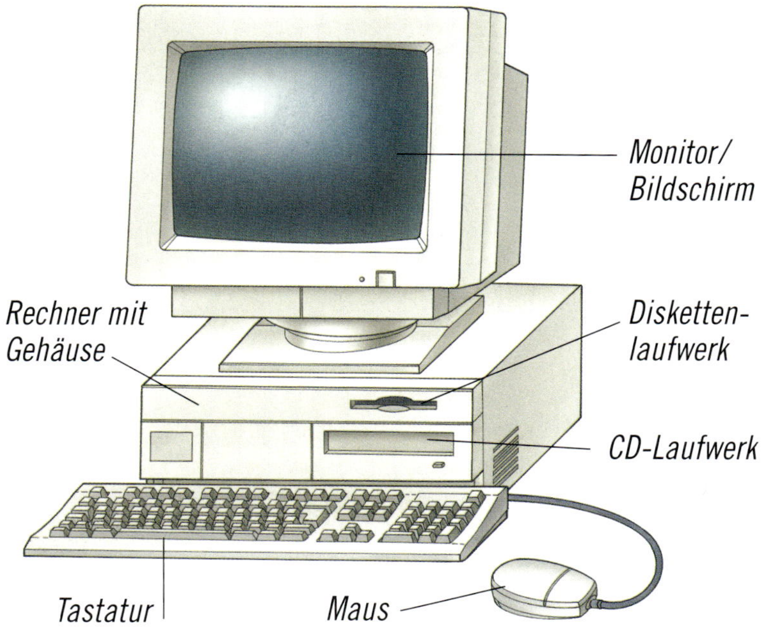

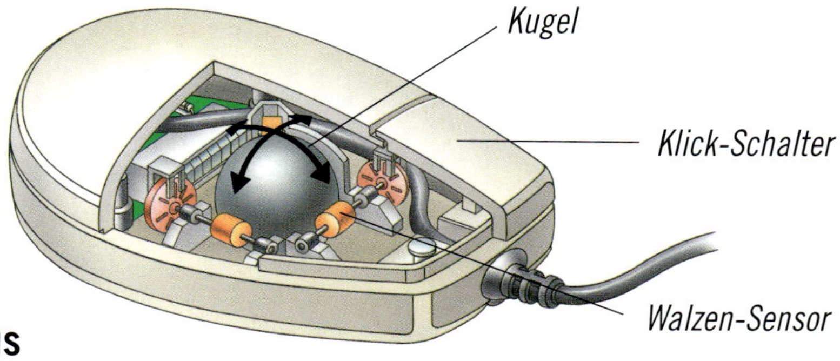

Maus
Die Maus ist ein kleines Gehäuse, in dem eine Kugel rollt. Bewegt man die Maus, „fühlen" Walzen die Bewegung der Kugel und wandeln sie in die Bewegung des Zeigers auf dem Bildschirm um. Ein oder mehr Klick-Schalter dienen zum Auswählen von Funktionen oder Kästen auf dem Bildschirm. Das Kabel zum Computer ist der „Mauseschwanz".

Mehr dazu: Elektronische Informationen S. 100; Kommunikationstechnik S. 102

Netzwerke

Computer können mithilfe von Elementen, die elektronische Signale übertragen, zu Netzwerken verbunden werden. Als Verbindung eignen sich vorhandene Kommunikationsmöglichkeiten, etwa Telefonleitungen oder Satelliten. Verwendet man eigene Kabel, baut man ein LAN-Netzwerk auf (Local Area Network oder deutsch: örtlich begrenztes Netzwerk). Im Netzwerk können mehrere Personen Programme und Informationen gemeinsam benutzen. In einem Token-Ring-Netzwerk sind die angeschlossenen Geräte wie Computer und Drucker an einen „Daten-Kreisverkehr" angeschlossen.

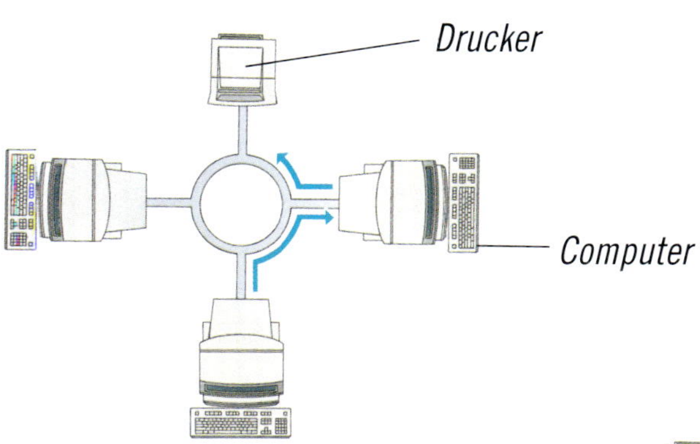

1 Ring frei
Auf der Ringleitung sind keine Daten unterwegs.

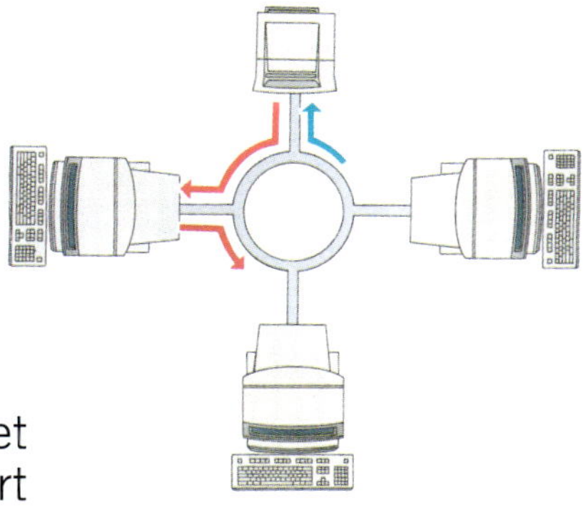

2 Ring besetzt
Der linke Computer sendet Informationen, er blockiert den Ring.

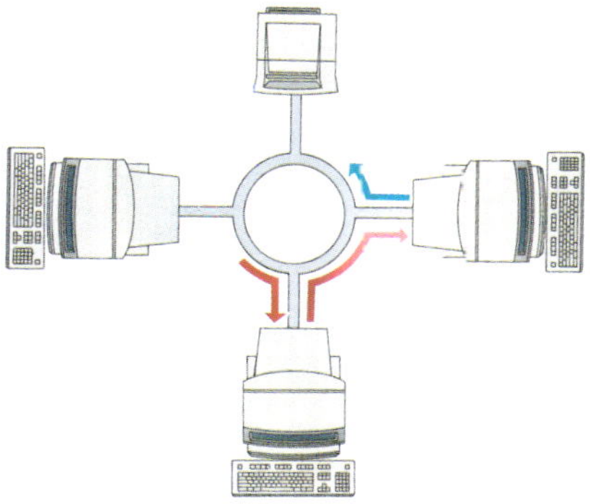

3 Empfang
Die Information wird an den unteren und den rechten Computer gesendet, danach ist der Ring wieder frei.

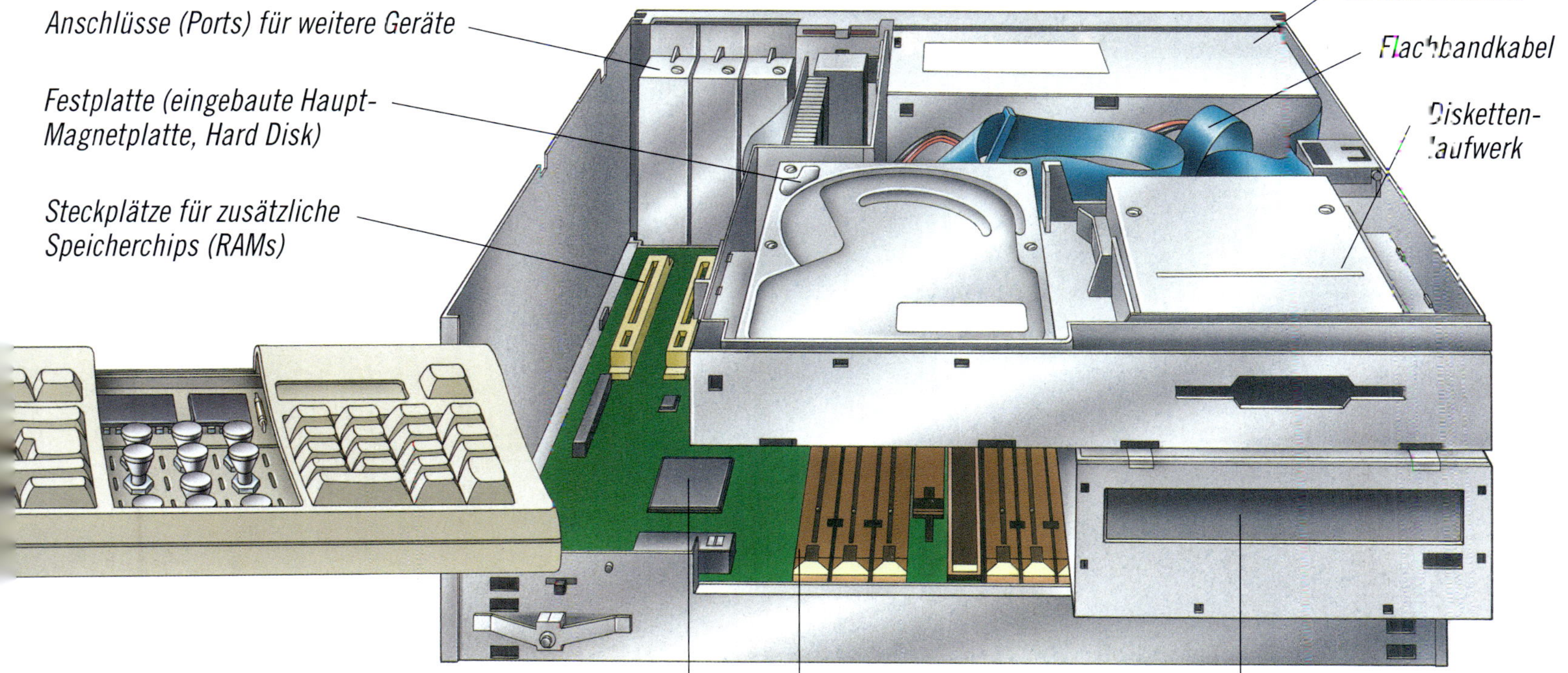

Eingabe von Daten

Ein moderner PC besteht aus verschiedenen Geräten, die ein System bilden. Der Computer selbst besteht aus Platinen und anderen elektronischen Teilen. Daten werden über eine Tastatur, eine Maus, einen Scanner oder ein Mikrofon eingegeben. Diese Eingabegeräte sind an das BIOS (Basic Input/Output System oder deutsch: Ein- und Ausgabesystem) angeschlossen. Das BIOS leitet die Daten zur CPU. Die CPU ist der Hauptchip, der die Daten verarbeitet. Sie ist mit dem Arbeitsspeicher RAM (Random Access Memory) verbunden. Hier werden auch die Programme gespeichert.

Ausgabe von Daten

Die Arbeitsergebnisse des Computers werden an die Ausgabegeräte weitergeleitet – beispielsweise Bildschirm, Drucker oder Lautsprecher. Verschiedene Magnetplatten dienen zum Speichern von Informationen, die man später noch einmal verwenden möchte.

KAPITEL

4

Schall und Licht

Manche Energieformen bewegen sich auf und ab wie Wellen. Licht und Schall sind solche Energien, doch ihre Wellen sind unterschiedlich. Schall ist die Bewegung von Atomen und Molekülen. Licht ist ein Strom winziger Teilchen, den Photonen. Schall und Licht können wir wahrnehmen. Beide dienen zur Informationsübermittlung.

Wellen

Schall und Licht sind zwei unterschiedliche Formen von Energie. Schall entsteht durch Bewegung, Licht ist eine Mischung aus elektrischer und magnetischer Energie. Gemeinsam ist ihnen die Fortbewegung in regelmäßigen Auf- und Ab-Bewegungen, in Wellen. Sie ähneln den Wellen auf einem See oder denen, die entstehen, wenn man ein Seil auf und ab schlägt. Wissenschaftler verstehen unter Wellen Veränderungen, Störungen oder Strömungen, durch die Energie von einem Ort an einen anderen gelangt. Schall kann sich nur fortbewegen, in dem er Materieteilchen bewegt, etwa die Atome und Moleküle, aus denen ein Stoff besteht. Darum kann sich Schall im luftleeren Raum, etwa im Weltraum, nicht fortbewegen. Licht dagegen braucht keine Materie oder Substanz. Es besteht aus Energiepäckchen, den Photonen. Diese können Stoffe wie Luft oder Wasser und auch den luftleeren Raum durchdringen.

Wellen im Überblick

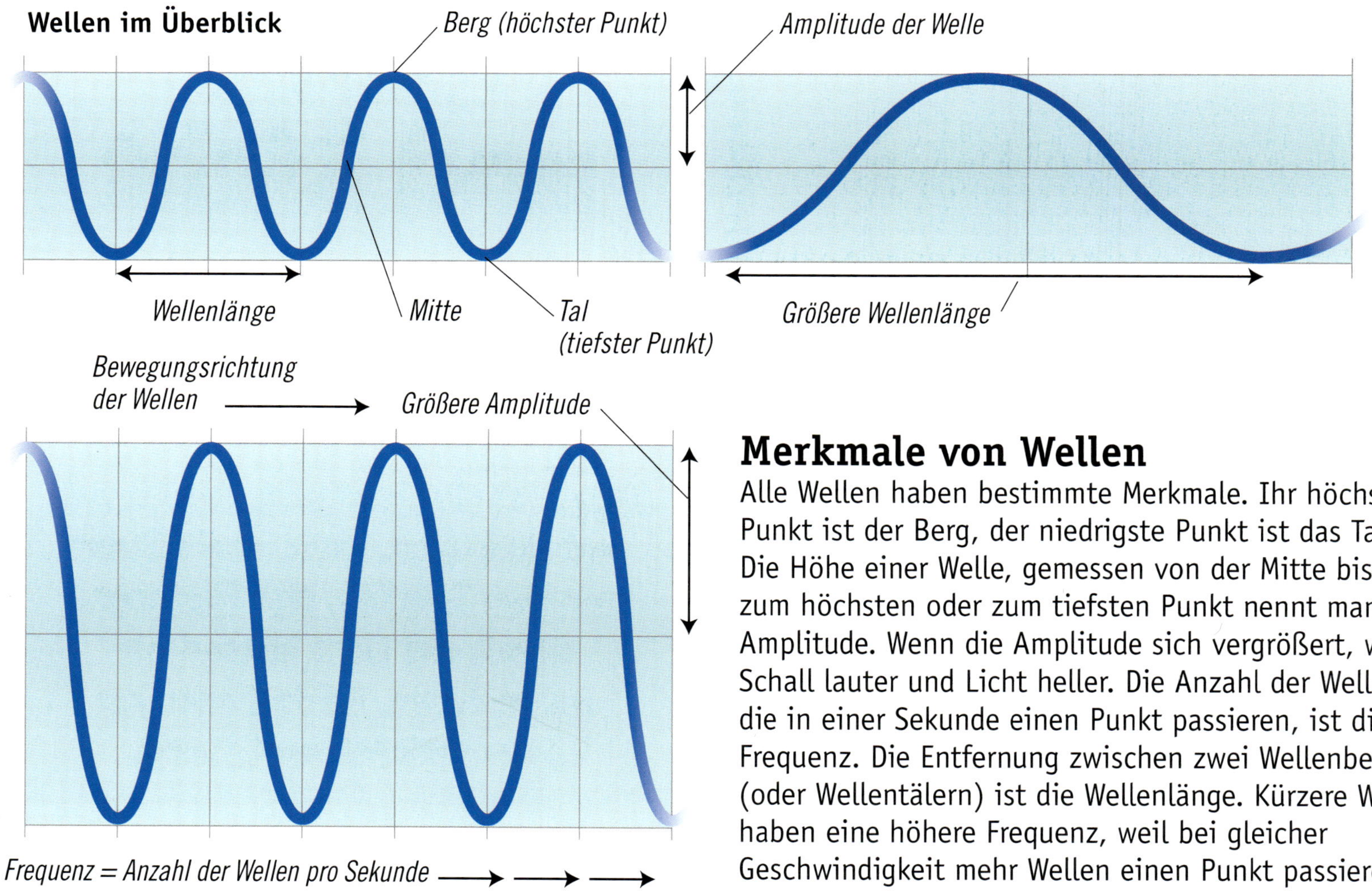

Merkmale von Wellen

Alle Wellen haben bestimmte Merkmale. Ihr höchster Punkt ist der Berg, der niedrigste Punkt ist das Tal. Die Höhe einer Welle, gemessen von der Mitte bis zum höchsten oder zum tiefsten Punkt nennt man Amplitude. Wenn die Amplitude sich vergrößert, wird Schall lauter und Licht heller. Die Anzahl der Wellen, die in einer Sekunde einen Punkt passieren, ist die Frequenz. Die Entfernung zwischen zwei Wellenbergen (oder Wellentälern) ist die Wellenlänge. Kürzere Wellen haben eine höhere Frequenz, weil bei gleicher Geschwindigkeit mehr Wellen einen Punkt passieren.

Mehr dazu: Schallwellen S. 112; Schall im Alltag S. 122; Licht S. 124

Ähnlich, aber nicht gleich

Man kann sich Schall- und Lichtwellen gut vorstellen, wenn man einen Stein ins Wasser wirft und dieser Wellen erzeugt. Die Wellen im Wasser sind nur viel größer. Lichtwellen heben und senken sich in einer Sekunde mehrere hundert Millionen Mal: Auf einen Zentimeter kommen Millionen von Bergen und Tälern. Schallwellen sind viel größer. Jede Welle eines tiefen Summtons kann mehr als einen Meter lang sein. Lichtwellen bewegen sich eine Million Mal schneller fort als Schallwellen.

Wellen breiten sich vom Zentrum kreisförmig aus

Entdeckung

James Clerk Maxwell (1831–1879) erklärte die Merkmale von Wellen mathematisch. Er erforschte die Beziehung zwischen Elektrizität und Magnetismus. Seine Berechnungen zeigten, dass sich elektromagnetische Wellen mit Lichtgeschwindigkeit bewegen. Er schloss daraus, dass Licht aus elektromagnetischen Wellen bestehen.

UNSICHTBAR UND UNHÖRBAR

Was wir mit unseren Sinnesorganen – Ohren und Augen – sehen und hören können, ist beschränkt. Infrarotes und ultraviolettes Licht können unsere Augen nicht wahrnehmen, wohl aber die Augen mancher Tiere. Wenn es für uns völlig dunkel ist, können einige Tiere noch gut sehen. Katzen spähen manchmal in die Nacht und scheinen etwas zu beobachten – doch wir sehen nur Schwarz. Es gibt auch Geräusche, die so leise, so hoch oder so tief sind, dass unsere Ohren sie nicht wahrnehmen. Delfine, Fledermäuse und andere Tiere können solche Töne hören (und erzeugen). Hunde und Pferde stellen die Ohren auf und lauschen auf Geräusche, die für unser Gehör zu schwach sind.

UV-Licht auf Blüten
Bienen können Linien auf Blütenblättern erkennen, die nur in ultraviolettem oder UV-Licht sichtbar sind. Sie führen die Bienen zum Honig in der Mitte der Blüte.

IR-Licht im Wasser
Goldfische können infrarotes (IR-) Licht sehen, das vom Wasser weniger stark gefiltert wird als normales Licht.

US im Dunkeln
Fledermäuse wie die Hufeisennase machen mit Nase und Maul sehr hohe Töne (Ultraschall oder US). Das Echo der Töne fangen sie mit ihren großen Ohren ein.

Delfine geben schnelle, hohe Klick- und Quieklaute von sich

Schallwellen

DAMIT SCHALLWELLEN ENTSTEHEN, muss sich etwas bewegen. Dieses Etwas ist meist fest, kann aber auch flüssig oder gasförmig sein. Es bewegt sich hin und her, vibriert oder schwingt. Dadurch bringt es die Teilchen seiner Umgebung in Bewegung. Auch die Umgebung kann jeden Aggregatzustand haben. Oft ist die Umgebung die Luft. Die Moleküle der Luft werden zusammengeschoben und wieder auseinander gezogen. Sie drängen ihre Nachbarn zusammen und so weiter. Dabei setzt sich eine Energiewelle fort. Eine Schallwelle ist ein regelmäßiges Zusammendrücken und Auseinanderziehen der Luft.

Vibration
Schallwellen entstehen immer auf die gleiche Weise: durch Vibration. Ob wir nun störenden Verkehrslärm hören oder schöne Musik, hängt nur davon ab, wie Schallwellen miteinander kombiniert sind.

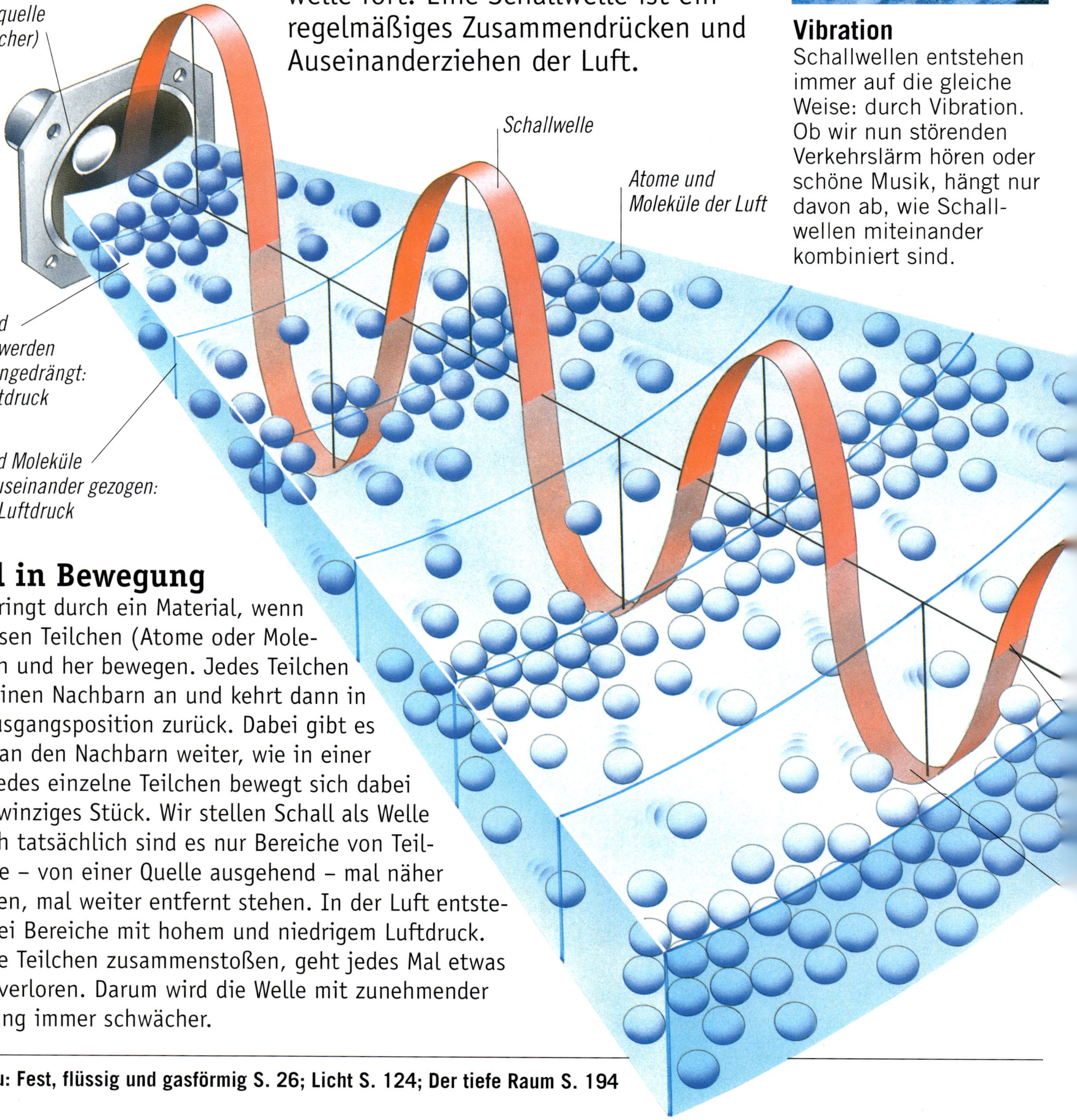

Schall in Bewegung

Schall dringt durch ein Material, wenn sich dessen Teilchen (Atome oder Moleküle) hin und her bewegen. Jedes Teilchen stößt seinen Nachbarn an und kehrt dann in seine Ausgangsposition zurück. Dabei gibt es Energie an den Nachbarn weiter, wie in einer Kette. Jedes einzelne Teilchen bewegt sich dabei nur ein winziges Stück. Wir stellen Schall als Welle dar, doch tatsächlich sind es nur Bereiche von Teilchen, die – von einer Quelle ausgehend – mal näher zusammen, mal weiter entfernt stehen. In der Luft entstehen dabei Bereiche mit hohem und niedrigem Luftdruck. Wenn die Teilchen zusammenstoßen, geht jedes Mal etwas Energie verloren. Darum wird die Welle mit zunehmender Entfernung immer schwächer.

Mehr dazu: Fest, flüssig und gasförmig S. 26; Licht S. 124; Der tiefe Raum S. 194

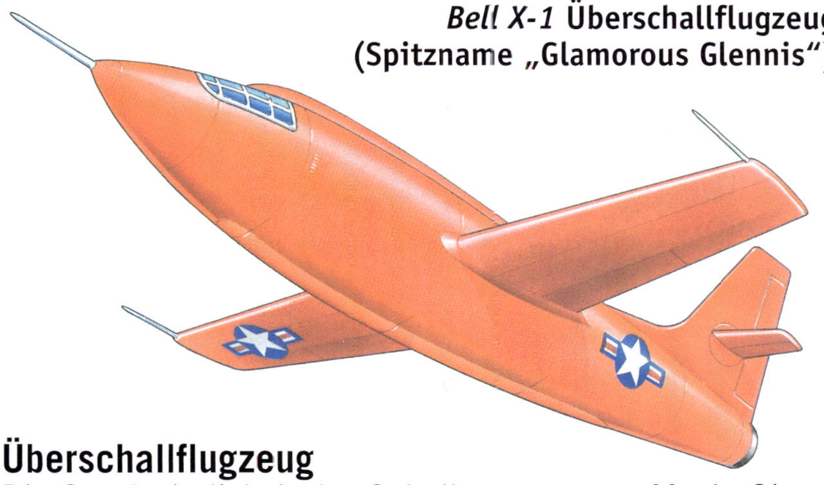

Bell X-1 Überschallflugzeug (Spitzname „Glamorous Glennis")

Überschallflugzeug

Die Geschwindigkeit des Schalls nennt man Mach. Sie kann durch Druck und Temperatur der Luft schwanken, liegt aber bei etwa 1200 Kilometer pro Stunde. Bewegt sich etwas schneller als der Schall, erreicht es Überschallgeschwindigkeit. Die doppelte Schallgeschwindigkeit heißt Mach 2. Manche Flugzeuge erreichen Mach 3 und mehr. Der erste Mensch, der schneller als der Schall flog, war 1947 Charles Yaeger in einer *Bell X-1*. Überschallflugzeuge überholen ihren eigenen Schall. Dadurch entsteht hinter ihnen eine Stoßwelle, die wir am Boden als Überschallknall hören.

Schall im Meer

Unter Wasser ist der Schall etwa 1430 Meter pro Sekunde schnell – das ist fünfmal schneller als in der Luft. Viele Wassertiere verständigen sich durch Geräusche. Die tiefen Rufe großer Wale haben eine niedrige Frequenz. Sie legen hunderte von Kilometern zurück. Männliche Buckelwale singen, um Weibchen anzulocken. Jedes Tier hat sein eigenes Lied, das es stundenlang wiederholt. Walmütter und ihre Jungen verständigen sich mit Klick- und Quieklauten.

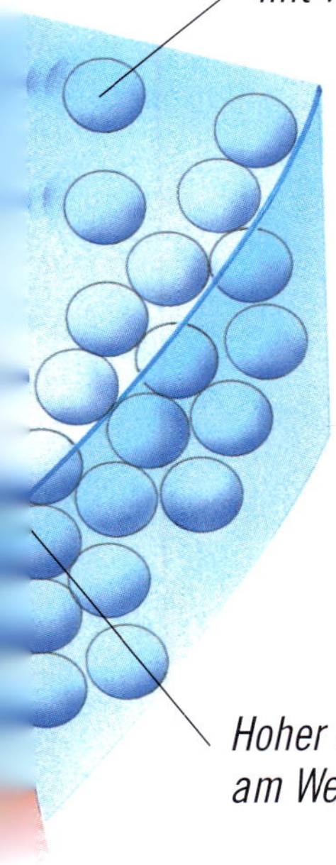

DOPPLER-EFFEKT

Es ist interessant zu beobachten, dass das Motorengeräusch eines schnellen Fahrzeugs langsam heller wird, solange es sich einer Person nähert. Ist es aber an der Person vorbeigefahren, hört diese einen tieferen Ton. Solange das Fahrzeug sich nähert, holt es jede Schallwelle, die es ausgesandt hat, ein Stückchen weit ein. Die Schallwellen werden zusammengedrückt, es entsteht ein hoher Ton. Entfernt sich das Fahrzeug, fährt es von seinen ausgesandten Schallwellen weg. Die Schallwellen werden auseinander gezogen, es entsteht ein tieferes Geräusch.

Der Doppler-Effekt ist nach dem österreichischen Wissenschaftler Christian Doppler benannt, der ihn 1842 entdeckte. Besonders auffällig ist der Effekt bei hohen Tönen, etwa Sirenen. Er kommt bei allen Arten von Wellen vor. Die Rotverschiebung von Lichtwellen ist ebenfalls ein Doppler-Effekt (siehe S. 197).

Hohe und tiefe Töne

TÖNE KÖNNEN HOCH ODER TIEF SEIN. Eine Pauke gibt tiefe Töne ab, ein Triangel hohe. Die Tonhöhe hängt davon ab, wie oft die Geräuschquelle in einer Sekunde hin und her schwingt (oder vibriert). Die Anzahl der Schallwellen pro Sekunde nennt man Frequenz. Die Einheit zum Messen der Frequenz von Wellen heißt Hertz (Hz). Der Ton der Taste C in der Mitte einer Klaviatur (eingestrichenes C) hat eine Frequenz von 261 Hertz. Die Frequenz hängt mit der Wellenlänge zusammen: Hohe Frequenzen haben kürzere Wellenlängen. Die Wellenlänge des eingestrichenen C ist 126 Zentimeter.

Welche Geräusche hören wir?

Wir hören viele Schallfrequenzen, von den hohen Tönen des Vogelgezwitschers bis zum dumpfen Dröhnen des Verkehrs. Unsere Ohren können aber nicht alle Geräusche der Umgebung wahrnehmen. Sie empfangen nur Frequenzen zwischen 20 und 20 000 Hertz (Schwingungen pro Sekunde). Töne mit weniger als 80 Hertz hören wir als tiefes Brummen. Frequenzen unter 30 Hertz hören wir nicht mehr klar, doch wenn sie stark genug sind, spüren wir die Schwingungen in Luft und Boden. Besonders empfindlich sind unsere Ohren im Bereich zwischen 400 und 4000 Hertz. Die menschliche Stimme liegt zwischen 300 und 1000 Hertz. Töne über 5000 Hertz sind schrilles, hohes Quietschen, Zischen oder Kreischen. Wenn Menschen älter werden, lässt die Empfindlichkeit der Ohren für hohe Frequenzen nach. Darum können Kinder manchmal das Quieken von Fledermäusen hören, alte Menschen aber nicht.

Entdeckung

Die Maßeinheit für die Frequenz ist nach dem Physiker Heinrich Hertz (1857–1894) benannt. Man verwendet sie für Schallwellen, aber auch für Funk-, Licht- und andere Wellen. Hertz beschäftigte sich vor allem mit Funkwellen. Er war der erste Forscher, der in einem Laborversuch Funkwellen erzeugte. Er starb jedoch, bevor er Untersuchungen anstellen konnte, wie man mithilfe von Funk Kommunikation ermöglicht.

Tierohren

Im Vergleich zu den meisten Tieren können Menschen viele Frequenzen hören. Einige Tiere hören aber Töne, die für unsere Ohren zu hoch sind. Diese Frequenzen nennt man Ultraschall.

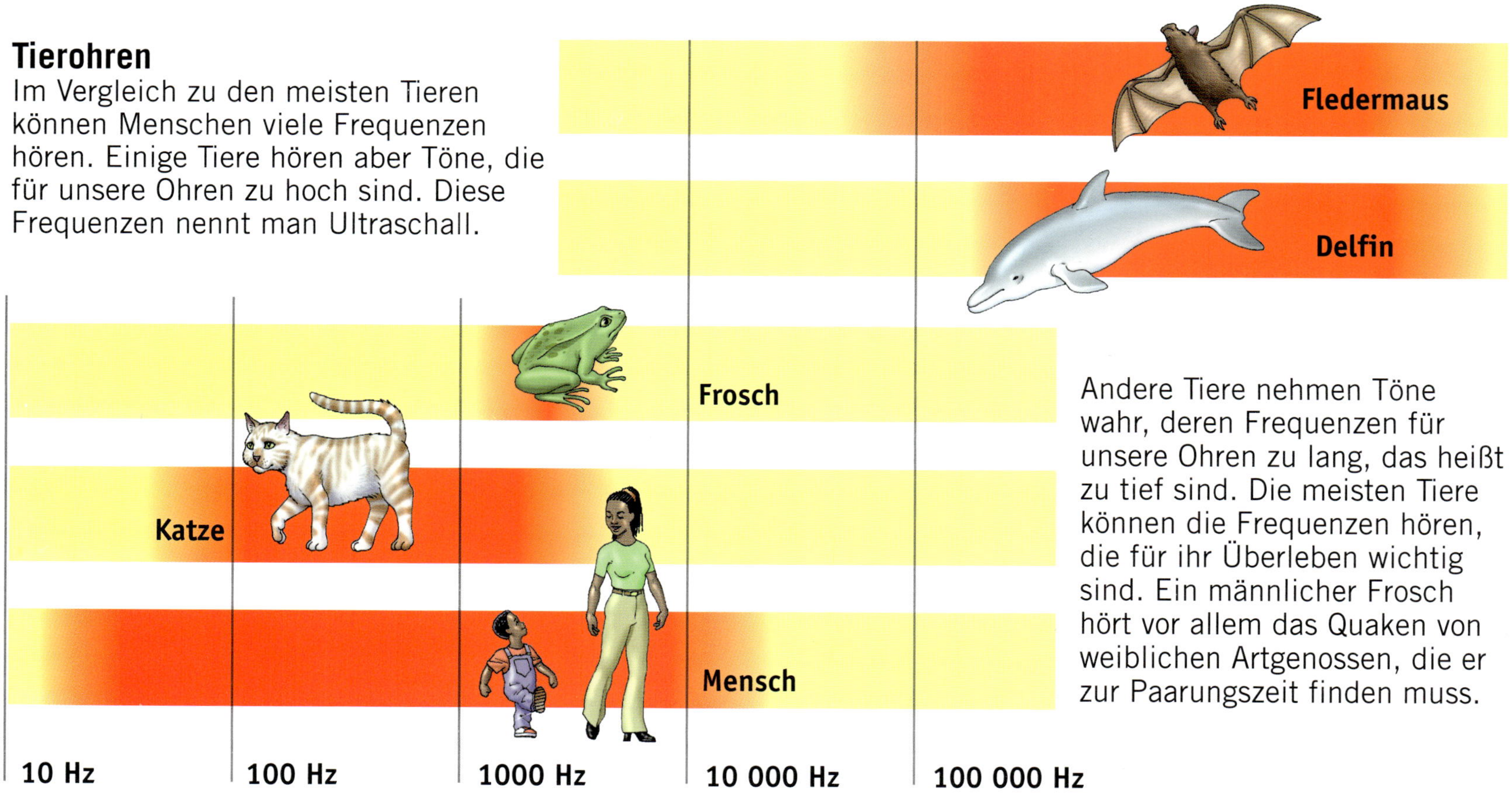

Andere Tiere nehmen Töne wahr, deren Frequenzen für unsere Ohren zu lang, das heißt zu tief sind. Die meisten Tiere können die Frequenzen hören, die für ihr Überleben wichtig sind. Ein männlicher Frosch hört vor allem das Quaken von weiblichen Artgenossen, die er zur Paarungszeit finden muss.

Mehr dazu: Fest, flüssig und gasförmig S. 26; Schallwellen S. 112

Noten
Wir können Töne hören, aber nicht sehen. Außerdem vergehen Geräusche schnell. Um Töne „festhalten“ zu können und sichtbar zu machen, wurde die Notenschrift erfunden. Sie hilft, Musikstücke über lange Zeit zu erhalten, sodass sie nicht vergessen werden. Die Notenschrift hat Symbole für die Tonhöhe (Frequenz), die Tonlänge (Dauer) und die Lautstärke.

Elefantentöne
Etwa zwei Drittel der Geräusche, die Elefanten von sich geben, sind für das menschliche Ohr zu tief. Solche Töne nennt man Infraschall. Es gibt über 20 verschiedene, brummende Rufe, mit denen sich Elefanten mit Artgenossen in mehr als fünf Kilometer Entfernung verständigen können.

Musikinstrumente
Ein Musikinstrument ist ein Schallerzeuger, mit dem man Geräusche in verschiedenen Tonhöhen oder Rhythmen erzeugen kann. Es gibt drei Hauptgruppen. Saiteninstrumente (Geige, Gitarre) werden gestrichen oder gezupft. Schlaginstrumente werden geschüttelt oder geschlagen. Blasinstrumente klingen, wenn man hineinbläst und die Luft in ihrem Inneren schwingt.

Lästiger Lärm
Die Ursache von Lärm kann laute Musik sein, aber auch Maschinen wie Sägen und Bohrmaschinen oder Fahrzeuge wie Eisenbahnen und Flugzeuge. Bei Lärm kann man schlecht nachdenken, ausruhen oder schlafen. Dadurch entsteht Stress, der krank machen kann. Sehr starker oder anhaltender Lärm kann sogar das Gehör schädigen.

Schall in Feststoffen, Flüssigkeiten und Gasen
Schall breitet sich in Feststoffen am schnellsten und weitesten aus, in Gasen dagegen am langsamsten und nur über kürzere Strecken. Das gilt besonders für tiefe Töne. In Gasen sind die Abstände zwischen den Molekülen groß. Sie müssen sich relativ weit bewegen, um einen Nachbarn anzustoßen. Dabei geht viel Energie verloren. In Flüssigkeiten und Feststoffen sind die Abstände zwischen den Molekülen kleiner, also müssen sie bei der Vibration kürzere Strecken zurücklegen und der Schall bewegt sich schneller voran. Darum können wir manchmal die Schwingungen von Lastwagen im Boden spüren, noch bevor wir sie hören.

Laute und leise Töne

GERÄUSCHE SIND LAUT, wenn viele Atome oder Moleküle vibrieren, wenn also viel Energie in Bewegung ist. Bei leisen Geräuschen sind die Schwingungen schwächer. Als Lautstärke bezeichnet man die Stärke eines Geräusches, das ein Mensch wahrnimmt. Die Intensität eines Geräusches dagegen ist die Energiemenge, die sich in den Schallwellen fortsetzt. Die Intensität hängt von der Amplitude der Schallwellen ab. Diese ist messbar. Lautstärke hängt dagegen auch von der Tonhöhe (Frequenz) ab, daher können sie Menschen unterschiedlich wahrnehmen oder empfinden.

Gehörschutz
Menschen an lauten Arbeitsplätzen, etwa Textilfabriken oder Flughäfen, müssen einen Gehörschutz tragen. Vor allem hohe Töne wie Pfeifen und Heulen können dem Gehör Schaden zufügen.

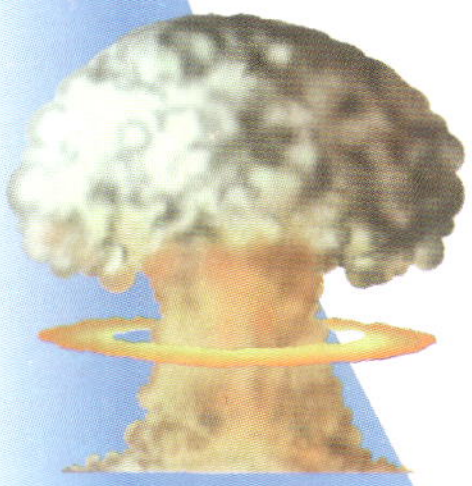

Atomexplosion: 200 dB

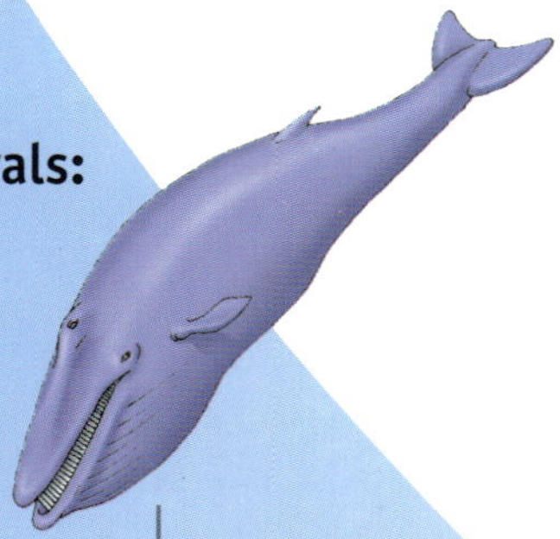

Grunzen eines Blauwals: 170 dB

Dezibel-Skala

Die Skala zum Messen der Schallintensität – die der Lautstärke ähnelt – nennt man Dezibel-Skala. Die Maßeinheit heißt Dezibel (dB), benannt nach Alexander Graham Bell, dem Erfinder des Telefons. Zehn Dezibel haben die leisesten Geräusche, die Menschen hören können, etwa das Rascheln trockener Blätter. Ein normales Gespräch hat etwa 60 Dezibel. Ab etwa 130 Dezibel werden Geräusche unangenehm bis schmerzhaft. Selbst bei den lautesten Geräuschen bewegen sich die Atome und Moleküle der Luft nur Bruchteile eines Millimeters.

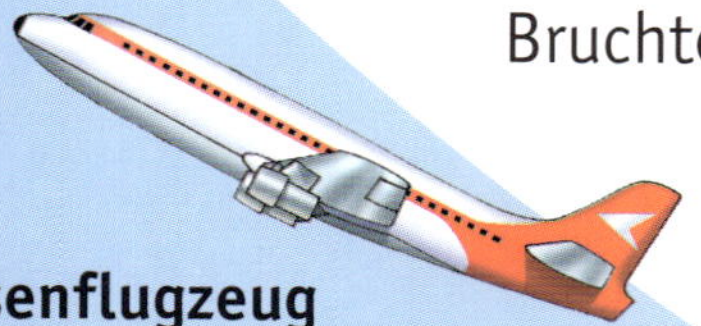

Düsenflugzeug in der Nähe: 140 dB

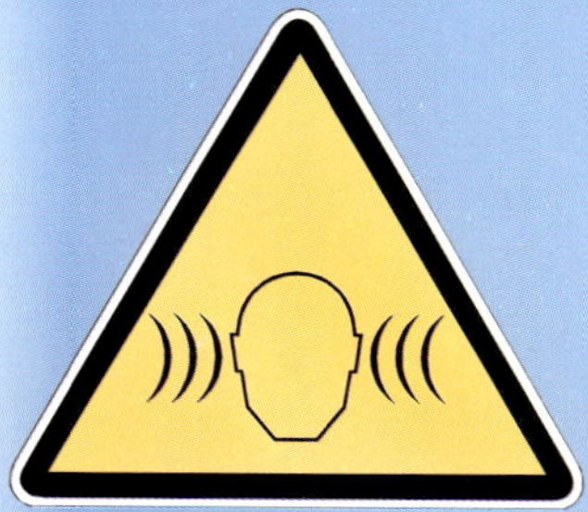

Warnung!
Vor lauten Geräuschen, die Gehörschäden oder sogar Taubheit verursachen können, muss durch Schilder gewarnt werden.

Gefährlich laute Musik: 120 dB

Grenzwert
An manchen öffentlichen Orten gibt es gesetzliche Lärmschutzgrenzen von 100, 90 oder 80 Dezibel.

200 dB | 175 dB | 150 dB | 125 dB

Mehr dazu: Schallwellen S. 112; Geräusche verarbeiten S. 118

WIE VIELE DEZIBEL?

Die Zeichnung unten zeigt einige Beispiele für Schallstärke. Hier folgen weitere:

- 180 dB: Raketenstart in 50 Meter Entfernung
- 160 dB: Raketenstart in 200 Meter Entfernung
- 140 dB: Große Maschinen, etwa Stahlwerk
- 110 dB: Presslufthammer
- 100 dB: Donnerschlag in der Nähe
- 80 dB: Schnelle Eisenbahn
- 20 dB: Gerade noch hörbares Flüstern
- 10 dB: Rascheln des Windes in hohem Gras

DREHBARE OHREN

Kaninchen, Pferde und andere Tiere haben große, drehbare Ohren. Sie können damit die Quelle von Geräuschen ausfindig machen. Menschen können ihre Ohren kaum bewegen. Wenn wir ein Geräusch hören, drehen wir den Kopf so weit, dass die Schallwellen beide Ohren im gleichen Moment und mit gleicher Stärke erreichen.

Schmetterlinge haben empfindliche Härchen am Körper, mit denen sie bestimmte Schallwellen aus der Luft einfangen können

Kaninchen drehen ihre Ohren in die Richtung, aus der ein Geräusch kommt

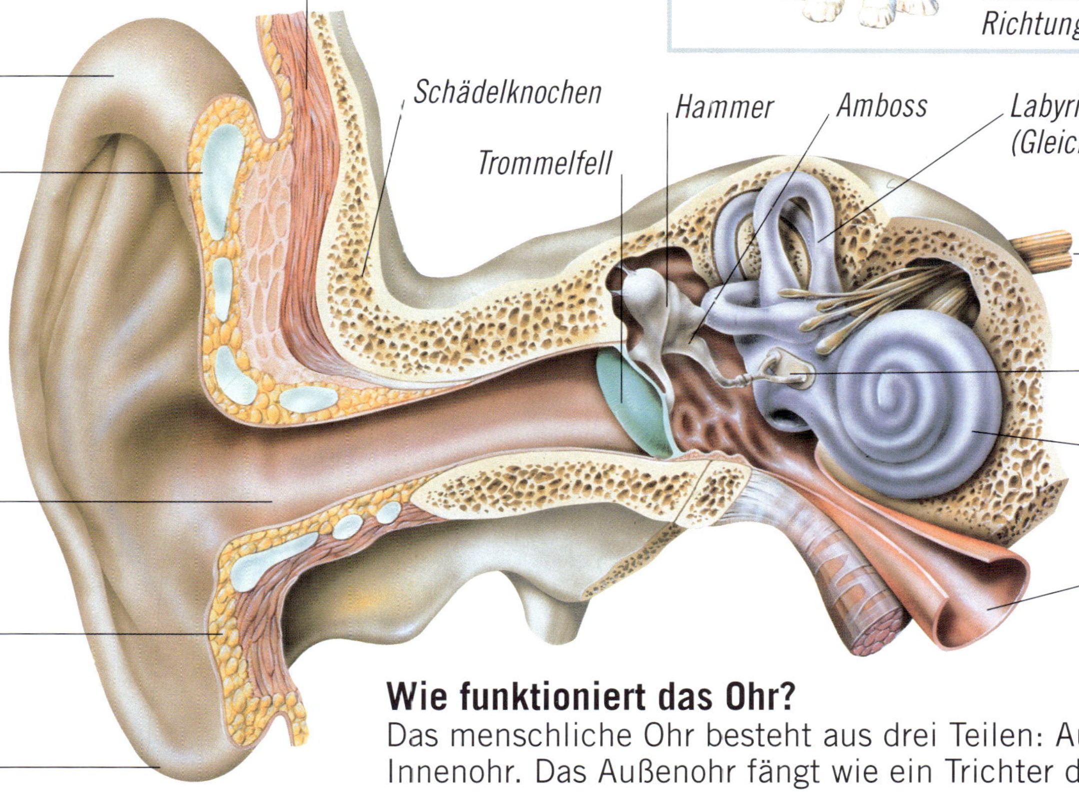

Wie funktioniert das Ohr?

Das menschliche Ohr besteht aus drei Teilen: Außenohr, Mittelohr und Innenohr. Das Außenohr fängt wie ein Trichter die Geräusche aus der Luft ein. Es mündet in den Gehörgang, der an dem flexiblen Trommelfell endet. Geräusche versetzen das Trommelfell in Schwingung. Dadurch beginnen drei kleine Knochen im Mittelohr zu vibrieren. Die Knochen geben die Schwingungen an die Schnecke im Innenohr weiter. Dort werden sie in Nervensignale umgewandelt und ans Gehirn weitergeleitet.

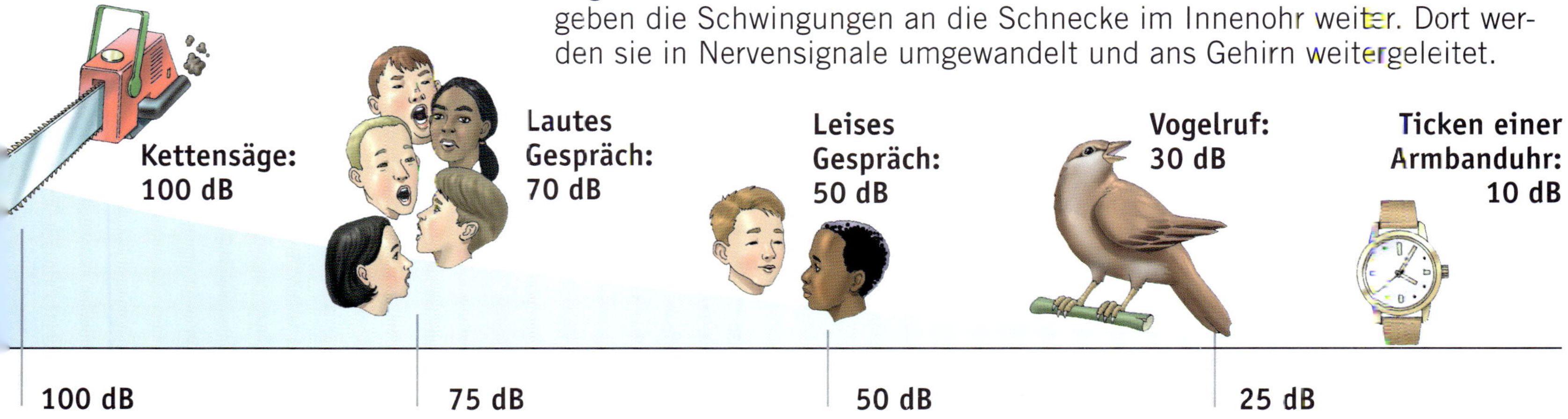

Geräusche verarbeiten

ES GIBT ZAHLLOSE NATÜRLICHE GERÄUSCHE: den Wind, das Rascheln von Blättern, Wellenrauschen, Vogelgesang und Bienensummen. Auch unser Körper macht natürliche Geräusche, wenn wir kauen, schlucken, husten, niesen, wenn das Herz schlägt oder Gasblasen im Darm gluckern. Ein Arzt hört diese Geräusche mit einem Stethoskop ab, um Anzeichen von Krankheiten zu entdecken. Neben den natürlichen Geräuschen gibt es viele künstlich erzeugte Geräusche, wie die von Maschinen, Autos, Eisenbahnen und Flugzeugen. Manche entstehen als Nebeneffekt bei der Arbeit mit Geräten wie Hämmern, Bohrmaschinen, Motoren und Maschinen. Es gibt auch Geräte, die nur dazu dienen, Geräusche zu erzeugen und zu verarbeiten: zum Beispiel der Lautsprecher eines Radios, Fernsehers oder einer Stereoanlage.

Winzige Lautsprecher
In Kopfhörern sind kleine Lautsprecher eingebaut. Eine Polsterung verhindert, dass andere Geräusche ans Ohr dringen. So kann sich der Zuhörer auch in lauter Umgebung gut auf die Geräusche aus den Kopfhörern konzentrieren.

Mikrofon

Ein Mikrofon erfüllt die gleiche Aufgabe wie das menschliche Ohr: Es wandelt die Energie von verschiedenartigen Schallwellen in elektrische Signale um, die ein ähnliches Muster haben. Es gibt mehrere Typen von Mikrofonen, die unterschiedlich funktionieren. Ein Doppelkapselmikrofon ist in das untere Teil eines Telefonhörers eingebaut. Ein so genanntes Piezomikrofon enthält ein kleines Kristall und funktioniert mithilfe des piezoelektrischen Effekts (siehe S. 31). Die Abbildung zeigt ein Tauchspulenmikrofon, das mit Elektromagnetismus arbeitet. Die Schallwellen werden in Schwingungen eines Drahts in einem Magnetfeld umgewandelt. Durch den Vorgang der elektromagnetischen Induktion entstehen in dem Draht elektrische Signale.

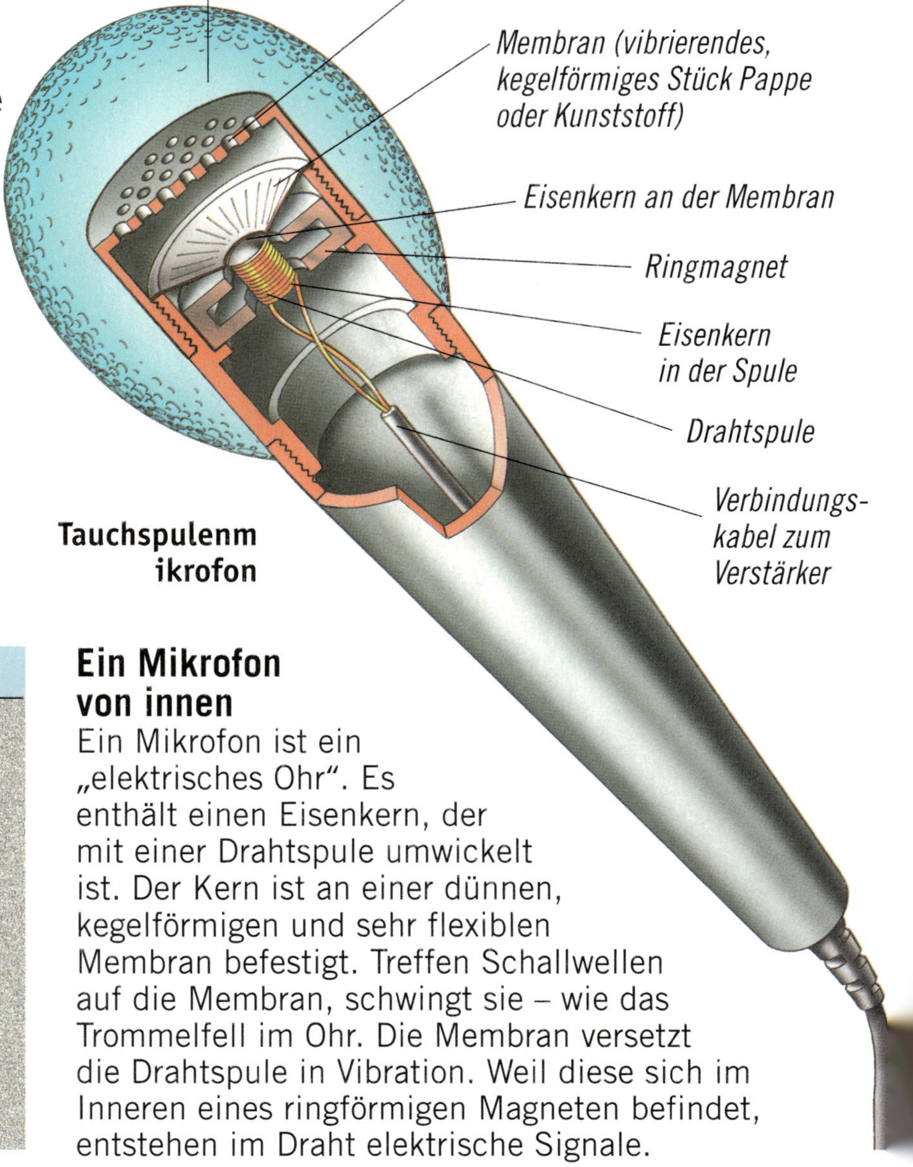

Tauchspulenm ikrofon

Ein Mikrofon von innen
Ein Mikrofon ist ein „elektrisches Ohr". Es enthält einen Eisenkern, der mit einer Drahtspule umwickelt ist. Der Kern ist an einer dünnen, kegelförmigen und sehr flexiblen Membran befestigt. Treffen Schallwellen auf die Membran, schwingt sie – wie das Trommelfell im Ohr. Die Membran versetzt die Drahtspule in Vibration. Weil diese sich im Inneren eines ringförmigen Magneten befindet, entstehen im Draht elektrische Signale.

GERÄUSCHE UND LEISTUNG

- Die Leistung des Verstärkers einer Stereoanlage wird in Watt angegeben.
- Eine kleine Anlage für eine durchschnittliche Raumgröße hat etwa 10–20 Watt.
- Eine größere Anlage für einen großen Raum hat eine Leistung von 50–100 Watt.
- Das Sound-System für eine Halle mit 100 Menschen braucht eine Leistung von 1000 Watt oder 1 Kilowatt.
- Das Sound-System für ein Open-Air-Konzert mit tausenden Zuschauern kann 50–100 Kilowatt haben.

Mehr dazu: Schallwellen S. 112; Elektronische Geräte S. 104

Schall dämpfen

In Turnhallen sind Wände, Decke und Fußboden eben, hart und glatt. Die Flächen reflektieren Schall sehr gut, sie erzeugen also Echos. Will man Musik hören, sind solche Echos ungünstig. Darum sind Konzerthallen mit Teppichboden und schweren Vorhängen ausgestattet, die den Schall aufnehmen. Dämpfer und Reflektoren im Bühnenbereich sorgen dafür, dass nur die Töne ins Publikum gelangen, die es hören soll.

Entdeckung

Alexander Graham Bell arbeitete als Lehrer für Kinder mit Hör- und Sprechproblemen. Er erforschte die menschliche Stimme, die Sprache und Schallwellen. Damals übermittelte man Nachrichten über lange Strecken per Telegraf. Dieses Gerät erzeugte elektrische An- und Aus-Impulse, die als Morsezeichen durch Kabel gesandt wurden. Bell erkannte, dass sich ein Muster aus Schallwellen in ein entsprechendes Muster aus verschiedenen elektrischen Signalen umwandeln lässt. Dieses konnte man über Kabel übermitteln und am Empfangsort wieder in Schallwellen umwandeln. 1876 baute Bell ein Gerät, mit dem das möglich war: das Telefon. Das erste Telefongespräch war Bells Anruf bei seinem Assistenten Watson, der im Nebenraum arbeitete.

Alexander Graham Bell (1847–1922)

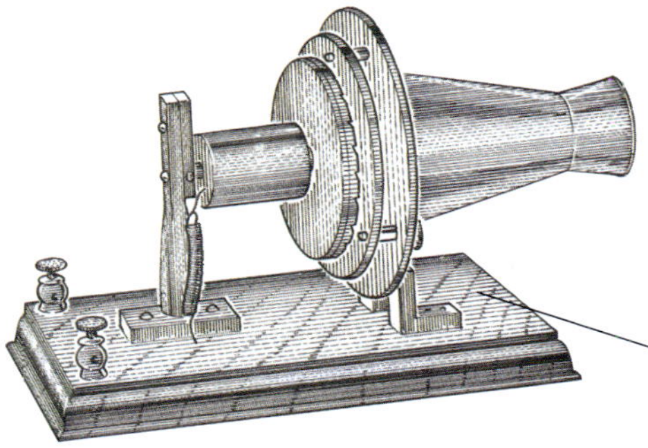

Eins von Bells ersten Telefonen (um 1878)

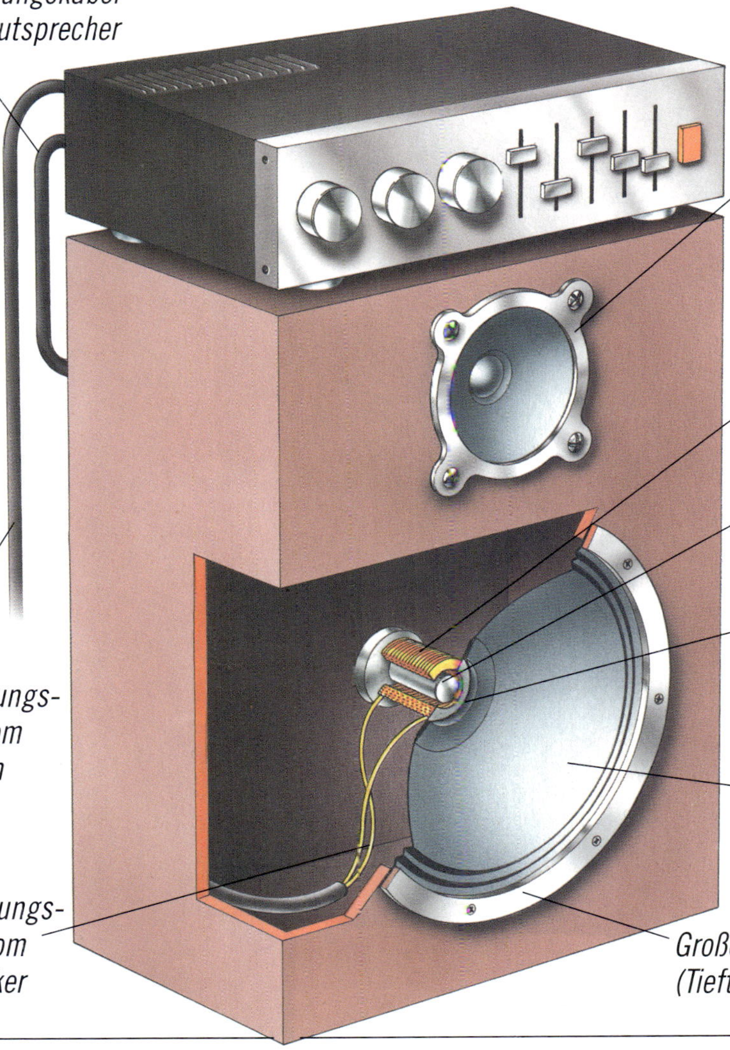

Verstärker

Die elektrischen Signale eines Mikrofons, eines Tonbands oder einer CD sind sehr schwach, ebenso wie die Signale elektrischer Instrumente (E-Gitarre). Sie reichen nicht aus, um einen Lautsprecher in Schwingung zu versetzen. Darum braucht man ein elektronisches Gerät, das diese Signale verstärkt: den Verstärker. Regler dienen dazu, die hohen oder tiefen Töne gezielt zu verstärken oder abzuschwächen.

Ein Lautsprecher von innen

Ein Lautsprecher funktioniert umgekehrt wie ein Mikrofon. Elektrische Signale vom Verstärker werden durch eine Drahtspule geleitet und verwandeln sie in einen Elektromagneten, um den sich ein variables Magnetfeld aufbaut. Dieses reagiert auf das gleichmäßige Magnetfeld eines eingebauten Magneten. Die Spule beginnt zu vibrieren. Sie ist mit einer Membran verbunden, die in Schwingung gerät und Schallwellen in der Luft erzeugt.

Geräusche speichern

ÜBER JAHRHUNDERTE KONNTEN MENSCHEN Klänge nur mit Worten beschreiben oder durch Notenschrift festhalten. Heute können wir die Klänge so speichern, wie wir sie hören. Schallwellen werden in Muster aus magnetischen Flecken auf Tonband, in Wellenmuster auf Schallplatten oder in winzige Vertiefungen auf CDs verwandelt. In allen Fällen werden Schallwellen in elektrische Signale umgewandelt, die wiederum entsprechend dem Speichermedium umgewandelt werden.

Klänge auf Tonband

Die Geräusche werden durch ein Mikrofon in elektrische Signale verwandelt oder auf anderem Wege zu einem Elektromagneten im Tonkopf geleitet. Die Signale erzeugen ein veränderliches Magnetfeld, das die Metallteilchen auf dem Band in kleine, unsichtbare Magneten verwandelt. Das Muster der Mikromagneten entspricht dem Muster der Schallwellen.

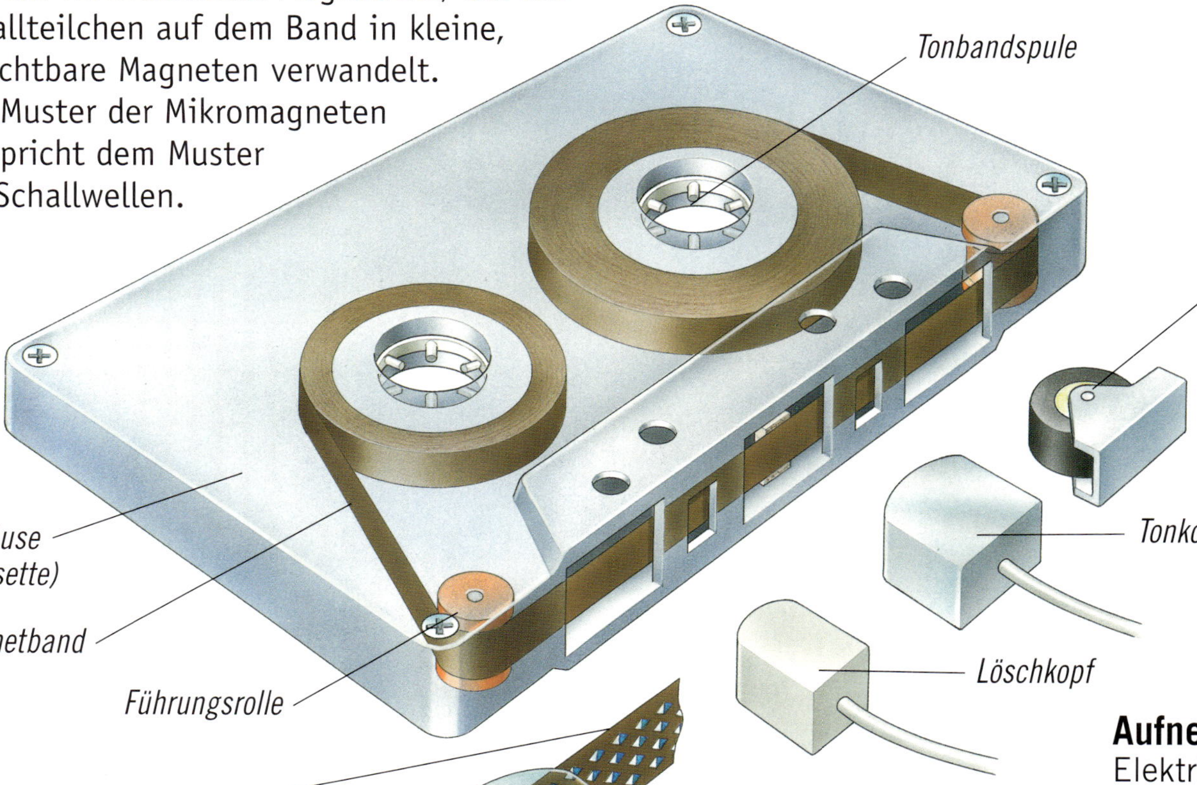

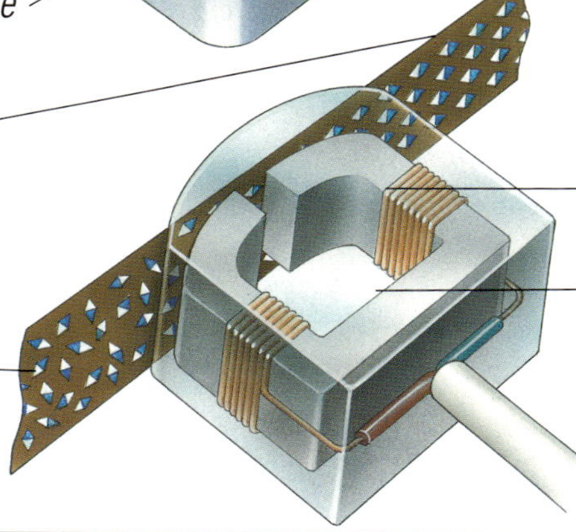

Tonkopf

Aufnehmen und abspielen

Elektrische Signale verwandeln den Eisenkern im Tonkopf in einen Elektromagneten. Dieser erzeugt kleine Magnetflecken auf dem Band. Um das Band abzuspielen, „liest" der Tonkopf das Muster aus Magnetflecken und verwandelt es wieder in elektrische Signale.

Mehr dazu: Geräusche verarbeiten S. 118

Klänge auf CD

Eine CD ist eine Kunststoffscheibe mit einer Aluminiumbeschichtung, deren Oberfläche ein Muster aus winzigen Vertiefungen aufweist. Beim Abspielen wird ein schwacher Laserstrahl durch einen Halbspiegel auf die CD reflektiert. Trifft der Strahl auf ein glattes Stück Oberfläche, wird er als Lichtblitz reflektiert und durchdringt den Halbspiegel. Die Vertiefungen auf der CD erzeugen keine Reflexionen. Während sich die CD dreht, werden die Lichtblitze in elektrische Signale umgewandelt und an den Verstärker geleitet.

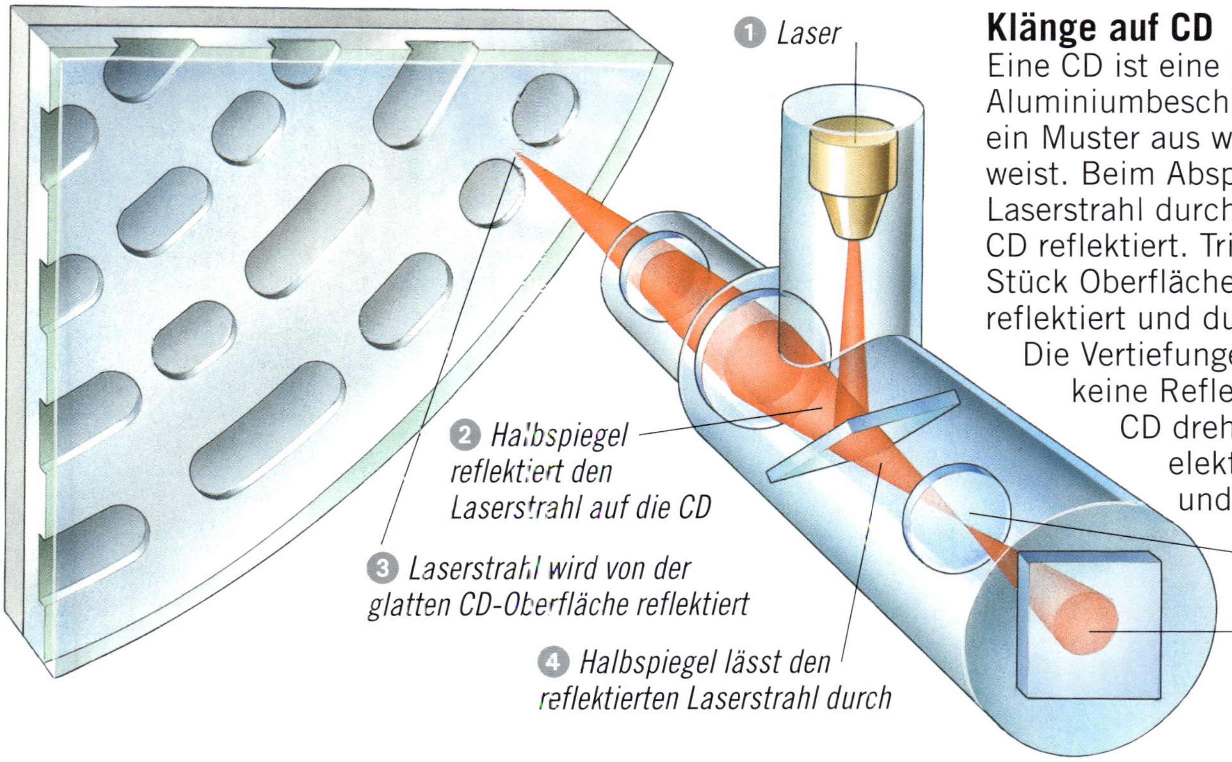

Entdeckung

Thomas Edison (1847–1931) speicherte 1877 erstmals Klänge in physikalischer Form. Er erfand ein Gerät, das er Phonograph nannte. Beim Aufzeichnen der Klänge ritzte es Rillen in einen Wachszylinder, beim Abspielen fuhr eine Nadel die Rillen nach. Edison nahm seine eigene Stimme auf, während er einen Kinderreim aufsagte.

Klänge auf Vinyl-Schallplatte

Beim Abspielen einer Schallplatte fährt eine Nadel eine dünne, gewellte Rille entlang. Das Wellenmuster versetzt die Nadel in Schwingungen. Ein Elektromagnet oder Kristall im Tonabnehmer über der Nadel wandelt die physischen Vibrationen in elektrische Signale um, die zu Verstärker und Lautsprecher geleitet werden. Tiefere Rillen ergeben lautere Töne, engere Wellen in den Rillen erzeugen höhere Töne.

Schall im Alltag

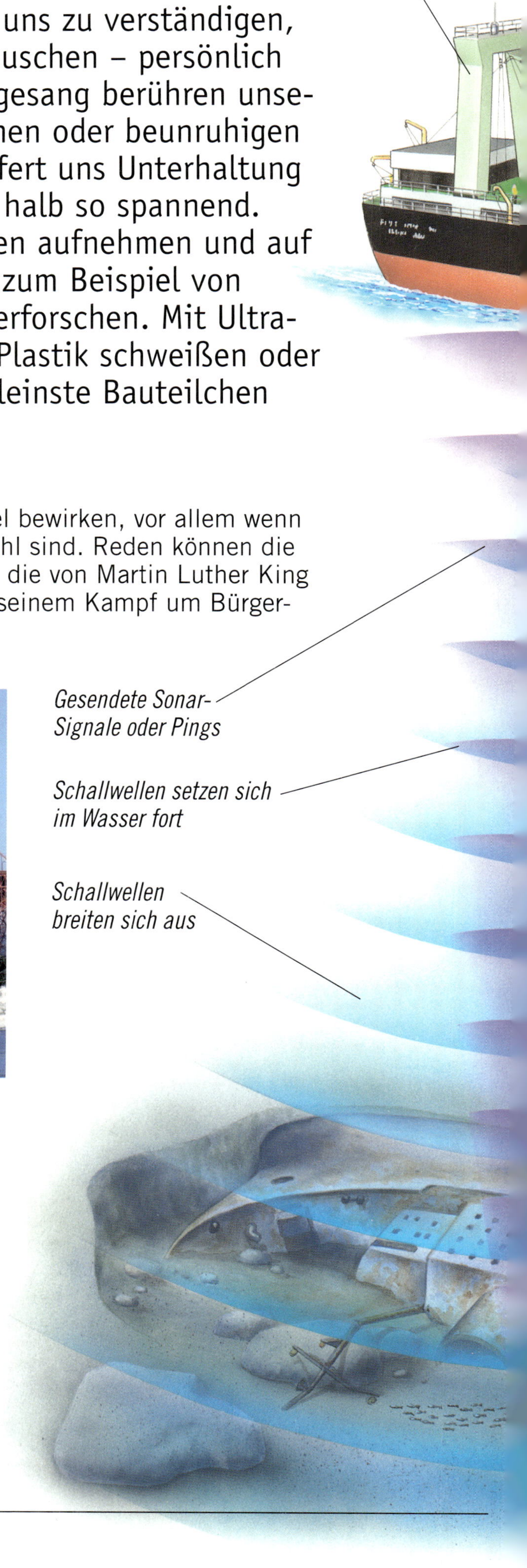

SCHALL IST WICHTIG FÜR UNSER LEBEN. Wir brauchen ihn, um uns zu verständigen, um zu lernen und Ideen, Gedanken oder Pläne auszutauschen – persönlich oder per Telefon. Musik und Naturgeräusche wie Vogelgesang berühren unsere Gefühle, machen uns fröhlich oder traurig, entspannen oder beunruhigen uns. Sirenen und Glocken warnen vor Gefahr. Radio liefert uns Unterhaltung und Information, und Fernsehen wäre ohne Schall nur halb so spannend. Ultraschall können wir nicht hören, aber mit Mikrofonen aufnehmen und auf Bildschirmen darstellen. So kann man zum Beispiel von einem Schiff aus den Meeresgrund erforschen. Mit Ultraschall kann man auch Metall und Plastik schweißen oder elektronische Schaltkreise und kleinste Bauteilchen herstellen.

Die Macht der Sprache
Gesprochene Worte können viel bewirken, vor allem wenn sie voll Leidenschaft und Gefühl sind. Reden können die Geschichte beeinflussen, etwa die von Martin Luther King „Ich habe einen Traum ...“ in seinem Kampf um Bürgerrechte in den USA.

Gefahren erkennen
Mit Ultraschall kann man winzige Fehler in Werkstoffen wie Metallen und Kunststoffen aufspüren, die im Brücken- und Flugzeugbau verwendet werden. Kleine Risse, die unter Belastung größer werden könnten, reflektieren den Ultraschall. Diese Reflexionen kann man auf Bildschirmen anzeigen.

Tierische Gespräche
Brüllende Löwen, heulende Wölfe, bellende Hunde, quiekende Wale und schnatternde Affen – das sind nur einige Beispiele für die Art, wie sich Tiere untereinander verständigen. Manchmal können wir die Bedeutung ahnen, sogar wenn man das Tier nicht kennt. Ein Knurren oder Zischen ist meist eine Drohung.

Mehr dazu: Wellen S. 110; Schallwellen S. 112

Entdeckung
Ernst Mach (1838–1916) beschäftigte sich mit den allgemeinen Zielen der Forschung, dem Wesen von Theorien und der Beweiskraft von Experimenten. Er erforschte auch das Sehen und Hören und die Merkmale von Wellen. Nach ihm wurde die Schallgeschwindigkeit „Mach" benannt. Dieser Wert ist nützlich, weil Dichte, Temperatur, Druck und andere Faktoren die tatsächliche Schallgeschwindigkeit beeinflussen können.

Sehen mit Schall

Schiffe setzen Echolot (Sonar) ein, um unter Wasser Wracks, Felsen, Eisberge und Fischschwärme aufzuspüren. Man benutzt das Echolot auch, um die Wassertiefe zu messen und Karten vom Meeresgrund zu zeichnen. Das Gerät sendet Ultraschall-Impulse (sehr hohe Töne) ins Wasser. Die Schallwellen werden reflektiert, wenn sie auf etwas stoßen. Es entsteht ein Echo. Weil die Schallgeschwindigkeit im Wasser bekannt ist (1430 Meter pro Sekunde), kann man durch Messen der Zeit bis zum Empfang des Echos die Entfernung des Objekts errechnen. Anhand der Details des Echos kann man feststellen, ob das Objekt groß oder klein, hart oder weich ist. Radar funktioniert ähnlich wie Sonar, aber er sendet Funkwellen durch die Luft. Funkwellen breiten sich im Wasser nicht weit aus.

Schall auf dem Bildschirm
Das Sonar arbeitet mit Ultraschall, der für unsere Ohren zu hoch ist. Mikrofone verwandeln die Töne in elektrische Signale. Mithilfe von elektronischen Geräten werden diese in tiefere, hörbare Töne (Pings) und in Muster aus Linien und Farben umgewandelt, die man auf einem Bildschirm anzeigen kann.

Licht

WIR SEHEN LICHT. Und wir benutzen Licht täglich auf vielerlei Weise. Aber es ist schwierig, Licht zu beschreiben. Es ist eine Form von Energie, die durch eine Kombination elektrischer und magnetischer Felder entsteht. Es hat viele typische Merkmale von Wellen, zum Beispiel hängt seine Farbe von der Wellenlänge ab. Andererseits scheint es ein Strom winziger Teilchen (Partikel) oder Energiepäckchen zu sein, Photonen genannt.

Wissenschaftler beschreiben diese beiden verschiedenen Wesensarten des Lichts als Wellen-Teilchen-Dualismus. Nichts ist schneller als das Licht: Es erreicht nahezu 300 000 Kilometer pro Sekunde.

Licht ist unsichtbar
Sind Lichtwellen kürzer als die des violetten Lichts, nennt man sie ultraviolett oder UV. Wir können sie nicht sehen, doch zu viel UV-Licht kann Sonnenbrand verursachen und den Augen schaden.

Die Farben des Regenbogens gehen ineinander über

Regenbogenfarben
Ein Regenbogen entsteht, wenn Sonnenlicht durch Regentropfen fällt. Die Tropfen lösen das Licht in seine Farben auf, sodass wir sie sehen können. Die Hauptfarben des Regenbogens sind Rot, Orange, Gelb, Grün, Blau und Violett. Ihre Reihenfolge ist immer gleich. Gemeinsam nennt man die Farben das Spektrum. Jede Farbe besteht aus Licht einer anderen Wellenlänge. Rotes Licht hat die längsten Wellen, orangefarbenes Licht etwas kürzere. Violett hat die kürzesten Wellen.

Klar und trüb
Manche Stoffe lassen das Licht fast ungehindert durch. Solche durchsichtigen Stoffe wie Luft, Fensterglas oder Wasser nennt man transparent. Andere Stoffe lassen zwar Licht durch, doch die Wellen werden zerstreut und kreuz und quer umgeleitet. Durch sie sieht man nur verschwommen. Zu solchen transluzenten Stoffen gehören Milchglas, Nebel und Pergamentpapier. Einen Stoff, der gar kein Licht durchlässt, nennt man opak.

Entdeckung

Einer der Ersten, die Licht wissenschaftlich untersuchten, war der arabische Naturforscher Alhazen (um 965–1040). Damals glaubten die meisten Menschen, dass Licht aus den Augen käme und auf Gegenstände fiele, sodass man sie sehen konnte. Alhazen fand die richtige Erklärung – dass nämlich Licht von einer Quelle wie der Sonne oder einer Kerze von Gegenständen reflektiert wird und dann ins Auge gelangt. Er studierte auch farbiges Licht, Spiegel und Linsen. Seine Arbeit half späteren Forschern bei der Entwicklung von Mikroskop, Teleskop und anderen optischen Geräten. Wir verdanken Alhazen viel Wissen über Licht, Linsen und unsere Augen.

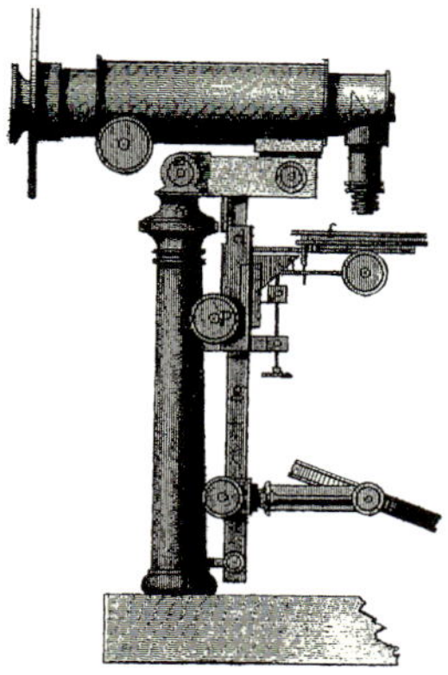

Ein frühes Mikroskop mit mehreren Linsen

Mehr dazu: Elektronische Geräte S. 104; Wellen S. 110

FARBEN UND FILTER

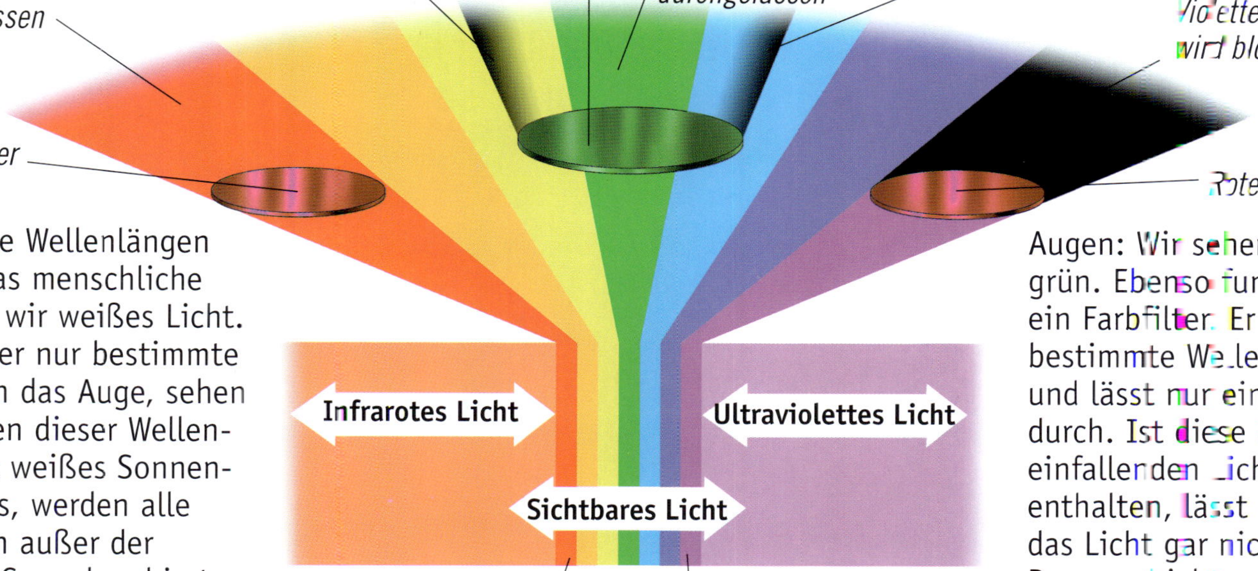

Erreichen alle Wellenlängen des Lichts das menschliche Auge, sehen wir weißes Licht. Erreichen aber nur bestimmte Wellenlängen das Auge, sehen wir die Farben dieser Wellenlängen. Fällt weißes Sonnenlicht auf Gras, werden alle Wellenlängen außer der grünen vom Gras absorbiert. Das grüne Licht wird reflektiert und erreicht unsere Augen: Wir sehen das Gras grün. Ebenso funktioniert ein Farbfilter. Er blockiert bestimmte Wellenlängen und lässt nur eine Farbe durch. Ist diese Farbe im einfallenden Licht nicht enthalten, lässt der Filter das Licht gar nicht durch. Das geschieht, wenn etwa violettes Licht auf einen roten Filter fällt.

Mischfarben

Die meisten Farben des Lichts entstehen durch Mischung der drei Farben Rot, Blau und Grün. Man nennt sie die Primärfarben des Lichts. In verschiedenen Mischungsverhältnissen ergeben sie andere Farben. Rotes und grünes Licht ergibt gelbes Licht. Rotes und blaues Licht ergibt Magenta (kräftiger Pinkton). Grün und Blau ergibt Cyan (ein Türkiston). Gelb, Magenta und Cyan sind die Sekundärfarben des Lichts. Alle drei Primärfarben zusammen ergeben weißes Licht.

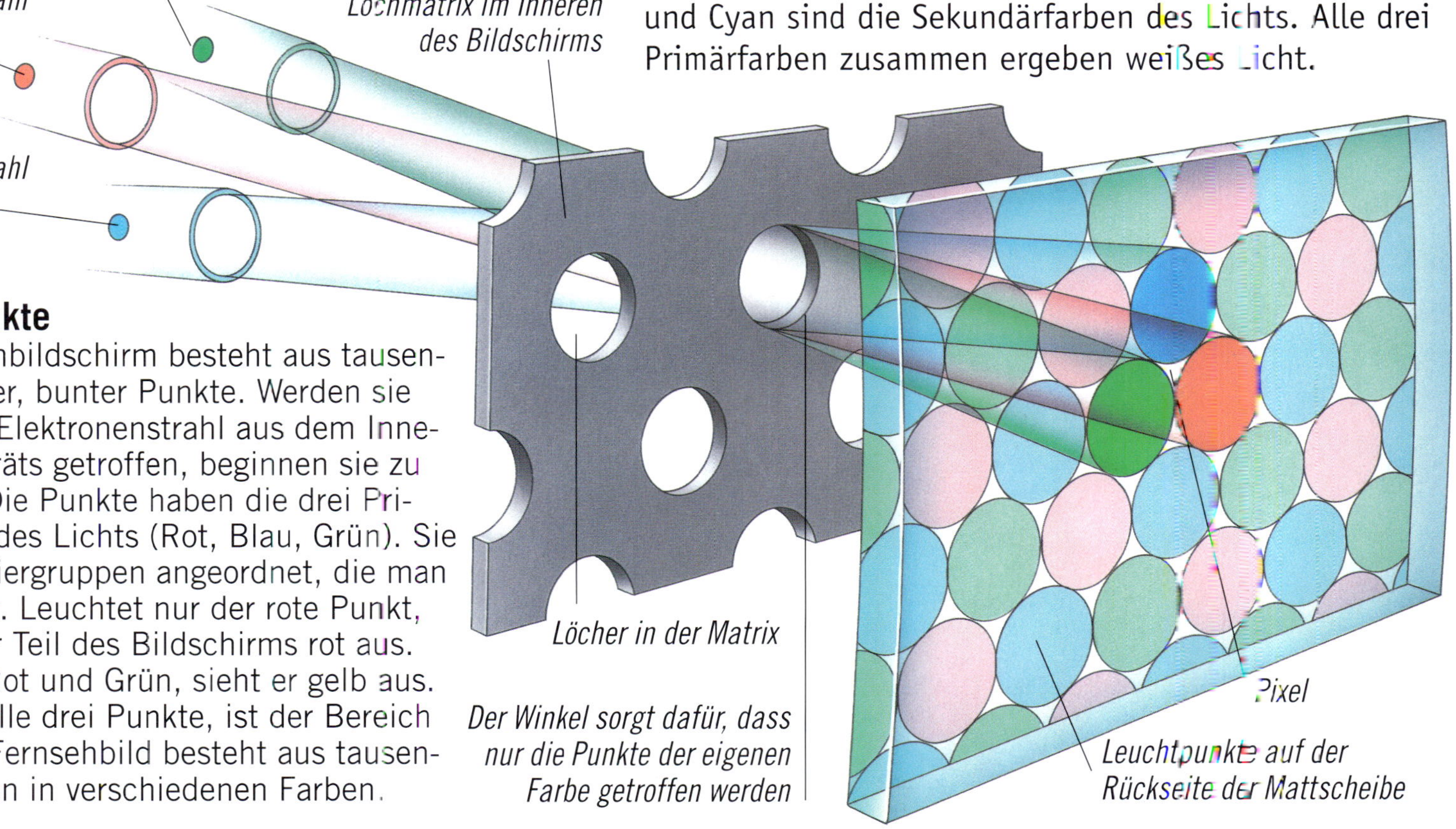

Bunte Punkte

Ein Fernsehbildschirm besteht aus tausenden winziger, bunter Punkte. Werden sie von einem Elektronenstrahl aus dem Inneren des Geräts getroffen, beginnen sie zu leuchten. Die Punkte haben die drei Primärfarben des Lichts (Rot, Blau, Grün). Sie sind in Dreiergruppen angeordnet, die man Pixel nennt. Leuchtet nur der rote Punkt, sieht dieser Teil des Bildschirms rot aus. Leuchten Rot und Grün, sieht er gelb aus. Leuchten alle drei Punkte, ist der Bereich weiß. Das Fernsehbild besteht aus tausenden Punkten in verschiedenen Farben.

Reflektiertes Licht

Trifft Licht auf bestimmte Oberflächen, wird es von diesen zurückgeworfen, wie ein Ball, der von einer Wand abprallt. Das nennt man Reflexion. Die meisten Gegenstände senden selbst kein Licht aus. Wir sehen sie nur, weil sie Licht aus einer anderen Quelle in unsere Augen reflektieren. Der Mond leuchtet nicht selbst, er reflektiert nur das Licht der Sonne. Eine glatte glänzende Oberfläche (zum Beispiel ein Spiegel), reflektiert das meiste Licht, das auf sie fällt, ohne es zu streuen. Dadurch entsteht ein klares Spiegelbild. Auf rauen Oberflächen wird das Licht in viele Richtungen gestreut, die Reflexion ist schwächer. Ein weißer Gegenstand reflektiert alle Farben des weißen Lichts. Ein schwarzer Gegenstand reflektiert gar kein Licht.

Zerrspiegel
Zerrspiegel auf dem Jahrmarkt haben eine gebogene Oberfläche. Dadurch entstehen witzige, verzerrte Bilder. Manche Spiegel sind nach innen gewölbt und andere nach außen.

RUNDUNG UND REFLEXION

Ein gewölbter Spiegel verändert die Form eines Spiegelbilds. Ein konvexer (nach außen gewölbter) Spiegel verkleinert das Spiegelbild, ein konkaver (nach innen gewölbter) Spiegel vergrößert. Konkave Spiegel können das Spiegelbild auch kopfüber drehen. Gewölbte Spiegel werden häufig gebraucht. Rückspiegel von Autos sind konvex, damit sie einen breiteren Blickwinkel bieten. Rasierspiegel sind konkav, damit sie vergrößern. Die Wirkung von konkaven und konvexen Spiegeln lässt sich an einem Esslöffel testen.

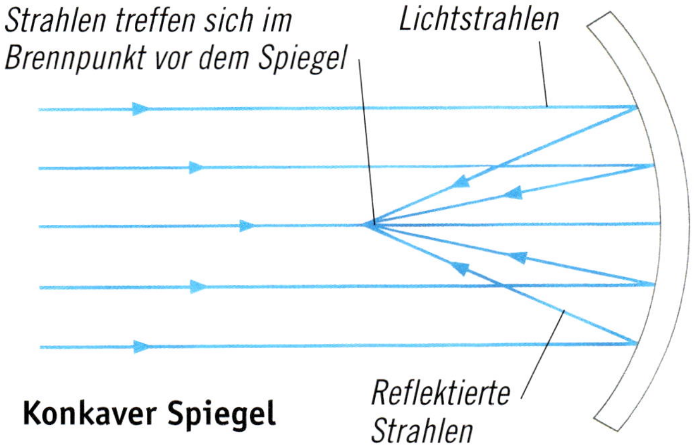

Konkaver Spiegel

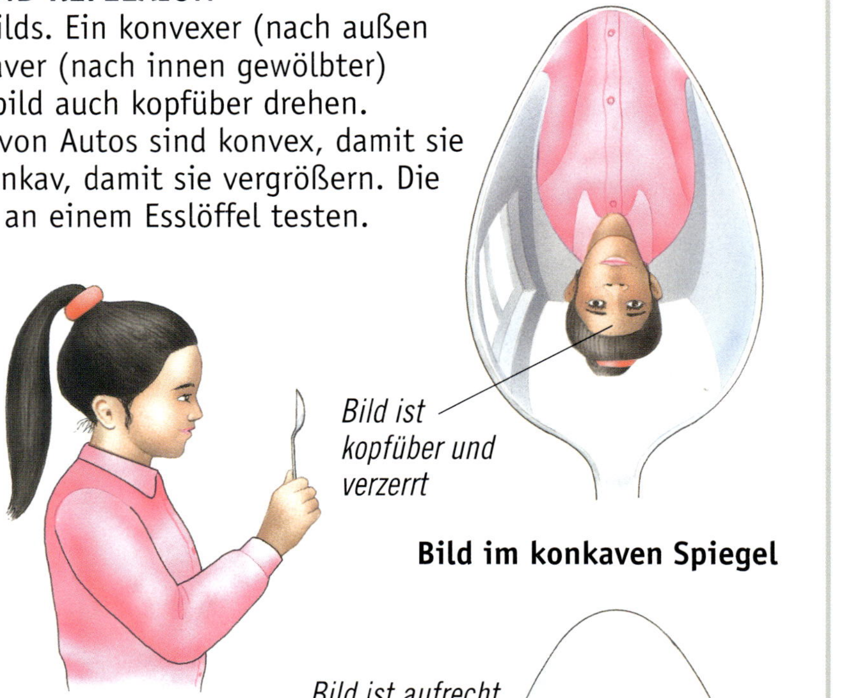

Bild im konkaven Spiegel

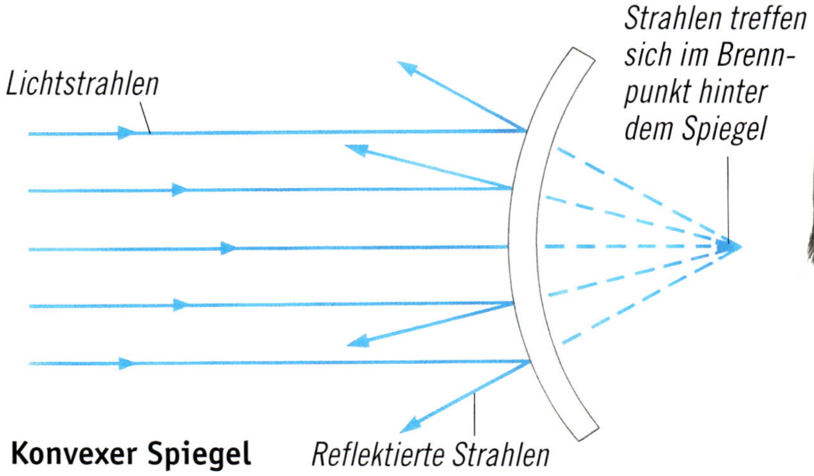

Konvexer Spiegel

Bild im konvexen Spiegel

Mehr dazu: Licht S. 124; Lichtbrechung S. 128

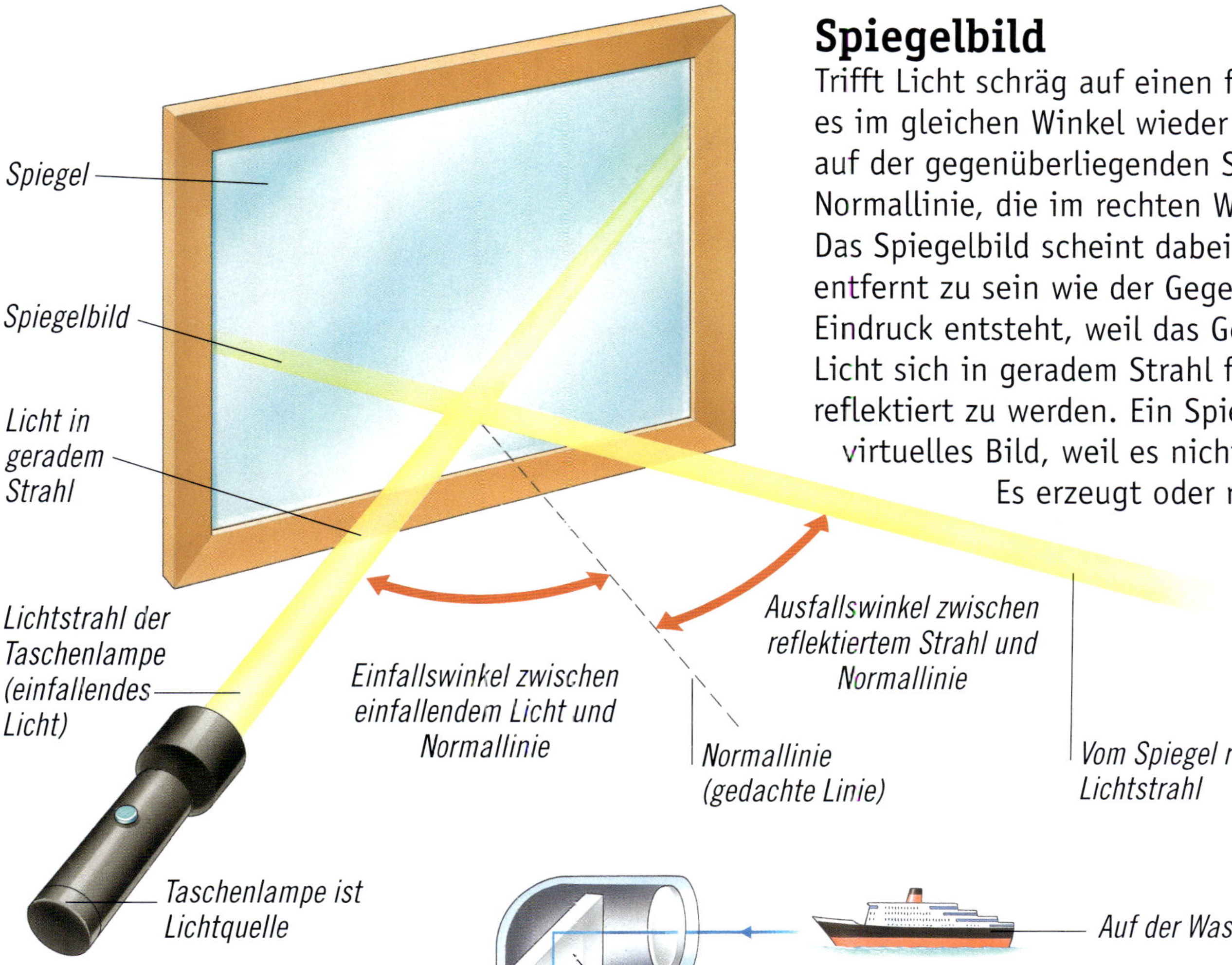

Spiegelbild

Trifft Licht schräg auf einen flachen Spiegel, wird es im gleichen Winkel wieder reflektiert – allerdings auf der gegenüberliegenden Seite einer gedachten Normallinie, die im rechten Winkel zum Spiegel steht. Das Spiegelbild scheint dabei so weit vom Spiegel entfernt zu sein wie der Gegenstand davor. Dieser Eindruck entsteht, weil das Gehirn weiß, dass das Licht sich in geradem Strahl fortsetzt statt schräg reflektiert zu werden. Ein Spiegelbild nennt man auch virtuelles Bild, weil es nicht wirklich vorhanden ist. Es erzeugt oder reflektiert kein Licht.

Blick nach oben

In einem Periskop befinden sich zwei Spiegel oder zwei dreieckige Glasstücke, die Prismen. Sie reflektieren einen Lichtstrahl zweimal und ermöglichen so, dass man über Mauern und Hindernisse hinweg sehen kann. Durch ein Periskop kann die Besatzung eines U-Bootes sehen, was über Wasser vor sich geht.

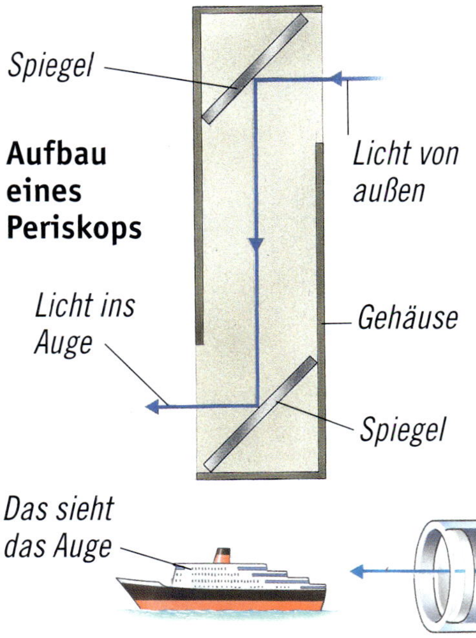

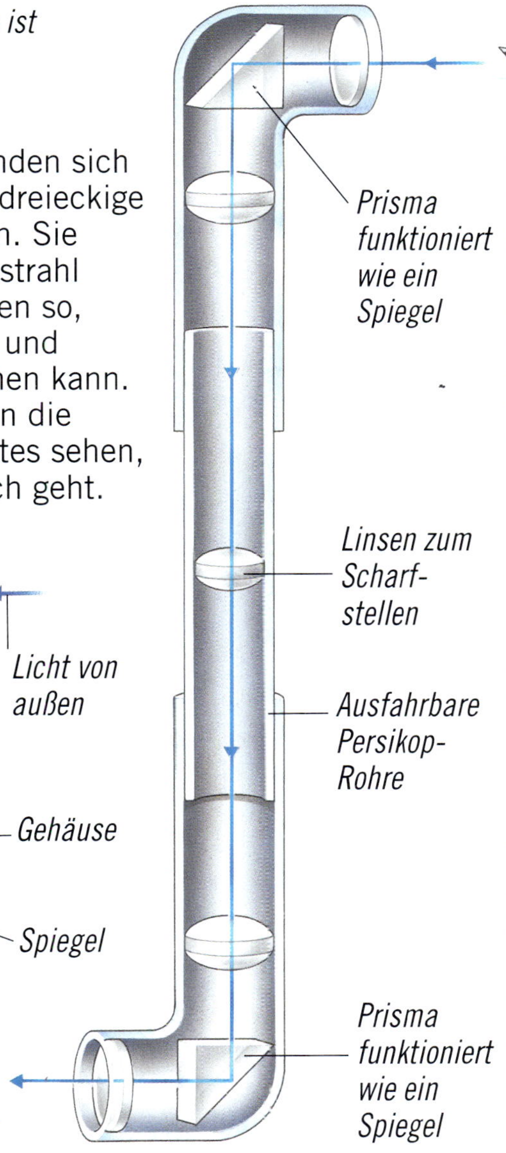

KALEIDOSKOP

Das Wort Kaleidoskop bedeutet „schön anzusehen". Ein Kaleidoskop enthält drei lange Spiegel, die einander in Dreiecksform gegenüberliegen. Am einen Ende befinden sich kleine, bunte Teilchen. Wird Licht zwischen den Spiegeln hin und her reflektiert, entstehen durch die dreieckige Anordnung viele Muster aus Spiegelungen. Bewegt man das Kaleidoskop, verändert sich die Lage der bunten Teilchen und neue Muster aus Spiegelungen werden sichtbar.

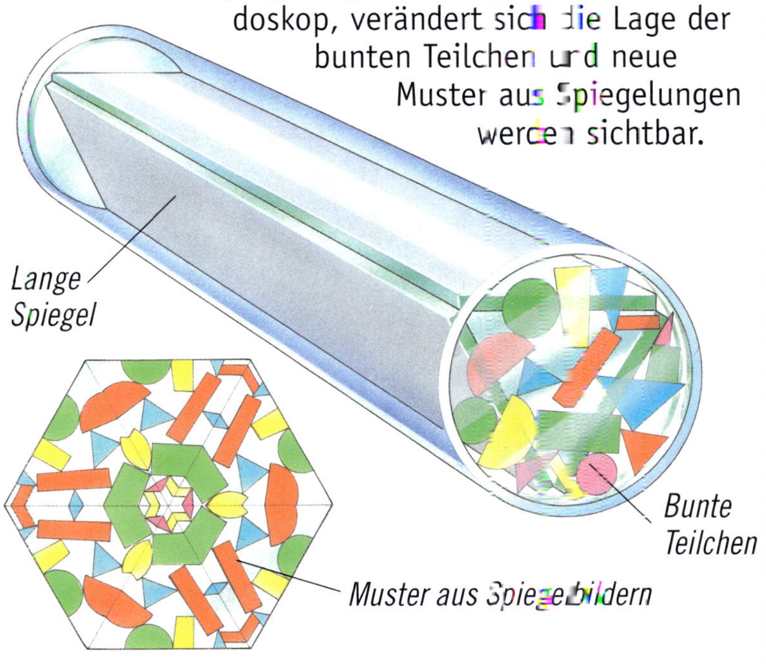

Lichtbrechung

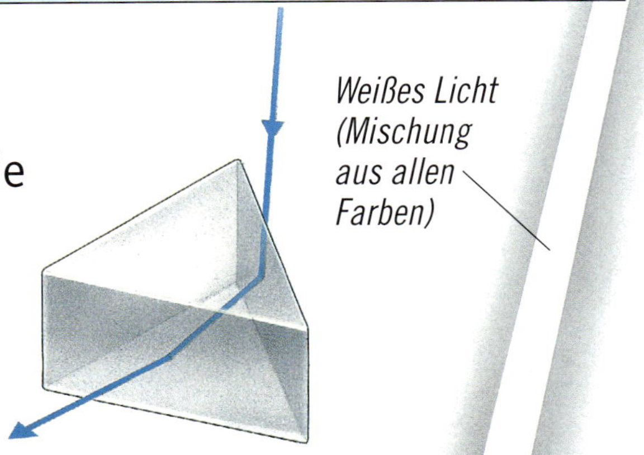

GELANGT EIN LICHTSTRAHL aus einem durchsichtigen Material wie Luft in ein anderes, etwa Glas, ändert es an der Stelle, wo die beiden Materialien zusammentreffen, seine Richtung. Das nennt man Lichtbrechung. Sie entsteht, weil sich das Licht in jedem Material mit einer anderen Geschwindigkeit fortbewegt. Lichtgeschwindigkeit erreicht das Licht nur im Weltraum oder im luftleeren Raum. In der Luft ist es langsamer. Im Wasser hat es sogar nur noch drei Viertel der tatsächlichen Lichtgeschwindigkeit. Lichtbrechung wird für viele Geräte genutzt, von Kontaktlinsen und Brillen bis zu riesigen Teleskopen.

Weißes Licht – buntes Licht?

Einen dreieckigen Glasblock mit glatten Flächen nennt man Prisma. Dringt ein weißer Lichtstrahl in das Prisma ein, wird er gebremst, weil sich das Licht langsamer durch das Glas bewegt. Aber die verschiedenen Farben, aus denen das weiße Licht besteht, werden nicht gleichmäßig gebremst. Dadurch wird der weiße Strahl in seine Farben aufgefächert. Rotes Licht hat die längsten Wellen, es wird am wenigsten gebremst und am schwächsten gebrochen.

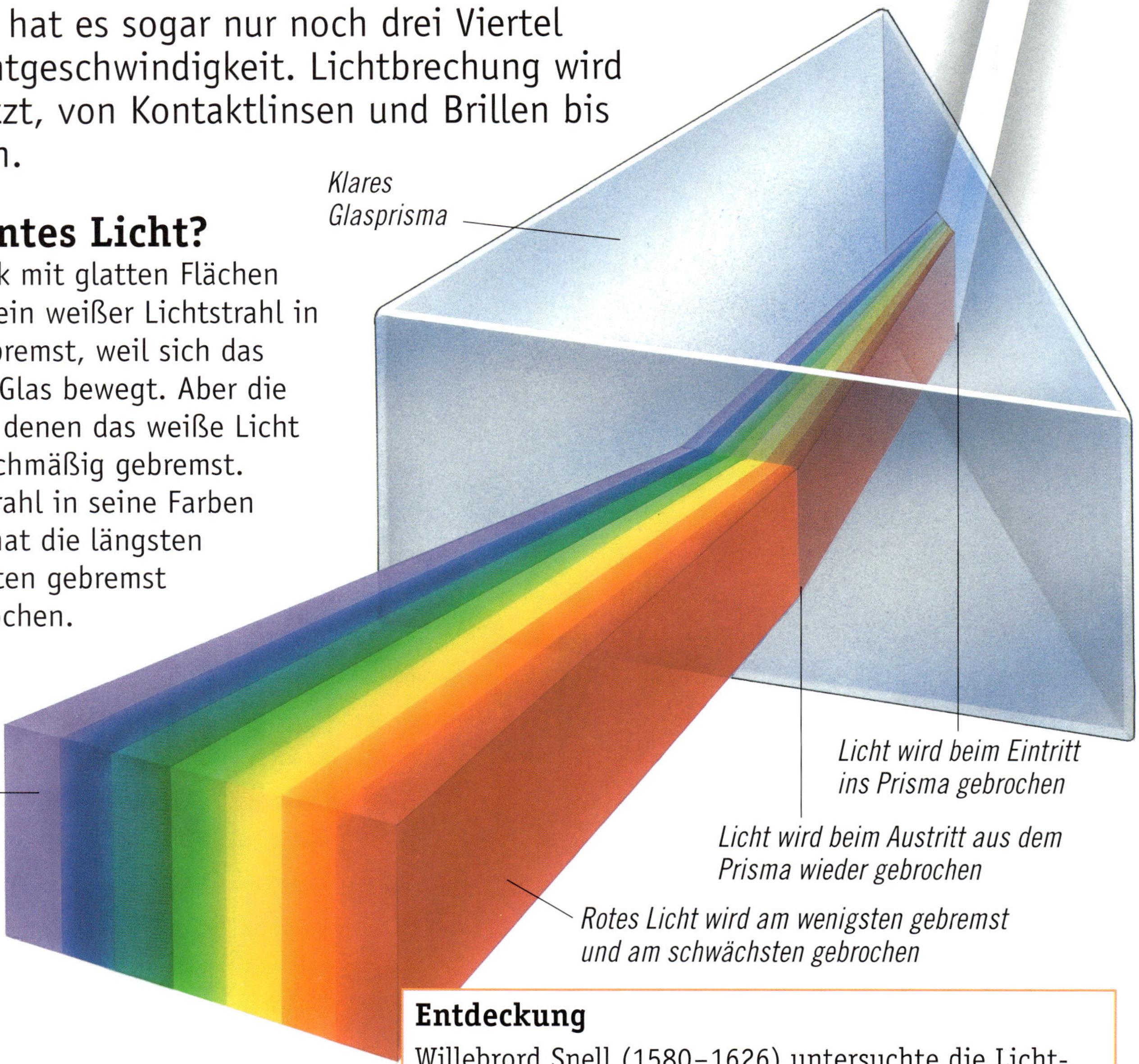

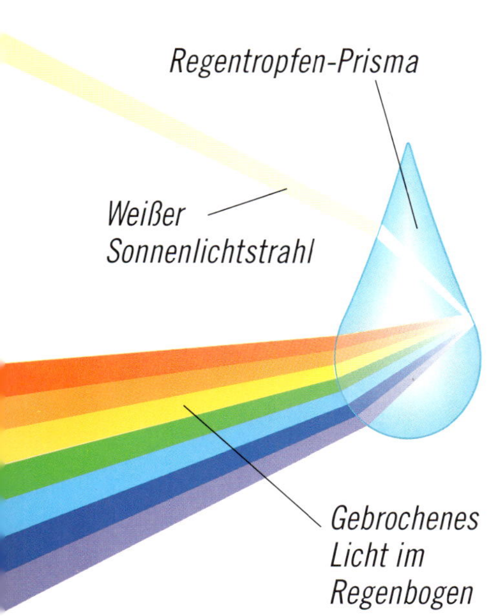

Regentropfen-Prisma

Auch die Regentropfen funktionieren wie tausende kleiner Prismen, die das weiße Sonnenlicht brechen. Dadurch entsteht ein Regenbogen. Einen Regenbogen sieht man nur, wenn es regnet und zugleich hinter einem die Sonne scheint.

Entdeckung

Willebrord Snell (1580–1626) untersuchte die Lichtbrechung. Er entdeckte, dass jedes Material Licht auf eine besondere Weise bricht. Als Brechungsindex bezeichnet man den Unterschied zwischen dem Winkel des eintretenden Lichts und dem Winkel, den es im Inneren des Materials erhält. Je stärker ein Material das Licht bricht, desto stärker ist sein Brechungsindex.

Mehr dazu: Reflektiertes Licht S. 126; Licht nutzen S. 132

LINSEN

Ein glattes Stück eines durchsichtigen Materials mit glatten, gerundeten Flächen nennt man Linse. Eine konvexe Linse ist in der Mitte dicker als am Rand. Eine konkave Linse ist in der Mitte dünner als am Rand. Konvexe Linsen brechen das Licht so, dass alle Strahlen in einem Punkt (Brennpunkt oder Fokus) zusammentreffen. Konvexe Linsen lassen Dinge größer erscheinen, aber man sieht nur einen Teil von ihnen. Konkave Linsen lenken das Licht nach außen, die Dinge wirken kleiner.

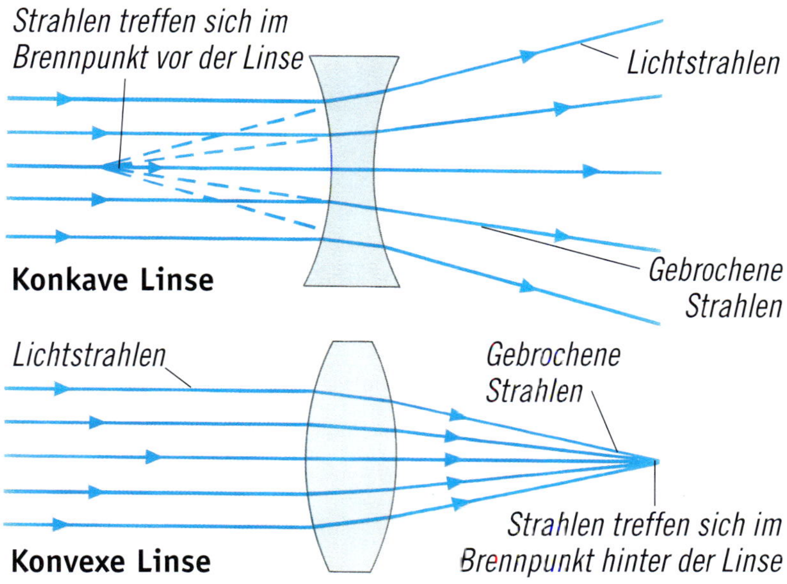

Lichtbrechung im Wasser

Ein Strohhalm in einer durchsichtigen Flüssigkeit sieht aus wie durchgeschnitten. Das liegt daran, dass sich das Licht auch in dem Glas bricht, in dem sich das Getränk befindet. Wegen der Lichtbrechung sieht der Grund eines Schwimmbeckens näher aus als er wirklich ist.

Wellen

Eine glatte Wasserfläche wirkt wie ein Spiegel, sie reflektiert das Licht von oben. Sie bricht aber auch das Licht von unten, das von Gegenständen im Wasser ausgeht. Die Wellen auf dem Wasser bewirken zweierlei: Sie verzerren die Spiegelung auf der Oberfläche, aber auch die Brechung von unten.

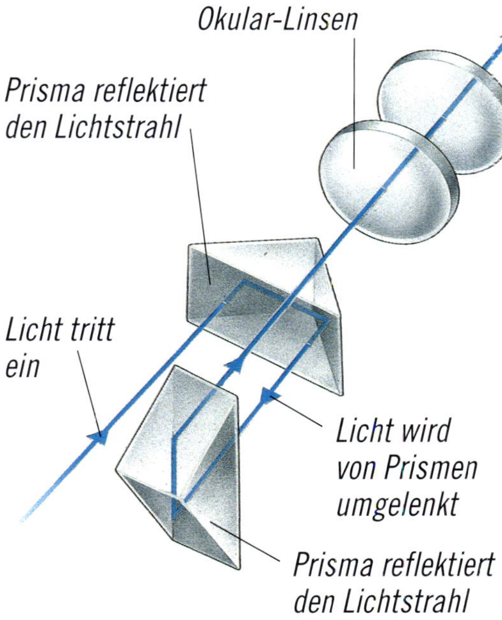

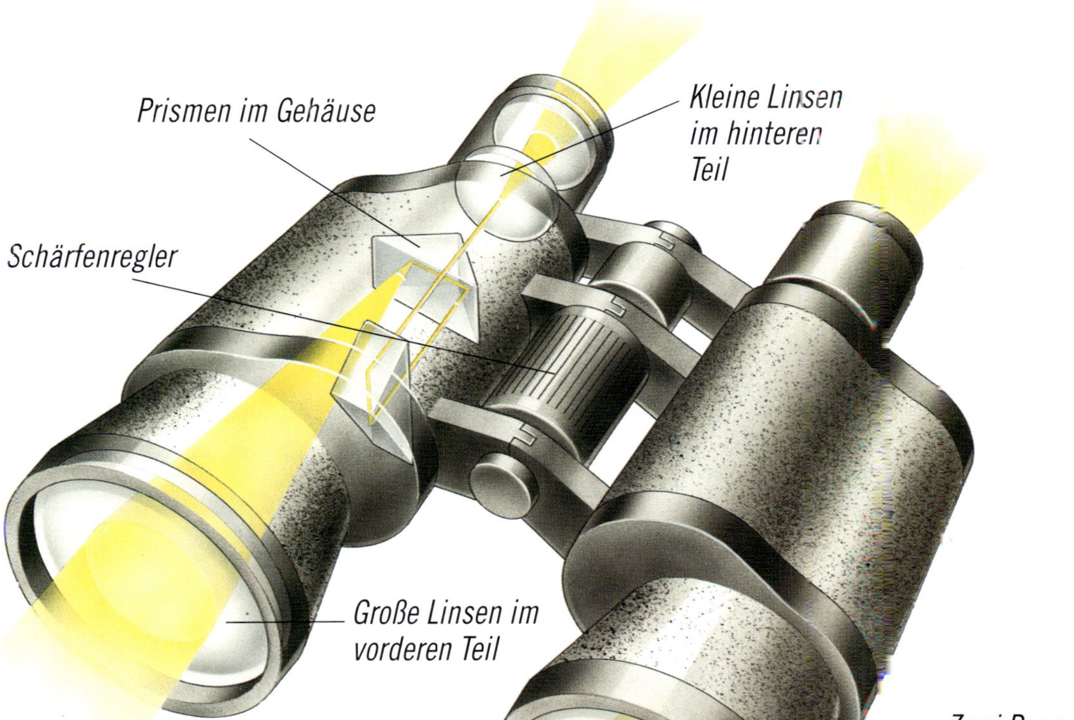

Wie funktioniert ein Fernglas?

Ferngläser lassen weit entfernte Dinge größer aussehen. Die Prismen drehen das Bild, sodass wir es nicht kopfüber sehen. Sie lenken das Licht auch hin und her und verlängern so seinen Weg zwischen den Linsen. Durch diesen weiteren Weg wird die Vergrößerungswirkung der Linsen verstärkt und durch die Prismen kann der lange Weg auf engem Raum untergebracht werden. Ähnlich funktioniert auch ein Teleskop. Weil ihm aber die Prismen fehlen, ist es länger.

Licht sehen

ZUM SEHEN BRAUCHEN WIR hauptsächlich zwei Arten von Lichtquellen. Die eine ist das Tages- oder Sonnenlicht. Die Sonne ist 150 Millionen Kilometer von uns entfernt, aber das Licht ist so schnell, dass es nur acht Minuten für diese Strecke braucht. Die zweite wichtige Lichtquelle ist elektrisches Licht, etwa von Glühlampen oder Leuchtstoffröhren. Auch Feuer, Kerzen, Gaslaternen und Petroleumlampen sind Lichtquellen. Wir sehen einen Gegenstand, wenn das Licht einer Lichtquelle von ihm reflektiert wird und in unsere Augen gelangt. Die Augen sind komplizierte Sinnesorgane, die Lichtstrahlen auffangen und ein Bild in Farben liefern.

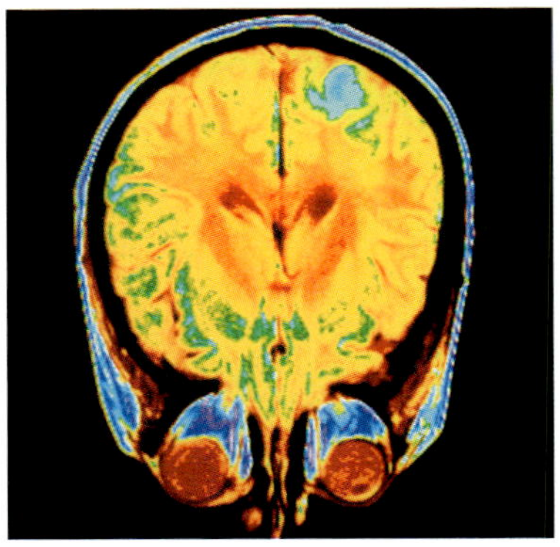

Gut geschützt
Die hinteren drei Viertel des Auges liegen gut geschützt in einer tiefen Schädelknochenschale, der Augenhöhle. Das vordere Viertel wird von den Augenlidern geschützt und sauber gehalten.

So funktioniert das Auge

Das Auge ist etwa so groß wie ein Golfball. In seinem Inneren befindet sich eine Linse von der Größe einer Erbse. Durch ein Loch, die Pupille, dringt Licht ins Auge ein. Von außen sieht die Pupille wie ein schwarzer Fleck mitten auf dem Auge aus. Das Licht fällt durch die Linse, die es bündelt und auf eine dünne Schicht im Augenhintergrund (die Netzhaut) leitet. Die Netzhaut enthält lichtempfindliche Chemikalien, die die Lichtenergie in winzige, elektrische Nervensignale umwandelt. Diese werden über den Sehnerv zum Gehirn geleitet. Zwei Drittel der Informationen, die wir erfahren, gelangen als Worte und Bilder ans Gehirn.

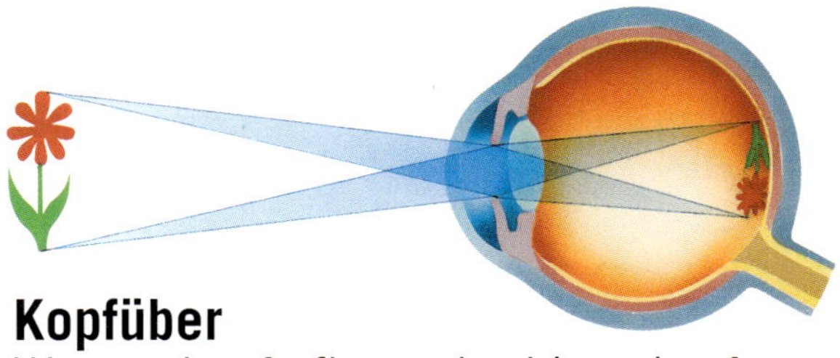

Kopfüber
Wegen des Aufbaus der Linse im Auge werden Gegenstände auf der Netzhaut kopfüber abgebildet. Weil wir aber von Geburt an die Dinge nie anders sehen, nimmt das Gehirn den Unterschied nicht wahr und diese umgekehrte Abbildung verwirrt uns nicht.

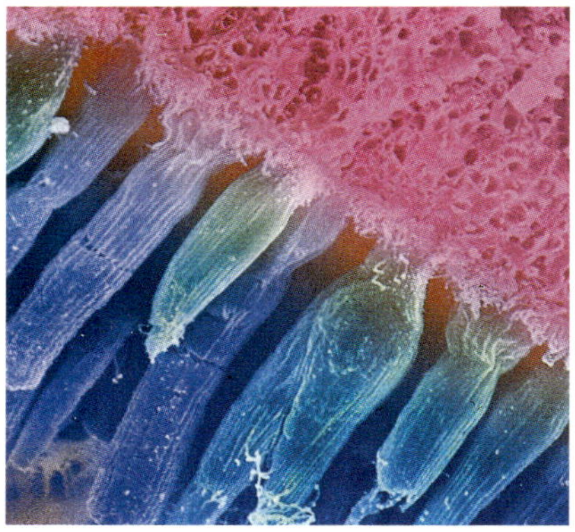

Mikrosensoren
Zwei Arten von Zellen auf der Netzhaut verwandeln Licht in Nervensignale. Sieben Millionen Zäpfchen (im Foto blaugrün) reagieren nur bei hellem Licht, sehen aber Details und Farben. Etwa 120 Millionen Stäbchen (länger und blauer) sehen nur Grautöne, reagieren aber schon bei schwachem Licht.

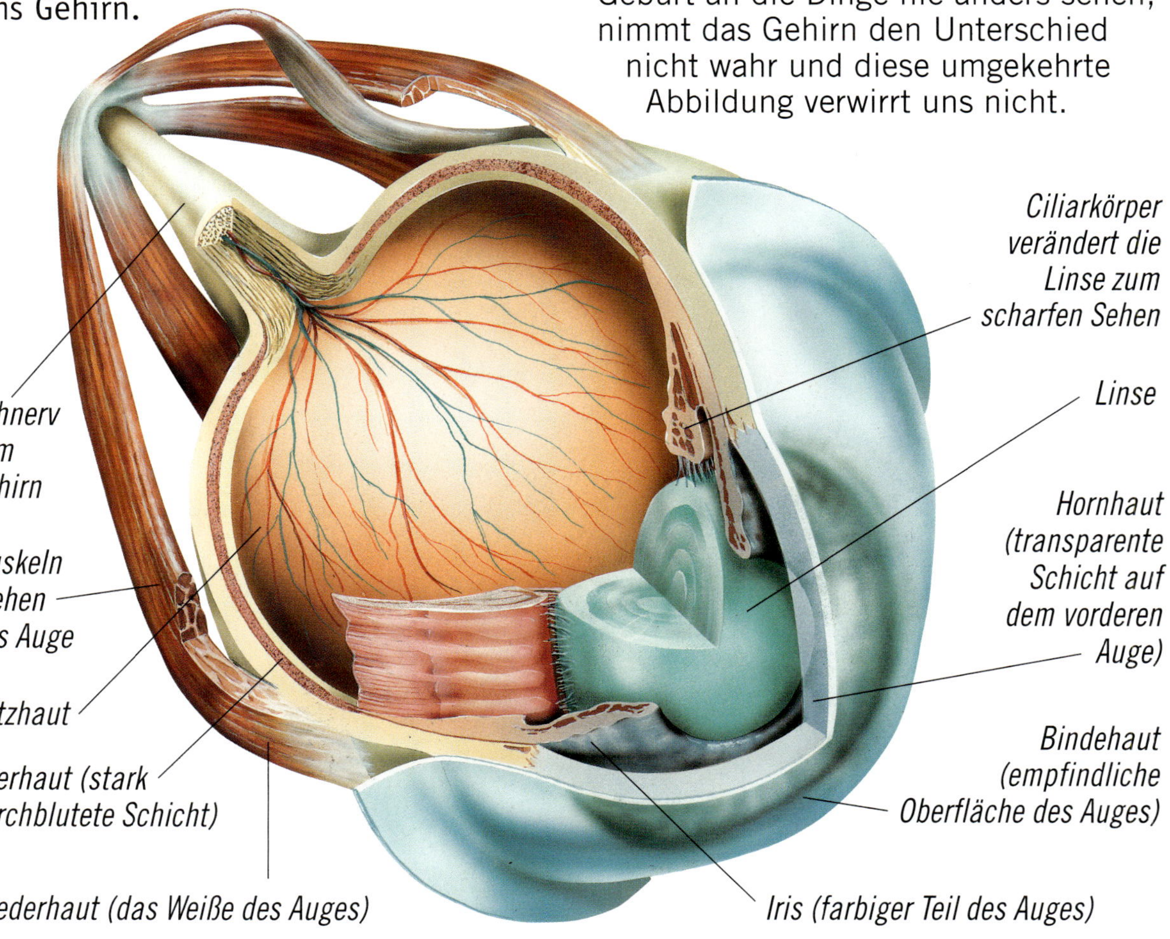

Mehr dazu: Lichtbrechung S. 128; Licht nutzen S. 132

Entdeckung

Antoine Henri Becquerel (1852–1908) entdeckte die Radioaktivität, als er eine uranhaltige Substanz in die Nähe einer Glasplatte legte, die mit lichtempfindlichen Chemikalien beschichtet war. Die Platte wurde dunkel und trüb, obwohl sie eingewickelt und keinem sichtbaren Licht ausgesetzt war. Ursache war die radioaktive Strahlung des Uran. Becquerel erforschte auch die Fluoreszenz. Er baute den Vorläufer der Leuchtstofflampen. Die heute bekannten Röhren wurden erst um 1930 entwickelt.

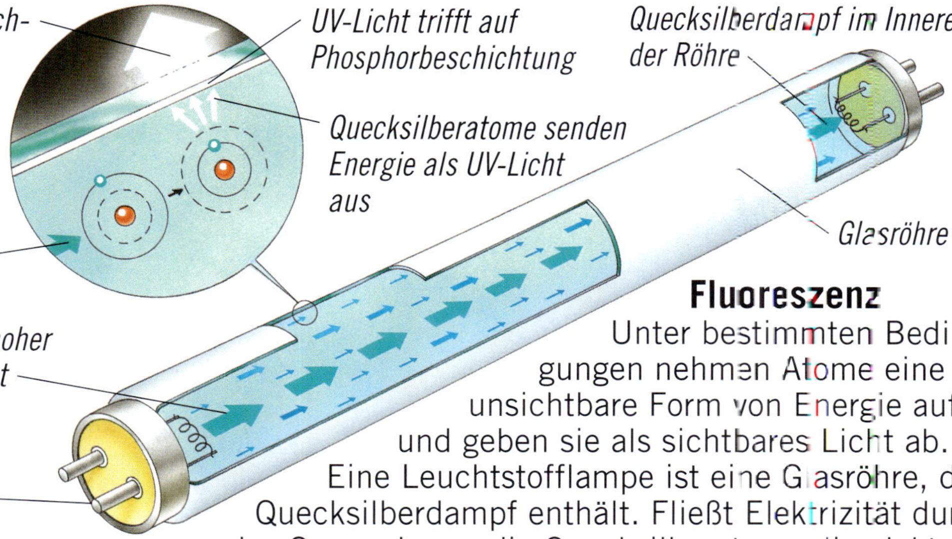

Fluoreszenz

Unter bestimmten Bedingungen nehmen Atome eine unsichtbare Form von Energie auf und geben sie als sichtbares Licht ab. Eine Leuchtstofflampe ist eine Glasröhre, die Quecksilberdampf enthält. Fließt Elektrizität durch das Gas, nehmen die Quecksilberatome die elektrische Energie auf und geben sie als unsichtbare, ultraviolette Strahlen ab. Diese Strahlen treffen auf eine Phosphorschicht auf der Innenseite des Glases. Die Phosphoratome verwandeln sie in weißes Licht

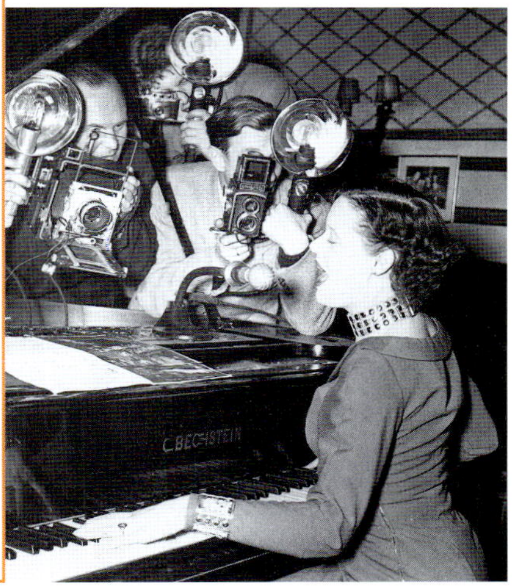

Blitzlicht

Manche Chemikalien geben beim Verbrennen ein sehr helles Licht ab. Magnesium benutzt man für die Blitzlichter alter Kameras. Es verbrennt mit kurzem, hellem Licht.

Kamera von innen

Bei einer einäugigen Spiegelreflexkamera sieht der Fotograf im Sucher genau das Bild, das auch auf dem Film abgebildet wird. Licht fällt durch das Objektiv auf einen Spiegel und wird im Inneren durch ein Prisma zum Auge geleitet. Drückt man auf den Auslöser, klappt der Spiegel kurz nach oben, sodass das Licht auf den dahinter liegenden Film gelangt.

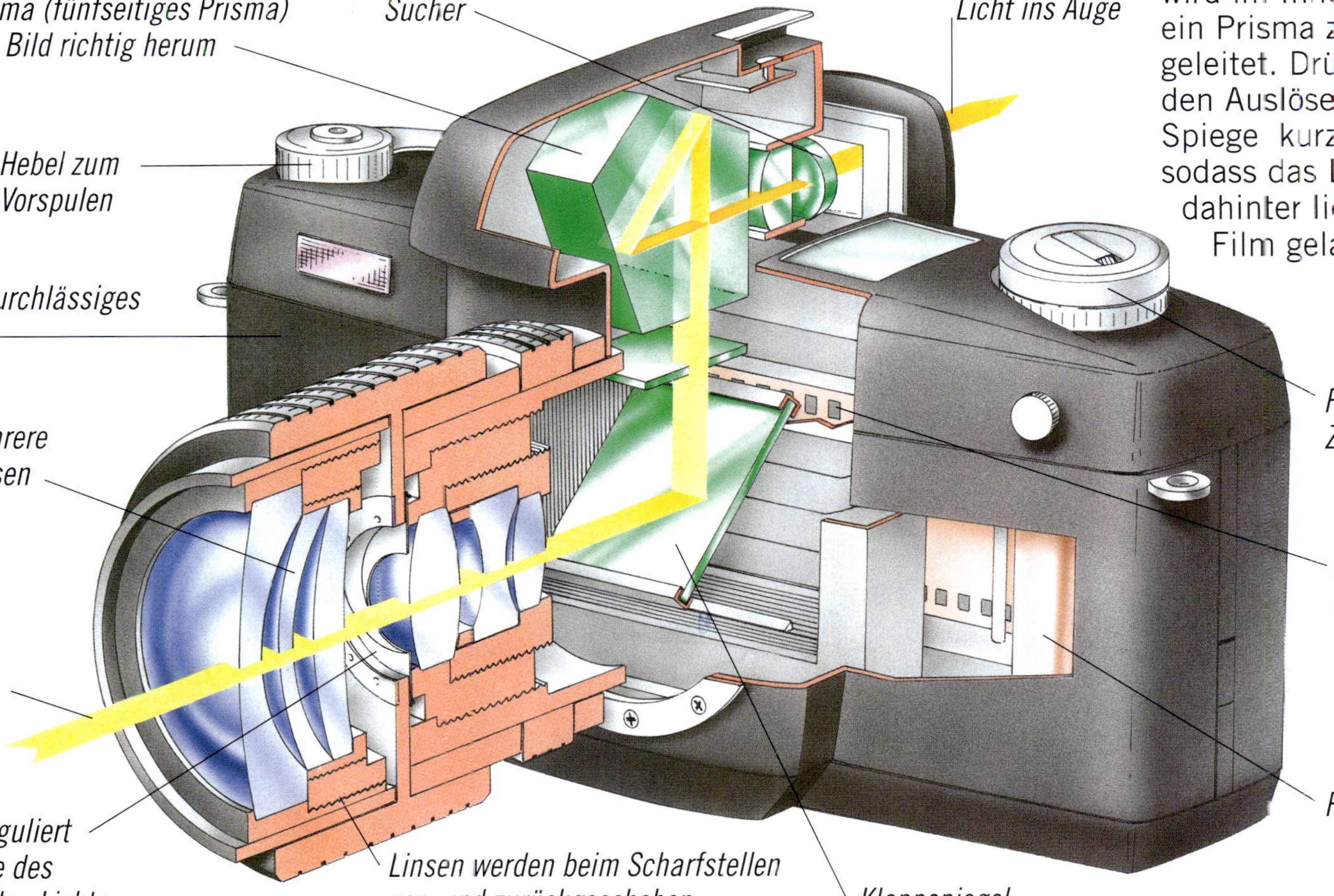

Licht nutzen

TAG UND NACHT NUTZEN WIR Licht auf verschiedene Weise: als elektrische Lampen, für Fernseher, Kameras und für Sonnenkollektoren. Kunstlicht brauchen wir vor allem abends in der Wohnung, an Fahrzeugen oder für lebensrettende Dienste. Auch optische Geräte, wie Mikroskope und Teleskope, nutzen Licht. Sie sind mit Spiegeln und Linsen ausgestattet, mit denen sich die Größe und Schärfe von Bildern verstellen lässt. Mit ihrer Hilfe kann man kleinste Gegenstände und Objekte genau betrachten.

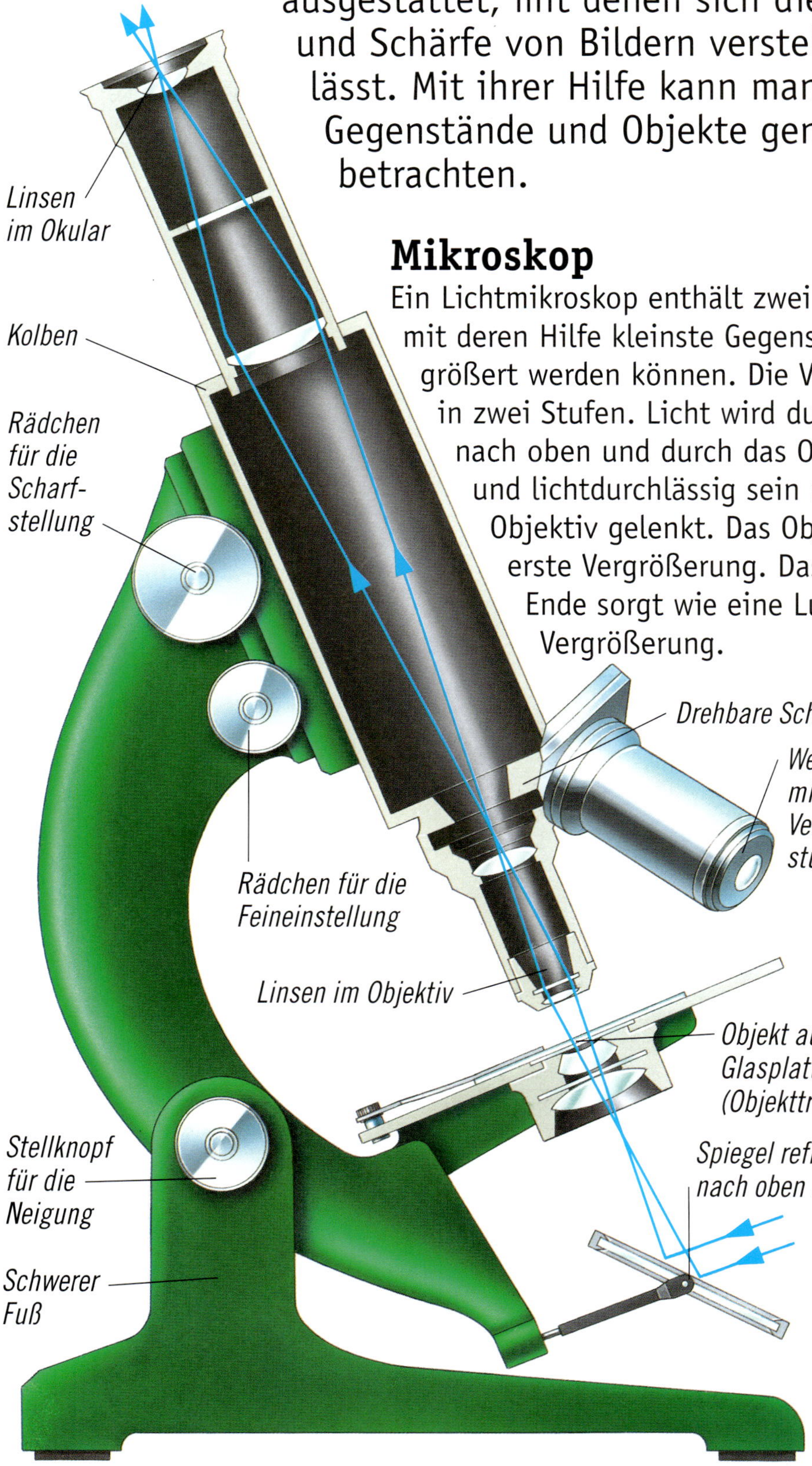

Mikroskop

Ein Lichtmikroskop enthält zwei Arten von Linsen, mit deren Hilfe kleinste Gegenstände 100fach vergrößert werden können. Die Vergrößerung erfolgt in zwei Stufen. Licht wird durch einen Spiegel nach oben und durch das Objekt (das sehr dünn und lichtdurchlässig sein muss) in das starke Objektiv gelenkt. Das Objektiv übernimmt die erste Vergrößerung. Das Okular am oberen Ende sorgt wie eine Lupe für die zweite Vergrößerung.

Entdeckung

Antoine van Leeuwenhoek (1632–1723), ein Tuchhändler aus den Niederlanden, war Naturforscher und einer der ersten Mikroskopierer. Er baute hunderte von einfachen Mikroskopen mit einer Linse, die er aus Glas selbst zuschnitt und polierte. Manche Linsen waren kaum größer als Reiskörner. Er erreichte damit 70- bis 250fache Vergrößerungen. Van Leeuwenhoek betrachtete Bakterien und Blutkörperchen durch seine Mikroskope und zeichnete die Bilder ab.

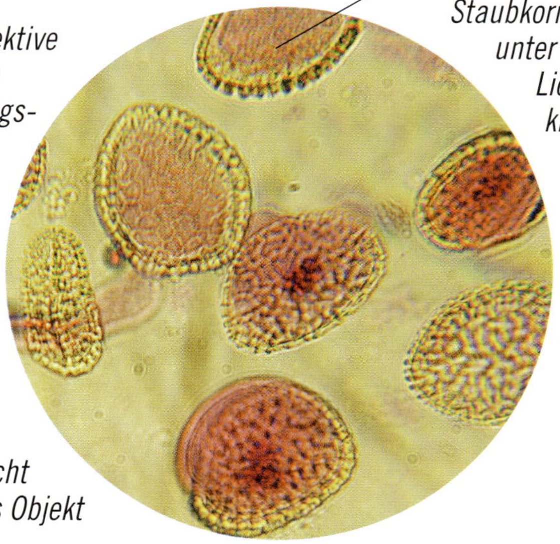

Pflanzenpollen von Staubkorngröße unter einem Lichtmikroskop

Blick durch ein Mikroskop

Ein Lichtmikroskop kann Gegenstände 1000- bis 2000fach vergrößern. Mit einem Elektronenmikroskop sind noch viel stärkere Vergrößerungen möglich. Es arbeitet statt mit Licht mit Elektronenstrahlen, die auf das Objekt geschossen werden.

Mehr dazu: Kommunikationstechnik S. 102; Das EMS nutzen S. 138

TELESKOPE

Mit Teleskopen kann man weit entfernte Dinge wie Satelliten und Raumstationen, die die Erde umkreisen, oder Sterne und Galaxien in Milliarden Kilometern Entfernung betrachten. Weil sehr große Glaslinsen meist Unebenheiten aufweisen, sind moderne astronomische Teleskope mit Spiegeln ausgestattet. Man nennt sie Reflektor-Teleskope. Die größten Spiegel haben mehr als acht Meter Durchmesser.

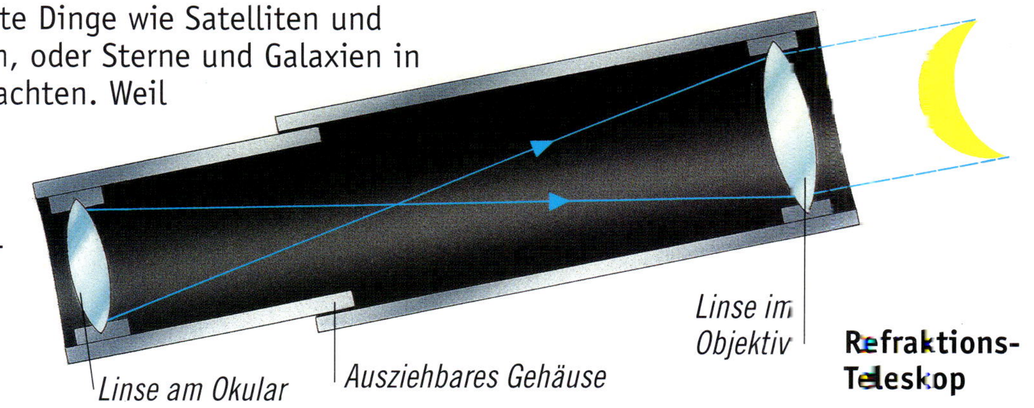

In einem Refraktions- oder Brechungs-Teleskop brechen zwei Arten von Linsen die Lichtstrahlen. Eine große Linse im Vorderteil bündelt das schwache Licht. Eine kleinere Linse am Okular gibt dem Bild mehr Schärfe, damit man es genau erkennen kann.

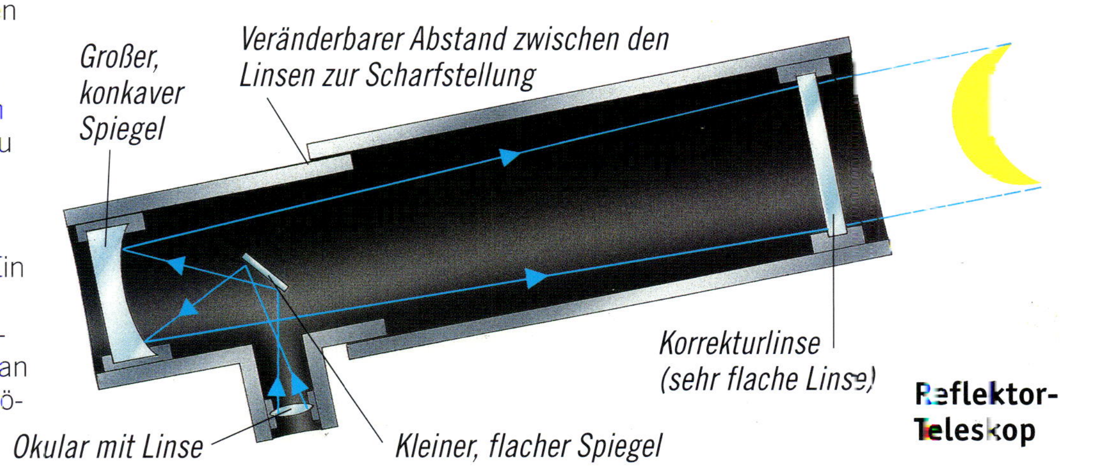

In Reflektor- oder Spiegel-Teleskopen wird das Licht mit Spiegeln reflektiert. Ein großer konkaver Spiegel bündelt die Lichtstrahlen. Ein zweiter Spiegel reflektiert das Licht zu einem kleinen Okular an der Seite des Teleskops, das eine Vergrößerungslinse enthält.

Nachtlichter

Ohne Licht würde die Welt nachts ganz anders aussehen. Die Menschen könnten nicht umherfahren, essen gehen, arbeiten, Freunde besuchen oder ihren Hobbys nachgehen. Es gäbe keine bunten Leuchtreklamen. Vor allem die Rettungsdienste könnten bei Unfällen oder Katastrophen nur schwer helfen. Und die Krankenhäuser könnten keine Verletzten behandeln.

Blick in den Weltraum

Optische Teleskope (unten rechts) sind Teleskope, die Lichtwellen aufspüren können. Meist werden sie auf Bergen gebaut, hoch über dem Nebel am Boden. Sie stehen auch weit entfernt von den hellen Lichtern der Städte, die das schwache Licht von Sternen überdecken könnten. Andere Teleskope fangen keine Lichtstrahlen ein, sondern natürliche Funkwellen aus dem Weltraum. Diese großen „Schüsseln“ nennt man auch Funk- oder Radioteleskope (siehe S. 139).

Laserlicht

NORMALES SONNEN- ODER LAMPENLICHT ist eine Mischung verschiedener Farben oder Wellenlängen. Die Wellen verlaufen ganz unregelmäßig. Laserlicht ist anders. Alle seine Wellen haben die gleiche Wellenlänge oder Farbe und sie bewegen sich im gleichen Rhythmus auf und ab. Dadurch entsteht ein intensiver Lichtstrahl in einer einzigen Farbe, der sich im Gegensatz zu anderem Licht nur wenig auffächert und schwächer wird. Laserlicht ist sogar heller als Sonnenlicht. Es hat so viel Energie, dass es sich durch Metall „brennen" kann. Laserlicht wird in der Industrie und Medizin eingesetzt. Man braucht es, um Hologramme herzustellen und Strichcodes an der Supermarktkasse oder CDs zu lesen.

Industrie-Laser
Wird langwelliges Laserlicht auf eine Oberfläche gerichtet, entsteht starke Hitze. Diese Hitze kann Textilien und sogar Stahl schneiden. Sie eignet sich auch, um Metallteile zusammenzuschweißen.

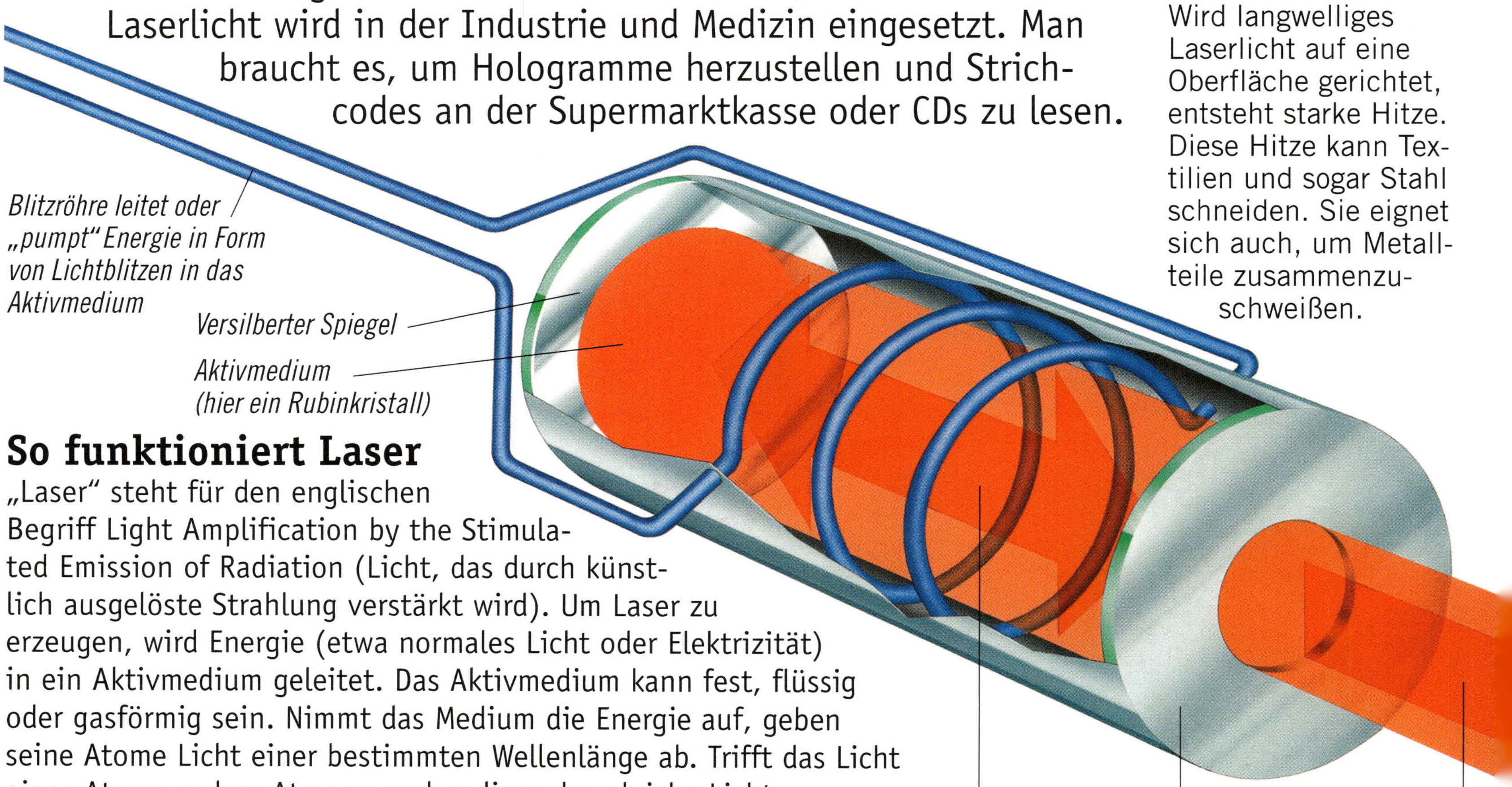

So funktioniert Laser

„Laser" steht für den englischen Begriff Light Amplification by the Stimulated Emission of Radiation (Licht, das durch künstlich ausgelöste Strahlung verstärkt wird). Um Laser zu erzeugen, wird Energie (etwa normales Licht oder Elektrizität) in ein Aktivmedium geleitet. Das Aktivmedium kann fest, flüssig oder gasförmig sein. Nimmt das Medium die Energie auf, geben seine Atome Licht einer bestimmten Wellenlänge ab. Trifft das Licht eines Atoms andere Atome, senden diese das gleiche Licht aus. Spiegel an beiden Enden des Lasers reflektieren das Licht hin und her, sodass sich viel Energie aufbaut. Das Licht wird so intensiv, dass ein Teil durch einen Spiegel dringt: ein Laserstrahl.

Entdeckung
Der Ingenieur und Physiker Thomas Maiman (geb. 1927) baute 1960 das erste funktionierende Lasergerät. Er erzeugte Laserlicht, indem er einen Rubinkristall mit Licht aus dem Blitzwürfel eines Fotoapparates „aufpumpte". Das Gerät war nur wenige Zentimeter lang, funktionierte aber gut. Maimans Erfindung baute auf früher entwickelten Geräten von Nikolai Bassow und Charles H. Townes auf.

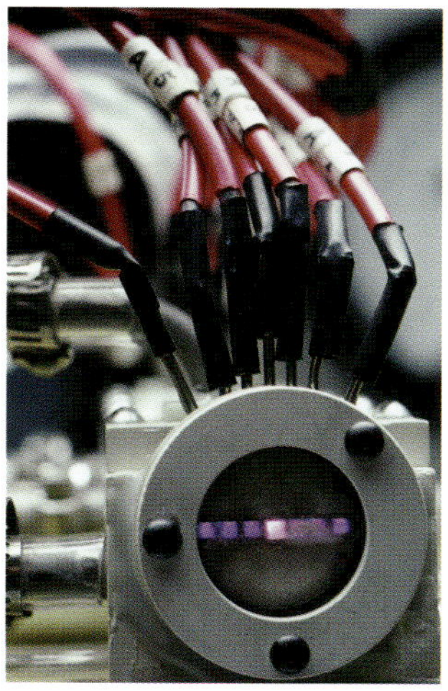

Große und kleine Laser
Kraftvolle Industrielaser können einen Raum ausfüllen. Schwächere Lasergeräte braucht man in der Medizin für Operationen an empfindlichen Geweben, etwa am Auge. Die Hitze des Laserstrahls versiegelt die Blutgefäße, sodass es weniger blutet. Halbleiter-Laser zum Lesen von CDs sind kaum größer als ein großes Reiskorn.

Mehr dazu: Licht S. 124; Kommunikationstechnik S. 102

Laser im Einsatz

Mit Laserstrahlen lassen sich hinreißende Lichteffekte und Light Shows gestalten. Die Farbe des Lichts hängt von den chemischen Elementen im Aktivmedium ab. Das Medium kann ein Feststoff wie ein Kristall sein, aber auch eine Flüssigkeit oder ein Gas wie Argon oder Kohlendioxid. Laserstrahlen können gewaltige Strecken zurücklegen, auf denen sie sich kaum zerstreuen oder schwächer werden – sogar bis zum Mond und zurück. Wie normales Licht hat auch Laser vollkommen gerade Strahlen. Darum werden Lasergeräte von Vermessungtechnikern als „Lineal“ beim Bau von Hochhäusern, Tunnels oder Brücken verwendet.

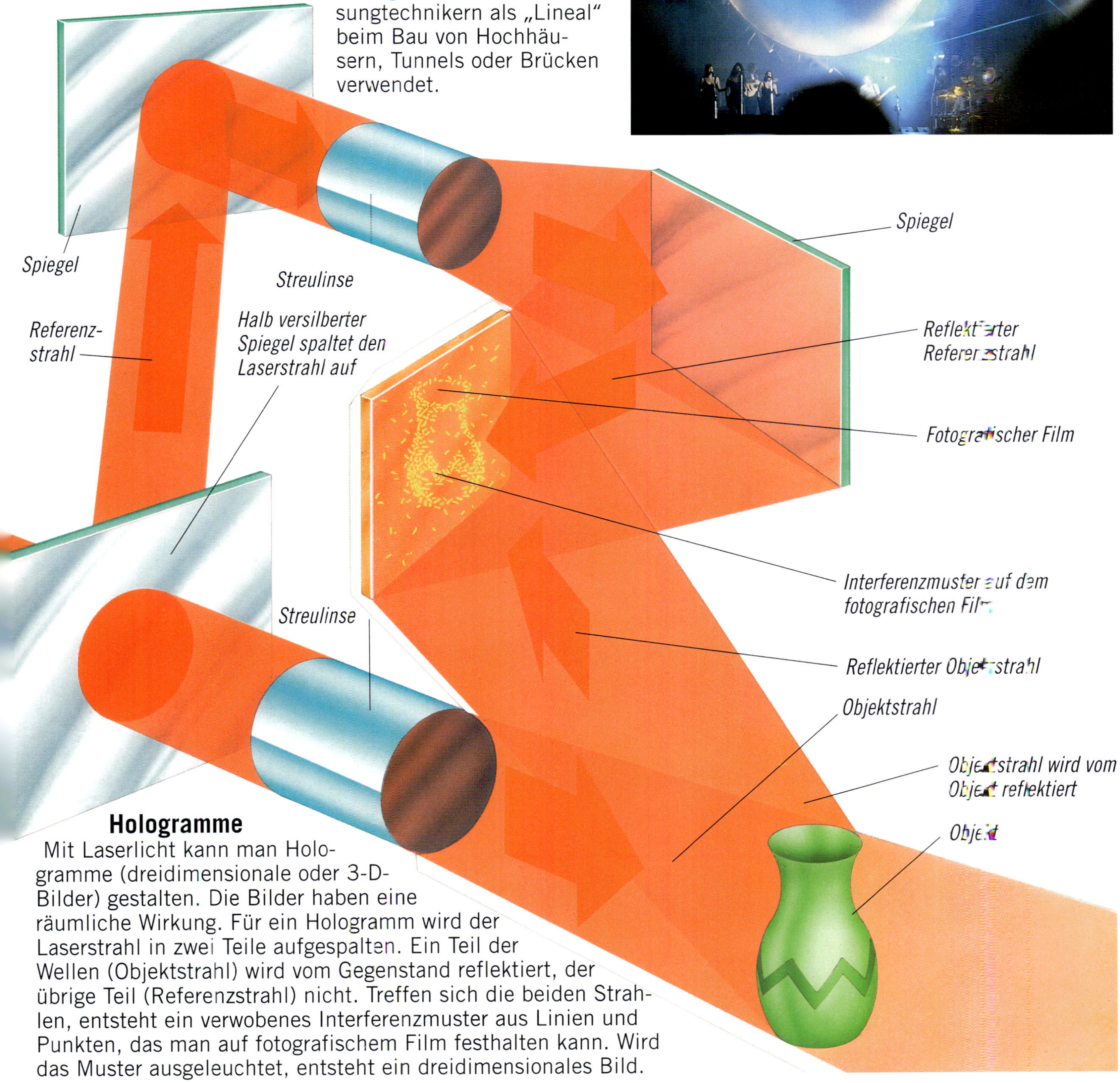

Hologramme

Mit Laserlicht kann man Hologramme (dreidimensionale oder 3-D-Bilder) gestalten. Die Bilder haben eine räumliche Wirkung. Für ein Hologramm wird der Laserstrahl in zwei Teile aufgespalten. Ein Teil der Wellen (Objektstrahl) wird vom Gegenstand reflektiert, der übrige Teil (Referenzstrahl) nicht. Treffen sich die beiden Strahlen, entsteht ein verwobenes Interferenzmuster aus Linien und Punkten, das man auf fotografischem Film festhalten kann. Wird das Muster ausgeleuchtet, entsteht ein dreidimensionales Bild.

Elektromagnetisches Spektrum

LICHT IST EINE KOMBINATION von elektrischen und magnetischen Wellen, die man auch elektromagnetische Wellen nennt. Aber es gibt noch andere Formen elektromagnetischer Wellen. Alle zusammen bilden das elektromagnetische Spektrum (EMS). Diese Wellen elektromagnetischer Energie haben die gleiche Geschwindigkeit und können sich auch im Weltraum fortsetzen. Sie unterscheiden sich in ihrer Wellenlänge und in ihrer Frequenz (Anzahl der Wellen pro Sekunde). Das Licht ist sichtbar, aber der übrige Teil des elektromagnetischen Spektrums nicht. Wir können die unsichtbaren Wellen allerdings wahrnehmen. Infrarotstrahlen zum Beispiel spüren wir als Wärme.

EM-Wellen sehen

Unsere Augen sehen vom EMS nur das Licht. Mithilfe elektronischer Geräte können wir die anderen Wellen in Licht umwandeln. Auf einem Flugüberwachungssystem (links) erscheinen Radarsignale als Lichtpunkte. Es sind Echos von Funkwellen, die von einem Flugzeug zurückgeworfen werden.

Genaue Messungen

Moderne EM-Geräte sind erstaunlich komplex und sehr genau. Der Mikrowellen-Radar eines Satelliten sendet Wellen zur Erde, empfängt das Echo und misst die verstrichene Zeit. So kann er seine Flughöhe auf fast zehn Zentimeter genau bestimmen.

Verschiedene Frequenzen und Wellenlängen

Die Zeichnung unten zeigt verschiedene Wellen des elektromagnetischen Spektrums. Funkwellen haben die größte Wellenlänge und die niedrigste Frequenz. Gammastrahlen haben die kürzesten Wellen. Die meisten dieser Wellen kommen auf der Erde natürlich vor oder stammen von der Sonne oder aus dem Weltraum. Manche dieser Wellen kann man auch künstlich herstellen und für verschiedene Zwecke nutzen (siehe S. 138).

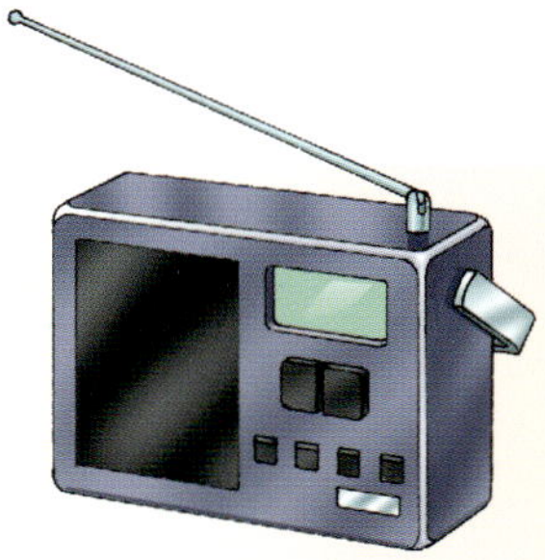

Radiosendungen

Fernsehprogramme

Radarantenne

Mikrowellenherd

Lange Funkwellen

Die längsten Funkwellen sind von einem Wellenberg zum nächsten einige Kilometer lang. Sie werden von Radiostationen benutzt.

Kürzere Funkwellen

Diese Wellen werden für Kurzwellen- (KW) und Ultrakurzwellen- (UKW) Radiosendungen sowie Fernsehprogramme verwendet. Ihre Welle beträgt einen Meter.

Kürzeste Funkwellen

Manche Fernseh- und Radarsysteme verwenden kurze Funkwellen, die nur einige Dezimeter lang sind.

Mikrowellen

Mikrowellen verwendet man zur Erzeugung von Wärme, aber auch für Radar und Satelliten. Sie sind einige Zentimeter lang.

Mehr dazu: **Wellen S. 110; Licht S. 124; Reflektiertes Licht S. 126**

Wärmebilder

Infrarotfotos zeigen die Wärme, die Gegenstände abgeben. Ihre Farben sind nicht naturgetreu. Sie zeigen nur die Art und Menge infraroter Strahlung, die von einem Objekt abgegeben oder reflektiert wird. Diese Werte werden in Farben umgewandelt, damit wir sie auswerten können. IR-Bilder, die von Flugzeugen oder Satelliten aufgenommen werden, werden für viele Zwecke verwendet. Sauberes Wasser sieht schwarz aus, verschmutztes Wasser blau. Im Wald kann man junge und alte Bäume unterscheiden. Gesunde Pflanzen sehen leuchtend rot aus. Mattes Rot warnt vor Trockenheit, Krankheiten oder Schädlingsbefall.

WISSENSWERTES ÜBER WELLEN

- Kurzwellige Funkwellen werden von den Milliarden Wassertröpfchen in einer Wolke reflektiert. Dadurch kann das Radarsystem eines Wettersatelliten Aufnahmen der Wolkendecke über einer Region machen.
- Natürliche Röntgenstrahlen aus dem Weltraum können nicht weit in die Erdatmosphäre eindringen. Darum müssen Röntgenteleskope in große Höhe gebracht werden: mit einer Rakete, einem Satelliten oder einem speziellen Ballon.
- Gammastrahlen sind für Lebewesen sehr gefährlich. Man verwendet sie zum Abtöten von Krankheitserregern und zum Sterilisieren von medizinischen Geräten.

Entdeckung

Um 1894 beschäftigte sich Guglielmo Marconi (1874–1937) mit den „elektrischen Wellen", die Heinrich Hertz studiert hatte. Marconi beschloss, Geräte zum Erzeugen und Empfangen der Wellen und zum Versenden von Signalen zu bauen. 1896 sendete er Funksignale durch seinen Garten, 1899 über den Ärmelkanal zwischen England und Frankreich und 1901 von England nach Neufundland über den Atlantischen Ozean. Um 1920 gab es die ersten regelmäßigen, öffentlichen Radiosendungen.

Atome und Röntgenstrahlen

Mit Röntgenstrahlen kann man die Struktur von Atomen untersuchen. Die Strahlen werden durch einen Gegenstand geleitet und dadurch gebrochen oder gestreut. Auf einem Bildschirm oder Röntgenfilm entsteht ein Muster aus Linien und Kurven. An dem Muster kann man die Größen und Formen der Moleküle und Atome sowie ihre Anordnung in dem Material erkennen. So lässt sich der Aufbau von Medikamenten, von Kunststoffen und sogar Viren entschlüsseln.

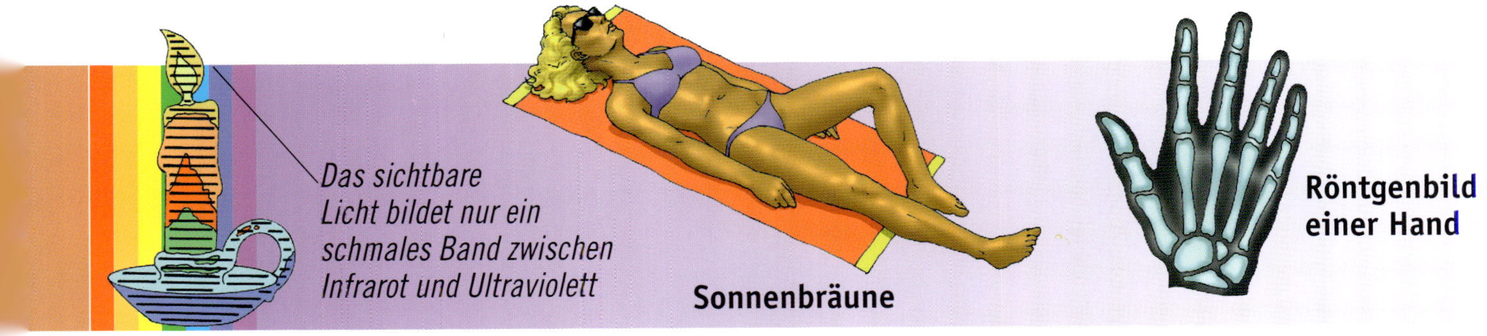

Infrarotstrahlen

Diese Wellen (ein Millimeter oder kürzer) transportieren Wärme. Sie werden von allem Warmen ausgesandt: Sonne, Feuer, unserem Körper usw.

Ultraviolette Strahlen

Ultraviolette Strahlen haben kürzere Wellen als Licht und können schädlich sein. Sie verursachen Sonnenbrand, bräunen aber auch.

Röntgenstrahlen

Jede Welle ist weniger als ein Millionstel Millimeter lang. Röntgenstrahlen durchdringen weiche Stoffe wie menschliches Fleisch.

Gammastrahlen

Diese kürzesten EM-Wellen haben die höchste Frequenz. Ihre Wellenlänge ist kleiner als zehn Milliardstel eines Millimeters.

Das EMS nutzen

WIR NUTZEN DIE VERSCHIEDENEN elektromagnetischen Wellen für unterschiedliche Zwecke. Radiosender erzeugen künstliche Funkwellen, die Rundfunk- und Fernsehsendungen in codierter Form (durch Verändern der Höhe oder Frequenz der Wellen) übertragen. Mit Mikrowellen kann man kochen und Informationen zwischen Satelliten und Bodenstationen austauschen. Röntgenstrahlen ermöglichen einen Blick ins Innere unseres Körpers. Am Flughafen wird mit ihrer Hilfe das Gepäck durchleuchtet. Indem wir die natürlichen elektromagnetischen Wellen erforschen, lernen wir viel über die Erde, den Weltraum und das Universum.

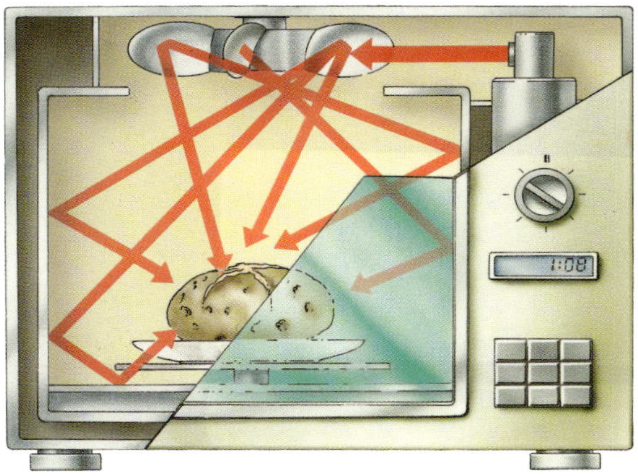

Mikrowellenherd
In einem Mikrowellenherd erzeugt ein Magnetron Mikrowellen von etwa zwölf Zentimeter Länge, die auf einen rotierenden Fächer treffen. Dieser reflektiert die Strahlen so, dass sie aus allen Richtungen auf die Lebensmittel treffen. Die Wellen dringen in die Lebensmittel ein und bringen die Wassermoleküle darin zum Schwingen. Dadurch entsteht Hitze.

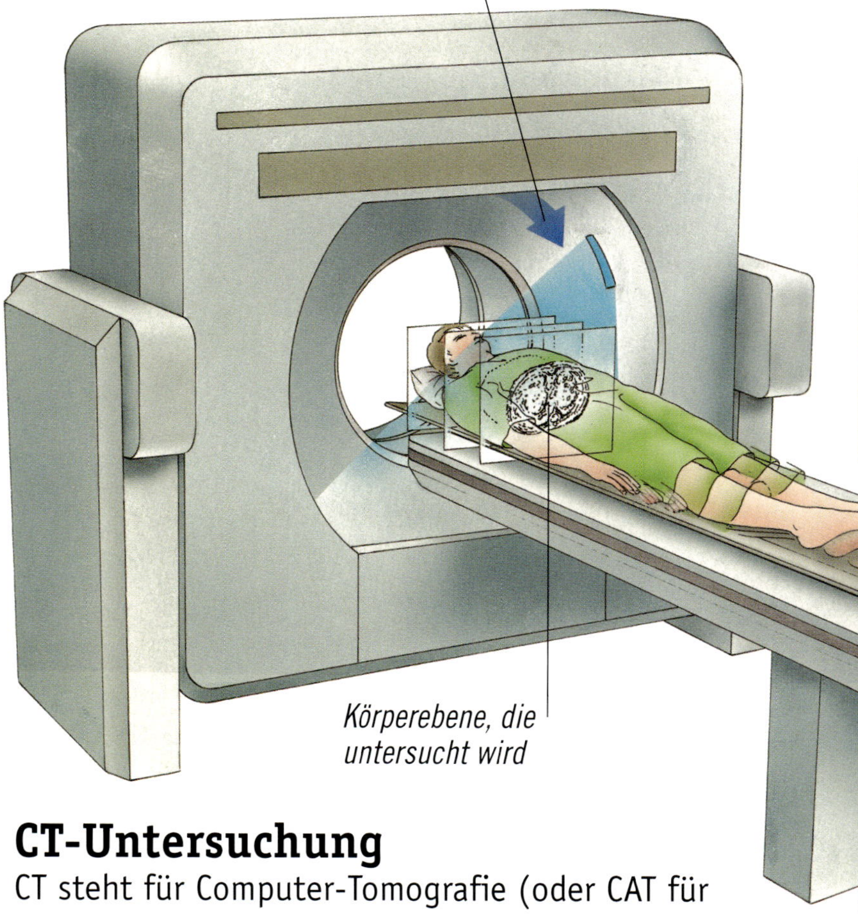

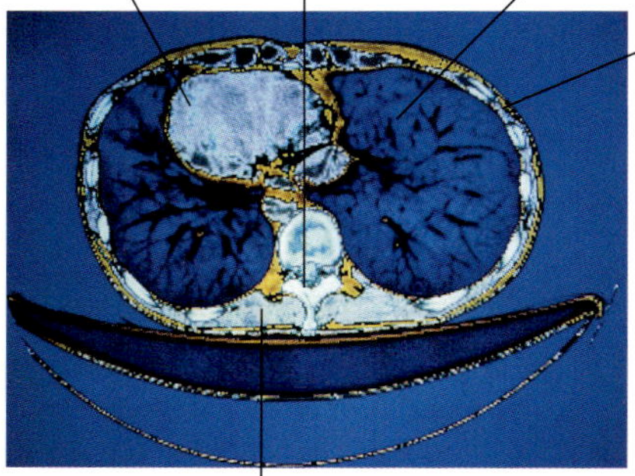

Körperbilder
Ein CT zeigt Körperteile und Gewebe je nach ihrer Dichte in verschiedenen Farben. Harte, schwere Gewebe wie Knochen sind fast weiß. Mit Flüssigkeit gefüllte Gewebe wie Arterien sind dunkler. Dieses Bild zeigt eine Aufnahme in Brusthöhe.

CT-Untersuchung

CT steht für Computer-Tomografie (oder CAT für Computer-Axial-Tomografie). Das medizinische Gerät lässt einen schwachen Röntgenstrahl um den Patienten rotieren. Sensoren messen die Stärke der Strahlen nach dem Durchdringen des Körpers und ermitteln, wie viel der Strahlenenergie von den verschiedenen Teilen wie Muskeln und Knochen absorbiert wurde. Ein Computer wertet die Ergebnisse aus und baut eine Serie von Bildern auf, die „Scheiben" des Körpers zeigen.

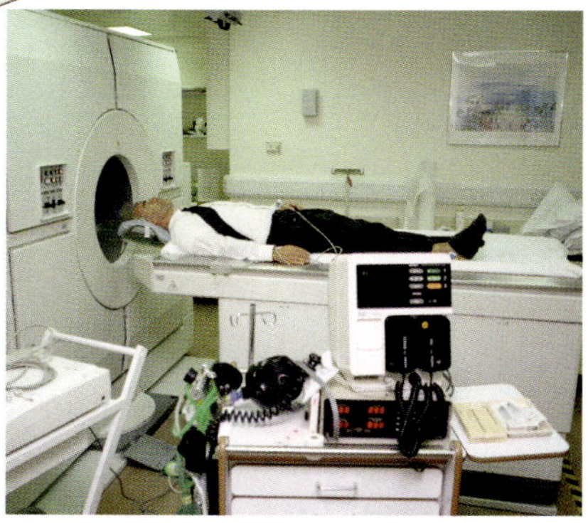

Schmerzlos
Eine CT-Untersuchung ist ungefährlich. Der Patient liegt auf einer Platte, während Röntgen-Emitter und Sensoren um seinen Körper rotieren. Die Platte bewegt sich voran, bis alle Körperteile gescannt sind.

Mehr dazu: Elektromagnetisches Spektrum S. 136; Atmosphäre S. 152

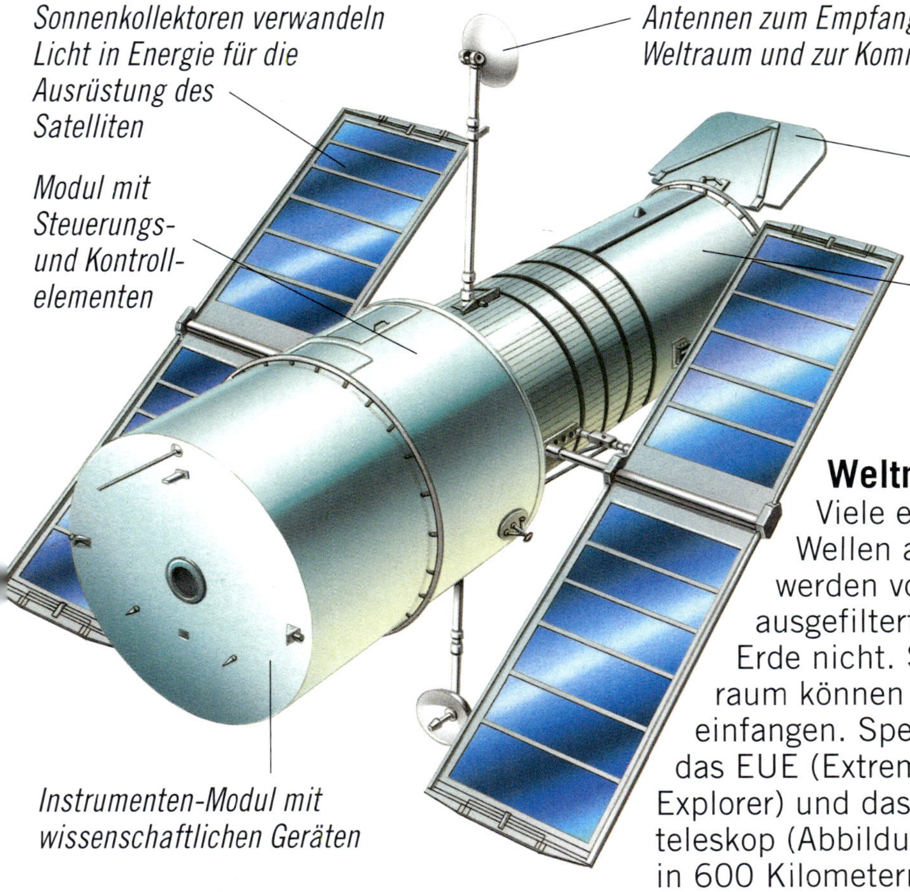

Weltraumteleskope

Viele elektromagnetische Wellen aus dem Weltraum werden von der Atmosphäre ausgefiltert und erreichen die Erde nicht. Satelliten im Weltraum können viel mehr Wellen einfangen. Spezialmodelle sind das EUE (Extreme Ultra-Violet Explorer) und das Hubble-Weltraumteleskop (Abbildung), das die Erde in 600 Kilometern Höhe umkreist.

Radioteleskope

Sonne und andere Sterne senden Funkwellen in den Weltraum aus. Um sie auf der Erde zu empfangen, verwenden Astronomen Radioteleskope. Die großen, zum Himmel gewandten Schüsseln sollen die Wellen empfangen und bündeln. Sie müssen so groß sein, weil Funkwellen viele Kilometer lang sind. Die größte Einzelantenne befindet sich in Arecibo, Puerto Rico. Sie hat einen Durchmesser von 305 Metern. Weil sich die Erde dreht, ist die Antenne immer anderen Punkten im Himmel zugewandt. An anderen Orten wurden kleinere Teleskope in langen Reihen aufgestellt und mit Computern verbunden. Der Abstand zwischen den Antennen ist so gewählt, dass sie verschiedene Teile der gleichen Welle einfangen.

Entdeckung

Christiaan Huygens (1629–1695) entdeckte die Ringe des Saturn und entwickelte auch die erste genau gehende Pendeluhr. 1678 stellte er die Theorie auf, dass Licht sich in Wellenform fortbewegt. Er meinte, die Wellen seien Schwingungen winziger Teilchen in der geheimnisvollen Substanz „Äther“. Damals glaubten viele Menschen, dass es überall Äther gebe, sogar im Weltraum. Die Vorstellung vom Äther wurde widerlegt, doch Huygens' Grundgedanke half den späteren Wissenschaftlern bei der Erforschung des Lichts weiter.

KAPITEL

5

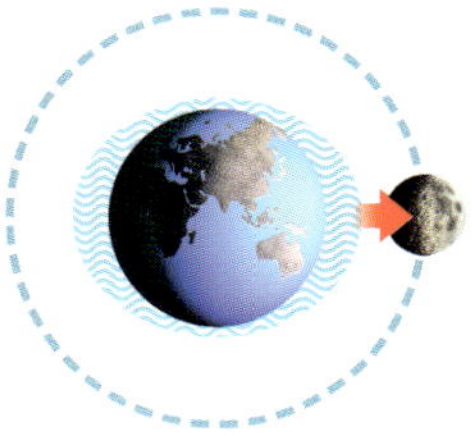

Erde und Leben

Die Erde ist eine riesige Gesteinskugel mit einem Durchmesser von 12 800 Kilometern. Sie wirbelt durch den Weltraum. Ihre Oberfläche verändert sich ständig. Jährlich brechen Vulkane aus, Erdbeben reißen die Landschaft auf. Im Lauf von Millionen von Jahren wölben sich Berge empor, sogar Kontinente verschieben sich. Und auch die Bewohner der Erde verändern sich.

Planet Erde

EIN ASTRONAUT IM WELTRAUM sieht die Erde als kleine, blaue Kugel mit Flecken aus weißen Wolken und grünem oder braunem Land. Uns am Boden kommt die Erde dagegen riesig vor. Die Erde ist eine leicht abgeflachte Kugel mit etwa 12 800 Kilometer Durchmesser und 40 000 Kilometer Umfang. Drei Viertel ihrer Oberfläche sind von Wasser bedeckt. Deswegen wird die Erde auch „der blaue Planet“ genannt.

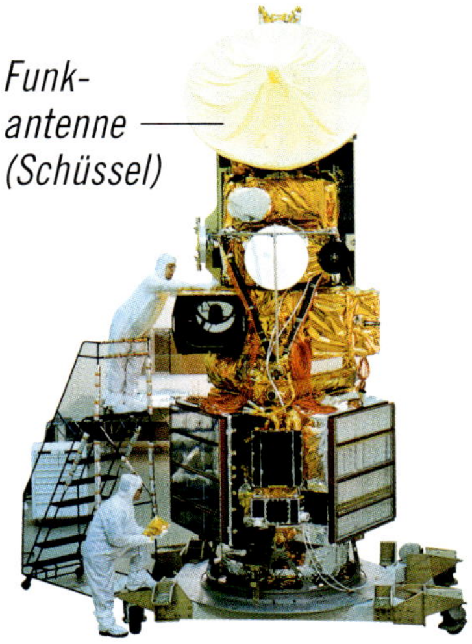

Satellitenkarten

Satelliten wie Landsat und Spot haben jedes Fleckchen Erde fotografiert und vermessen. Sie können Unterschiede von weniger als zehn Zentimetern erkennen.

Landkarten

Alle Hügel, Täler, Flüsse, Felsen und Seen der Erde sind auf Landkarten eingezeichnet. Mithilfe von Echolot oder Sonar (siehe S. 123) sind auch die Berge und Gräben am Meeresgrund in Karten verzeichnet. Manche Landkarten stellen die Erdteile verzerrt dar: An den Polen sehen sie zum Beispiel breiter aus (siehe Kasten unten). Nur auf einem Globus, der genauso geformt ist wie die Erde, kann man ihr genaues Abbild darstellen.

VERZERRTE KARTEN

Eine naturgetreue Karte der Erde müsste eine gewölbte Oberfläche haben. Will man sie auf flaches Papier drucken, entstehen Verzerrungen. Die verschiedenen Darstellungen dieser Verzerrungen nennt man Projektionen. Je nach Projektion sehen die Erdteile unterschiedlich aus, wie die Antarktis (weiß) auf diesen beiden Beispielen. Manche Projektionen zeigen die gesamte Erdoberfläche (links), andere das Verhältnis von Land- zu Wasserflächen in einem Teilbereich (rechts).

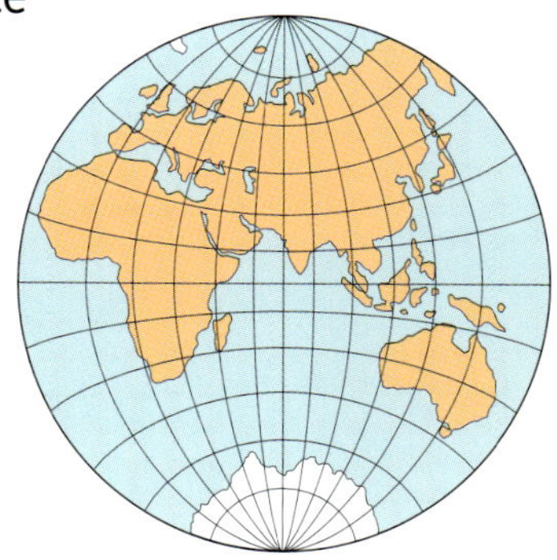

Flächentreue Projektion nach Lambert

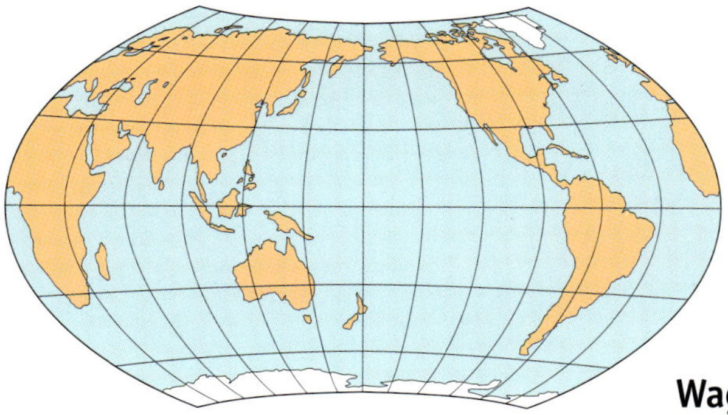

Wagner-VII-Projektion

Alte Landkarten

Vor etwa 4000 Jahren entwickelten die Ägypter die Kunst der Kartografie, des Kartenzeichnens, um Verlauf und Überflutungsgebiete des Nils aufzuzeichnen und ihre Reisen über das Mittelmeer zu planen. Als Griechen und Römer ihre Reiche ausdehnten, wurden Karten noch wichtiger. Im Mittelalter hatten die Menschen in Europa noch nicht alle Gebiete der Erde entdeckt. Damals hielten die meisten die Erde für eine Scheibe. Den Rand von Karten verzierten sie mit Zeichnungen des Himmels, von Wasserfällen oder Ungeheuern.

Mehr dazu: Das Innere der Erde S. 144; Die Erde im Weltraum S. 174

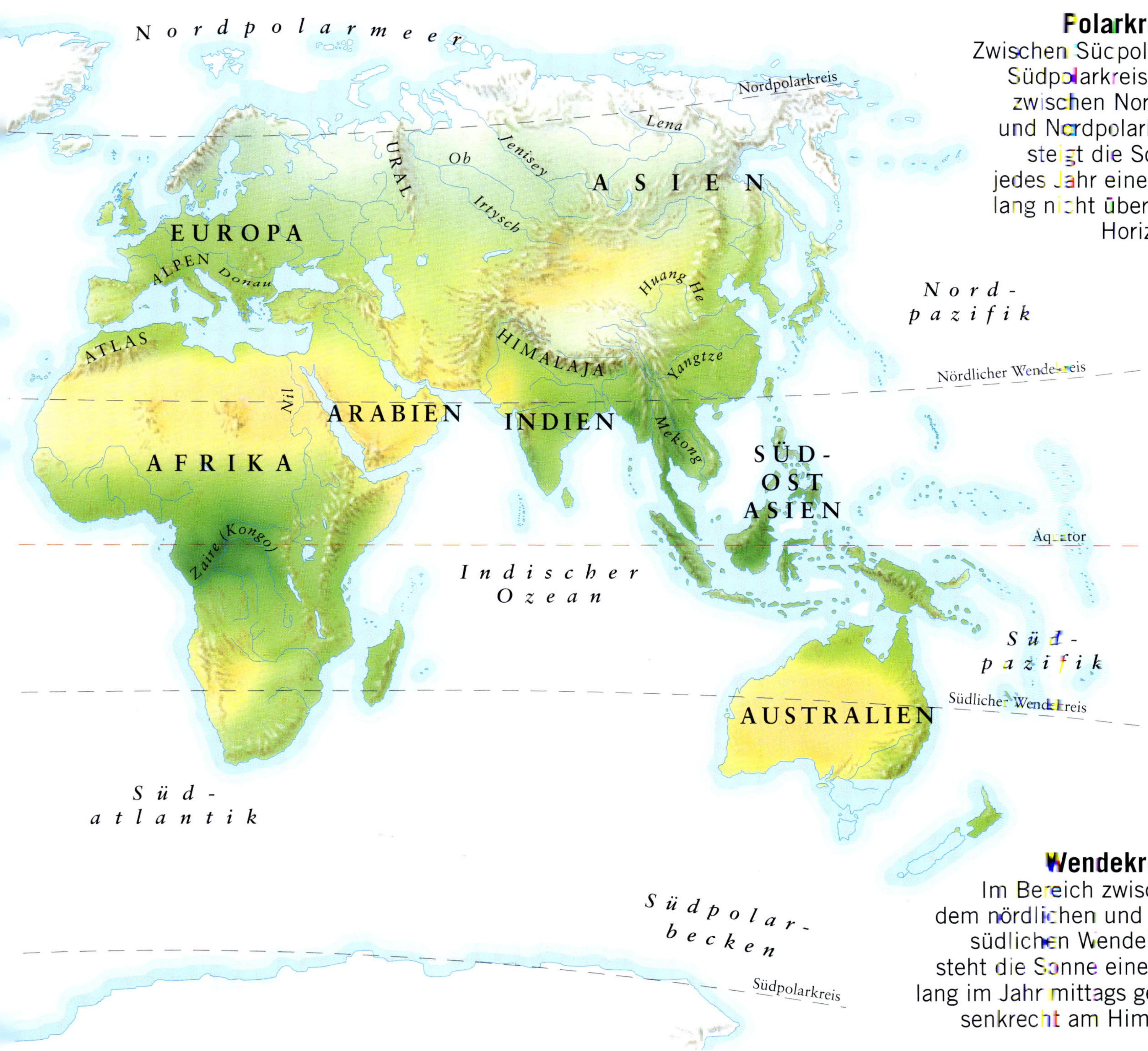

Polarkreise

Zwischen Südpol und Südpolarkreis und zwischen Nordpol und Nordpolarkreis steigt die Sonne jedes Jahr eine Zeit lang nicht über den Horizont.

Wendekreise

Im Bereich zwischen dem nördlichen und dem südlichen Wendekreis steht die Sonne eine Zeit lang im Jahr mittags genau senkrecht am Himmel.

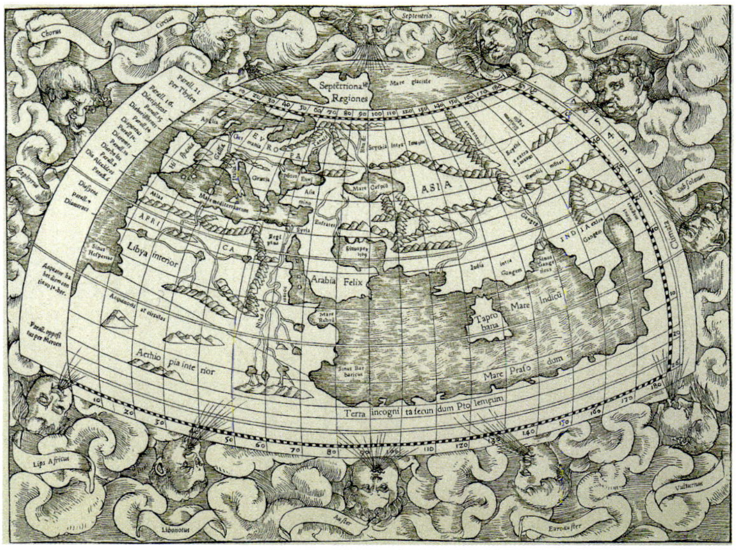

Entdeckung

James Hutton (1726–1797) war einer der ersten Menschen, die Geologie als Wissenschaft betrieben. Er beobachtete langsame Veränderungen der Landschaft: Flüsse tragen ihre Ufer ab, Felsen stürzen ein. Er behauptete, dass solche Veränderungen seit der Entstehung der Erde vor sich gingen. Anfangs glaubte man ihm nicht. Inzwischen ist bekannt, dass er Recht hatte. Es hat Millionen von Jahren gedauert, bis die Erde ihr heutiges Aussehen hatte.

Das Innere der Erde

DIE ERDE SCHEINT RIESIG UND MASSIV, doch ihr Inneres ist teilweise flüssig und ständig in Bewegung. Der Durchmesser der Erde beträgt 12 800 Kilometer. Die äußere Schicht, die Kruste, ist unter den großen Kontinenten nur 25–35 Kilometer dick. Unter den Meeren sind es sogar nur 5–10 Kilometer. Unter der Kruste liegt die dickste Schicht, der Erdmantel, mit 2900 Kilometer Dicke. Darin befindet sich der Erdkern. Der äußere Kern ist 2200 Kilometer dick und besteht aus fast flüssigem, eisenhaltigem Gestein. Der innere Kern hat einen Durchmesser von 2500 Kilometern und besteht hauptsächlich aus Eisen und Nickel. Könnte man ein Loch in die Erde bohren, würde es schon in wenigen Kilometern Tiefe unerträglich heiß sein. In der Erdmitte herrschen fast 5000 °C.

Schichten

Der Erdmantel macht den größten Teil des Erdvolumens aus. Sein oberer Teil ist relativ fest, in der Tiefe ist er zähflüssig. Der Erdmantel besteht aus Gestein, das viel Silizium, Magnesium und Eisen enthält. Die feste, 60–90 Kilometer dicke Außenschicht des Mantels bildet zusammen mit der Erdkruste die Lithosphäre. Sie ist kühl und stabil und besteht aus mehreren riesigen Platten (siehe S. 146). In der Kruste nimmt die Temperatur mit jedem Meter Tiefe zunächst um etwa 2 °C, dann immer stärker zu.

Wurzeln der Berge

Berge sind große Gesteinsgebilde, die nicht nur nach oben über die Erdoberfläche hinausragen, sondern auch nach unten. Ebenso wie dicke Holzstücke auf dem Wasser tiefer eintauchen und höher aufragen als dünne, stehen auch die Gebirge nach oben und unten weit über die Erdkruste oder die dünnere Kruste im Bereich der Meere hinaus.

Mehr dazu: Planet Erde S. 142; Die Erde im Weltraum S. 174

Tiefe Bohrungen

Viele Mineralien wie Rohöl werden aus mehreren hundert Metern Tiefe gefördert. Die bisher tiefste Bohrung im Meeresgrund (im östlichen Pazifik) erreichte 2111 Meter. Das tiefste Bohrloch an Land (auf der Halbinsel Kola im östlichen Russland) ist 12 260 Meter tief. Das Gestein am Grund ist über 200 °C heiß, dabei ist das erst die Hälfte des Wegs durch die Erdkruste.

Nur ein Nadelstich

Wir betrachten den Tunnel zwischen England und Frankreich als Jahrhundertbauwerk. Zwei Röhren von fast 50 Kilometer Länge führen viele Meter unter dem Grund des Ärmelkanals hindurch. Tatsächlich sind sie nicht mehr als ein Nadelstich in der Oberfläche des Planeten.

Erde in Bewegung

AUF EINER WELTKARTE sieht man, dass sich die Kontur der Ostküste Südamerikas und die der Westküste Afrikas stark ähneln. Betrachtet man die Konturen der so genannten Kontinentalstufen einige hundert Meter vor den Küsten, ist die Ähnlichkeit noch deutlicher: Die Kontinente passen zusammen wie Puzzleteile und sie hingen auch tatsächlich einmal zusammen. Heute ist zweifelsfrei bewiesen, dass sich die Kontinente verschieben. Im Lauf der Zeit haben sich aber die Landmassen weniger verändert als die Erdkruste am Grund der Ozeane. Immer wieder dringt geschmolzenes Gestein aus der Tiefe nach oben, während anderes Gestein in der Tiefe verschwindet. Auf der veränderlichen Ozeankruste bewegen sich die Kontinente wie riesige Flöße.

Beweisstück
Fossilienfunde beweisen die Kontinentalverschiebung. Reste des Reptils *Lystrosaurus* wurden in Südafrika, der Antarktis, in Indien und China gefunden. Daher weiß man, dass diese Erdteile vor 230 Millionen Jahren miteinander verbunden waren.

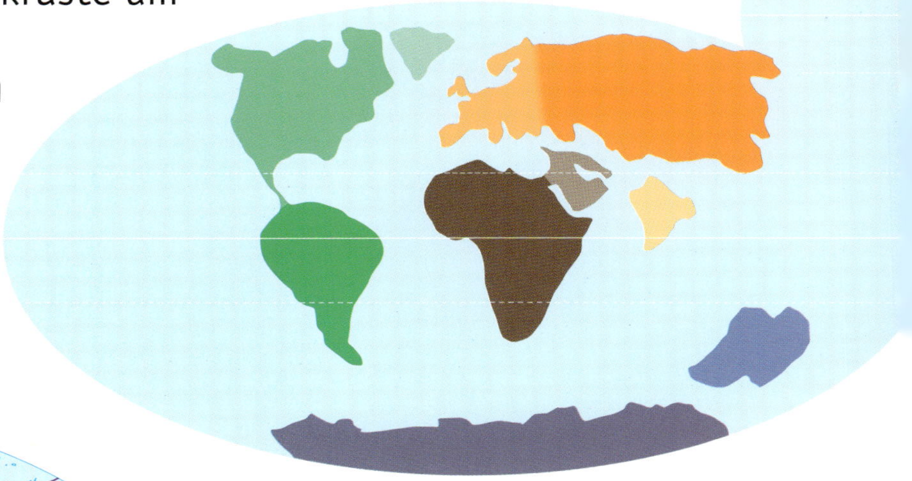

Vor 40 Millionen Jahren

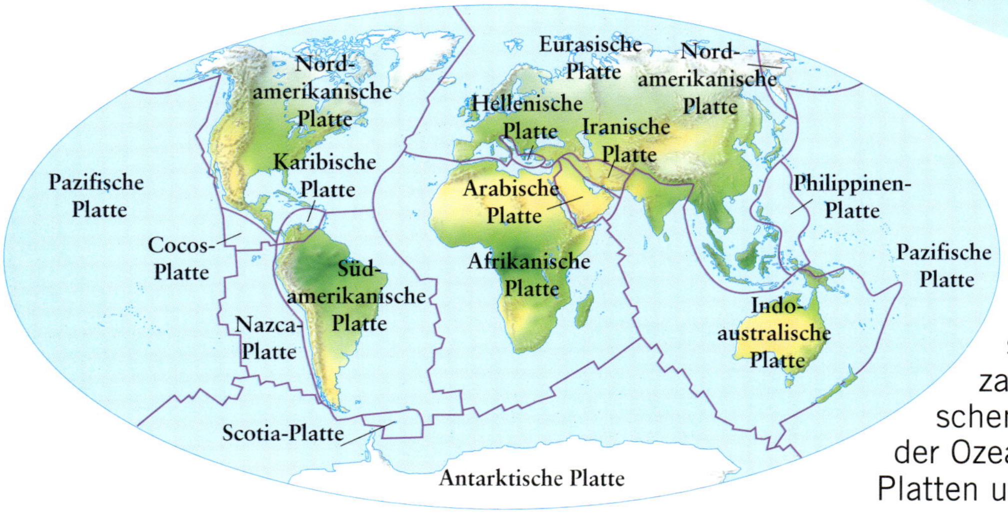

Lithosphärische Platten

Die starre Erdkruste und die feste, obere Schicht des Erdmantels bilden die etwa 100 Kilometer dicke Lithosphäre. Sie ist kein geschlossenes Gebilde, sondern setzt sich wie ein Puzzle aus sechs großen und zahlreichen kleineren Platten, den lithosphärischen Platten, zusammen. Weil sich der Grund der Ozeane ständig verändert, verschieben sich die Platten und mit ihnen die Kontinente.

Plattentektonik

Die Verschiebung der lithosphärischen Platten durch Hitze, Druck und Bewegung des Erdmantels bezeichnet man auch als Plattentektonik. Geschmolzenes Gestein dringt aus dem Erdmantel in die Höhe, kühlt ab und lagert sich an den Rändern der Ozeankruste ab. Diese Ablagerungen, durch die sich die Platten vergrößern, heißen konstruktive Plattengrenzen. Andere Plattenränder werden abwärts gedrückt und schmelzen wieder. Das sind die destruktiven Plattengrenzen.

Mehr dazu: Planet Erde S. 142; Gesteinskreislauf S. 148

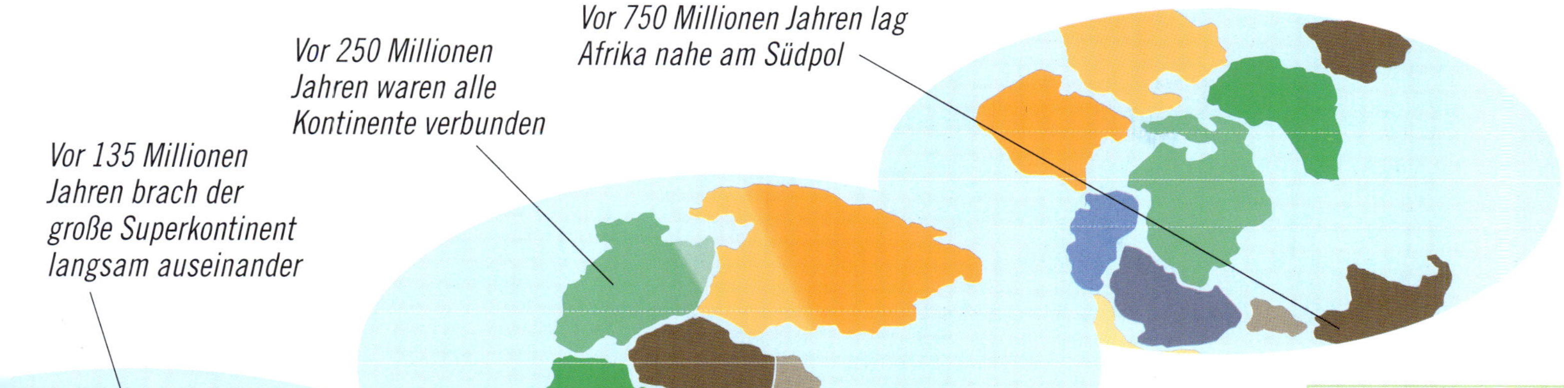
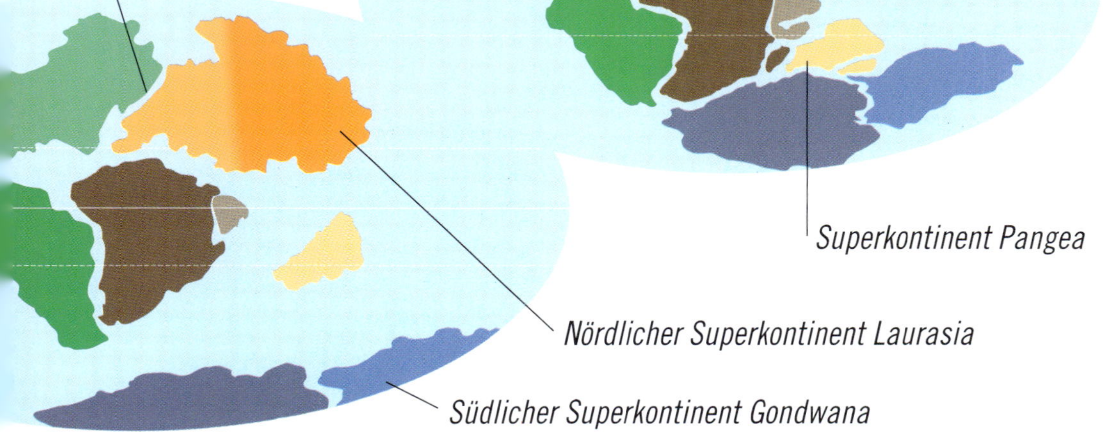

Entdeckung

Schon seit Jahrhunderten vermuten Forscher, dass sich die Kontinente verschieben. Der deutsche Wetterexperte Alfred Wegener (1880–1930) lieferte im Jahr 1912 den ersten wissenschaftlichen Beweis dafür. Verschiedene Gründe führten dazu, dass seine Überlegungen erst in den 1960er Jahren ernst genommen wurden.

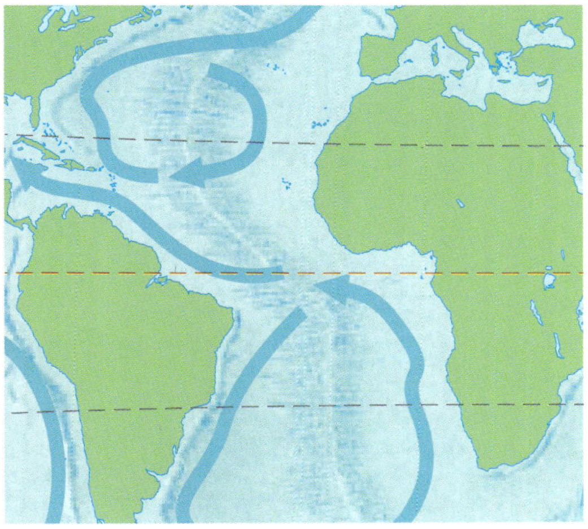

Wachsender Meeresgrund

Einige besonders aktive konstruktive Plattengrenzen, an denen neuer Meeresgrund entsteht, befinden sich mitten im Ozean. Im Atlantik ist das der mittelatlantische Rücken (links), eine Gebirgskette tief unter dem Wasser. Geschmolzenes Gestein aus dem Erdinneren dringt nach oben, kühlt an den Plattenrändern ab und drängt sie auseinander (unten). Dadurch wird der Ozean allmählich breiter. So rückt Amerika jedes Jahr etwa fünf Zentimeter weiter von Europa und Afrika ab.

Gesteinskreislauf

DAS GESTEIN DER ERDKRUSTE besteht aus verschiedenen Mineralien, darunter Kieselerde, Olivin, Pyroxen und hunderte andere. Wie alle Materie bestehen auch Mineralien aus Atomen, die sich meist zu Molekülen verbunden haben. Die Menge der Atome, Moleküle und Mineralien auf unserem Planeten ist begrenzt. Durch Wettereinflüsse wie Regen, Wind, Hitze oder Eis und Wellen wird Gestein abgetragen. Das nennt man Erosion. Durch Hitze, Druck und chemische Umwandlung entsteht neues Gestein. Das bedeutet, dass im Lauf von Jahrmillionen die gleichen Mineralien immer neue Gesteinsarten bilden. Diesen Vorgang nennt man den Gesteinskreislauf.

Erosion
In Wüsten häuft der Wind den Sand zu sichelförmigen Dünen auf. Liegt eine harte Gesteinsschicht über einer weichen, wird das weiche Gestein von fliegendem Sand abgeschliffen und es bleiben pilzförmige Gebilde zurück.

Drei Grundtypen von Gestein

Magmatitgestein bildet sich, wenn Gesteinsmineralien durch große Hitze schmelzen, dann abkühlen und wieder erstarren. Dazu gehört die erstarrte Lava von Vulkanen. Sedimentgestein entsteht, wenn kleine Gesteinsteilchen von Felsen abgetragen werden und sich in Schichten ablagern, etwa am Meeresgrund. Mit der Zeit werden sie zusammengepresst und durch chemische Abläufe wieder zu hartem Gestein. Metamorphitgestein bildet sich, wenn andere Gesteinsarten starkem Druck oder hoher Temperatur ausgesetzt sind, etwa in der Wurzel von Gebirgen. Es verwandelt sich in eine neue Gesteinsart.

Mehr dazu: Planet Erde S. 142; Erde in Bewegung S. 146

WIE HART?
Mineralien und Steine werden nach ihrer chemischen Zusammensetzung und nach ihren physikalischen Merkmalen wie Farbe, Dichte, Korngröße, Risslinien, Kristallform und Härte in Gruppen eingeordnet. Zehn Mineralien bilden die Grundlage der so genannten Mohs-Skala (benannt nach Friedrich Mohs).

1. **TALK** *(weiches Pulver)*
2. **GIPS**
3. **KALZIT**
4. **FLUORIT**
5. **APATIT**
6. **ORTHOKLAS**
7. **QUARZ**
8. **TOPAS**
9. **KORUND**
10. **DIAMANT** *(härteste natürliche Substanz)*

Abgelagerte Teilchen verdichten sich zu Sedimentgestein

Schichten der Zeit

Sandstein ist Sedimentgestein. Er entsteht in waagerechten Schichten am Grund von Meeren, Seen und Flüssen, aber auch in Wüsten. Im Lauf von Jahrmillionen bauen sich diese Schichten auf. Nur Sedimentgestein kann Fossilien enthalten. Überreste von Tieren und Pflanzen werden zerstört, wenn sie bei der Bildung von Magmatitgestein schmelzen oder bei der Entstehung von Metamorphitgestein hohem Druck und großer Hitze ausgesetzt sind. Die Schichten von Sedimentgestein können sich im Lauf der Zeit durch die Erdbewegung biegen und verschieben. Sie können auch abgetragen werden und neues Sedimentgestein bilden.

GESTEINSARTEN

Es gibt hunderte verschiedener Gesteinsarten. Viele werden für besondere Zwecke verwendet. Granit und Basalt sind Magmatitgestein. Sandstein, Kalkstein und Brekzien sind Sedimentgestein. Marmor, Schiefer und Gneis sind Metamorphitgestein. Sedimentgestein bedeckt etwa zwei Drittel der Erdoberfläche. Bei seiner Entstehung am Meeresgrund deckt es andere Gesteinsarten ab.

Marmorstatue (Metamorphit)

Granitblöcke (Magmatit)

Kalksteinklippen (Sediment)

Vulkane und Erdbeben

NUR WENIGE NATUREREIGNISSE erschrecken uns mehr als Vulkanausbrüche und Erdbeben. Ein Vulkan ist ein Berg, bei dem glühendes, geschmolzenes Gestein aus dem Erdinneren (Magma) durch die Erdkruste dringt. Erdbeben sind Stoßwellen, die durch ein plötzliches Einreißen der Erdkruste entstehen. Erdbeben und Vulkanausbrüche lassen sich kaum vorhersagen. Sie kommen nicht überall auf der Welt vor. Gefährdet sind vor allem Gebiete an den Grenzen der riesigen tektonischen Platten, aus denen die Erdoberfläche besteht.

Wie entsteht ein Erdbeben?

Die tektonischen Platten verschieben sich nicht immer gleichmäßig, manchmal „klemmen" sie auch. Das Gestein an den Plattengrenzen kann sich dehnen, bis es mit einem plötzlichen Ruck nachgibt. Dadurch entstehen Stoßwellen oder seismische Wellen, die sich in der Erde und an der Erdoberfläche ausbreiten.

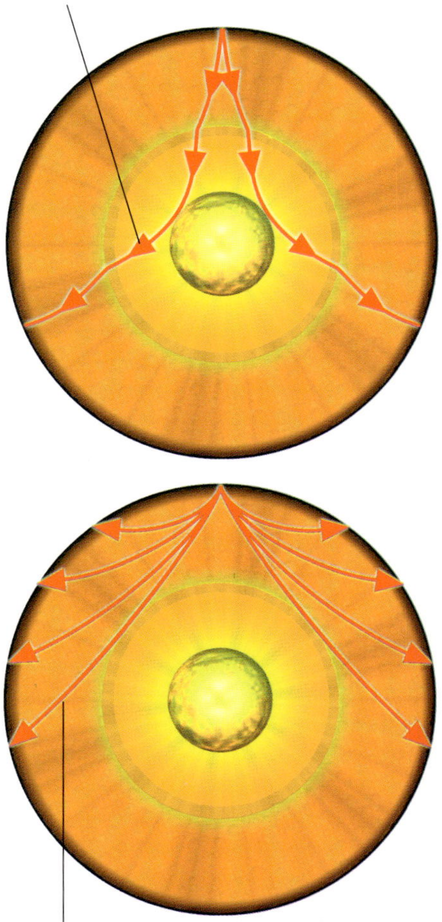

Seismische Wellen

Die meisten seismischen Wellen breiten sich mit 20facher Schallgeschwindigkeit in der Erde aus. In der Nähe des unterirdischen Zentrums des Erdbebens (Hypozentrum) sind sie am stärksten. Darüber liegt an der Erdoberfläche das Epizentrum. Je weiter sich die Wellen vom Zentrum entfernen, desto schwächer werden sie.

STÄRKE EINES ERDBEBENS

Es gibt verschiedene Methoden, die Stärke eines Erdbebens zu bestimmen. Die bekannte Richter-Skala gibt die Stärke an, die ein Seismometer anzeigt. Das ist ein Gerät zum Aufzeichnen der Schwingungen im Erdboden. Aber ein Beben der Stärke 6 auf der Richter-Skala kann, je nach Art des Bodens, unterschiedliche Auswirkungen haben. Gebäude, deren Fundamente in weichem Gestein oder Boden gebaut sind, erleiden stärkere Schäden als Bauten auf hartem Gestein. Die Mercalli-Skala (unten) beschreibt die Erdbebenstärke nach der Art der Auswirkungen.

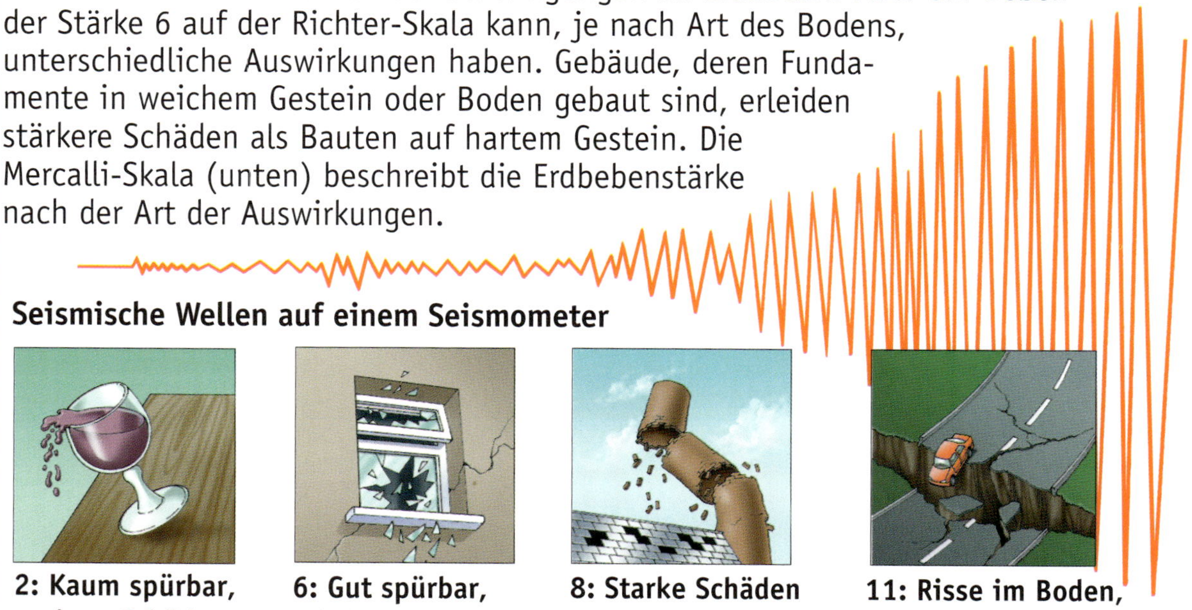

Seismische Wellen auf einem Seismometer

2: Kaum spürbar, geringe Schäden

6: Gut spürbar, mittlere Schäden

8: Starke Schäden an Gebäuden

11: Risse im Boden, Gebäude stürzen ein

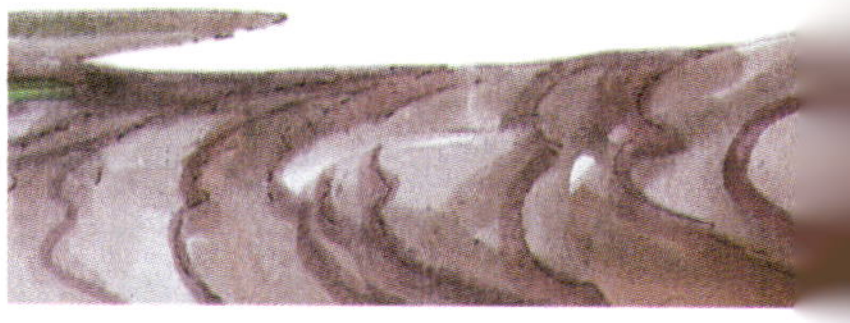

Mehr dazu: Planet Erde S. 142; Erde in Bewegung S. 146

Lavaströme
Je heißer die Lava ist (etwa 1000 °C), desto schneller und weiter fließt sie. Je nach Art des geschmolzenen Gesteins bildet sie beim Abkühlen rundliche Fladen, Muster aus Wellen und Strängen oder gezackte, scharfkantige Formen.

Vulkanausbruch

Wo Magma dünnflüssig ist, sickert es fast ständig aus Vulkanen hervor. Schwere Vulkanausbrüche ereignen sich, wenn tektonische Platten zusammenstoßen. Dabei wird Gestein in die Tiefe des Erdmantels gedrängt, wo es schmilzt. Als dickflüssige Masse dringt es nach oben. Es ist so zäh, dass es den Vulkanschlot verstopft. Dadurch baut sich Druck auf, der schließlich groß genug ist, den „Pfropfen" herauszuschleudern: Der Vulkan speit Lava, Asche und Rauch.

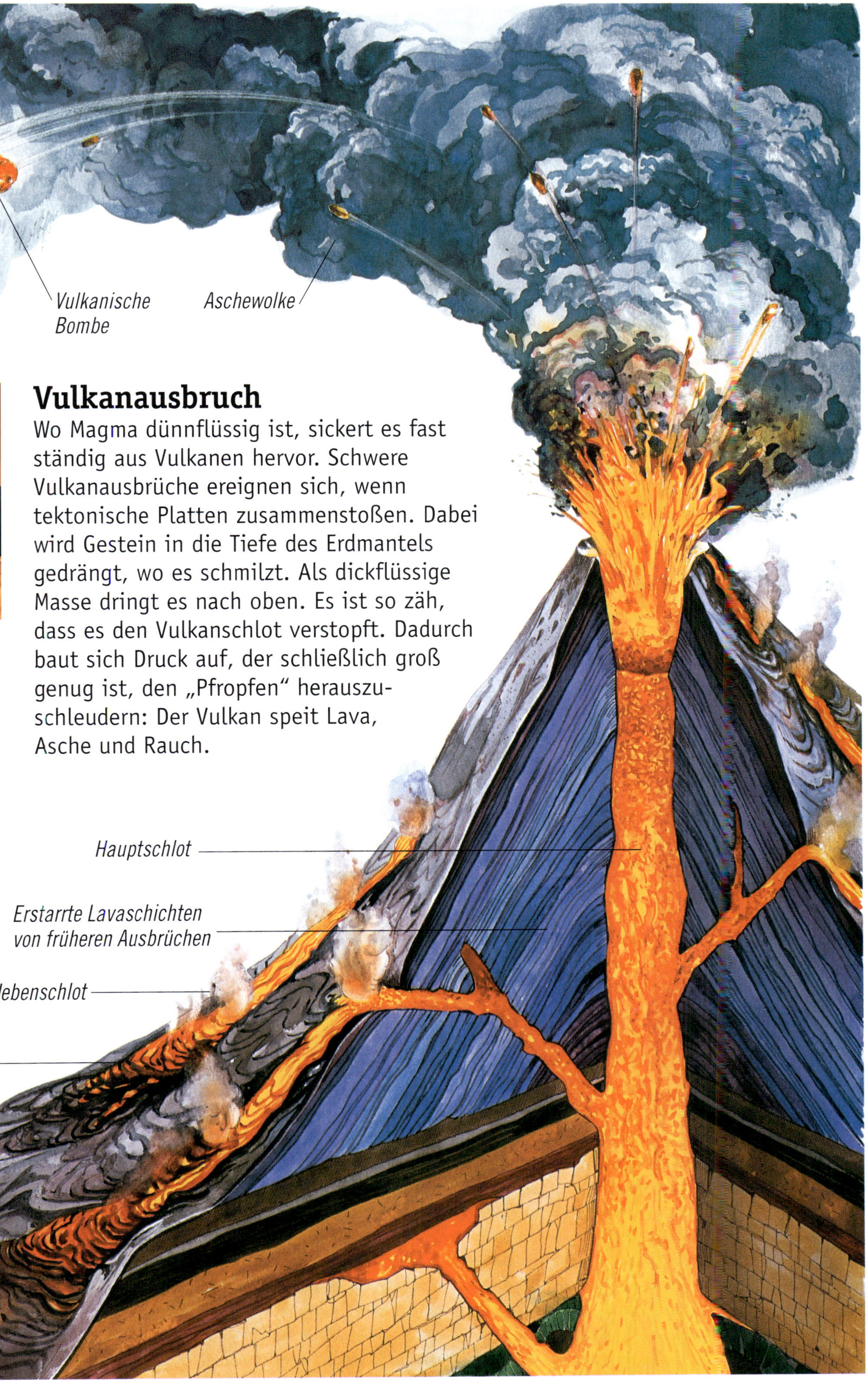

Atmosphäre

EINE DÜNNE SCHICHT AUS GASEN, die Atmosphäre, umgibt unseren Planeten. Diese Schicht ist, gemessen an der Größe der Erde, dünn: nur 1000 Kilometer dick. Jenseits der Atmosphäre liegt der luftleere Weltraum. Ohne Atmosphäre wäre auf der Erde ebensowenig Leben wie auf dem Mond. Sie gibt uns Luft zum Atmen und Wasser zum Trinken. Durch den natürlichen Treibhauseffekt hält sie uns warm. Sie schützt uns vor gefährlichen Sonnenstrahlen und Meteoriten.

Luftschichten

Wissenschaftler unterteilen die Atmosphäre in Schichten. Wir leben in der untersten Schicht, der Troposphäre. Verglichen mit den übrigen Schichten ist die Troposphäre eine „dicke Suppe", denn sie enthält trotz ihrer Dicke von nur etwa 17 Kilometern drei Viertel aller Gase. Die Troposphäre wird von der Sonne und vor allem durch die Wärmereflexion von der Erde erwärmt. Je höher man steigt, desto kälter und dünner wird die Luft.

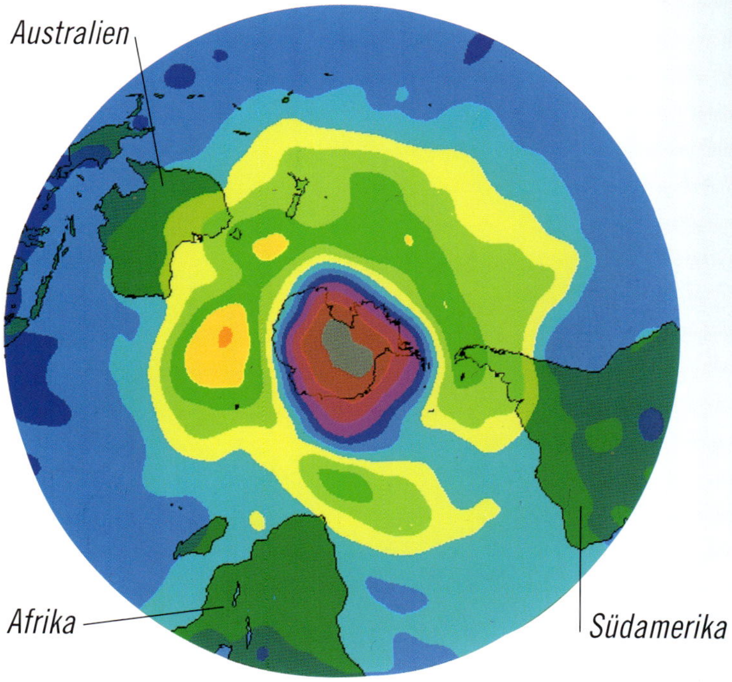

Ozonloch

In der Stratosphäre befindet sich eine dünne, aber wichtige Schicht aus dem Gas Ozon. Es schützt uns vor den gefährlichen, ultravioletten Sonnenstrahlen. Durch chemische Gase wie die FCKWs (Fluorchlorkohlenwasserstoffe) in Sprühdosen und im Kühlmittel von Kühlschränken wird diese Schicht beschädigt. Über dem Südpol (oben rot eingezeichnet) und dem Nordpol zeigen sich inzwischen jedes Frühjahr Löcher, die immer länger offen bleiben.

Mehr dazu: Planet Erde S. 142; Wetter und Klima S. 154

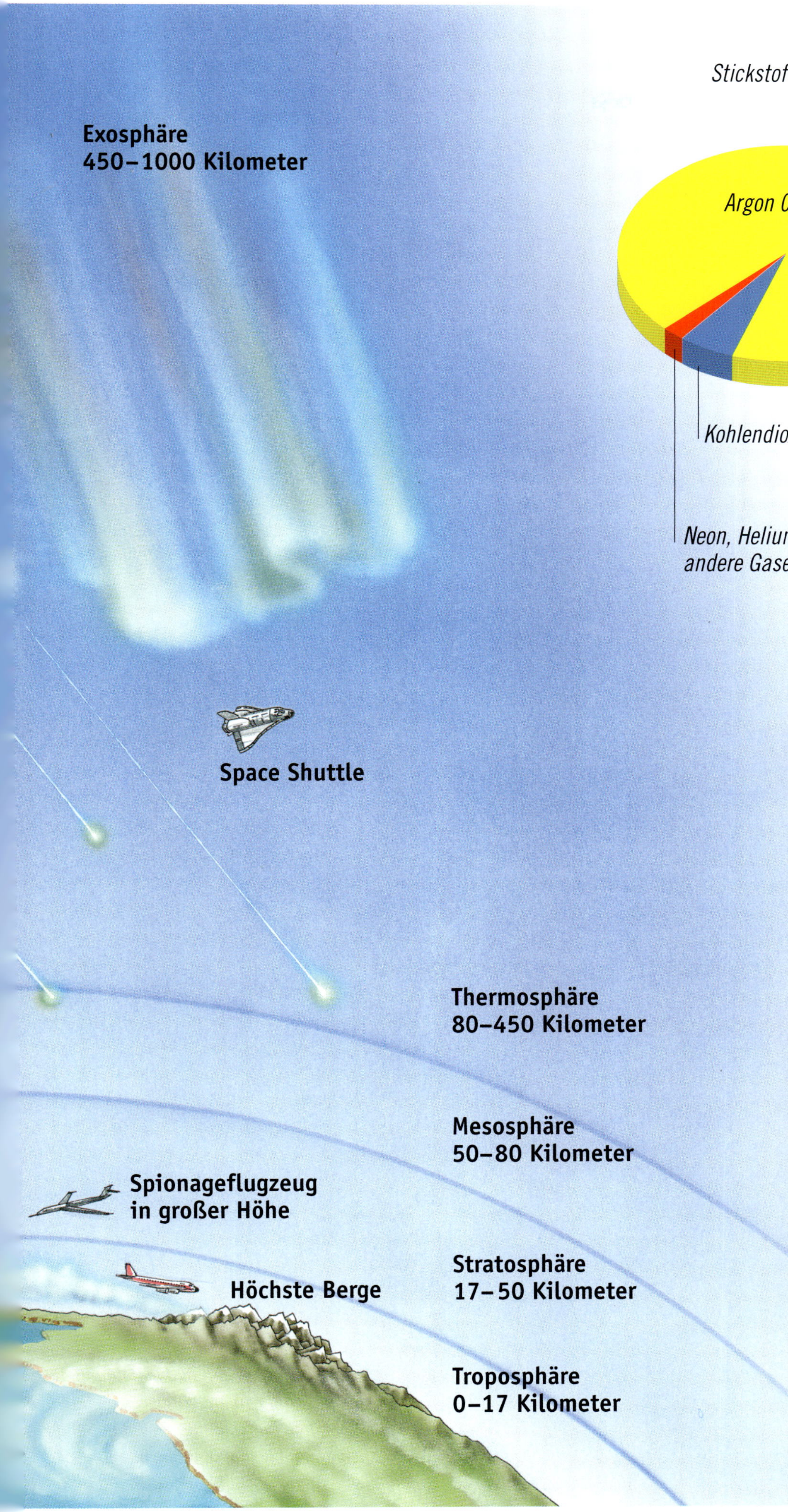

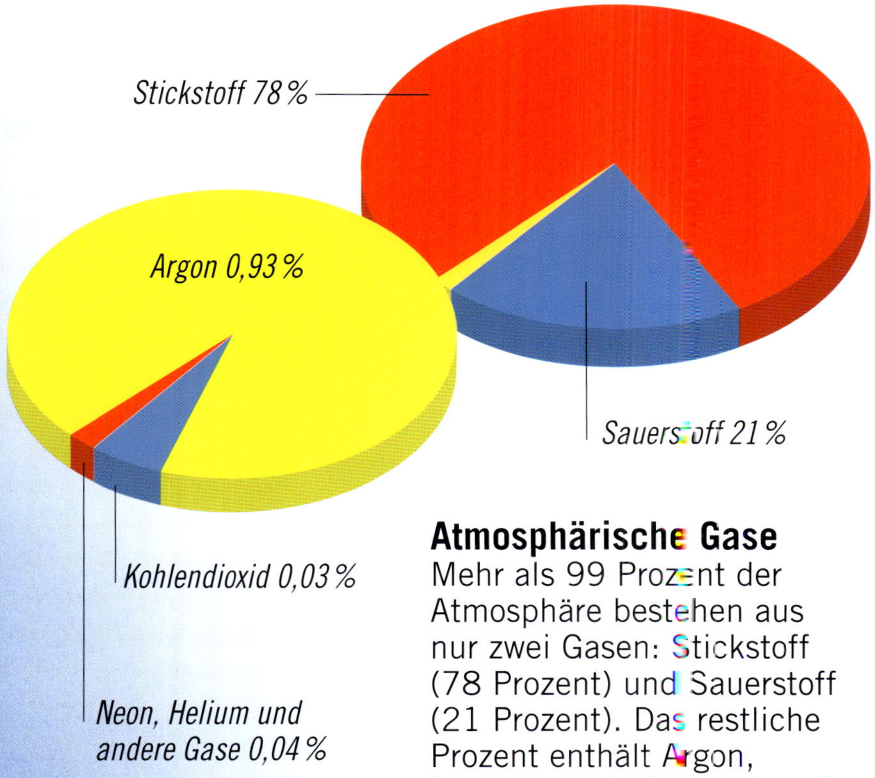

Atmosphärische Gase

Mehr als 99 Prozent der Atmosphäre bestehen aus nur zwei Gasen: Stickstoff (78 Prozent) und Sauerstoff (21 Prozent). Das restliche Prozent enthält Argon, Kohlendioxid, Wasserdampf und winzige Mengen anderer Gase wie Helium und Ozon.

Druckveränderung

Weil die Luft mit zunehmender Höhe dünner wird, nimmt auch der Luftdruck ab. In der Stratosphäre reicht der atmosphärische Druck für uns Menschen nicht zum Überleben aus. In so großen Höhen kann man nur in einer Kabine mit Druckausgleich fliegen, etwa in einem Flugzeug. Bergsteiger brauchen zum Atmen auf den höchsten Gipfeln der Erde Sauerstoffmasken. Diese Gipfel liegen zwar noch in der Troposphäre, doch enthält die Luft bereits viel weniger Sauerstoff als in Meereshöhe. Dieser Unterschied reicht aus, um das Atmen schwierig zu machen.

Wetter und Klima

DAS WETTER ENTSTEHT durch tägliche und wöchentliche Veränderungen in der Atmosphäre. Wir erleben es als Sonnenschein, Bewölkung, Wind, Regen oder Trockenheit, Frost, Schnee oder Eis. Es beeinflusst unseren Alltag, ob wir ein Picknick planen oder ein Linienflugzeug durch einen Sturm steuern. Als Klima bezeichnet man regelmäßig wiederkehrende Wetterverhältnisse im Lauf von Jahren, Jahrzehnten oder Jahrhunderten. Das Klima bestimmt, in welcher Region bestimmte Pflanzen und Tiere leben und welche Ernten in welchen Jahreszeiten reifen.

Das Klima auf der Erde

Die Sonne erwärmt verschiedene Teile von Landmassen und Meeren unterschiedlich stark. Weil sie in den Tropen senkrecht steht, haben die Strahlen einen kürzeren Weg durch die Atmosphäre und dadurch eine starke Heizwirkung. Warme Luft steigt nach oben, kalte Luft nimmt den frei werdenden Raum ein. Diese Luftbewegung in der Atmosphäre nennen wir Wind. Auch das Wasser der Meere wird unterschiedlich stark durch die Sonne und die warme Luft erwärmt. Außerdem zieht die Drehbewegung der Erde die Atmosphäre mit. Dadurch treten bestimmte Winde jährlich in einem festen Rhythmus auf (rechts). Die Namen der Winde stammen aus der Zeit der großen Frachtsegler, deren Reisewege vom Wind abhängig waren.

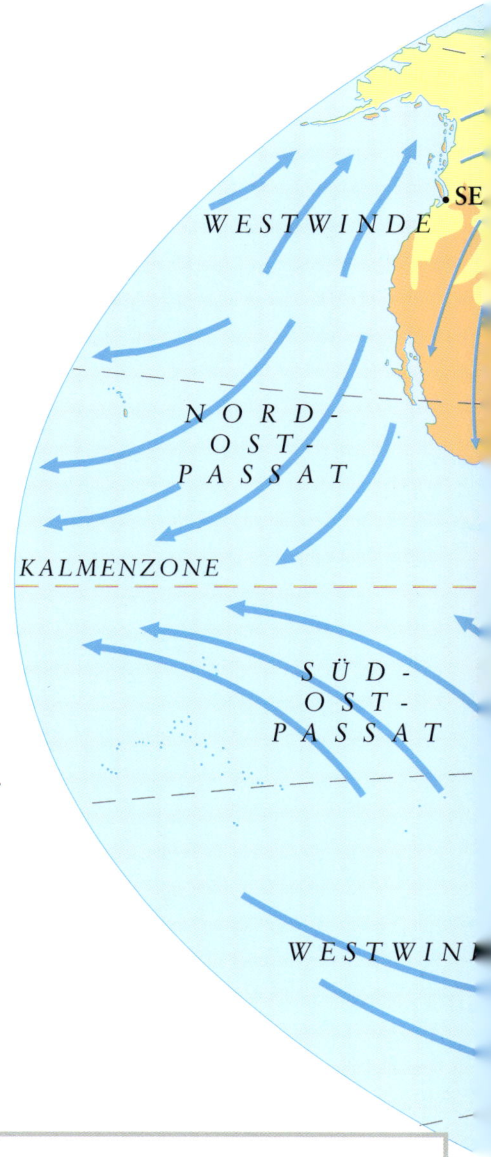

TEMPERATUR UND NIEDERSCHLAG

Diese Diagramme zeigen die durchschnittlichen Niederschlagsmengen (blau) und Temperaturen (orange) in verschiedenen Städten der Welt. Sie zeigen die verschiedenen Klimazonen, die durch die Nähe von Landmassen oder Ozeanen entstehen. Seattle an der Westküste Nordamerikas hat ein gemäßigtes Küstenklima mit warmen, trockenen Sommern und kühlen, feuchten Wintern. Darjeeling in Indien hat Monsunklima mit einer ausgeprägten Regenzeit. Manaus in Brasilien hat feuchtes Äquatorialklima mit ganzjährig gleichbleibender Temperatur. Kapstadt in Südafrika und Melbourne in Australien haben ähnliche Temperaturen, in Melbourne ist der Regen nur gleichmäßiger verteilt, ebenso wie im kühleren London. Kap Zelanjia liegt in der asiatischen Arktis, wo fast ganzjährig Frost herrscht.

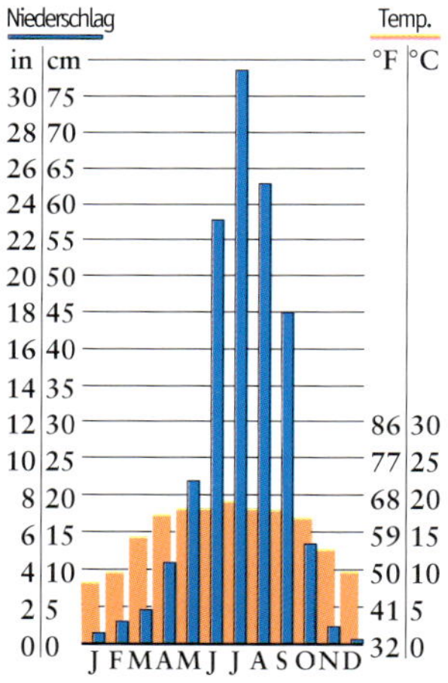

DARJEELING

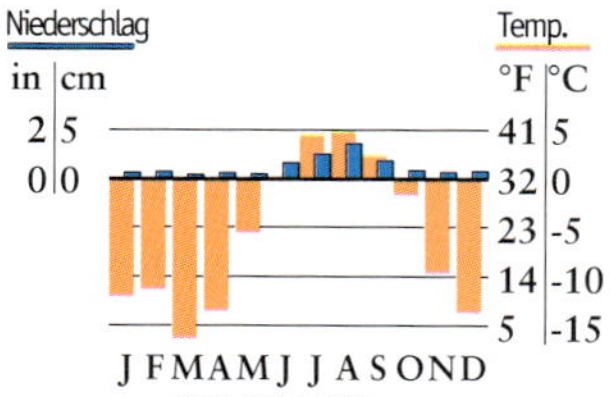

KAP ZELANJIA

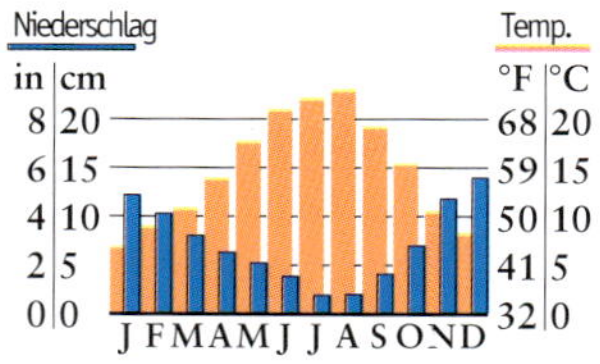

SEATTLE

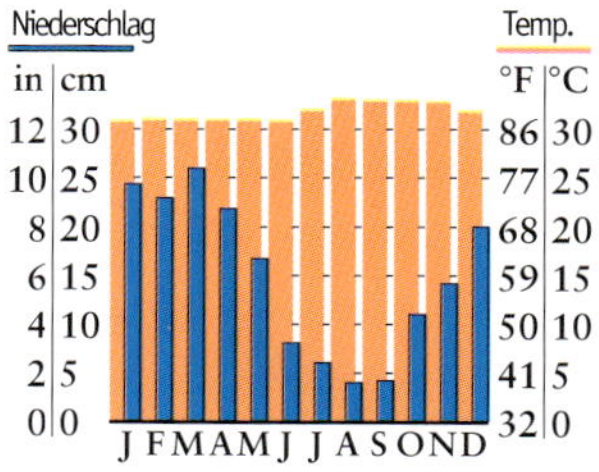

MANAUS

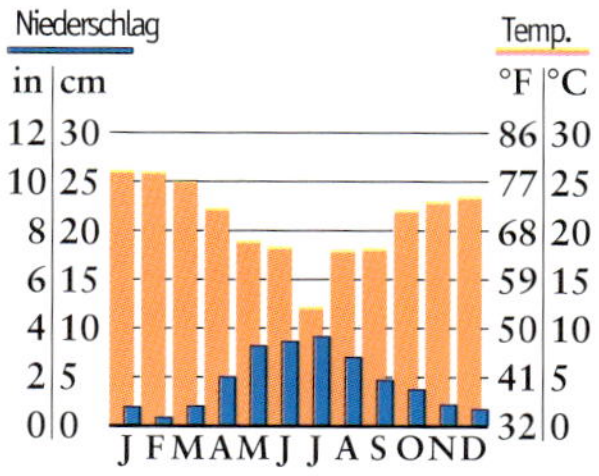

KAPSTADT

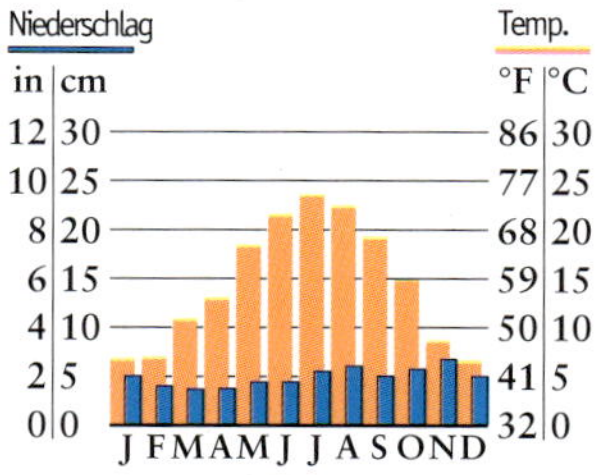

LONDON

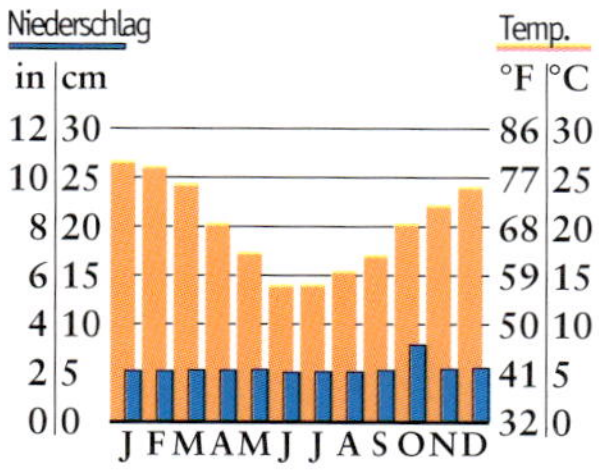

MELBOURNE

Mehr dazu: Planet Erde S. 142; Atmosphäre S. 152

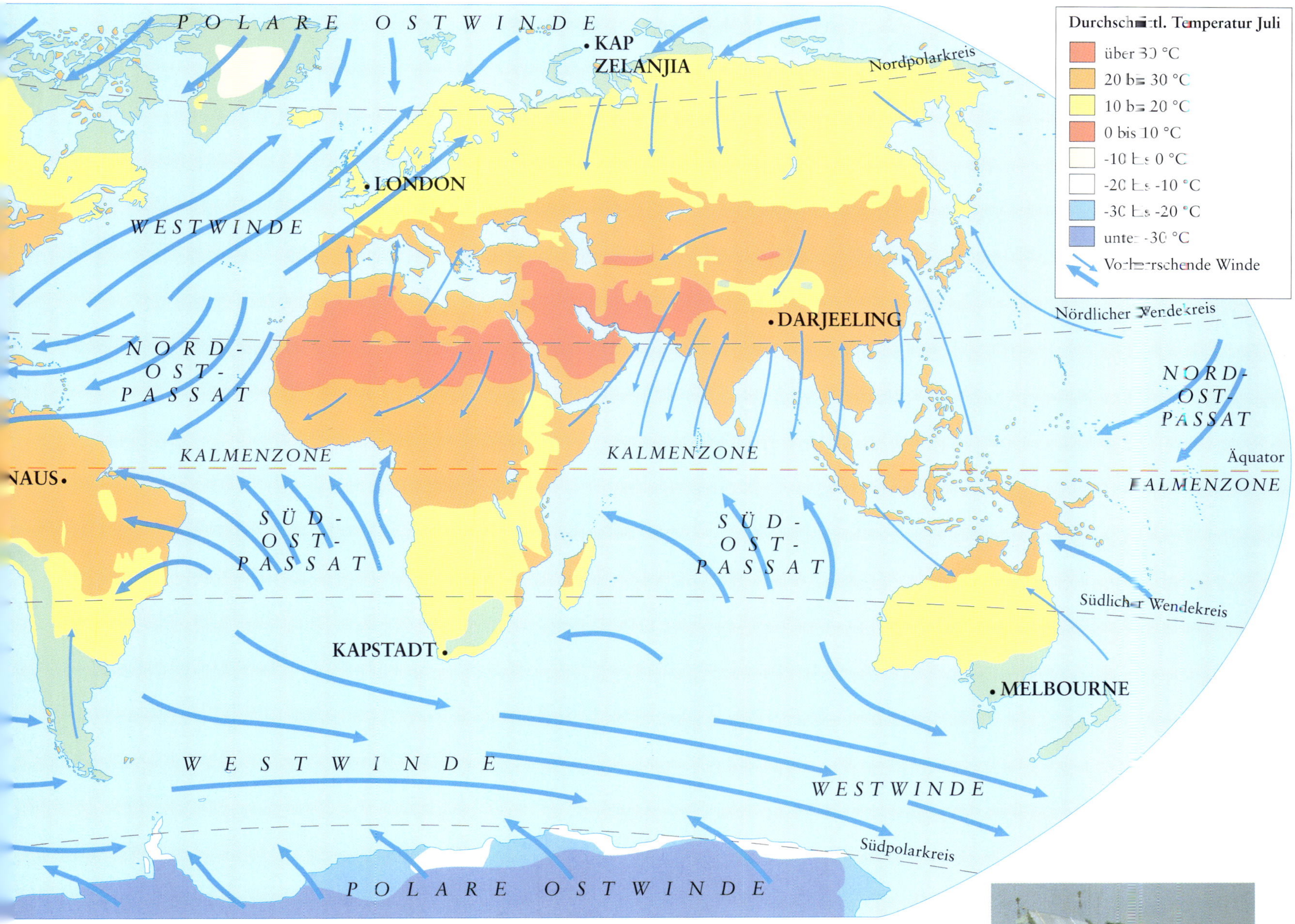

Trockenheit

Wüsten sind Gebiete mit weniger als 250 Millimeter Niederschlag pro Jahr. Niederschlag umfasst alle Arten von Wasser, also Regen, Dunst, Nebel, Hagel, Tau, Schnee und Raureif. Alle Tiere und Pflanzen brauchen Wasser zum Überleben, darum gibt es in der Wüste wenig Leben.

Sturm

Manche Wettersysteme ziehen langsam und ruhig, andere nicht. Ein Hurrikan ist ein Sturm, in dem der Wind mit mehr als 112 Kilometer pro Stunde um einen ruhigen Bereich in der Mitte, das Auge, wirbelt. Dieses Satellitenfoto zeigt einen Hurrikan, der sich der Küste von Florida (USA) nähert.

Überschwemmung

Meist ist die Landschaft den durchschnittlichen Niederschlägen angepasst. Bei sehr starkem Regen aber können die Flüsse die Wassermassen nicht fassen. Durch die globale Erwärmung nehmen die Niederschläge in einigen Gebieten zu.

Berge und Täler

EINIGE BERGE DER ERDE sind einzeln stehende Vulkane. Der Kilimandscharo in Afrika hat sich durch viele Ausbrüche aufgetürmt. Die meisten Berge liegen aber in Gebirgszügen von vielen hundert oder tausend Kilometern Länge. Solche Gebirgszüge sind durch die Bewegungen der Erdkruste entstanden, zum Beispiel als gewaltige Erdbeben Teile der Erdkruste in die Höhe gedrückt haben. Der Himalaja, die Alpen und andere Gebirgszüge sind Faltengebirge, die entstanden sind, als sich die tektonischen Platten gegeneinander geschoben haben.

Täler
Hebt sich Land über den Meeresspiegel, graben sich Flüsse und Gletscher tief ins Gestein, es entstehen Täler. Flusstäler haben meist eine V-Form (oben), während die Täler von Gletschern ausgewaschener und U-förmig sind (ganz oben).

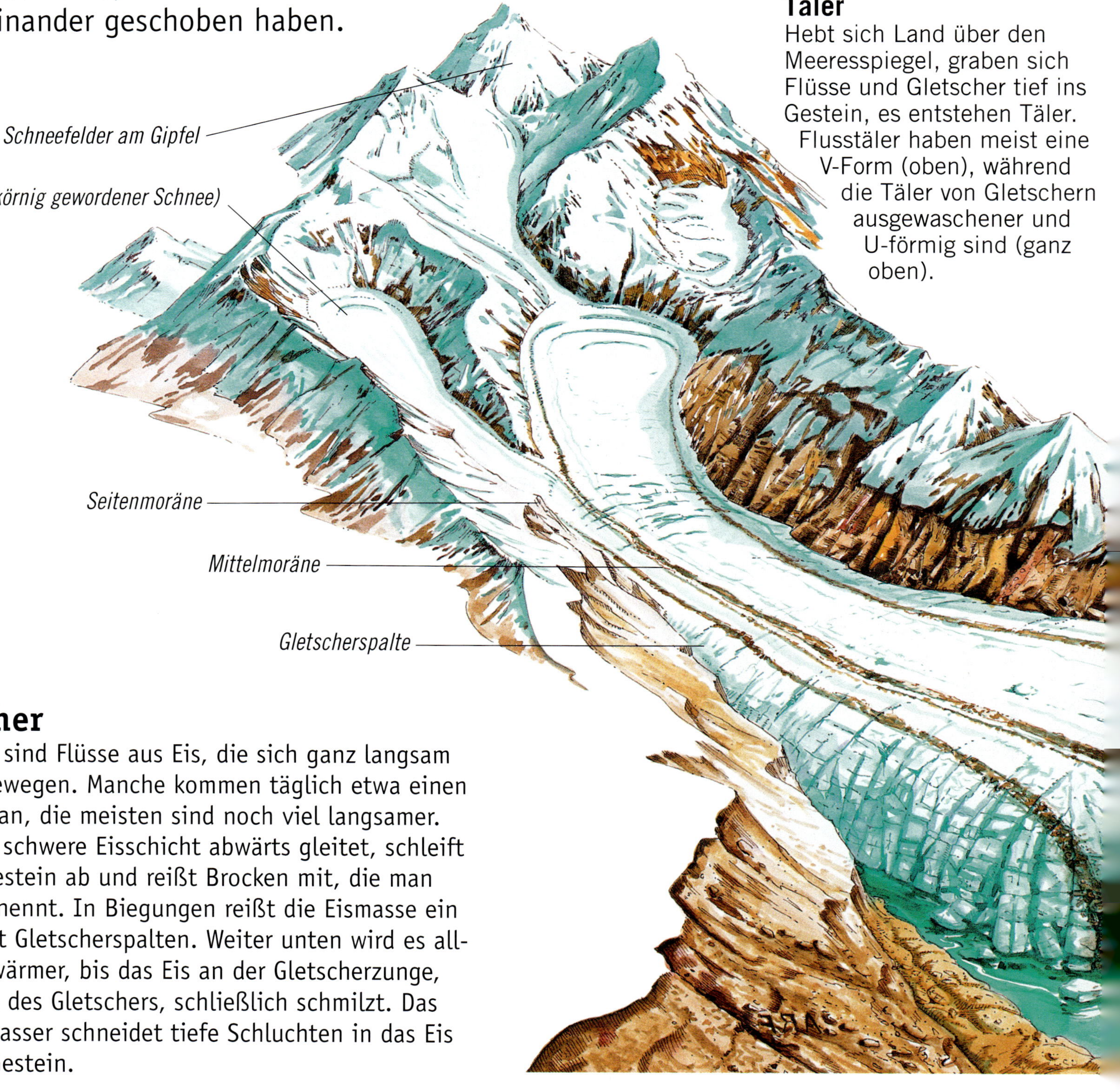

Gletscher

Gletscher sind Flüsse aus Eis, die sich ganz langsam bergab bewegen. Manche kommen täglich etwa einen Meter voran, die meisten sind noch viel langsamer. Wenn die schwere Eisschicht abwärts gleitet, schleift sie das Gestein ab und reißt Brocken mit, die man Moränen nennt. In Biegungen reißt die Eismasse ein und bildet Gletscherspalten. Weiter unten wird es allmählich wärmer, bis das Eis an der Gletscherzunge, dem Ende des Gletschers, schließlich schmilzt. Das Schmelzwasser schneidet tiefe Schluchten in das Eis und das Gestein.

Mehr dazu: Erde in Bewegung S. 146; Gesteinskreislauf S. 148

Junge Berge

Gebirge wie die Alpen und der Himalaja sind jung. Ihre schroffen Gipfel sind noch nicht von Wind und Regen, Schnee und Eis abgeschliffen worden. Der Himalaja wächst alljährlich noch um etwa zwei Zentimeter.

Alte Berge

Im englischen Wales und in den Appalachen im Osten der USA findet man alte Berggipfel, die durch Erosion rund geformt sind. Die Appalachen sind rund 250 Millionen Jahre alt. Der höchste Gipfel ist der Mount Mitchell mit 2037 Metern.

FALTENGEBIRGE

Die meisten Gesteinsarten, ob Sedimentgestein vom Meeresgrund oder erstarrte Vulkanlava, bilden Schichten. Wenn sich die tektonischen Platten verschieben, werden die Schichten zusammengedrückt und werfen Falten. Manche Falten sind nur einige Zentimeter lang. Andere haben mächtige Höhen und hunderte von Kilometern Abstand zwischen ihren Kämmen.

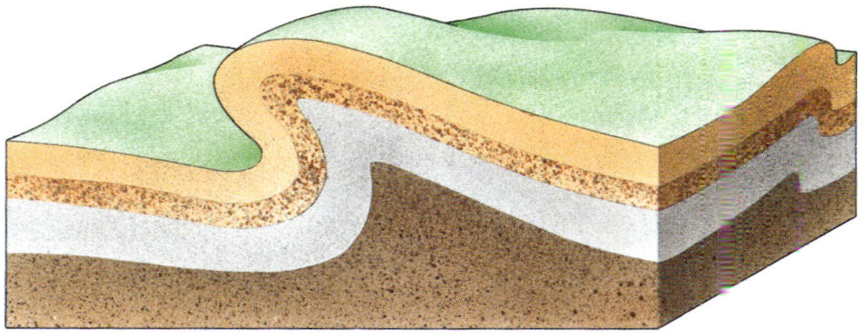

Falte schiebt sich hoch

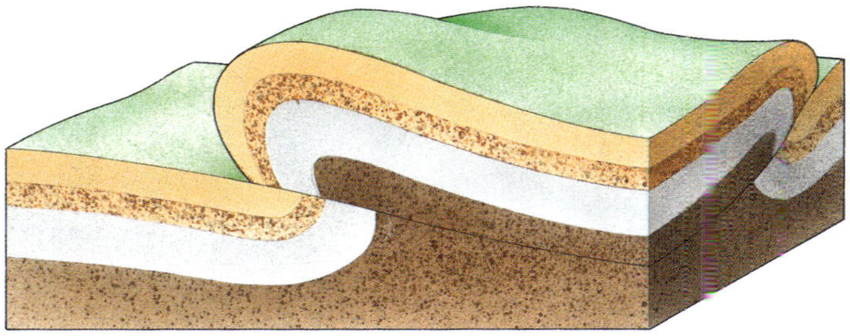

Schichten reißen auseinander

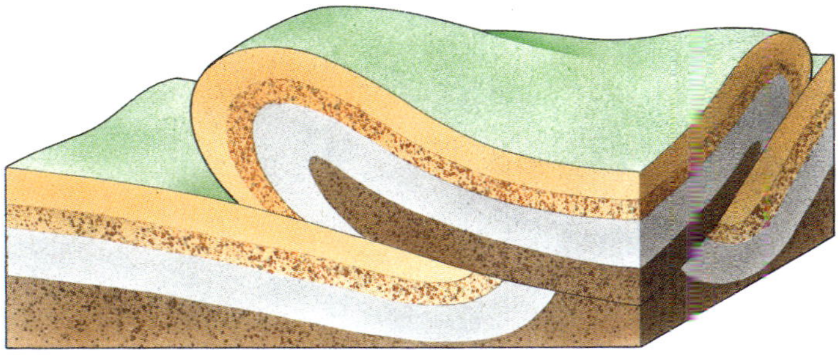

Schichten schieben sich übereinander

Verwerfung

Durch die gewaltige Kraft der Bewegungen in der Erdkruste werden manchmal riesige Stücke der Erdkruste in die Höhe geschoben. Dabei entstehen abgeflachte Gebirgszüge wie der Schwarzwald.

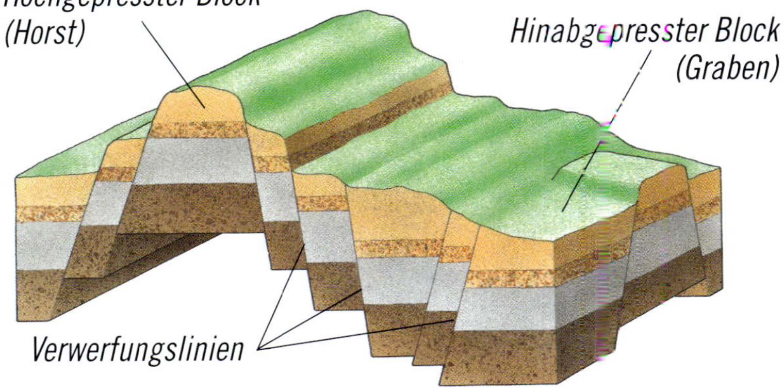

Flüsse und Seen

DIE ERDE IST EIN NASSER PLANET. Sie hat über 1300 Millionen Kubikkilometer Wasser auf ihrer Oberfläche. Das Salzwasser der Meere macht davon mehr als 97 Prozent aus. Weitere 2,2 Prozent sind an den Polkappen zu Eis gefroren. Also ist weniger als 1 Prozent Süßwasser. Doch dieses Prozent spielt für das Leben auf der Erde eine wichtige Rolle. Es wird nie verbraucht, denn es befindet sich in einem Kreislauf: Es verdunstet über Meeren und Land, kondensiert in den Wolken, fällt als Regen auf die Erde zurück und strömt durch die Flüsse wieder ins Meer.

Trockener Fluss
In manchen Gebieten führen die Flüsse nur während der Regenzeit Wasser. Während des restlichen Jahres trocknen sie aus. Man nennt sie Wadi. Flüsse, die ganzjährig Wasser führen, werden in Trockenzeiten von unterirdischen Wasseradern gespeist.

Flussmündungen
Flüsse schwemmen oft große Mengen Sediment wie Sand und Schlamm mit. Münden sie in einen See oder ins Meer, verlangsamt sich die Fließgeschwindigkeit und das Wasser kann die Teilchen nicht mehr mitreißen. Das Sediment sinkt auf den Grund und lagert sich ab. Mit der Zeit bildet der Fluss ein Delta: viele Arme, die ihren Weg zwischen den Ablagerungen finden.

Feuchtgebiete
In manchen ebenen oder sehr niedrigen Gebieten kann das Wasser nicht abfließen. Dann bildet es Sümpfe oder Feuchtgebiete aus kleinen Seen, Tümpeln und vielen Pflanzen. Der Fluss Okavango in Botswana (Afrika) teilt sich an der Mündung in viele langsam fließende Arme, die Schlick und Sand ablagern. Solche Feuchtgebiete, die etwa ein Sechstel der Erdoberfläche bedecken, zählen zu den wertvollsten Lebensräumen für Tiere und Pflanzen.

Der Wasserkreislauf

Wasser – aus den Meeren, aber auch aus Seen und Flüssen – verdunstet durch Sonnenwärme. Bäume, Getreidefelder und andere Pflanzen geben ebenfalls Wasser ab. Dieser Wasserdampf steigt in die Atmosphäre auf. Kühlt er ab, kondensiert das Wasser und bildet Wolken aus Wassertröpfchen oder Eiskristallen. Aus den Wolken fällt Regen oder Schnee, der in den Boden eindringt und von den Pflanzen aufgenommen wird oder wieder in die Flüsse, Seen und Meere fließt.

Mehr dazu: Wasser S. 32; Lösungen S. 34; Gesteinskreislauf S. 148

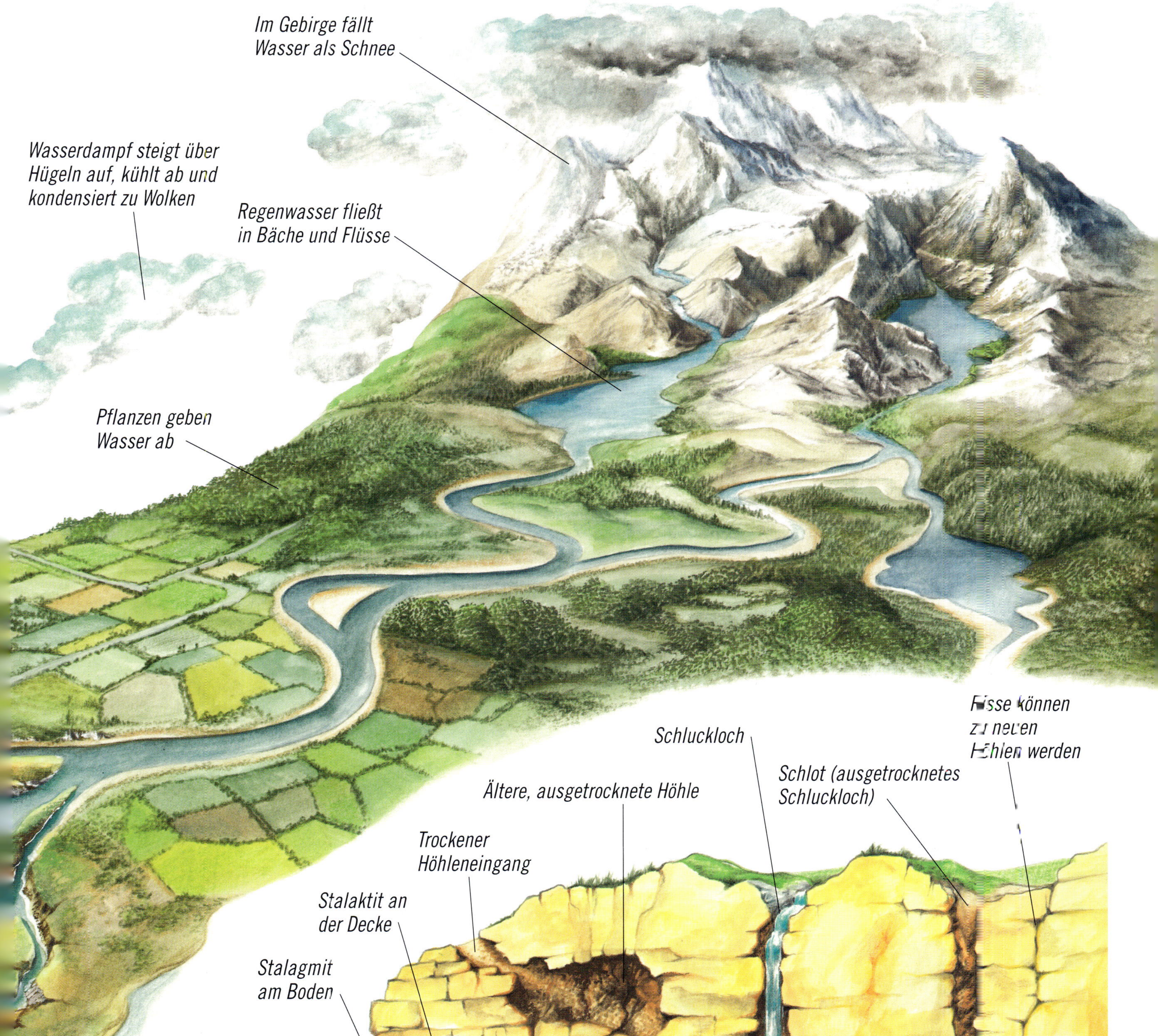

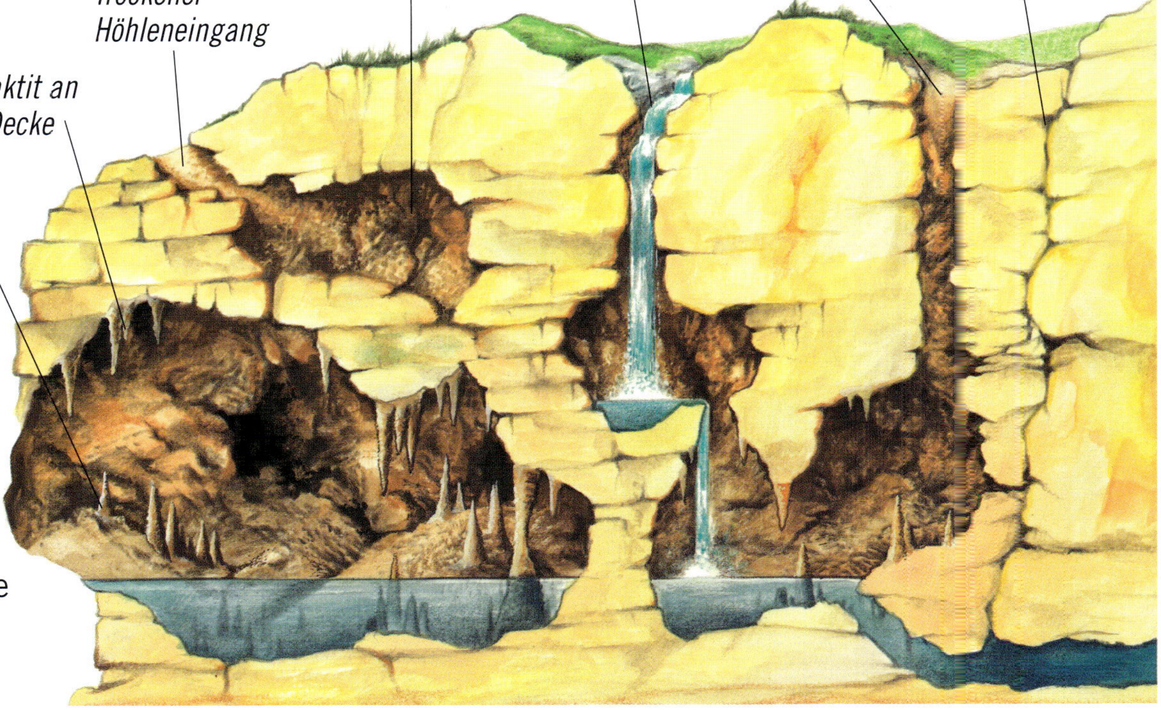

Unterirdisch

Regenwasser ist von Natur aus eine schwache Säure. Sickert es durch Kalkstein, löst es ihn allmählich auf, sodass aus Rissen Höhlen werden. Das Wasser, das von der Höhlendecke tropft, enthält gelöste Mineralien. Sie bilden eiszapfenförmig hängende Stalaktiten und dünne, aufrechte Stalagmiten.

Küsten

KÜSTEN VERÄNDERN SICH mit jeder Sekunde, in der Wellen ans Ufer schlagen und zurückrollen. Sie verändern sich stündlich durch Ebbe und Flut. Sie verändern sich monatlich durch die Einflüsse von Hitze und Kälte, Wind, Regen und Brechern. An Felsküsten zeigen Klippen, Steilwände und Überhänge, mit welcher Kraft das Meer die Küsten formt. Hartes Gestein widersteht der Kraft besser, es bleibt stehen und bildet Landzungen. Weiches Gestein wird weggespült, sodass Bögen und Steinsäulen entstehen. Im flachen Wasser an Sandstränden sieht man, dass das Meer nicht nur zerstörerische Kraft hat. Hier lagert es Sand, Schlick und Muschelgrus zu Sandbänken ab. Doch auch ihre Form verändert sich ständig.

Widerstand
Hartes Gestein wie Granit hält der Wellenkraft eine Weile stand. Sedimentgestein wird zu Terrassen ausgewaschen.

Mehr dazu: Erde in Bewegung S. 146; Gesteinskreislauf S. 148

Lebensraum Küste

Felsige Küsten geben vielen Lebewesen wie Algen, Schwämmen, Korallen, Napfschnecken, Muscheln und anderen Schalentieren einen festen Halt. Zwischen ihnen finden kleine Tiere wie Krebse, Seeschnecken und Meereswürmer Unterschlupf. An Sandstränden graben sich die Lebewesen bei Ebbe meist im Sand ein und kommen erst bei Flut wieder hervor.

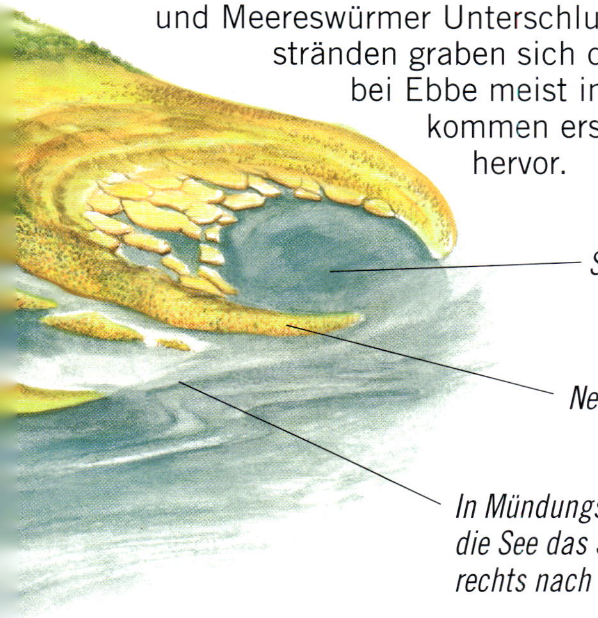

Küstenformen

Form und Charakter der Küsten unterscheiden sich stark, doch man kann alle in drei Gruppen einordnen. Reicht felsiges Land bis ans Meer, bilden sich zerklüftete Klippen und Steilküsten. Weiches Gestein wird ausgewaschen, es entstehen einzelne Steinsäulen und flache Plattformen am Fuß der Felsen. An flachen Küsten aus weichem Sediment bildet das Meer weite Buchten und Sandbänke. Treffen die Wellen schräg auf die Küste, reißt es Sand und Schlick mit und lagert es woanders ab. So entstehen Buchten und flache, sandige Landzungen, die Nehrungen.

EBBE UND FLUT

Etwa alle zwölf Stunden geht das Meer zurück: Es herrscht Ebbe. Während der Flut steigt es wieder an. Diese Gezeiten entstehen, weil alles Wasser auf der Erde durch die Anziehungskraft des Mondes in eine Eiform gebracht wird. Auf beiden Seiten der Erde entsteht ein „Wasserberg". Wenn sich die Erde dreht, bleibt dieser Berg immer genau dem Mond gegenüber. Also verschiebt sich der Wasserberg rund um die Erde.

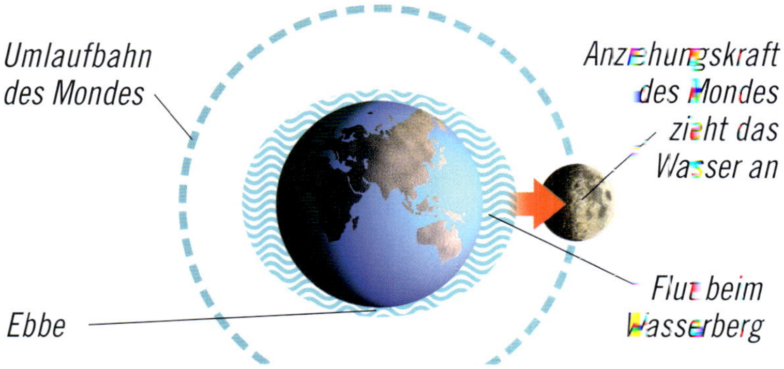

Der Mond zieht das Wasser der Erde an. Auf der Seite der Erde, die dem Mond zugewandt ist, herrscht Flut, seitlich davon herrscht Ebbe.

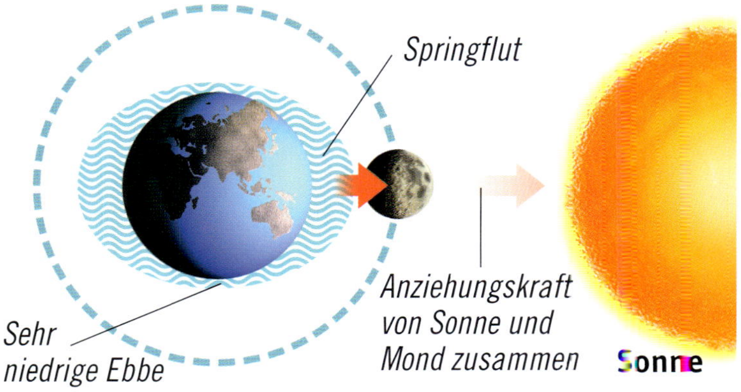

Bei einer Springflut steigt das Wasser höher als sonst. Stehen Sonne und Mond in einer Linie, erzeugt ihre gemeinsame Anziehungskraft einen Riesenwasserberg.

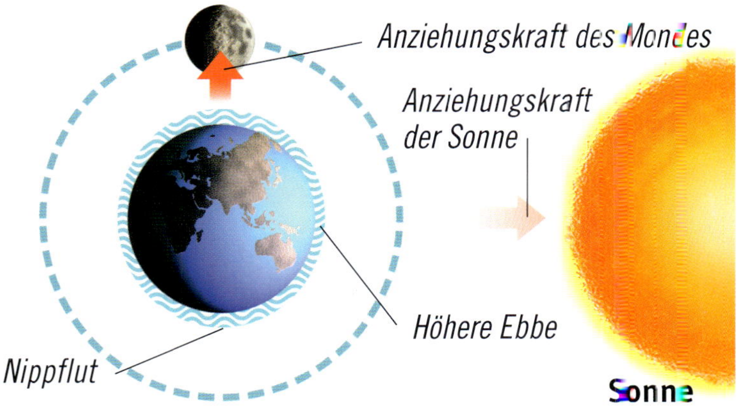

Bei einer Nipptide oder -flut steigt die Flut weniger hoch als sonst. Stehen Sonne und Mond im rechten Winkel zueinander, arbeiten ihre Anziehungskräfte gegeneinander: Der Wasserberg bleibt kleiner.

Meere und Ozeane

Drei Viertel der Erdoberfläche liegen unter Wasser, bedeckt von den fünf großen Ozeanen, die miteinander verbunden sind: Pazifik, Atlantik, Indischer Ozean, Südpolarmeer und Nordpolarmeer. Das Wasser der Meere ist durch Wind, Sonne und Gezeiten ständig in Bewegung. Der Wind erzeugt auf der Oberfläche Wellen und Strömungen, die sich tausende von Kilometern weit erstrecken. Sonnenwärme und chemische Stoffe im Meerwasser bringen das Wasser bis in große Tiefen in Bewegung.

Schwimmendes Eis

Wenn ein Gletscher „kalbt", brechen riesige Brocken Eis von der Gletscherzunge ab und treiben als Eisberge auf den Meeren in Polnähe. Nur etwa ein Neuntel eines Eisbergs ragt aus dem Wasser heraus.

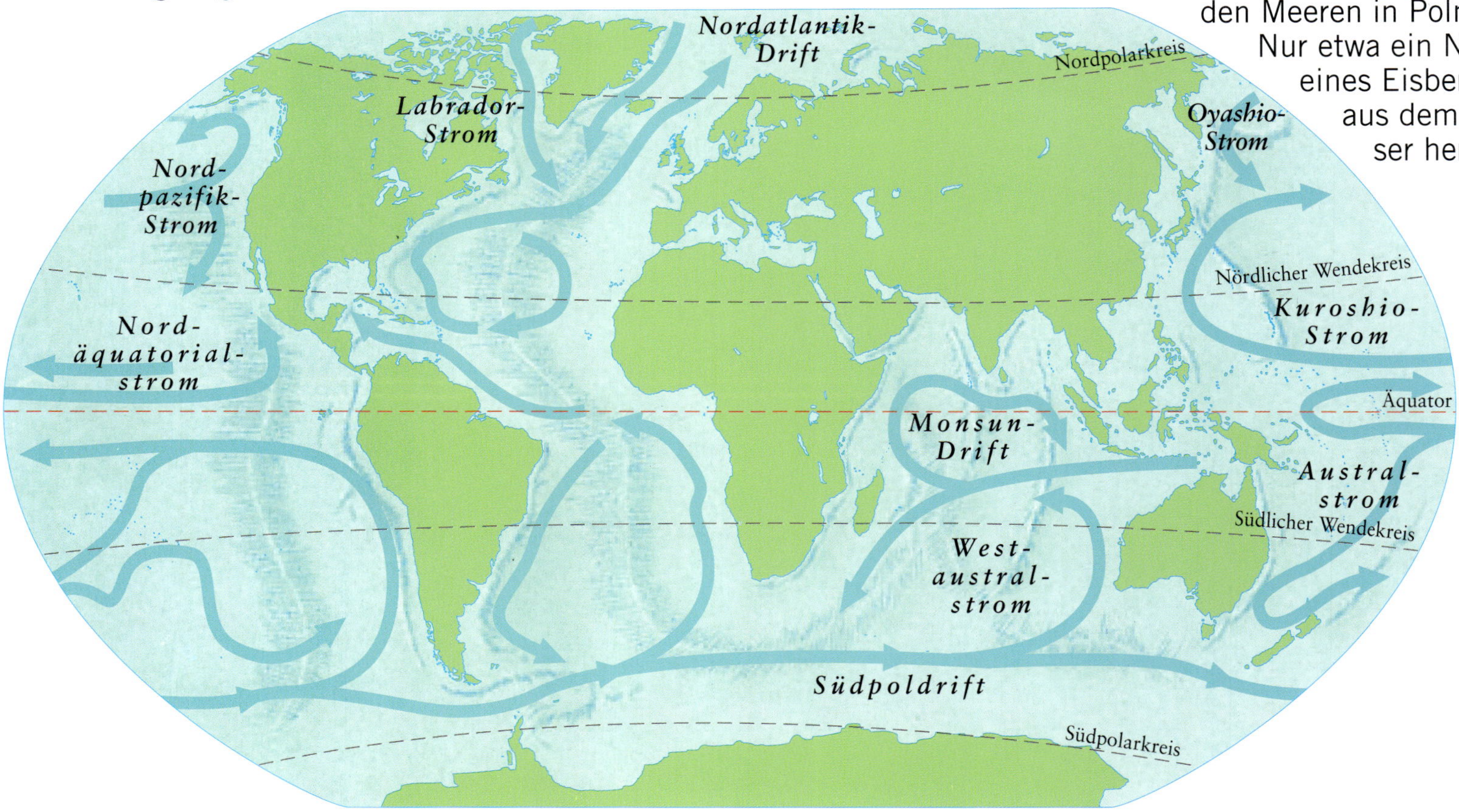

Flüsse im Meer

Die größten Flüsse der Erde findet man nicht an Land, sondern im Meer. Viele sind mehrere Kilometer breit und hunderte von Metern tief. Sie befördern gewaltige Mengen Wasser durch das relativ ruhige Umgebungswasser. Stetige Winde, die Form des Meeresgrunds und die Wirkung der Erddrehung treiben sie voran. Die größten Strömungen verlaufen auf beiden Seiten des Äquators in einer großen Kreisbewegung. Darum nennt man sie auch äquatoriale Gegenströme. Auf der nördlichen Halbkugel verläuft die Bewegung im Uhrzeigersinn, auf der südlichen entgegengesetzt. Von den Hauptströmen zweigen viele kleinere Strömungen und Wirbel ab.

Der Meeresgrund

Am Rand der Ozeane zieht sich eine Stufe mit nur etwa 130 Meter Wassertiefe entlang, dies ist die Kontinentalstufe. Den Rand der Stufe bildet der Kontinentalabhang, an dem der Meeresgrund zum Ozeanbecken hin abfällt, das größtenteils mehr als 2000 Meter tief ist. In der Mitte des Atlantiks dringt geschmolzenes Gestein von unten herauf und bildet eine Bergkette, die den Grund zu beiden Seiten auseinander drückt.

Mehr dazu: Erde in Bewegung S. 146; Wetter und Klima S. 154

Entdeckung

Nur wenige Menschen haben uns mehr Wissen über die Ozeane vermittelt als der französische Meeresforscher Jacques Cousteau (1910–1997). Er baute das erste Presslufttauchgerät („Aqualunge"), mit dem Taucher lange unter Wasser bleiben konnten. Cousteau drehte Filme und schrieb Bücher. Die faszinierende Unterwasserwelt wurde durch ihn einem breiten Publikum bekannt.

Tiefseeforschung

1964 wurde für die Marine der USA das bemerkenswerte Tauchboot *Alvin* gebaut. Normale U-Boote können nur 300 Meter tief tauchen, darunter würde der Wasserdruck sie zerquetschen. *Alvin* konnte mit seinem dicken Rumpf aus einer Titanlegierung über 4000 Meter tief tauchen und so zahlreiche Geheimnisse der Tiefsee lüften. Inzwischen gibt es weitere ähnliche Tauchboote.

Seegurke (Holothurie)

Tiefseeungeheuer

Viele Lebewesen aus der Tiefsee sehen sehr merkwürdig aus. Armgroße Seegurken wühlen sich durch den Schlamm am Grund und filtern Nahrungsteilchen heraus.

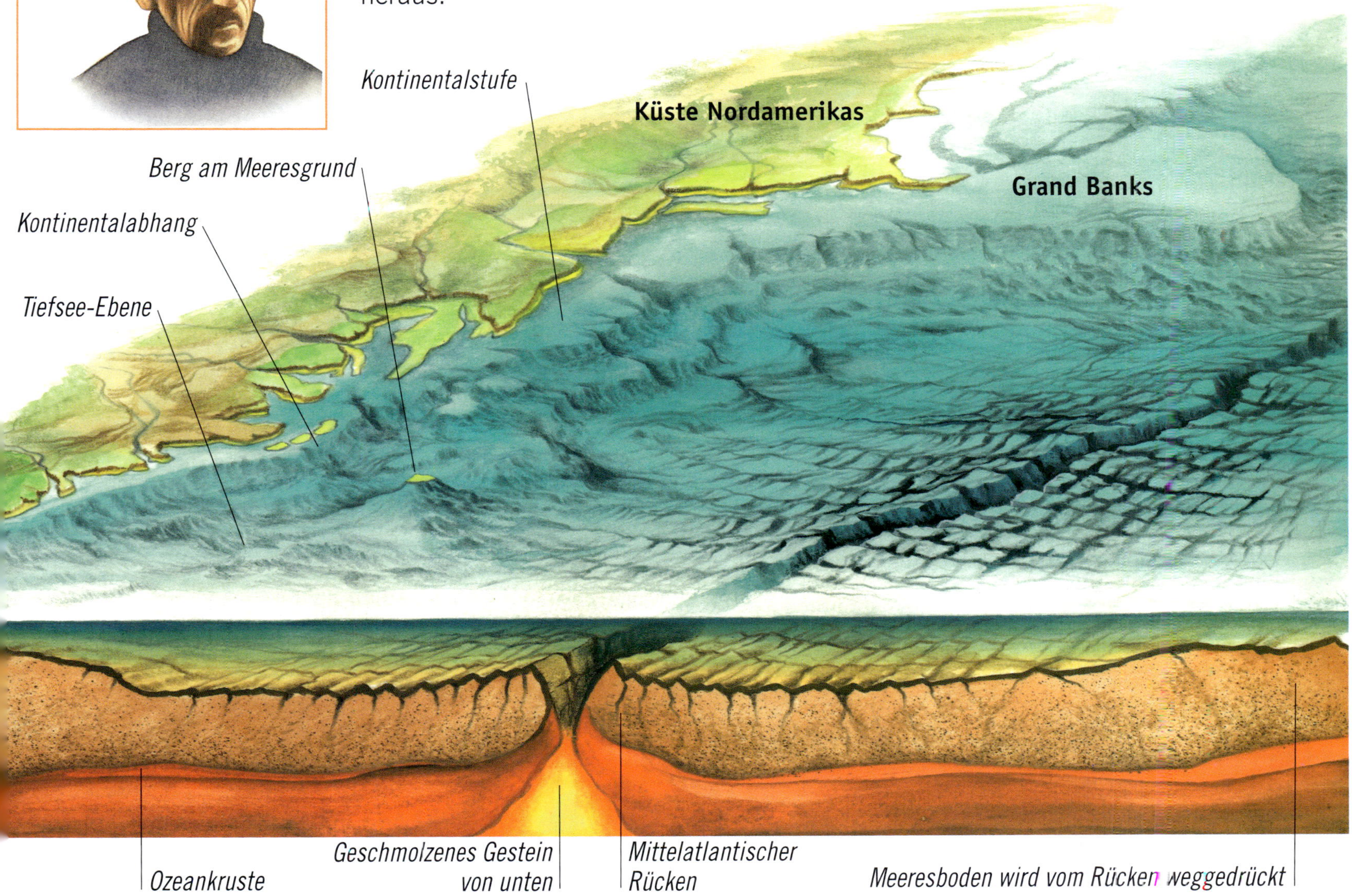

Leben auf der Erde

LEBEN GIBT ES AUF DER ERDE nur in einem schmalen Streifen zwischen den unteren Schichten der Atmosphäre und dem Meeresgrund. Doch dieser Bereich enthält eine erstaunliche Artenvielfalt. Den gesamten Lebensraum aller Lebewesen – Menschen, Pflanzen, Tieren, Bakterien und allen anderen – nennt man Biosphäre.

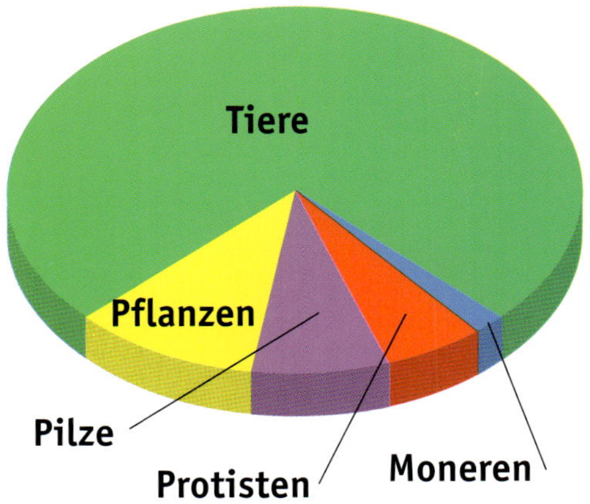

Die fünf Reiche

Es gibt fünf große Gruppen oder Reiche von Lebewesen. Jede einzelne Art, etwa der Tiger oder die Eiche, bezeichnet man als Spezies. Das Tierreich umfasst vermutlich mehr als fünf Millionen Arten und ist größer als alle anderen Reiche. Hier werden die wichtigsten Gruppen jedes Reiches vorgestellt. Früher unterschied man nur zwischen Tieren und Pflanzen.

Moneren (mindestens 10 000 Spezies)

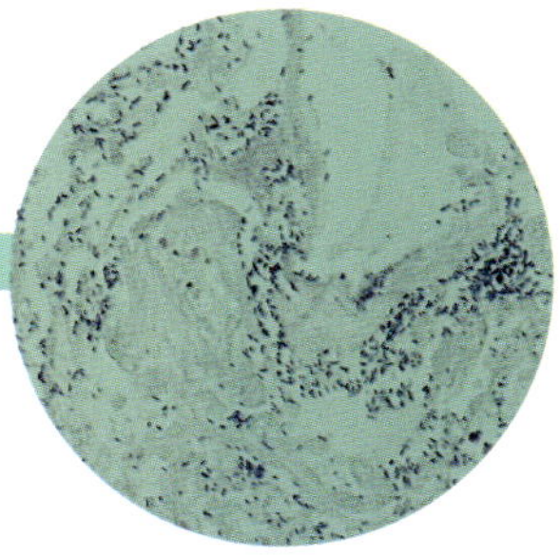

Bakterien

Cyanophyta

Protisten (etwa 70 000 Spezies)

Amöbe

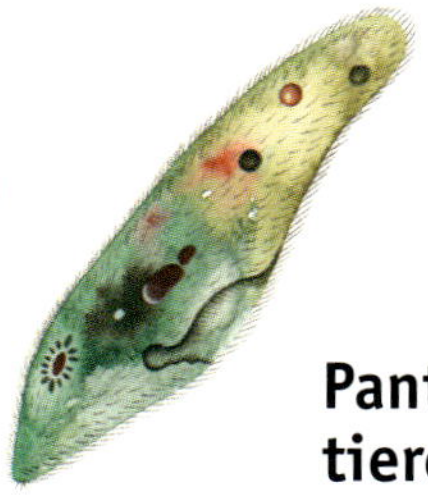

Pantoffeltierchen

Euglena

Pflanzen (350 000–400 000 Spezies)

Algen

Moose und Lebermoose

Farne

Nadelgehölze

Blühende Pflanzen

Moneren

Mikroskopisch kleine Lebewesen, die aus einer einzigen Zelle ohne Zellkern (dem Steuerungszentrum) bestehen. Cyanophyta etwa bilden den blaugrünen „Schaum“ auf manchen Teichen.

Protisten

Dies sind ebenfalls mikroskopisch kleine Einzeller, jedoch mit einem Zellkern. Zu ihnen gehören tierartige Wesen wie Amöben und pflanzenartige wie Euglena.

Pflanzen

Eine Pflanze fängt Licht von der Sonne ein und nutzt diese Energie zum Leben und Wachsen. Blühende Pflanzen vermehren sich durch ihre Blüten. Zu ihnen gehören fast alle Laubbäume sowie die Sträucher, Kräuter, Gräser und Blumen.

Mehr dazu: Entwicklung des Lebens S. 166; Prähistorisches Leben S. 168

Tiere

Die meisten Tiere können sich bewegen und ihre Umgebung wahrnehmen. Sie gewinnen Energie, indem sie andere Lebewesen fressen. Die zwei Hauptgruppen sind die Wirbellosen (Tiere ohne Wirbelsäule) und die Wirbeltiere (Tiere mit Wirbelsäule), zu denen die Menschen gehören.

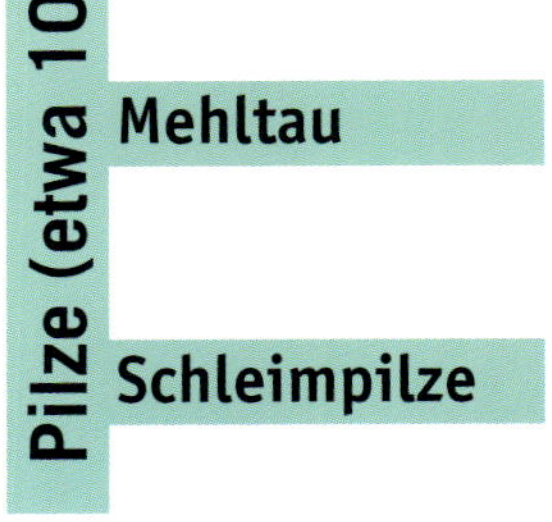

Pilze

Hierzu gehören neben den essbaren und giftigen Pilzen auch winzige Hefe- und Schimmelpilze, die auf alten Lebensmitteln wachsen. Verrottende Lebewesen oder Substanzen liefern den Pilzen die Nahrung.

Entdeckung

Der Grieche Aristoteles (384–322 v. Chr.) war einer der ersten großen Naturforscher. Er war auch Philosoph und Wissenschaftler. Er beobachtete Tiere und Pflanzen an den Küsten des Mittelmeers. Er untersuchte das Innere von Seesternen und anderen Tieren und begann, Arten aufgrund ihrer Ähnlichkeiten zu Gruppen zusammenzufassen. Einer seiner Schüler war der mazedonische König Alexander der Große. Aristoteles fragte sich, ob Lebewesen immer gleich bleiben oder sich im Lauf der Zeit verändern oder entwickeln. Heute glauben die meisten Forscher, dass Lebewesen sich entwickeln.

Entwicklung des Lebens

Im Lauf der Erdgeschichte haben sich die Lebensbedingungen verändert. Eine Zeitlang war das Klima warm und trocken, dann wurde es kalt und feucht, dann folgten Eiszeiten. Auch die Lebewesen haben sich verändert, um sich ihrer Umgebung anzupassen. Man spricht von Evolution. Fossilien beweisen, dass es einmal Millionen von Tier- und Pflanzenarten gab. Viele sind ausgestorben, weil sich die Lebensbedingungen veränderten oder sie von besser angepassten Arten verdrängt wurden. Andere haben Jahrmillionen überlebt.

Frühe Vögel
Es gibt Ähnlichkeiten zwischen den Fossilien kleiner Dinosaurier, den Theropoden, und dem ersten Vogel, dem Archaeopteryx. Man vermutet darum, dass sich Vögel aus den Dinosauriern entwickelt haben. Es gibt aber auch Unterschiede und man weiß noch nicht, ob der Archaeopteryx ein Zwischenglied oder ein Seitenzweig der Evolution war.

Lebende Fossilien
Der Coelacanth (Quastenflosser) lebte vor langer Zeit. Wahrscheinlich haben sich aus ihm die ersten großen Landtiere entwickelt. Man nahm an, dass er vor etwa 100 Millionen Jahren ausgestorben sei, bis 1938 ein lebendes Tier vor den Komoren (Inseln im Indischen Ozean) gefangen wurde. Seitdem hat man weitere Exemplare gefangen und untersucht.

Frühe Menschen

Das Lebewesen Mensch ist noch sehr jung. Die ersten menschenähnlichen Wesen, die Hominiden, gab es vor etwa vier Millionen Jahren. Sie waren klein und sahen aus wie ihre Vorfahren, die Affen. Die Frühmenschen wurden größer und entwickelten ein größeres Gehirn. Der *Homo sapiens,* zu dem wir „modernen Menschen" gehören, entstand vermutlich vor weniger als 200 000 Jahren.

Entwicklung des Pferdes
An vielen Fossilienfunden kann man die Entwicklung des Pferdes erkennen. Vor Millionen von Jahren waren es Waldtiere, etwa so groß wie Rehe. Als auf der Erde große Grasebenen entstanden, entwickelten sie längere Beine, um weite Strecken zu laufen. Das heutige Pferd *Equus* tauchte zuerst in Nordamerika auf.

Hyracotherium **Vor 40 Millionen Jahren** ***Mesohippus*** **Vor 30 Millionen Jahre**

Mehr dazu: Planet Erde S. 142; Leben auf der Erde S. 164

Entdeckung
Charles Darwin (1809–1882) entwickelte die Evolutionstheorie. Im Lauf von Jahrmillionen verändern sich Lebewesen, um sich ihrer Umgebung anzupassen. Dabei überleben nur die Stärksten („natürliche Auslese"). In jeder Generation gibt es Lebewesen, die besser an die Bedingungen angepasst sind. Sie haben bessere Überlebenschancen und können ihre Merkmale an ihre Nachkommen vererben.

WIE ENTSTEHEN FOSSILIEN?
Fossilien sind die Überreste toter Pflanzen, Tiere, Bakterien und anderer Lebewesen, die über Jahrmillionen hinweg meist als Versteinerungen erhalten geblieben sind. Es können ganze Lebewesen sein, Teile von ihnen wie Zähne, Knochen, Rinde oder Schalen, aber auch andere Anzeichen wie Fußspuren oder Kot. Ein Fossil entsteht, wenn ein Lebewesen stirbt und seine Weichteile verwesen (1). Am Meeresgrund werden Knochen und andere harte Teile von Schlamm und Sand begraben (2). Chemische Umwandlungen und der Druck des Schlamms verwandeln die Überreste in harten Stein (3). Auch Wasser, das durch den Schlamm sickert, verursacht chemische Veränderungen, bei denen aber die Form der Überreste erhalten bleibt. Durch Erdbewegungen kann das Fossil wieder an die Oberfläche gelangen (4).

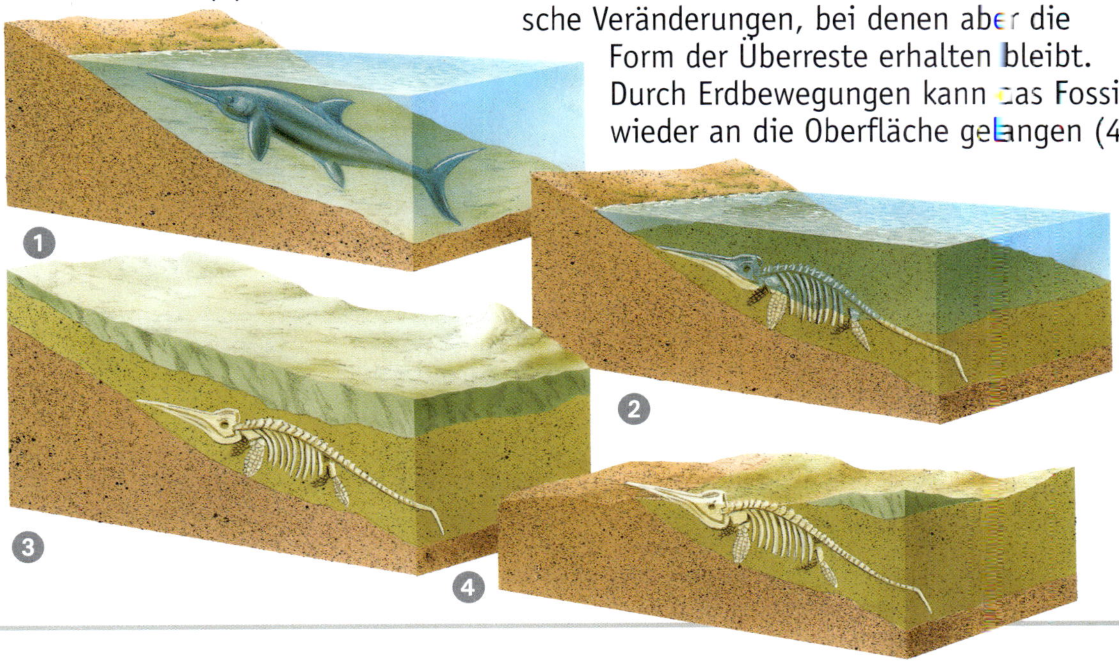

Der Eismensch
Selbst Funde von relativ geringem Alter zeigen, wie sehr sich die Welt verändert hat. Manchmal werden vollständige Menschen mit Kleidung, Werkzeug und anderen Gegenständen gefunden. Der Eismensch „Ötzi" starb vor etwa 5000 Jahren auf einem Gletscher in den Alpen (Ötztal). Sein Körper wurde im Eis tiefgefroren. Kleidung und Gepäck zeigen, wie die Menschen damals Umhänge und Gewänder, Schuhe und Hüte, Speere und Pfeile aus Naturmaterialien wie Gras, Leder und Stein herstellten.

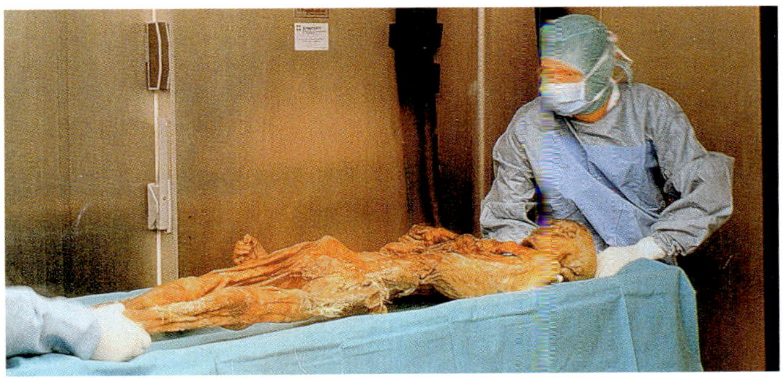

Merychippus
Vor 25 Millionen Jahren

Pliohippus
Vor 5 Millionen Jahren

Equus
Das heutige Pferd

Prähistorisches Leben

Über Milliarden von Jahren gab es auf der Erde nur winzige, einzellige Lebewesen. Vor etwa 700 Millionen Jahren entstanden im Meer die ersten echten Tiere wie Quallen und Schwämme. Durch seltene Fossilfunde wissen wir, wie diese Weichtiere aussahen. In den folgenden 200 Millionen Jahren entwickelten sich Lebewesen mit harten Teilen (Schalen und Knochen). Aus dieser Zeit, dem frühen Kambrium, gibt es mehr Fossilfunde. Einige Tiere wie Haie und Krokodile haben bis heute überlebt. Andere sind ausgestorben, als sich die Lebensbedingungen änderten. Oder sie haben sich aus den prähistorischen zu den modernen Formen entwickelt.

Fossilien
Meist harte Teile von Lebewesen (Zähne, Krallen, Schalen, Zapfen und Holz), die versteinert sind und im Gestein erhalten blieben.

Geologische Zeit

Die Erde ist etwa 4,6 Milliarden Jahre alt. Die Erdgeschichte besteht aus vier großen Abschnitten, den Erdzeitaltern. Die ersten drei dauerten etwa vier Milliarden Jahre. Sie werden meist als Präkambrium bezeichnet, weil es kaum Fossilfunde gibt, die uns etwas darüber verraten. Das letzte Zeitalter, das Phanerozoikum, begann vor etwa 540 Millionen Jahren und wird in vier Phasen aufgeteilt. Diese wiederum teilt man in Perioden von zwei bis achtzig Millionen Jahren Länge ein.

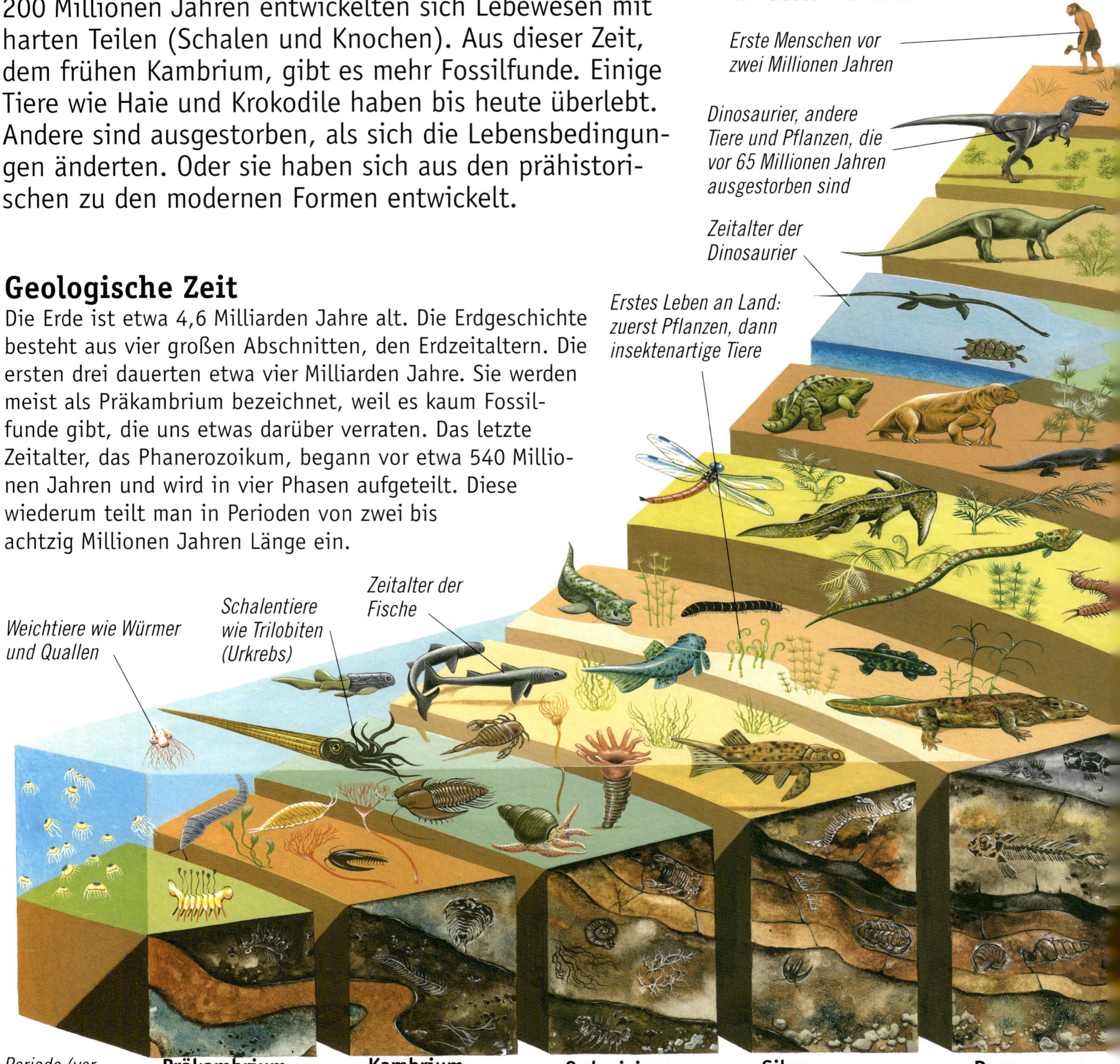

Mehr dazu: Gesteinskreislauf S. 148; Entwicklung des Lebens S. 166

Massensterben

Fossilien beweisen, dass zu bestimmten Zeiten der Erdgeschichte sehr viele Lebewesen in kurzer Zeit ausgestorben sind. Am Ende der Kreidezeit verschwanden Dinosaurier, Pterosaurier (Flugreptilien) und viele andere. Am Ende des Perm war das Massensterben noch größer: Fossilfunde belegen, dass damals etwa vier Fünftel aller Lebensformen ausgelöscht wurden.

Die Erde in Gefahr

HEUTE BEHERRSCHEN WIR MENSCHEN die Erde. Aber wir sind dabei, ihr schwere Schäden zuzufügen. Wir verbrauchen die Rohstoffe und zerstören unsere Lebensgrundlagen, von der Atmosphäre bis zu Pflanzen und Tieren. Auspuffgase von Autos und Fabriken verpesten die Luft, Chemikalien aus Kunstdüngern verschmutzen das Wasser. Wälder werden abgeholzt, die Natur verschwindet unter Beton.

Weggeschwemmt?
Durch den erhöhten Treibhauseffekt könnte es in der Mitte des 21. Jahrhunderts auf der Erde 4 °C wärmer sein als heute. Dadurch schmilzt das Eis der Pole, der Meeresspiegel steigt und flachen Küstenregionen und Inseln drohen schwere Überschwemmungen.

Schäden in der Atmosphäre

Die Atmosphäre wird durch zwei Vorgänge geschädigt. Der eine ist die Auflösung der Ozonschicht, die den größten Teil der schädlichen ultravioletten Strahlen der Sonne abfängt. Der andere ist der Treibhauseffekt, den es zwar schon immer gab, der aber immer stärker wird.

Mehr dazu: Atmosphäre S. 152; Wetter und Klima S. 154

Vergiftetes Wasser

Gold ist ein wertvolles Metall. Wer es findet, kann schnell reich werden. In Teilen des Amazonas, einem großen Fluss in Südamerika, enthält das Wasser winzige Goldpartikel, die man gewinnen kann, indem man sie mit dem Metall Quecksilber in Verbindung bringt. Doch Quecksilber ist sehr giftig. Bleibt es im Wasser, sterben hunderte Kilometer flussabwärts Fische und andere Wasserlebewesen.

DIE UMWELT IN ZAHLEN

- In den USA verbraucht jeder Mensch durchschnittlich 34 Millionen Kilojoule Energie am Tag, in Indien liegt der Durchschnittsverbrauch bei 0,6 Millionen.
- In den Industrieländern der Erde lebt nur ein Viertel der Gesamtbevölkerung, doch sie verbrauchen drei Viertel der Energie.
- Nur knapp fünf Prozent der gesamten Energie stammen aus erneuerbaren Quellen wie Wasser, Wind und Sonnenlicht.
- Jedes Jahr werden 20 Millionen Hektar tropischer Regenwald abgeholzt.
- Durch zu intensive Landwirtschaft werden jährlich etwa sieben Millionen Hektar Ackerland zerstört.

Bodenerosion

Bei zu intensiver Bewirtschaftung werden die Mineralien und Nährstoffe des Bodens aufgebraucht. Dann gedeihen keine Pflanzen mehr, die die Bodenpartikel zusammenhalten. Der Boden lockert sich und wird vom Wind weggeweht oder vom Regen in Flüsse geschwemmt.

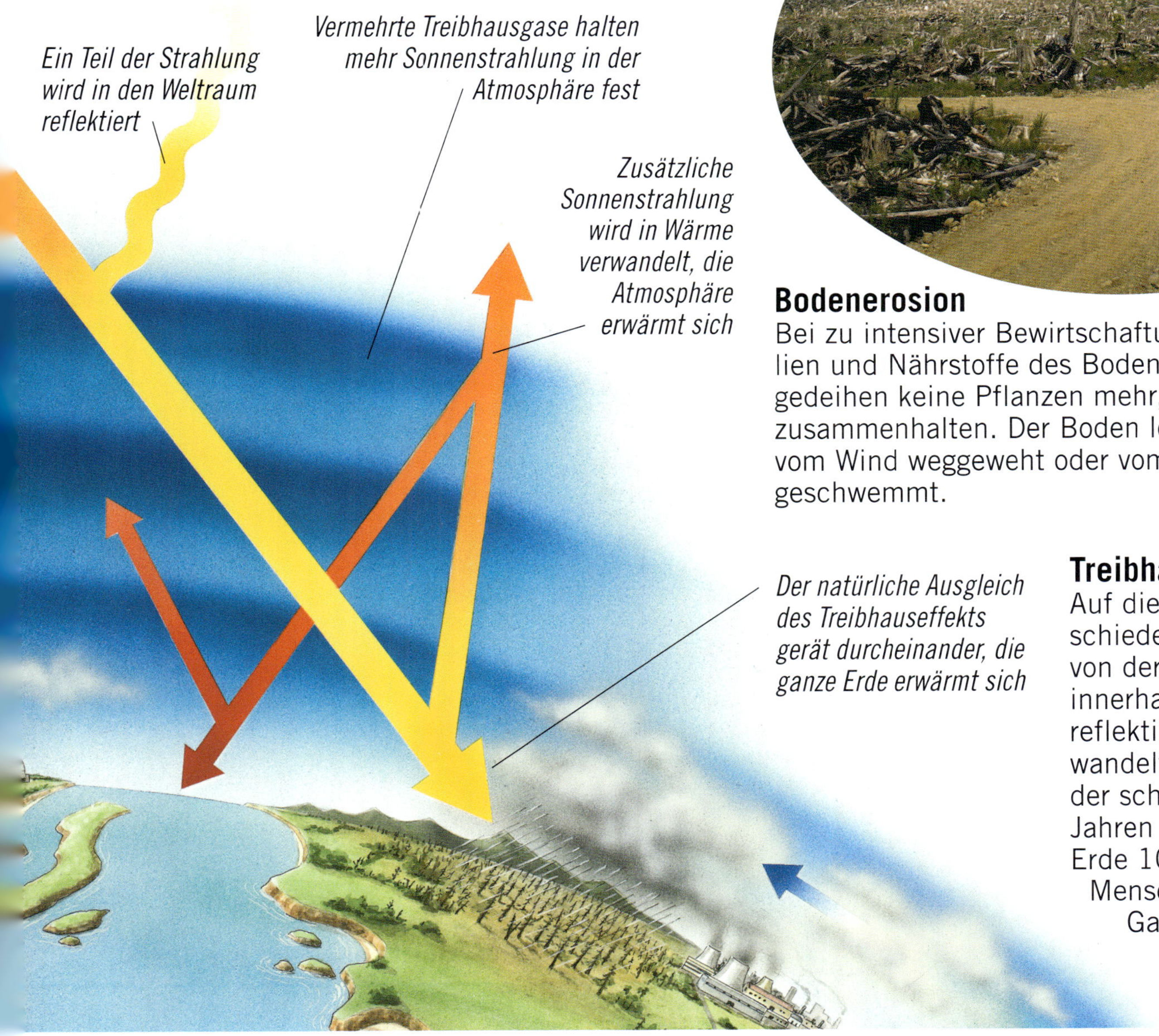

Treibhauseffekt

Auf die Atmosphäre treffen verschiedene Strahlen und Wellen von der Sonne. Einige werden innerhalb der Atmosphäre reflektiert und in Wärme verwandelt. Ohne diesen Vorgang, der schon seit Millionen von Jahren abläuft, wäre es auf der Erde 10–15 °C kälter. Die Menschen produzieren jedoch Gase wie Kohlendioxid und Methan, die den Treibhauseffekt verstärken.

K A P I T E L

6

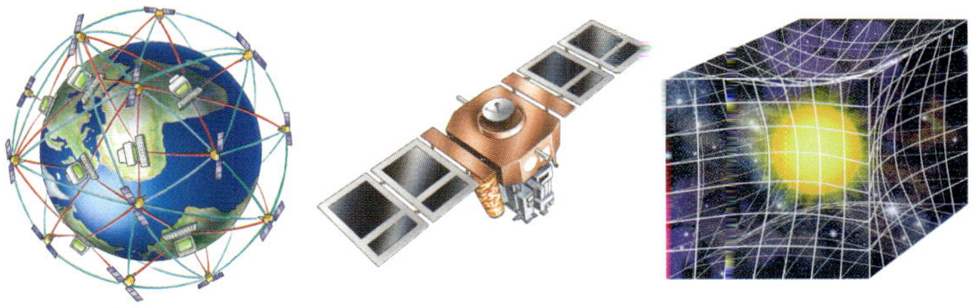

Raum und Zeit

Weit entfernt von unserem Leben hier auf der Erde ist das Universum ein wundersamer und faszinierender Ort. Sterne werden geboren und explodieren. Sterngruppen, die Galaxien genannt werden, bewegen sich voneinander weg. Gerade Linien sind in Wirklichkeit gekrümmt und die Zeit vergeht mal schneller und mal langsamer. Die Wissenschaft kann einige dieser oft verwirrenden Vorgänge erklären, aber längst nicht alle.

Die Erde im Weltraum

FRÜHER DACHTEN DIE MENSCHEN, die Erde sei flach und der Mittelpunkt des Universums. Nach und nach kam die Wissenschaft zu der Erkenntnis, dass die Erde nicht flach, sondern rund und eigentlich nur ein kleiner Planet ist, der sich als einer von vielen Planeten um die Sonne dreht. Von der Erde aus gesehen scheint es, als kreisten Sonne, Mond und die Sterne um die Erde. Dies ist eine Illusion, die durch die Drehung der Erde entsteht. Nur der Mond kreist in Wahrheit um die Erde.

Sterne scheinen sich in diese Richtung zu drehen

Himmelskugel mit den Sternen

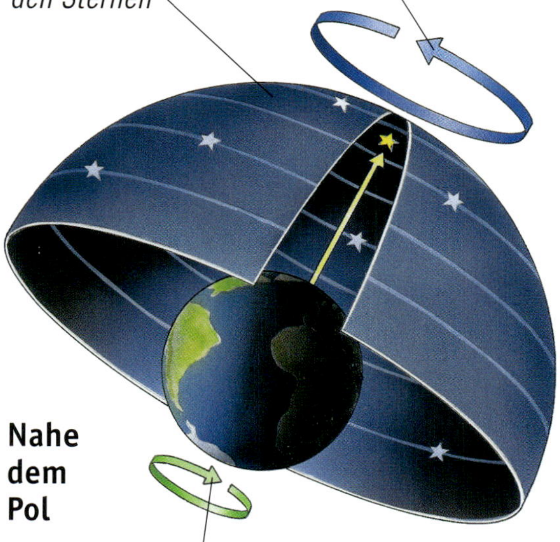

Nahe dem Pol

Erde dreht sich in diese Richtung

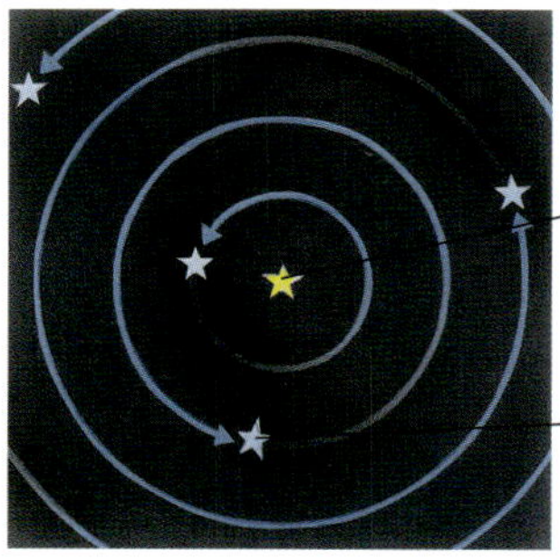

Polarstern

Sterne nahe dem Pol bewegen sich in engen Kreisen

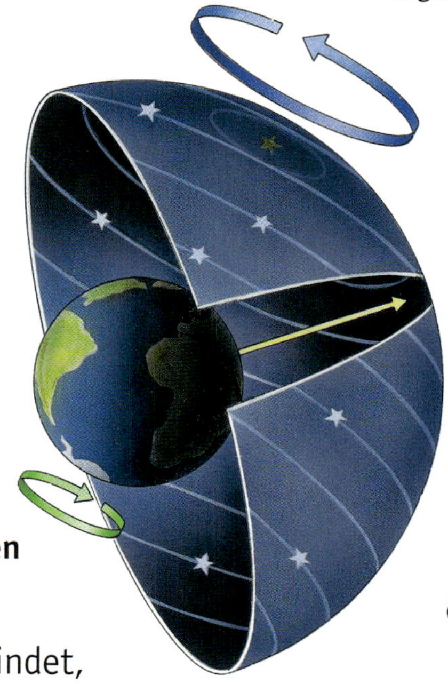

In mittleren Breitengraden

Sterne nahe dem Pol laufen in engen Kreisbahnen

Sterne nahe dem Äquator laufen in weiten Kreisbahnen

Nahe dem Äquator

Sterne scheinen sich gerade über den Himmel zu bewegen

Bewegen sich die Sterne?

Je nachdem, wo man sich auf der Erde befindet, scheinen sich die Sterne am Nachthimmel zu bewegen. Im äußersten Norden oder Süden, nahe den geografischen Polen, beschreiben sie am Himmel enge Kreisbahnen. Der Polarstern steht im Norden in einer Linie mit der Drehachse der Erde. Daher scheint er still zu stehen, während die anderen Sterne sich um ihn bewegen. In mittleren Breitengraden wirkt es, als würden sich die Sterne in der Nähe der Pole auf engen Kreisbahnen und die Sterne in der Nähe des Äquators auf weiten Kreisbahnen bewegen. Am Äquator sieht man die Sterne „von der Seite". Sie scheinen auf geraden Bahnen zu laufen. In Wirklichkeit bewegen sich die Sterne aber kaum, sondern die Erde dreht sich.

Entdeckung

Nikolaus Kopernikus (1473–1543) studierte Kunst, Medizin und Rechtswissenschaften. Sein Interesse aber galt vor allem der Astronomie. Er erklärte, dass die geozentrische Vorstellung, in der die Erde den Mittelpunkt des Weltraums bildet, nicht mit seinen astronomischen Beobachtungen übereinstimme. Er schlug eine neue, die heliozentrische Theorie vor, nach der die Erde und andere Planeten sich um die Sonne drehen.

Mehr dazu: Planet Erde S. 142; Erforschung des Weltraums S. 176

WISSENSWERTES ÜBER DIE PLANETEN

Planet	Entfernung zur Sonne *(in Millionen Kilometern)*	Durchmesser *(in Tausend Kilometern)*	Länge des Tages *(in Erdstunden oder -tagen)*	Länge des Jahres *(in Erdtagen oder -jahren)*	Anzahl der Monde
Merkur	58	4880	58,6 Tage	88 Tage	0
Venus	108	12 104	243 Tage	224,7 Tage	0
Erde	149,6	12 756	24 Stunden	365,3 Tage	1
Mars	228	6787	25 Stunden	687 Tage	2
Asteroidengürtel zwischen Mars und Jupiter					
Jupiter	778	143 000	10 Stunden	11,9 Jahre	16
Saturn	1427	120 000	10 Stunden	29,5 Jahre	über 20
Uranus	2875	51 100	23 Stunden	84 Jahre	über 16
Neptun	4497	49 500	16 Stunden	165 Jahre	8
Pluto	5900	2200	6 Tage	248 Jahre	1

Entdeckung

Der amerikanische Physiker und Ingenieur Robert Goddard (1882–1945) baute und startete 1926 als Erster eine von Flüssigtreibstoff angetriebene Rakete. Sie erreichte eine Höhe von 56 Metern. Seine Arbeit lieferte die Grundlagen für die späteren Weltraumraketen.

STATIONEN IM RAUM

Im Februar 1986 startete die damalige Sowjetunion das Kernstück der Raumstation *Mir*. Ihr Name bedeutet im Russischen sowohl „Friede“ als auch „Welt“. Das Hauptmodul der Station ist 17 Meter lang und hat vier Meter Durchmesser. Es ist ähnlich gebaut wie sein Vorgänger *Saljut,* hat aber vier zusätzliche Andockstationen für Raumschiffe und zwei Privaträume für längere Aufenthalte im All. Das Forschungslabor *Quant 1* dockte 1987 am Hauptmodul an. Inzwischen haben viele Menschen auf der *Mir* gearbeitet, einige länger als ein Jahr. Das ohne Besatzung fliegende Versorgungsschiff *Progress* beliefert die *Mir*. In den 1990er Jahren kam es auf der Station zu Zwischenfällen.

Erdaufgang

Die Astronauten des Raumschiffes *Apollo 8* waren die ersten Menschen, die die Erde von einem anderen Himmelskörper aus sahen. Als sie den Mond umkreisten, sahen sie die Erde über den Äquator des Mondes steigen. Wie der Mond erzeugt auch die Erde kein eigenes Licht, sondern reflektiert das Licht der Sonne.

Erforschung des Weltraums

DAS WELTRAUMZEITALTER BEGANN am 4. Oktober 1957 mit dem Start des sowjetischen Satelliten *Sputnik 1*. Der Satellit bestand aus einer Metallkugel mit 58 Zentimeter Durchmesser, war 84 Kilogramm schwer und enthielt einen Funksender und ein Thermometer. Die Welt war verblüfft. Heute finden regelmäßig Weltraumstarts statt, die Satelliten in die Umlaufbahn der Erde oder tief ins All bringen.

Trägerraketen

Raumfahrzeuge werden mit dem stärksten bekannten Motor der Welt gestartet, dem Raketenantrieb. Er muss die Anziehungskraft der Erde überwinden und das Raumfahrzeug in eine Höhe von 140 Kilometer und auf eine Umlaufgeschwindigkeit von 27 350 Kilometer pro Stunde bringen. In der Umlaufbahn wird die geradlinige Vorwärtsbewegung des Raumschiffs nach dem 3. Newtonschen Bewegungsgesetz durch die Anziehungskraft der Erde ausgeglichen. Dadurch schwenkt das Raumschiff in die Umlaufbahn (Orbit) um die Erde.

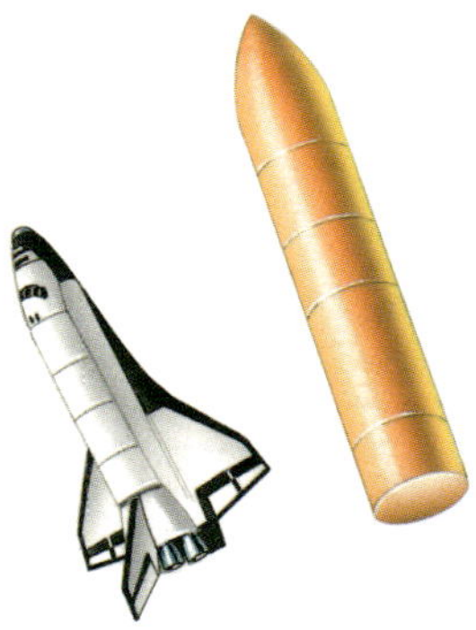

8 Min. 50 Sek.
Der riesige Treibstofftank ist leer, löst sich und wird abgestoßen. Die Haupttriebwerke werden abgeschaltet und die kleineren Steuertriebwerke bringen den Orbiter in eine niedrige Erdumlaufbahn in 140 Kilometer Höhe.

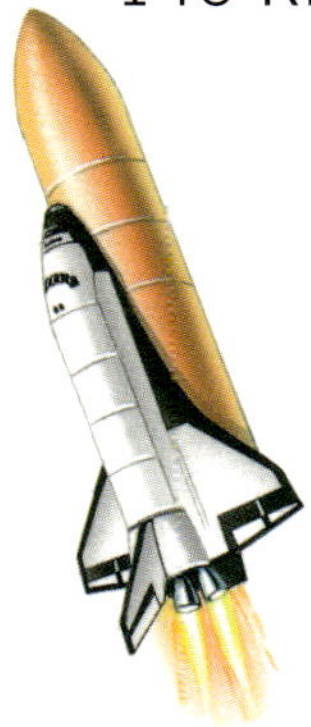

8 Min.
Der Shuttle hat durch den Schub seiner Haupttriebwerke fast die Umlaufgeschwindigkeit erreicht.

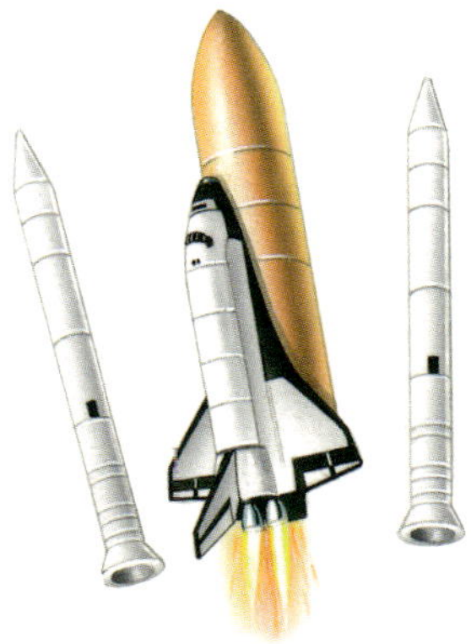

2 Min. 12 Sek.
Die Startraketen (Booster) brennen aus, fallen ins Meer und werden geborgen.

Mehr dazu: Planet Erde S. 142

Einsatz im All

Die Ladebucht des Orbiters wird geöffnet, um die Fracht (etwa einen Satelliten) auszusetzen. Der Shuttle kann 30 Tonnen Fracht ins All transportieren. Manchmal manövriert die Besatzung den Shuttle auch an einen Satelliten heran, fängt ihn ein und bringt ihn für Reparaturen oder Umbauten zur Erde zurück.

MONDLANDUNG

Das Apolloprogramm hatte das Ziel, Menschen auf den Mond zu bringen. Als erster Mensch setzte Neil Armstrong von der Mission *Apollo 11* am 20./21. Juli 1969 seinen Fuß auf den Mond. Es folgten fünf weitere Missionen, die Experimente durchführten und Gesteinsproben zur Untersuchung zur Erde brachten. Die letzte Mission, *Apollo 17,* startete im Dezember 1972. Vielleicht wird es schon im Jahr 2020 möglich sein, Menschen zum Mars zu schicken. Die einfache Flugstrecke würde etwa neun Monate dauern.

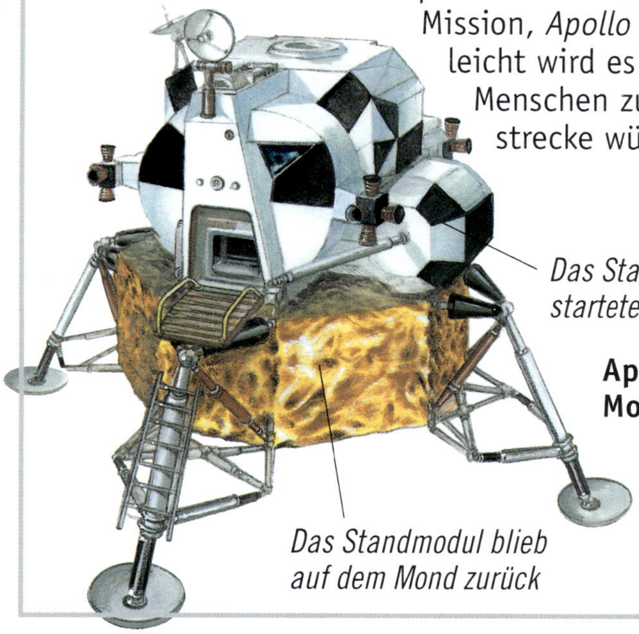

Das Startmodul startete wieder

Apollo Mondfähre

Das Standmodul blieb auf dem Mond zurück

US-Astronauten auf dem Mond

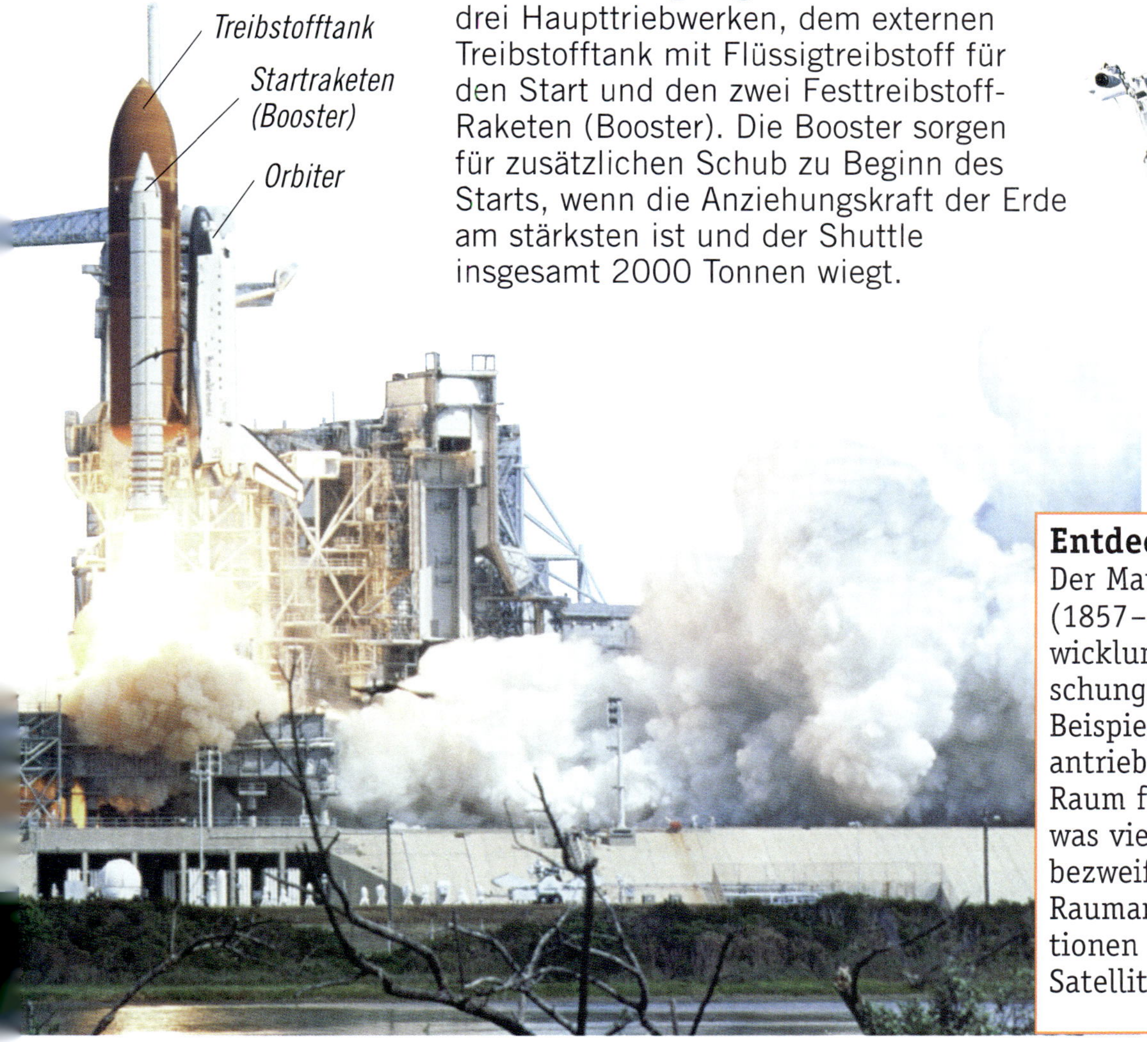

Space Shuttle

Der Space Shuttle besteht aus vier Hauptteilen: dem flugzeugähnlichen Orbiter mit drei Haupttriebwerken, dem externen Treibstofftank mit Flüssigtreibstoff für den Start und den zwei Festtreibstoff-Raketen (Booster). Die Booster sorgen für zusätzlichen Schub zu Beginn des Starts, wenn die Anziehungskraft der Erde am stärksten ist und der Shuttle insgesamt 2000 Tonnen wiegt.

Weltraumspaziergänge

Arbeiten außerhalb des Fahrzeugs heißen Extra-Vehicular Activity (EVA). Der Raumanzug ist ein luftdichter Druckanzug, in dem der Astronaut Luft zum Atmen hat und der ihn vor der Strahlung, den extremen Temperaturen und Staubpartikeln im All schützt.

Raketentornister MMU (Manned Manoeuvring Unit, deutsch: bemannte Manövrier-Einheit)

Entdeckung

Der Mathematiker Konstantin Ziolkowski (1857–1935) sah viele Entwicklungen der Raumforschung voraus, zum Beispiel, dass Raketenantriebe im luftleeren Raum funktionieren, was viele Zeitgenossen bezweifelten. Er sagte Raumanzüge, Raumstationen und künstliche Satelliten vorher.

Erdumlaufbahn

EIN SATELLIT IST EIN KÖRPER, der um einen anderen Körper kreist. Der Mond ist ein natürlicher Satellit der Erde. Außerdem haben wir viele künstliche Satelliten gestartet, die die Erde vermessen, Telefongespräche vermitteln, das Wetter beobachten und militärischen Zwecken dienen. Auch die Erde selbst ist ein Satellit, nämlich der Sonne. Durch die Drehung der Erde um ihre eigene Achse entstehen Tag und Nacht. Die Neigung der Erdachse zur Umlaufbahn sorgt für die Jahreszeiten.

Jährliche Reise

Die Erde dreht sich wie ein Kreisel um ihre Achse, eine gedachte Linie zwischen dem geografischen Nord- und dem Südpol. Innerhalb von 24 Stunden dreht sie sich einmal um sich selbst. Von der Oberfläche sieht es aus, als ob die Sonne tagsüber über den Himmel wandert und abends hinter dem Horizont verschwindet. Während sich die Erde dreht, rast sie mit 30 Kilometer pro Sekunde um die Sonne. Die Erdachse steht schräg zur Ebene der Umlaufbahn. Dadurch ist die obere Nordhälfte der Erde einen Teil des Jahres zur Sonne hin geneigt und wir haben Sommer.

Entdeckung

Johannes Kepler (1571–1630), ein Mathematiker und Astronom, glaubte wie Kopernikus nicht, dass die Erde der Mittelpunkt des Universums sei, um den sich alles dreht. Die Erde und die anderen Planeten kreisen um die Sonne. Kepler berechnete die Umlaufbahnen der Erde und von anderen Planeten mit mathematischer Genauigkeit und entwickelte die drei Gesetze der Planetenbewegung.

Jahreszeiten

Die Neigung der Erdachse von 23,5 Grad zu ihrer Umlaufbahn um die Sonne sorgt für jahreszeitliche Veränderungen auf der Erde. Am Äquator steht die Sonne mittags an den Tagen der Frühlings- und Herbsttaggleiche im März beziehungsweise September senkrecht über der Erde. Am Mittsommertag im Juni steht sie auf der Nordhalbkugel am höchsten am Himmel, auf der Südhalbkugel, wo Mittwinter ist, am niedrigsten. Der antarktische Polarkreis ist von der Sonne abgeneigt, sodass sie dort nicht aufgeht. Gleichzeitig ist der arktische Polarkreis der Sonne zugeneigt und hier geht sie nie unter. Sechs Monate später ist die Situation umgekehrt.

Winter und Sommer

Im Winter steht die Sonne kürzere Zeit über dem Horizont als im Sommer. Außerdem steigt sie am Himmel nicht so hoch, sodass ihre Strahlen flacher auf die Erdatmosphäre treffen. Dadurch erreicht weniger Sonnenwärme den Boden und die Temperaturen sind niedriger. Gleichzeitig steht die Sonne auf der anderen Halbkugel höher und länger am Himmel. Ihre Strahlen treffen fast senkrecht auf die Atmosphäre und sorgen für höhere Temperaturen.

Mehr dazu: Planet Erde S. 142; Atmosphäre S. 152

Mondphasen

Der Mond kreist mit einer durchschnittlichen Entfernung von 384 400 Kilometern um die Erde. Seine Umlaufbahn ist allerdings elliptisch, sodass der Abstand zwischen 356 000 und 407 000 Kilometern schwankt. Ein Umlauf dauert etwa einen Monat (genau 27,3 Tage). Er braucht allerdings 29,5 Tage, bis er wieder die gleiche Phase zeigt, da sich die Erde gleichzeitig um die Sonne bewegt. Das nennt man den synodischen Monat. Der Mond leuchtet nicht von sich aus, sondern reflektiert das Sonnenlicht. Was wir vom Mond sehen und Mondphasen nennen, ist der von der Sonne beleuchtete Teil des Mondes. Die Phasen wiederholen sich jeden synodischen Monat.

Umlaufbahnen der Satelliten

Satelliten haben je nach ihrer Aufgabe unterschiedliche Umlaufbahnen. Ein Vermessungssatellit, der Bilder von der Erdoberfläche macht, kreist in einer niedrigen Höhe von 500 bis 1000 Kilometern. Für bessere Aufnahmen kann diese Umlaufbahn auch elliptisch sein und teilweise weniger als 100 Kilometer hoch verlaufen. Ein Telekommunikations-Satellit kann in 35 800 Kilometer Höhe direkt über dem Äquator kreisen. In dieser Höhe braucht er für einen Umlauf 24 Stunden. In dieser Zeit dreht sich auch die Erde weiter, deshalb scheint der Satellit immer an der gleichen Stelle zu schweben. Dies nennt man eine geostationäre Umlaufbahn. Sie sorgt dafür, dass wir unsere Satellitenschüsseln nicht immer neu nach dem Satelliten ausrichten müssen.

Neue Sichel | Erstes Viertel | Zunehmender Mond | Vollmond | Abnehmender Mond | Letztes Viertel | Alte Sichel

Magnetische Erde

DIE ERDE IST EIGENTLICH ein riesiger Magnet, dessen Kraftfeld jedes magnetische Material in seiner Reichweite beeinflusst. Man kann ihn sich wie einen Stabmagneten mit zwei Polen im Inneren der Erdkugel vorstellen. Diese magnetischen Pole sind aber nicht gleich dem geografischen Nord- und Südpol, um die sich die Erde dreht, sondern sie liegen neben ihnen. An den magnetischen Polen konzentriert sich die gesamte Magnetkraft des Planeten. Jeder Magnet, der sich frei drehen kann, richtet sich mit einem Ende zum magnetischen Nordpol und mit dem anderen zum magnetischen Südpol der Erde aus. Am besten sieht man das an der Nadel eines Magnetkompasses.

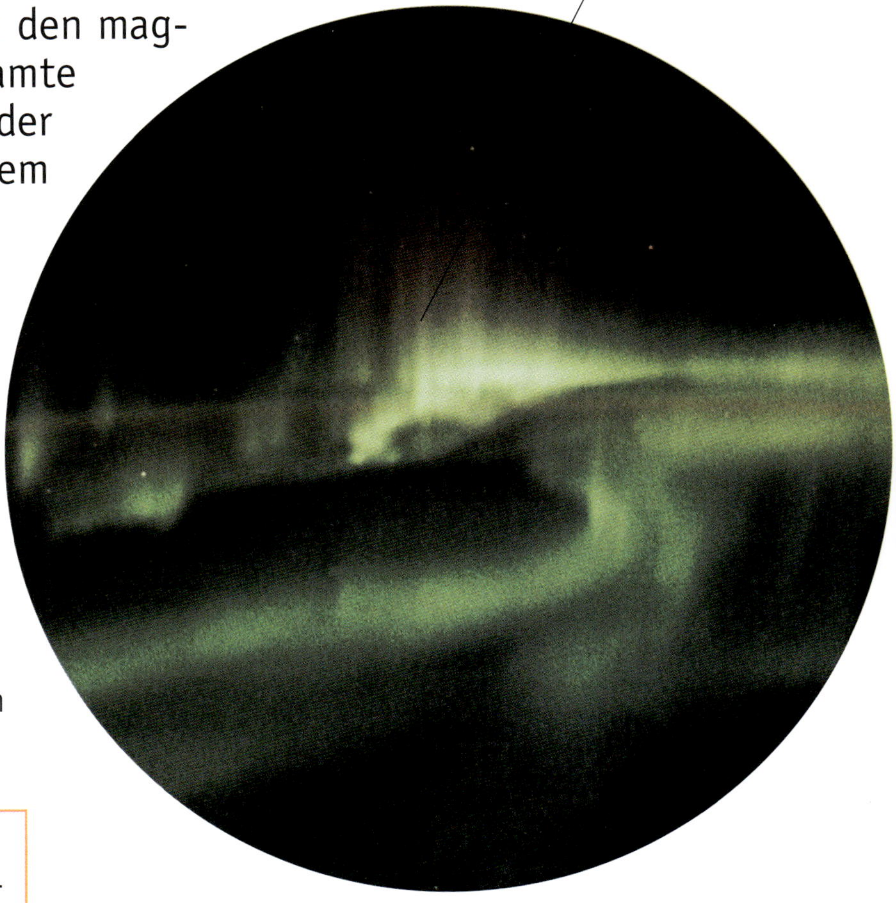

Polarlichter sind wunderschön schimmernde Farbbänder, die über den Nachthimmel flackern

Himmelslichter

Polarlichter, im Norden Aurora borealis und im Süden Aurora australis genannt, entstehen dadurch, dass sehr schnelle Sonnenteilchen vom Magnetfeld der Erde in zwei Zonen um die magnetischen Pole abgelenkt werden und die Atome und Moleküle der Lufthülle beim Zusammenprall mit den Teilchen zum Leuchten angeregt werden.

Entdeckung

James van Allen (geb. 1914) entdeckte das äußere Magnetfeld der Erde, die Magnetosphäre. Er fand auch ringförmige Strahlungsgürtel um die Erde. Sie entstehen durch geladene Sonnenteilchen, die vom Magnetfeld der Erde eingefangen werden. Auf der der Sonne zugewandten Seite der Erde erstrecken sich die Gürtel 60 000 Kilometer in den Weltraum. Auf der abgewandten Seite werden sie vom Sonnenwind zu einem lang gestreckten Schweif verblasen.

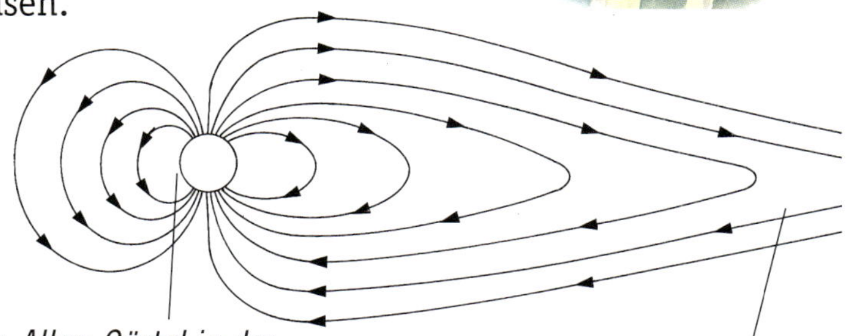

Van-Allen-Gürtel in der Magnetosphäre

Magnetschweif ist 250 000 Kilometer lang

NAVIGATION MIT MAGNETEN

Früher mussten sich Seefahrer anhand von Magnetkompassen auf dem Meer orientieren. Der Kompass ist zwar einigermaßen genau, wird aber durch Schwankungen im Erdmagnetfeld (Magnetanomalien) abgelenkt. Diese entstehen unter anderem durch riesige eisenhaltige Gesteinsbrocken in der Erdkruste. Außerdem treffen die Magnetlinien der Erde im äußersten Süden und Norden fast senkrecht auf den Boden, sodass eine Kompassnadel wild kreiselt, um sich irgendwie am Magnetfeld auszurichten.

Mehr dazu: Geheimnis Magnetismus S. 92; Planet Erde S. 142

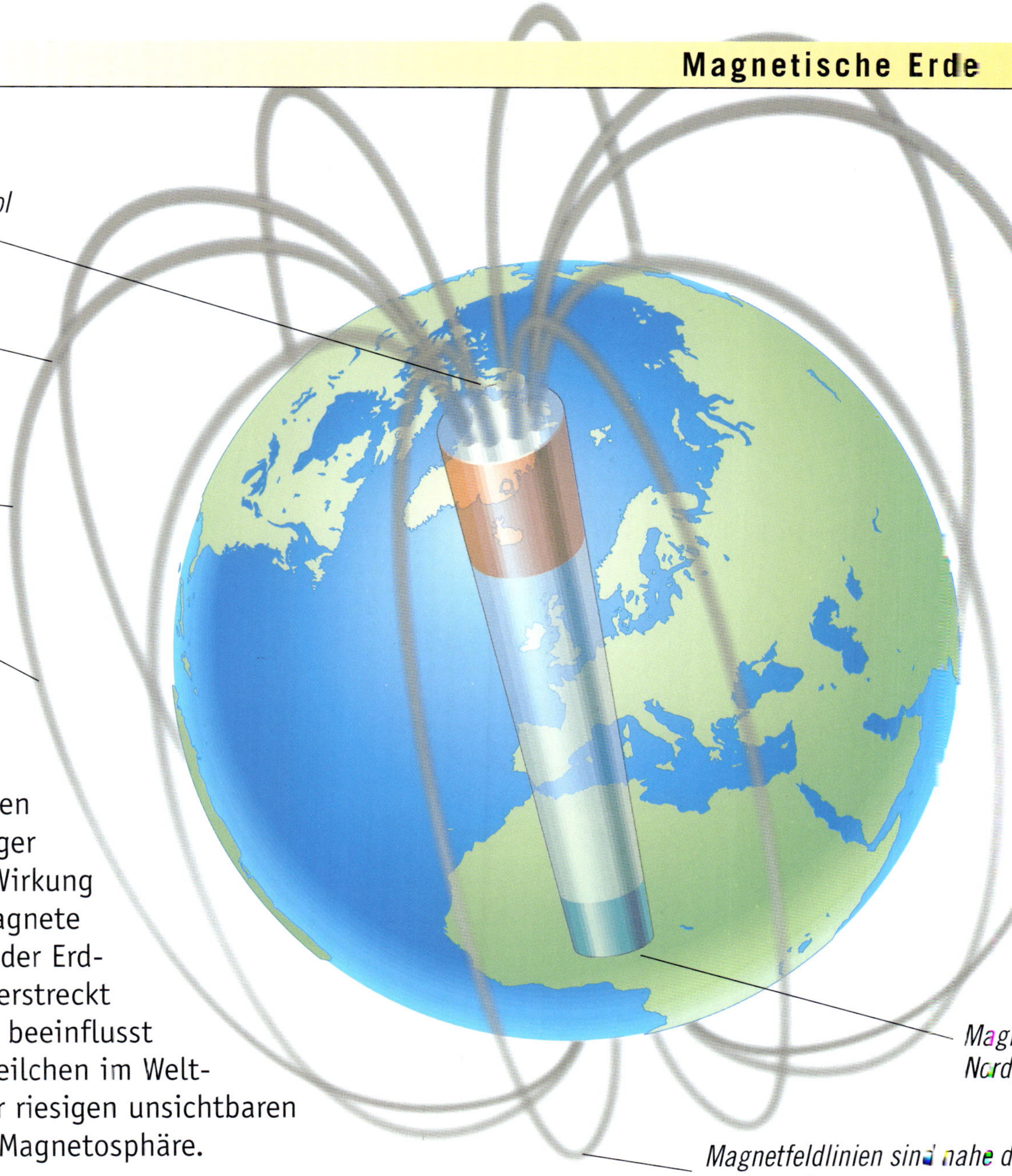

Erdmagnetfeld

Das Magnetfeld der Erde krümmt sich um den Planeten herum, als steckte ein riesiger Stabmagnet in ihm. Seine Wirkung ist dabei keineswegs auf Magnete und andere Materialien auf der Erdoberfläche beschränkt. Sie erstreckt sich in die Atmosphäre und beeinflusst sogar elektrisch geladene Teilchen im Weltraum. Die Erde ist von einer riesigen unsichtbaren Magnethülle umgeben, der Magnetosphäre.

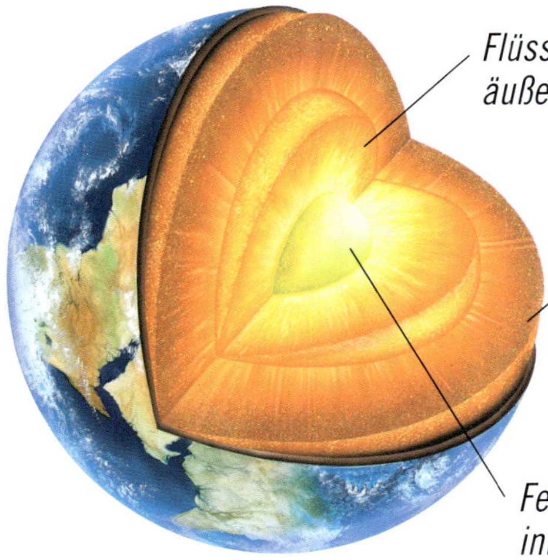

Geo-Dynamo

Der Metallkern der Erde wirkt wie ein riesiger Dynamo. Die Kombination aus Hitze und Erdumdrehung lässt den flüssigen äußeren Kern rotieren. Dadurch entstehen gewaltige elektrische Ströme, die durch den elektromagnetischen Effekt das Magnetfeld erzeugen.

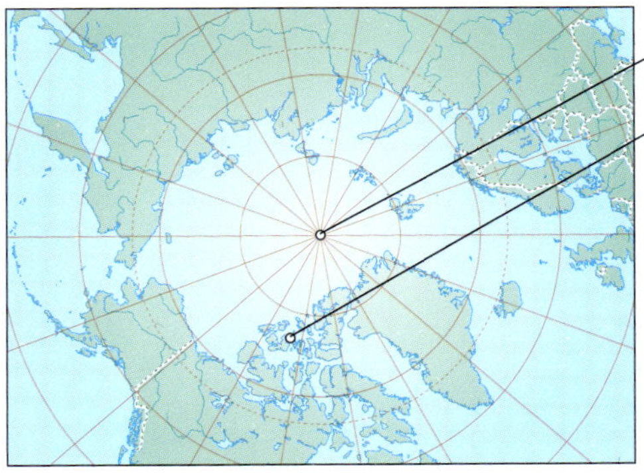

Magnetische Pole

Der magnetische Südpol der Erde liegt zurzeit auf der Prince-of-Wales-Insel in Kanada. Wie der magnetische Nordpol wandert er mit der Zeit. Etwa alle 200 000 Jahre tauscht er die Position mit dem Nordpol. Das nennt man Ummagnetisierung.

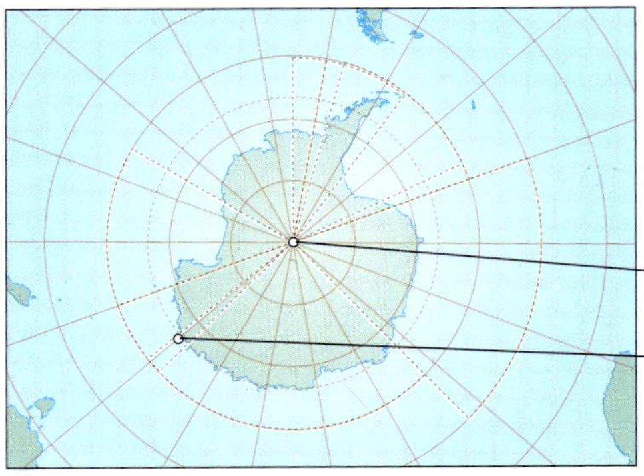

Innere Planeten

Die Erde ist einer von vier Planeten, die relativ nah um die Sonne kreisen. Die anderen sind Merkur, Venus und Mars. Diese inneren Planeten können alle recht warm werden. Allerdings sind die der Sonne abgewandten Seiten von Merkur und Mars sehr kalt, weil sie keine Atmosphäre besitzen, die die Wärme hält. Die vier inneren Planeten bestehen aus Felsgestein.

DER ERDMOND

Die meisten Planeten besitzen Monde. Die Erde hat nur einen Mond. Er umkreist sie in einer durchschnittlichen Entfernung von 384 000 Kilometern. Sein Durchmesser beträgt ein Viertel des Erddurchmessers und er wiegt nur ein Achtel der Erde. Seine innere Beschaffenheit gleicht der der Erde und seine Oberfläche ist von Meteoritenkratern überzogen.

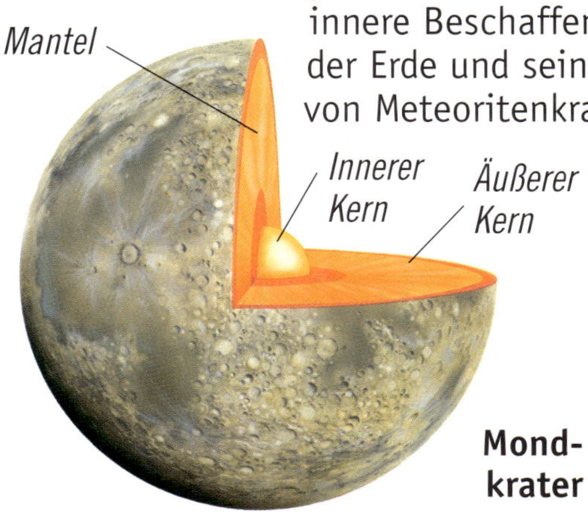

Mond-krater

Erde

Vom Weltraum aus ist unser Planet mit seinen weißen Wolkenwirbeln über den tiefblauen Meeren und dem grünen und braunen Land ein wunderschöner Anblick. Soweit wir wissen, ist die Erde der einzige Planet im Sonnensystem, der Leben trägt. Allerdings sind einige Monde der äußeren Planeten, wie der Saturnmond Titan, so groß wie die Erde und sie besitzen möglicherweise eine Atmosphäre und Wasser, sodass dort Leben möglich sein könnte.

Mars

Wegen des rötlichen Staubs auf seiner Oberfläche wird der Mars auch „roter Planet" genannt. Dieser Staub besteht aus Eisenoxiden (Rost). Die Oberfläche ist von Kratern, Rissen und alten Vulkanen überzogen und besitzt mit dem 25 Kilometer hohen Olympus Mons den höchsten Berg des Sonnensystems. Der Mars ist der einzige Planet mit einer erdähnlichen Atmosphäre und zumindest entfernt erdähnlichen Tagestemperaturen. Die Atmosphäre ist allerdings so dünn, dass die Nachttemperaturen unter –130 °C fallen. Jüngste Untersuchungen des Mars lassen vermuten, dass es dort früher mikroskopisches Leben auf oder unter der Oberfläche gab. Es gilt als sicher, dass Wasser im Boden existiert.

Mehr dazu: Planet Erde S. 142; Die Erde im Weltraum S. 174

Venus

Die Venus ist unser nächster Nachbar und kommt uns manchmal bis auf 42 Millionen Kilometer nahe. Sie besitzt eine dichte Atmosphäre aus Kohlendioxid und anderen Gasen sowie Wolken aus Schwefelsäure. Durch die dichte Atmosphäre ist der Druck auf der Oberfläche 90mal größer als auf der Erde. Er könnte ein Haus flach drücken. Die Gase fangen die Sonnenwärme so wirksam ein, dass die Venus auf Temperaturen von mehr als 470 °C kommt. Sie ist fast so groß wie die Erde und hat vier Fünftel ihrer Masse.

Merkur

Die Sonde *Mariner 10* zeigte den Merkur als öden, staubigen Planeten. Er ist zu klein, um eine nennenswerte Atmosphäre zu halten. So schützt ihn nichts vor Meteoren. Seine Oberfläche ist von Kratern überzogen. Die Oberflächentemperaturen können bis auf 430 °C steigen und auf –180 °C sinken – die extremsten Unterschiede im Sonnensystem.

PLANETENGRÖSSEN

Im Vergleich zu den riesigen Größenunterschieden zwischen den äußeren Planeten sind die inneren Planeten relativ ähnlich in ihrer Größe. Der Merkur ist mit 4880 Kilometer Durchmesser der kleinste und hat etwa ein Achtzehntel der Erdmasse.

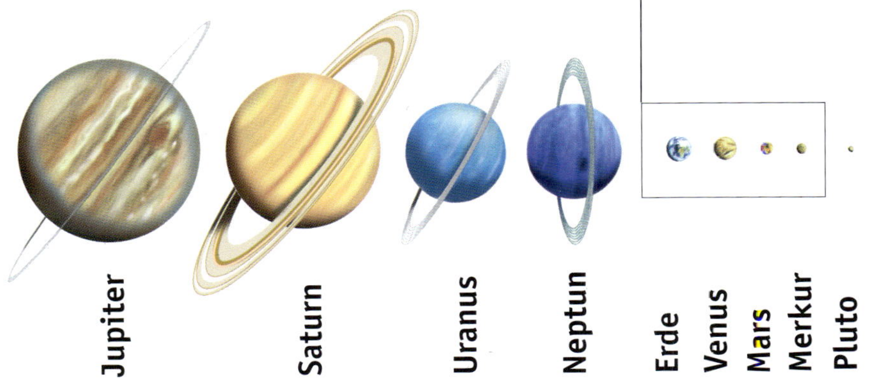

Wanderer im Weltraum

Neben den Planeten und ihren Monden umkreisen noch tausende kleiner Fels- und Eisklumpen die Sonne. Ihre Größe reicht von Staubteilchen bis zu Miniplaneten, den Asteroiden, mit nur mehreren hundert Kilometern Durchmesser. Diese bestehen aus zu kleinen und zu weit verteilten Stücken, um einen richtigen Planeten zu bilden. Die meisten ziehen im Asteroidengürtel zwischen Mars und Jupiter ihre Bahn. Einige von ihnen kommen auch der Erde nahe und stoßen sogar mit ihr zusammen. Glücklicherweise sind sie meist so klein, dass sie als Sternschnuppen in der Atmosphäre verglühen.

Komet Hale-Bopp
Die meisten Kometen sind zu klein, um sie mit bloßem Auge zu sehen. 1995 aber entdeckten Alan Hale und Thomas Bopp in den USA einen großen, hellen Kometen jenseits von Jupiter. Der nach seinen Entdeckern benannte Komet war von der Erde aus am deutlichsten 1997 zu sehen. Sein Kern hat 40 Kilometer Durchmesser.

Im Inneren eines Kometen

Der innere Teil oder Kern eines Kometen ist ein unregelmäßig geformter, in eine Wolke gehüllter Eisblock mit einigen hundert Metern Durchmesser. Wenn er sich der Sonne nähert, beginnt das Eis in der Hitze zu schmelzen und Staub, Dämpfe und Gase werden in einem Millionen Kilometer langen Schweif nach hinten weggeblasen. Da der Schweif von Sonnenwind erzeugt wird, zeigt er immer von der Sonne weg. Wenn der Komet die Sonne passiert hat und wieder in den tiefen Raum fliegt, zeigt der Schweif in die Flugrichtung.

SCHLECHTE ZEICHEN

Früher hielten die Menschen Kometen für die Warnung vor einem schrecklichen Ereignis:

- Ein 2400 Jahre altes chinesisches Buch listet 27 Arten von Kometen und die Katastrophen, die sie auslösen, auf.
- Als der Halleysche Komet 66 v. Chr. auftauchte, glaubten die Menschen, er kündige den Fall von Jerusalem an.
- 1835 machte man den Halleyschen Kometen für eine Feuersbrunst in New York, das Massaker am Fort Alamo (Texas) und Kriege in Kuba und Lateinamerika verantwortlich.

Mehr dazu: Die Erde im Weltraum S. 174; Innere Planeten S. 182

Kometen und Krater

Kometen folgen einer ovalen oder elliptischen Umlaufbahn um die Sonne. Sie kommen aus dem tiefen Raum, kurven um die Sonne und fliegen davon, um Jahre oder Jahrhunderte später wiederzukehren. Wenn die Erde durch einen Kometenschweif fliegt, werden dessen Teilchen zu Meteoren, die in der Atmosphäre als Meteorschauer verglühen. Gelegentlich verbrennen größere Felsbrocken nicht vollständig. Sie schlagen mit unvorstellbarer Geschwindigkeit in die Erdoberfläche ein und hinterlassen einen riesigen Krater. Die Brocken, die in die Erdatmosphäre eindringen, nennt man Meteoren.

Entdeckung

Der amerikanische Astronom Fred Whipple (geb. 1906) stellte 1949 als Erster die Theorie auf, dass Kometen einen winzigen Kern aus Eis und Staub sowie gefrorenem Kohlendioxid, Methan und Ammoniak besitzen. Staub und schmelzende Gase seien für den glühenden Kometenschweif verantwortlich. Seine Theorie wurde 1986 bestätigt.

LEBENSZEICHEN?

1997 verkündeten Wissenschaftler, dass es Leben auf dem Mars geben könnte. Allerdings war zu dieser Zeit kein Raumfahrzeug in der Nähe des Planeten. Man hatte aber auf der Erde einen Meteoriten aus Marsgestein gefunden, der wohl durch einen Meteoriteneinschlag auf dem Mars abgesprengt worden war. Mikroskopische Untersuchungen zeigten winzige Formen im Gestein, die Fossilien kleiner Lebensformen sein könnten.

Gefahrenzone

Ein Raumschiff, das zwischen Mars und Jupiter hindurchfliegen will, muss den Asteroidengürtel durchqueren. Die meisten Asteroiden liegen weit auseinander. Es gibt auch dichte Gruppen, die man Schwärme nennt.

Einige Asteroiden sind viele Kilometer groß

Einige Asteroiden sind so klein wie ein Haus

Äußere Planeten

Die äusseren Planeten des Sonnensystems – Jupiter, Saturn, Uranus, Neptun und Pluto – unterscheiden sich stark von den inneren Planeten. Abgesehen von Pluto sind sie alle wesentlich größer. Jupiter etwa ist nahezu 1500mal so groß wie die Erde. Alle besitzen kleine Kerne aus Eisen und Gestein, ansonsten bestehen sie hauptsächlich aus Gasen. Dadurch sind sie für ihre Größe relativ leicht. Da die äußeren Planeten so groß und so weit von der Sonne entfernt sind, ist es dort eisig und ihre Gase sind flüssig oder sogar gefroren.

Jupiter

Der Jupiter ist der größte Planet und doppelt so schwer wie alle anderen zusammen. Er dreht sich so schnell (einmal in weniger als zehn Stunden), dass sein Äquator ausgebeult ist. Er besteht vor allem aus Wasserstoff und Helium, ist aber so massereich, dass seine eigene Schwerkraft diese Stoffe nahe am Eisenkern zu Flüssigkeit verdichtet. In der Atmosphäre tobt ein gigantischer Sturm, der Große Rote Fleck.

Pluto

Pluto ist der kleinste Planet. Er ist sogar kleiner als der Merkur und so weit von der Sonne entfernt, dass sie von ihm aus kaum von anderen Sternen zu unterscheiden ist. Der Pluto besitzt einen Mond namens Charon, der mehr als halb so groß wie er selber ist. Sie bilden ein Planetenpaar ähnlich wie Erde und Mond und umkreisen einander. Pluto ist so klein, dass manche ihn eher für einen Planetoiden als für einen vollwertigen Planeten halten.

Raumsonden

Tiefraumsonden haben die äußeren Planeten besucht. *Voyager 2* flog an Saturn, Uranus und Neptun vorbei. Die *Cassini-Huygens*-Sonde soll den Saturn im Juli 2004 erreichen. Dabei wird der *Cassini*-Orbiter den Saturn umkreisen, während das *Huygens*-Landemodul auf dem Saturn-Mond Titan landen wird.

Mehr dazu: Die Erde im Weltraum S. 174; Innere Planeten S. 182

Saturn

Der Saturn ist fast so groß wie Jupiter und besteht hauptsächlich aus flüssigem und festem metallischem Wasserstoff und Helium. Er ist von schimmernden Ringen umgeben, die aus Milliarden winziger Eis- und Staubbrocken bestehen. Nur wenige sind größer als ein Tennisball.

Neptun

Der Neptun ist nur wenig kleiner als der Uranus und genauso kalt. Wie beim Uranus ist sein Gesteinskern von einem tausende Kilometer tiefen Ozean aus Wasser, Methan und Ammoniak umhüllt. Darüber liegt eine tiefe Atmosphäre aus Wasserstoff und Helium, in der Stürme mit über 2000 Kilometer pro Stunde toben. Aus der Ferne wirkt der Planet blau mit dünnen weißen Wolken. Wie Jupiter besitzt auch Neptun ein gigantisches Sturmgebiet, den Großen Dunklen Fleck.

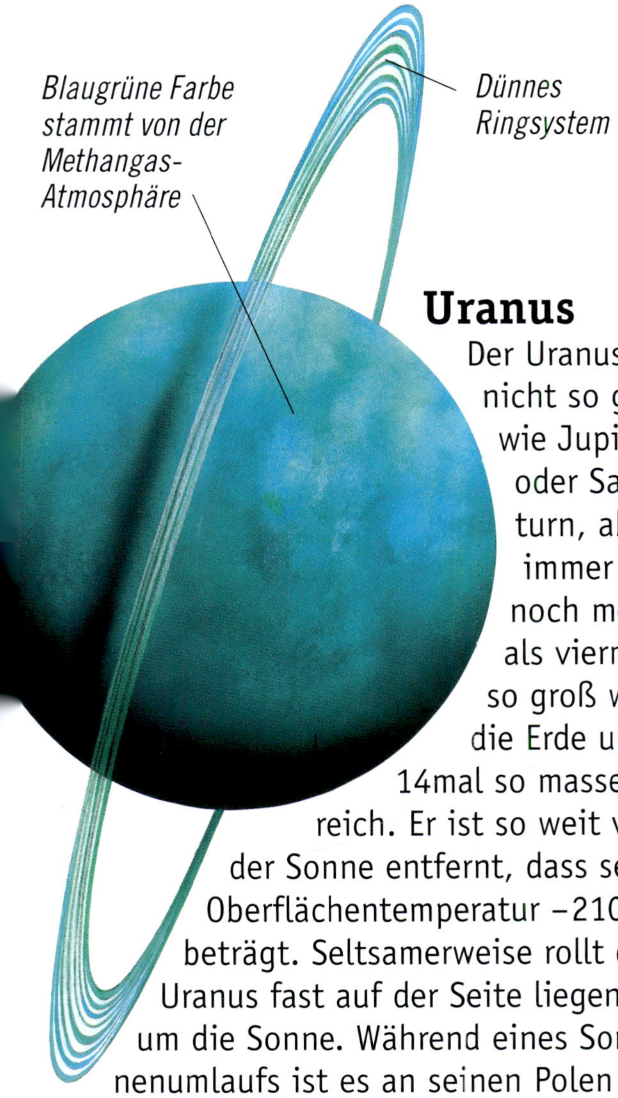

Uranus

Der Uranus ist nicht so groß wie Jupiter oder Saturn, aber immer noch mehr als viermal so groß wie die Erde und 14mal so massereich. Er ist so weit von der Sonne entfernt, dass seine Oberflächentemperatur −210 °C beträgt. Seltsamerweise rollt der Uranus fast auf der Seite liegend um die Sonne. Während eines Sonnenumlaufs ist es an seinen Polen jeweils 42 Jahre Tag und Nacht.

GRÖSSENVERHÄLTNISSE

Alle äußeren Planeten mit Ausnahme des Pluto besitzen Ringsysteme. Außerdem besitzen alle außer Pluto nicht nur einen Mond, sondern einen ganzen Schwarm davon. Der Jupitermond Ganymed und der Saturnmond Titan sind bedeutend größer als der Planet Merkur.

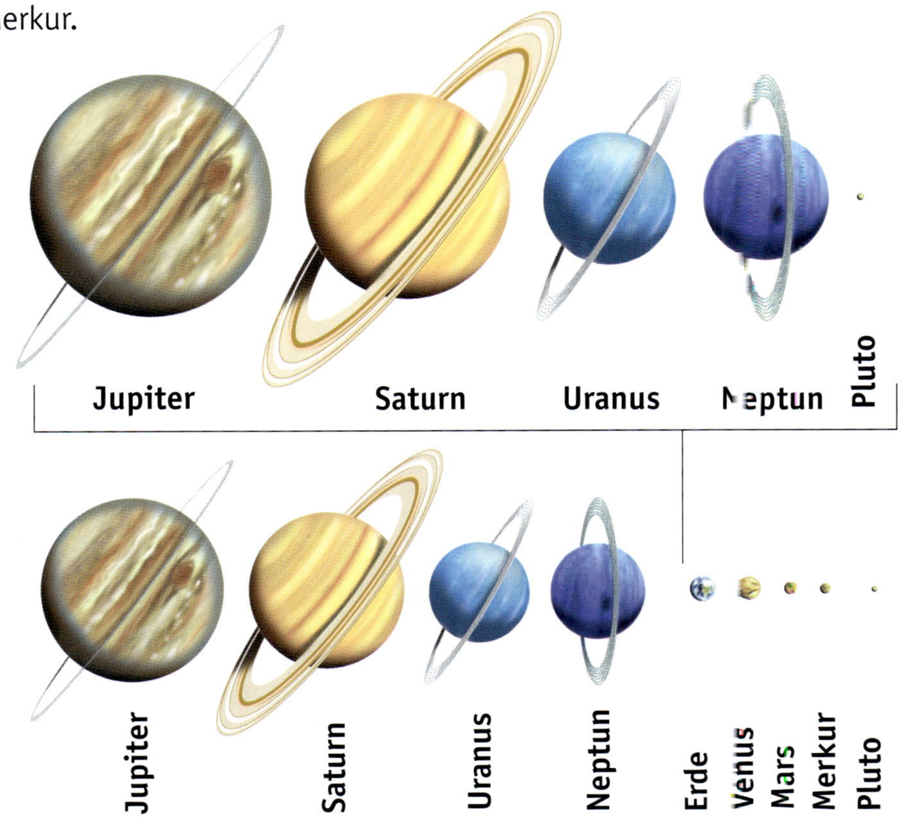

Sonne

DIE SONNE IST UNSER HEIMATSTERN. Sie ist ein riesiger Feuerball aus glühendem Gas (drei Viertel Wasserstoff und ein Viertel Helium). Sie ist über 1,3 Millionen Mal so groß wie die Erde und 333 420mal so schwer. Der Druck in ihrem Inneren ist groß genug, die Sonne in einen riesigen Kernfusionsreaktor zu verwandeln, in dem Wasserstoffatome verschmelzen und Temperaturen von 15 Millionen °C herrschen. Diese unvorstellbare Hitze verwandelt die Oberfläche der Sonne in ein höllisches Inferno.

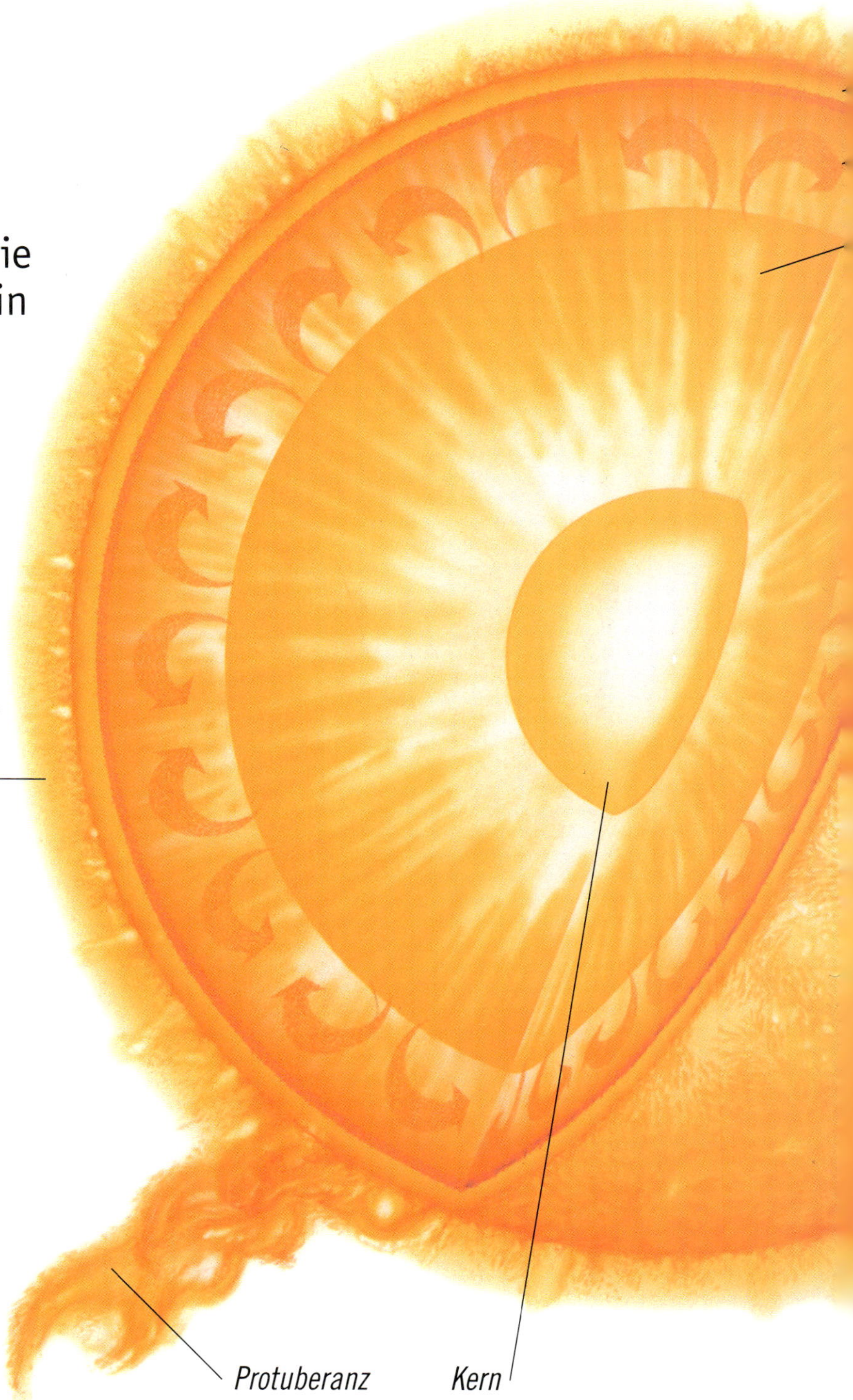

Im Inneren der Sonne

Die Oberfläche (Fotosphäre) glüht mit über 5500 °C. Dies ist heiß genug, um nahezu jeden Stoff zu schmelzen. Sie ist mit hellen Flecken gesprenkelt, den so genannten Granulen, an denen die Hitze vom Kern durch die Strahlungs- und Konvektionszone zur Oberfläche durchbricht. Von innen nach außen ist die Sonne von der Fotosphäre, der Chromosphäre, der Atmosphäre und der Korona umhüllt. Riesige Flammenzungen, die man Protuberanzen nennt, schießen über 100 000 Kilometer weit in den Weltraum.

Sonnenkraft

Das Licht und die übrige Strahlung von der Sonne versorgen uns auf der Erde mit Wärme, Helligkeit und Lichtenergie. Brennstoffe wie Öl und Kohle waren einst winzige Organismen und Pflanzen, die Sonnenenergie gespeichert haben.

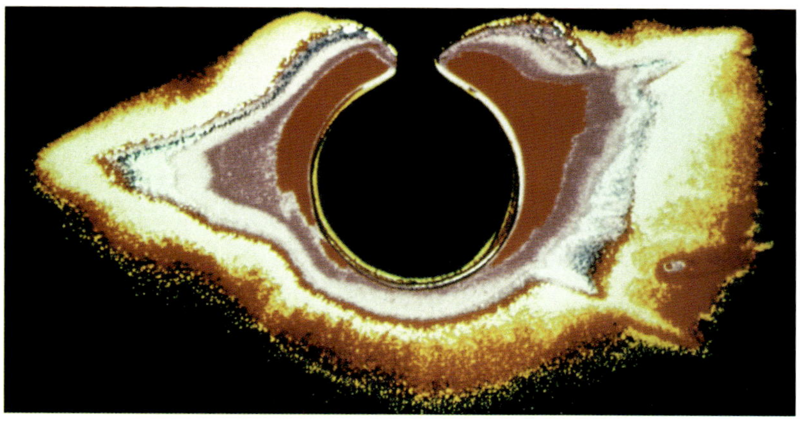

Entdeckung

Galileo Galilei (1564–1642) war ein großer Wissenschaftler. Er entdeckte viele Geheimnisse von Schwerkraft und Beschleunigung. Berühmt ist er, weil er als Erster den Himmel mit einem Teleskop beobachtete und viele wichtige Entdeckungen machte, die er in seinem Buch *Der Sternenbote* (1610) beschrieb. Er sah als Erster Berge auf dem Mond, die Monde des Jupiters und Sonnenflecken – auch wenn der direkte Blick in die Sonne seine Augen schädigte.

Mehr dazu: Die Erde im Weltraum S. 174; Sterne S. 190

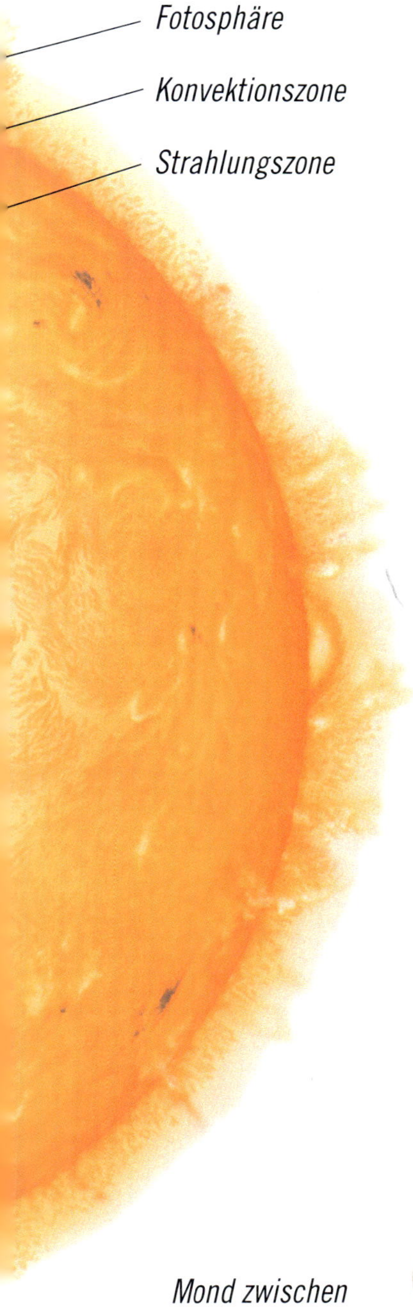

Sonnenkundschafter

Auch wenn uns die Sonne für einen Himmelskörper sehr nah und groß ist, wissen wir vieles noch nicht. Deshalb starteten die amerikanische und europäische Raumfahrtbehörden NASA und ESA am 2. Dezember 1995 die Sonde *SOHO* (Solar and Heliospheric Observatory, deutsch: Sonnen- und Heliosphären-Observatorium). Die Sonde umkreist heute die Sonne. Sie beobachtet die Sonne ununterbrochen und soll noch viele Jahre lang Informationen zur Erde senden.

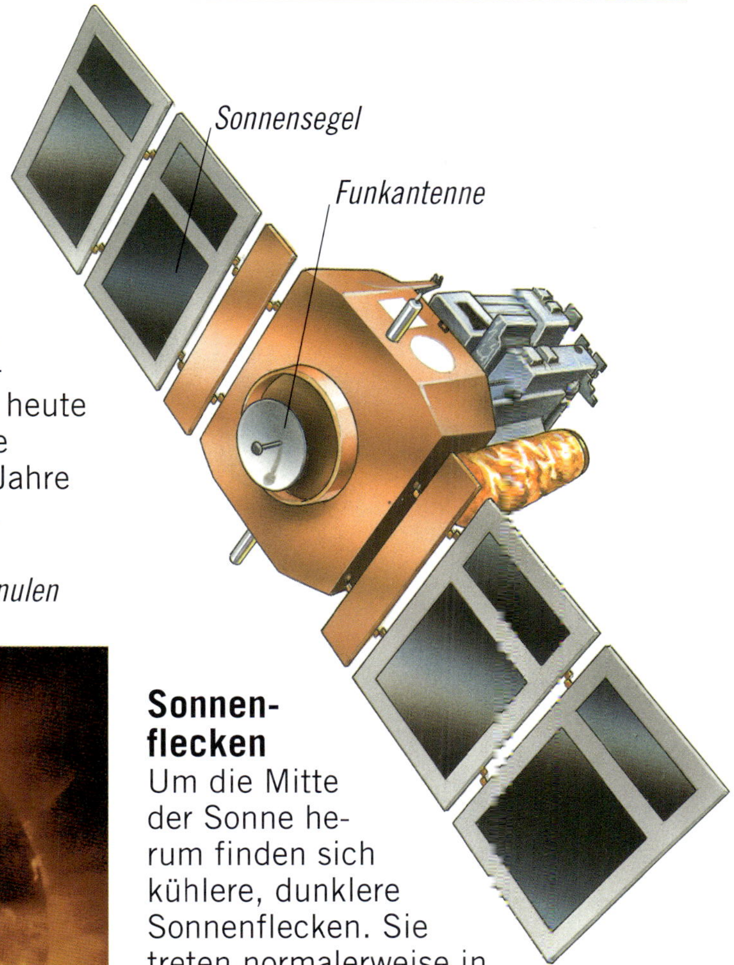

Sonnenflecken

Um die Mitte der Sonne herum finden sich kühlere, dunklere Sonnenflecken. Sie treten normalerweise in Gruppen auf und bewegen sich über die Oberfläche. Ihre Anzahl variiert und scheint alle elf Jahre einen Höchstwert zu erreichen. Einige Wissenschaftler glauben, dass sie für kühleres, stürmisches Wetter auf der Erde verantwortlich sind.

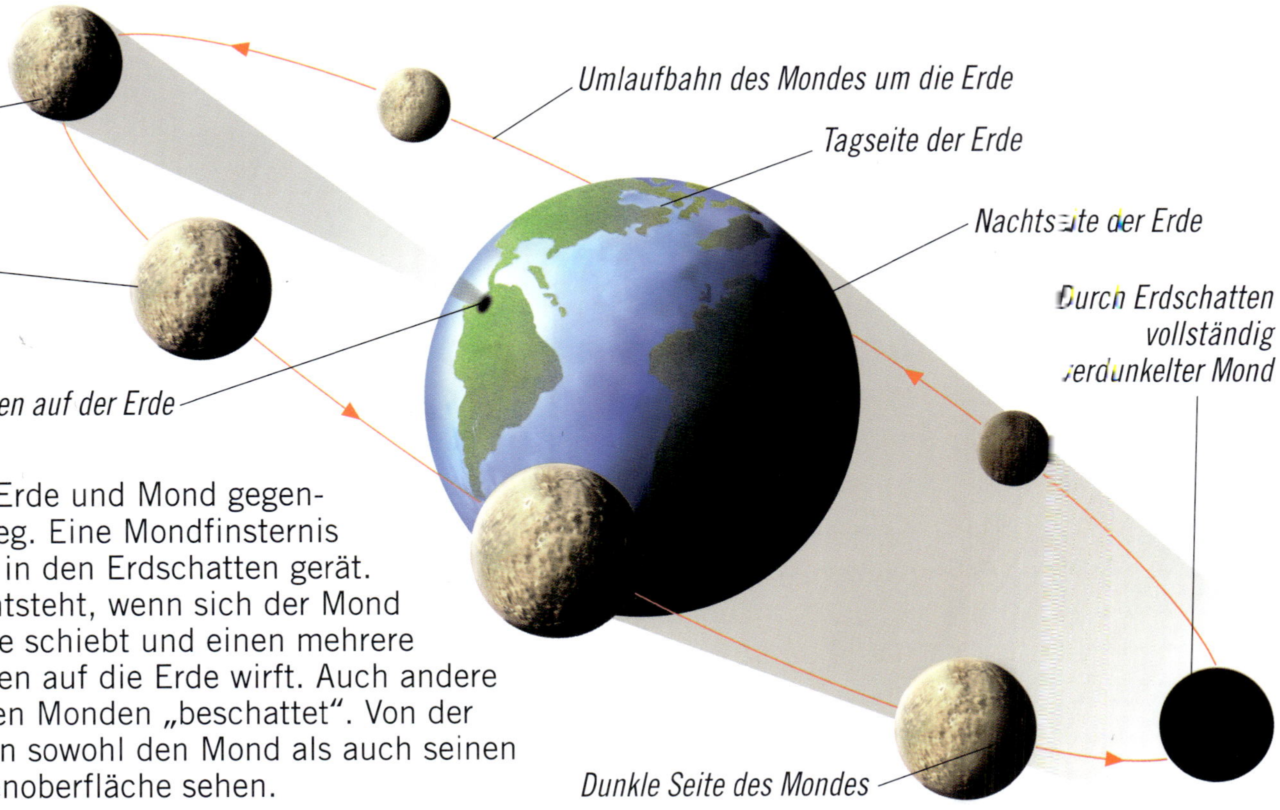

Finsternisse

Ab und zu nehmen sich Erde und Mond gegenseitig das Sonnenlicht weg. Eine Mondfinsternis tritt auf, wenn der Mond in den Erdschatten gerät. Eine Sonnenfinsternis entsteht, wenn sich der Mond zwischen Sonne und Erde schiebt und einen mehrere Kilometer breiten Schatten auf die Erde wirft. Auch andere Planeten werden von ihren Monden „beschattet". Von der Erde aus können wir dann sowohl den Mond als auch seinen Schatten auf der Planetenoberfläche sehen.

Sterne

DIE TAUSENDE STERNE, die wir am Nachthimmel funkeln sehen, sind nur ein Bruchteil der durch das Universum verteilten Sonnen. Es gibt unzählige Milliarden von ihnen. Wie unsere Sonne sind sie riesige glühende Gasbälle. Unsere Sonne ist eher durchschnittlich groß, wenn nicht sogar klein für einen Stern. Es gibt rote Riesensterne, die 100mal, und Superriesen, die sogar 500mal so groß sind. Außerdem gibt es Weiße Zwerge, die kleiner als die Erde sind, und wenige Kilometer große Neutronensterne (Pulsare).

FARBEN DER STERNE

Auch wenn die Sterne sehr weit entfernt sind, können wir durch ihre Farben einiges über sie erfahren.

- Je weißer und heißer sie sind, desto heller strahlen sie.
- Je roter und kühler sie sind, desto schwächer leuchten sie.
- Kühle rote Sterne, die hell strahlen, müssen also relativ nah sein, während heiße weiße Sterne, die schwach leuchten, relativ weit weg sein müssen.
- Bläulich weiße Sterne haben an der Oberfläche eine Temperatur von über 25 000 °C.
- Gelbliche Sterne sind etwa 6000 °C heiß.
- Orange leuchtende Sterne sind weniger als 3500 °C heiß.

Entdeckung

Edmond Halley (1656–1742) erstellte die erste Karte der Windströmungen der Welt, schätzte die Größe eines Atoms, berechnete, dass die Polarlichter magnetisch sind, und zeichnete die erste genaue Sternenkarte des Südhimmels. Später berechnete er, dass Kometen regelmäßig wiederkehren, wie der nach ihm benannte Halleysche Komet.

Geburt eines Sterns

Sterne werden in Staub- und Gaswolken geboren. Gesteinsbrocken werden von der eigenen Schwerkraft zusammengeballt.

Vor dem Leuchten

Während sich die Materie zusammenballt, wird sie sehr heiß, aber nicht heiß genug, um zu leuchten.

Erstes Leuchten

Kleine Zusammenballungen kühlen zu Braunen Zwergen ab. Wenn eine Zusammenballung etwa 10 Millionen °C erreicht, beginnt die Kernfusion und der Klumpen wird zu einem glühenden Stern.

Stetiger Glanz

Bei einem mittelgroßen Stern will die Hitze den Stern ausdehnen, während seine Schwerkraft ihn zusammenziehen will. Deshalb bleibt der Stern für Milliarden von Jahren gleich groß und hell.

Kernfusion lässt den Stern leuchten

Der Kern des Sterns verbrennt erst Wasserstoff zu Helium und dann das Helium selbst

Das Leben der Sterne

Sterne entstehen und sterben jederzeit und überall im Universum. Wenn man verschiedene Arten von Sternen anschaut, betrachtet man in Wirklichkeit Sterne in verschiedenen Lebensphasen. Große Sterne haben meist ein kurzes, spektakuläres Leben. Sie brennen nicht mehr als 10 Millionen Jahre, bevor sie zu einem Schwarzen Loch zusammenfallen. Mittelgroße Sterne wie unsere Sonne brennen etwa 10 Milliarden Jahre, bevor sie explodieren oder zu einem Weißen Zwerg schrumpfen. Kleine Sterne können sehr viel länger schwach vor sich hin glühen.

Mehr dazu: Sonne S. 188; Galaxien S. 192; Der tiefe Raum S. 194

Sternbilder

Während sich die Erde dreht, wandern die Sternbilder über den Nachthimmel. Durch die Umlaufbahn um die Sonne erscheinen und verschwinden jede Nacht neue und alte Sternbilder. Es ist aber nur die Erde, die sich bewegt, die Sterne bleiben weitgehend am gleichen Ort.

Größer und roter

Wenn der Wasserstoff verbraucht ist, schrumpft der Kern des Sterns und beginnt stattdessen, Heliumatome zu verschmelzen. Die Gasschichten kühlen ab und schwellen an. So entsteht ein roter Riese.

Zusammenbruch

Bei den größten Sternen verändert sich der Kern sehr stark und der Stern nimmt plötzlich Energie auf, statt sie abzugeben. Er fällt in Sekunden zusammen.

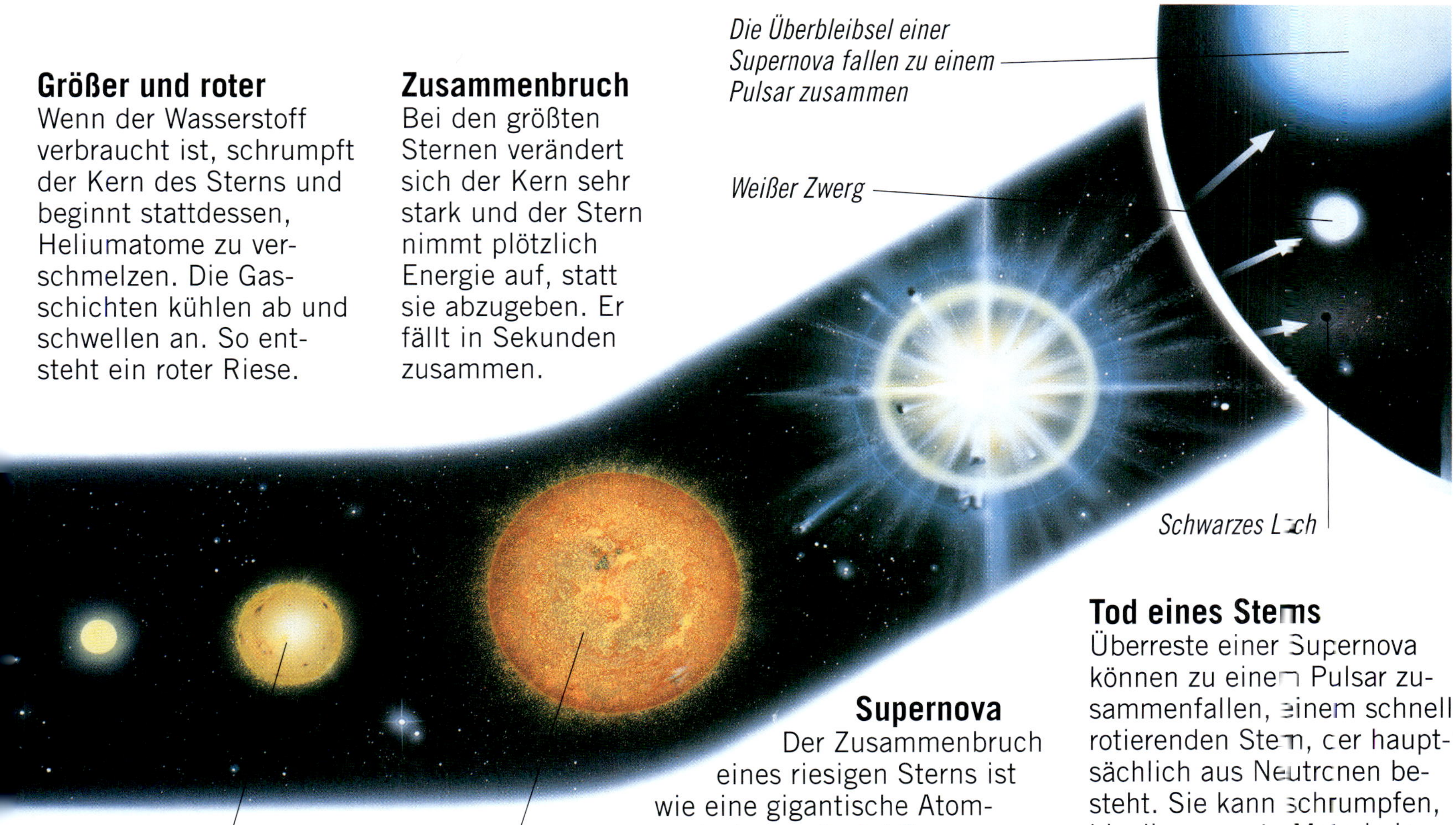

Supernova

Der Zusammenbruch eines riesigen Sterns ist wie eine gigantische Atomexplosion und wird Supernova genannt. Einige Wochen lang strahlt sie mit der Helligkeit von Millionen Sonnen. Die Aufzeichnungen der Astronomen über Supernovae gehen zurück bis ins alte China und Ägypten.

Tod eines Sterns

Überreste einer Supernova können zu einem Pulsar zusammenfallen, einem schnell rotierenden Stern, der hauptsächlich aus Neutronen besteht. Sie kann schrumpfen, bis die gesamte Materie in einem Punkt unendlicher Dichte, dem Schwarzen Loch, zusammengepackt ist. Ein kleiner Stern kühlt ab und schrumpft zu einem Weißen Zwerg.

Galaxien

ASTRONOMEN GLAUBTEN bis etwa 1918, dass alle Sterne auf einer großen Scheibe lägen, mit der Sonne in der Mitte. Das verschwommene Lichtband, das man manchmal am Nachthimmel sehen kann, ist der Rand dieser Scheibe, der Milchstraße. Diese besteht aus Milliarden von Sternen. Erst in den 1930er Jahren begann sich die Vorstellung von den Galaxien zu ändern. Tatsächlich ist unsere Galaxie nur eine von unzähligen Millionen im Universum. Jede Galaxie enthält Milliarden von Sternen.

Milchstraße
Unsere Galaxie ist der blasse Lichtstreifen, den man ab und zu am Nachthimmel sieht. Mit bloßem Auge kann man nur wenige Sterne unterscheiden. Es scheint, als hätte jemand Milch über den Himmel verschüttet, weshalb wir unsere Galaxie Milchstraße nennen. Das griechische Wort *galaxis* bedeutet „milchig".

Unsere Galaxie

Die Galaxien sind nicht gleichmäßig durchs Universum verteilt, sondern bilden Haufen von einem halben Dutzend bis zu mehreren tausend Galaxien. Unsere Galaxie ist Teil eines Haufens von 30 Galaxien, die man die Lokale Gruppe nennt. Alle anderen Haufen sind weiter weg. Schon innerhalb der Lokalen Gruppe können wir aber verschiedene Formen unterscheiden. Unsere Galaxie ist wie die benachbarte Andromeda eine Spiralgalaxie.

Mehr dazu: Sonne S. 188; Sterne S. 190; Der tiefe Raum S. 194

Entdeckung

Wilhelm Herschel (1738–1822) war Komponist, interessierte sich aber so sehr für Astronomie, dass er sich im Keller seines Hauses im englischen Bath ein riesiges Teleskop baute. 1781 entdeckte er neben den fünf seit dem Altertum bekannten Planeten Merkur, Venus, Mars, Jupiter und Saturn einen weiteren Himmelskörper. Er wollte ihn nach dem englischen König George nennen, aber heute kennen wir ihn als Uranus.

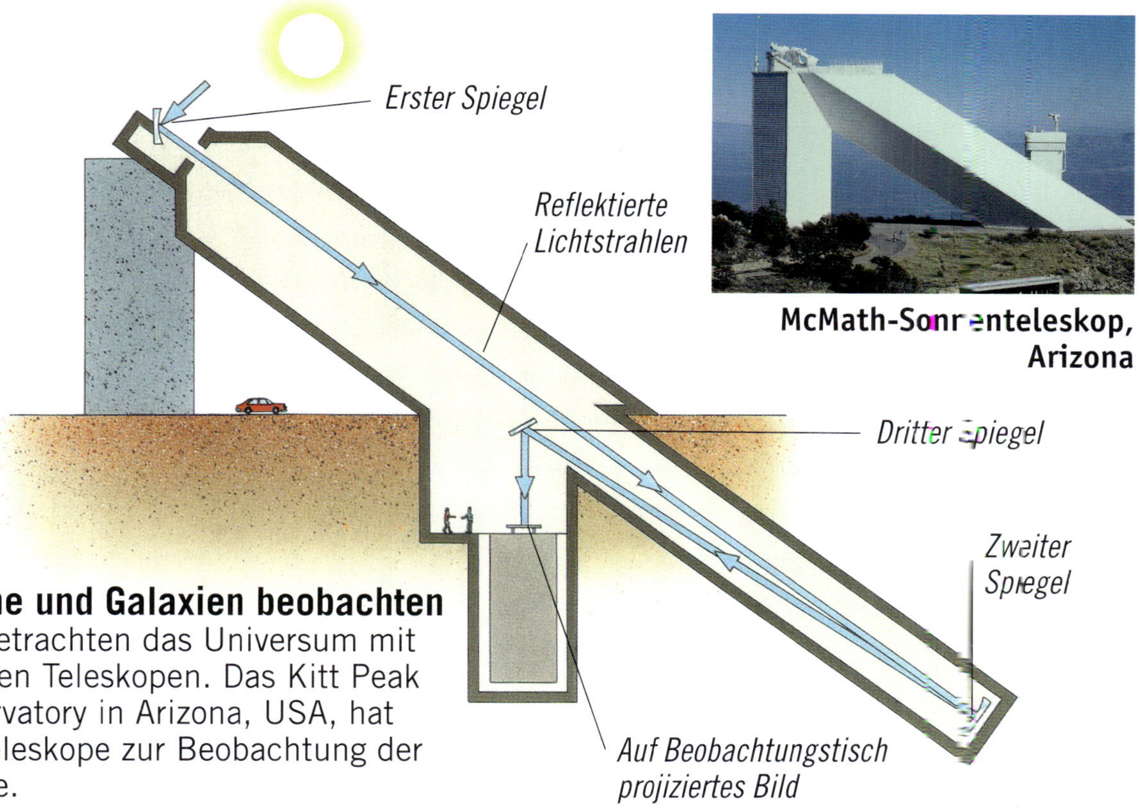

McMath-Sonnenteleskop, Arizona

Sterne und Galaxien beobachten

Wir betrachten das Universum mit riesigen Teleskopen. Das Kitt Peak Observatory in Arizona, USA, hat 15 Teleskope zur Beobachtung der Sonne.

FORMEN VON GALAXIEN

Die Haupttypen von Galaxien teilt man nach ihrer Form ein. Sie bewegen sich mit unglaublicher Geschwindigkeit durch das All. Manchmal stoßen sie sogar zusammen. So ein Zusammenstoß erstreckt sich über hunderte von Millionen Jahren und jede der Galaxien reißt lange Spuren von Sternen und Gasen aus der anderen heraus. Es gibt auch Radiogalaxien, die riesige Mengen von Radio- und anderen elektromagnetischen Wellen ausstrahlen.

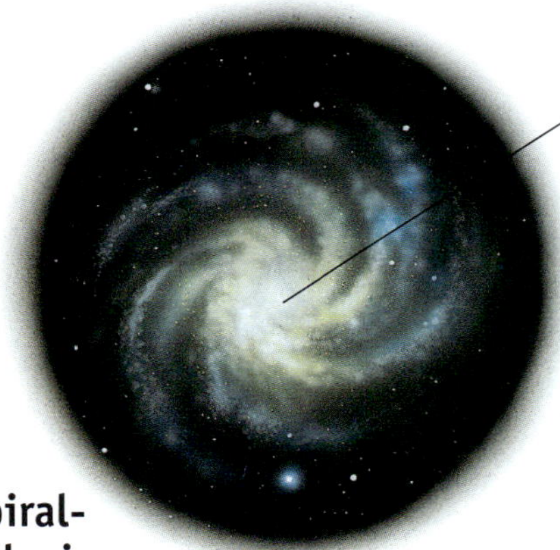

Spiralgalaxie

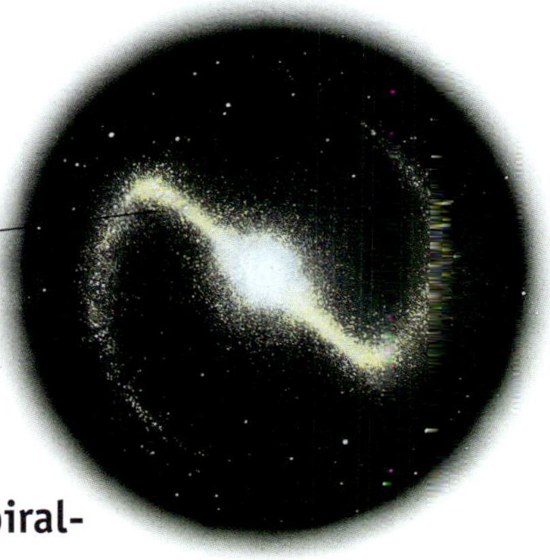

Balkenspiralgalaxie

Irreguläre Galaxie

Elliptische Galaxie

Der tiefe Raum

STERNE UND GALAXIEN geben beständig riesige Mengen an Strahlungswellen ab. Ein Teil davon sind Lichtwellen. Der größte Teil aber besteht aus unsichtbarer Strahlung, deren Wellenlängen zu lang oder zu kurz für unsere Augen sind. Astronomen verwenden spezielle Teleskope, um diese Röntgenstrahlen, Gammastrahlen und Radiowellen zu erkennen. Einige ganz erstaunliche Objekte hat man so im tiefen Raum entdeckt. Dazu zählen Pulsare, Quasare und Schwarze Löcher, die unsere Naturgesetze in Frage stellen und nach neuem Denken verlangen.

Radioteleskope
Die Schüssel eines Radioteleskops fängt schwache natürliche Radiowellen aus dem Weltraum auf. Da die Signale sehr schwach sind, kann die Schüssel gar nicht groß genug sein. Die größte ist das Arecibo-Teleskop in Puerto Rico. Die Schüssel liegt in einem Bergtal und hat einen Durchmesser von 305 Metern.

Geburtsort von Sternen und Galaxien
Ein Nebel ist eine riesige Wolke aus Wasserstoff und anderen Gasen, Staub und interstellarer Materie, die Licht und andere Strahlung abgibt. Der Adlernebel besitzt Gassäulen mit dichten Zusammenballungen von Gas und Materie, die sich innerhalb von mehreren Milliarden Jahren zu Sternen verdichten können. Dieses Bild des etwa 7000 Lichtjahre entfernten Adlernebels wurde von dem Weltraumteleskop Hubble aufgenommen.

Schwarze Löcher

Dies sind Orte, an denen die Schwerkraft so stark ist, dass sie alles andere verschlucken, einschließlich Licht. Niemand hat jemals ein Schwarzes Loch gesehen, aber man nimmt an, dass sie sich bilden, wenn ein Stern oder eine Galaxie so dicht wird, dass er oder sie unter dem Zug der eigenen Schwerkraft zusammenbricht. Der unvorstellbar kleine Punkt, der entsteht, heißt Singularität.

Mehr dazu: Galaxien S. 192; Das Universum S. 196

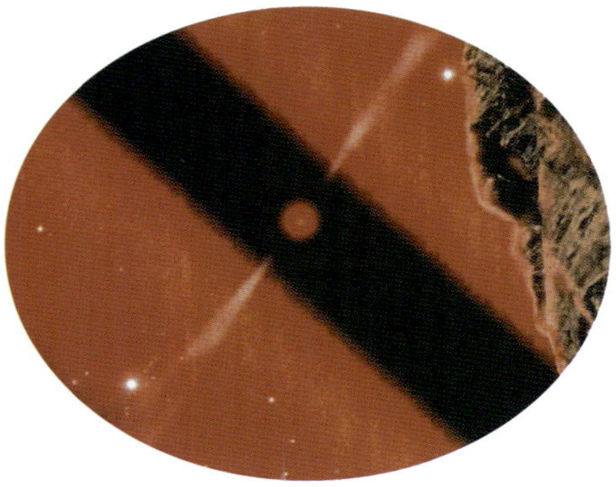

Quasare

Quasare sind die intensivsten Energiequellen im Weltraum. Sie sind so hell wie 100 Galaxien, dabei nicht größer als unser Sonnensystem. Sie werden wahrscheinlich von einem Schwarzen Loch mit Energie versorgt und strahlen unglaubliche Mengen an Radiowellen und anderen Energieformen ab. Sie sind die ältesten und entferntesten Objekte, die wir „sehen“ können. Die weitentferntesten Quasare sind vermutlich zwölf Milliarden Lichtjahre entfernt am Rand von Raum, Zeit und Universum.

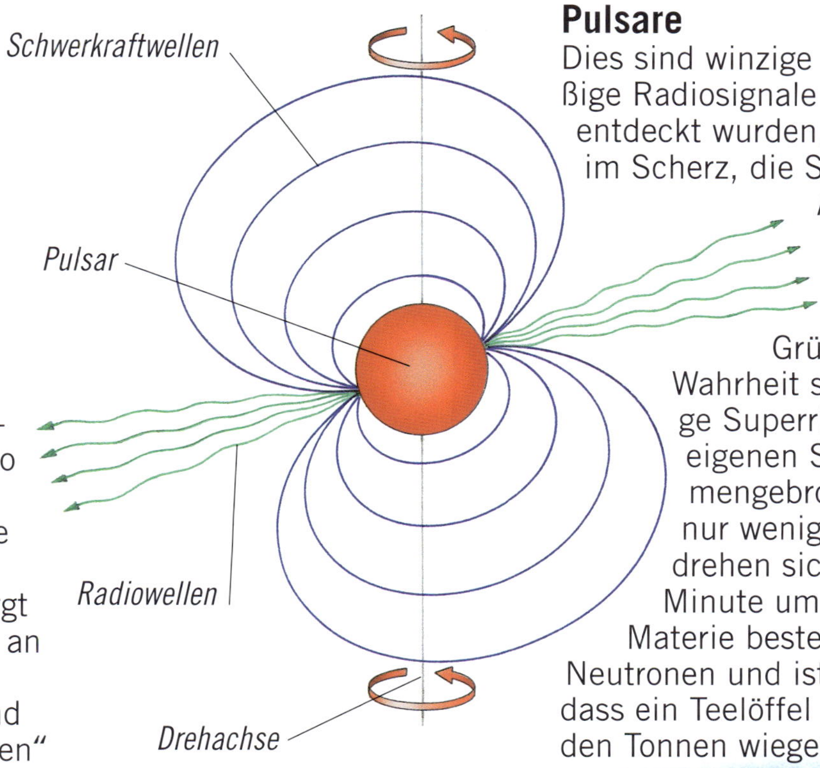

Pulsare

Dies sind winzige Sterne, die regelmäßige Radiosignale ausstrahlen. Als sie entdeckt wurden, sagten Astronomen im Scherz, die Signale kämen von Außerirdischen und nannten sie LGM (Little Green Men, deutsch: Kleine Grüne Männchen). In Wahrheit sind Pulsare ehemalige Superriesen, die unter ihrer eigenen Schwerkraft zusammengebrochen sind. Sie sind nur wenige Kilometer groß und drehen sich etwa einmal in der Minute um sich selbst. Ihre Materie besteht hauptsächlich aus Neutronen und ist so dicht gepackt, dass ein Teelöffel davon zehn Milliarden Tonnen wiegen würde.

Entdeckung

Stephen Hawking (geb. 1942) kann sich wegen einer Nervenkrankheit nicht normal bewegen oder sprechen. Das hat ihn aber nicht daran gehindert, mit seinen brillanten Vorstellungen über Raum und Zeit berühmt zu werden. Er überzeugte die Astronomen, dass Schwarze Löcher tatsächlich existieren könnten. Sein Buch *Eine kurze Geschichte der Zeit* ist einer der größten Bestseller der Welt. Hawking nimmt auch an, dass unser Universum nicht das einzige ist. Es könnten noch viele andere in einer Art Super-Universum existieren.

Das Universum

NIEMAND WEISS, WIE GROSS das Universum ist. Es könnte ein Ende haben, das zu weit entfernt ist, um es entdecken zu können. Es könnte aber auch gar kein Ende haben und unendlich sein. Vielleicht ist es auch in sich selbst gekrümmt und endlos wie ein Kreis. Vielleicht ist es mit anderen Universen verbunden. Wir wissen aber, dass es beständig größer wird. Die Galaxien breiten sich in alle Richtungen aus. In der Vergangenheit hielt man das Universum für alles, was existiert. Jüngst aber haben Kosmologen, also Forscher, die das Wesen des Universums studieren, dies eingeschränkt auf alles (aller Raum, alle Zeit und alle Materie), das wir jemals kennen werden.

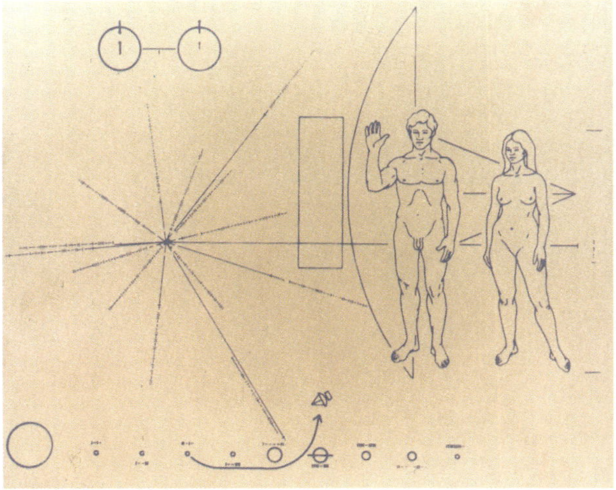

Vorstoß ins All
Menschen sind bisher nur bis zum Mond gekommen, aber computergesteuerte Raumschiffe reisen tiefer in den Weltraum. 1989 erreichte die bereits 1977 gestartete Sonde *Voyager 2* den Neptun und entdeckte sechs neue Monde. Mittlerweile hat sie das Sonnensystem verlassen und fliegt in die große Leere. Wie ihre Schwestersonde *Voyager 1* trägt sie eine vergoldete Plakette mit den Abbildungen menschlicher Körper, der Erde, unserer Nachbarplaneten und -sterne sowie Aufnahmen von unserer Sprache und Musik. Ob jemand sie findet?

Maßstab im Universum

Größen und Entfernungen in unserer Umgebung, wie die Größe eines Fußballplatzes in Quadratmetern oder die Entfernung zur Schule in Kilometern, können wir uns mühelos vorstellen. Aber die Größenordnungen und Entfernungen im Weltraum sind einfach zu groß, um sie wirklich verstehen zu können. Die Strecken sind so gigantisch, dass Wissenschaftler das Lichtjahr als Maß für die Entfernung verwenden. Ein Lichtjahr ist der Weg, den das Licht (oder andere elektromagnetische Wellen) in einem Jahr zurücklegt: 9 460 000 000 000 Kilometer. Trotzdem muss man die Entfernung zu manchen Quasaren in Milliarden Lichtjahren angeben.

Die Erde hat einen Durchmesser von etwa 12 800 km

Das Sonnensystem hat einen Durchmesser von etwa 7000 Millionen km

Das Licht vom nächsten hellen Stern Alpha Centauri braucht 4,3 Jahre bis zu uns. Er ist also 4,3 Lichtjahre entfernt

Mehr dazu: Schallwellen S. 112; Der tiefe Raum S. 194; Über die Zeit S. 198

Alte Vorstellungen

Wir sind so mit unserer Vorstellung vom Universum und der winzigen, durch leeren Raum reisenden Erde vertraut, dass wir uns andere Weltbilder kaum vorstellen können. Dabei hat unser heutiges Bild Jahrtausende an wissenschaftlicher Forschung gebraucht, um sich zu entwickeln. Die alten Ägypter hielten das Universum für eine Pyramide mit der Erde als Boden und dem Himmel als Wände. Frühe Hindus glaubten, dass die Welt eine Scheibe ist, die auf dem Rücken von vier Elefanten liegt, die auf einer riesigen treibenden Schildkröte stehen.

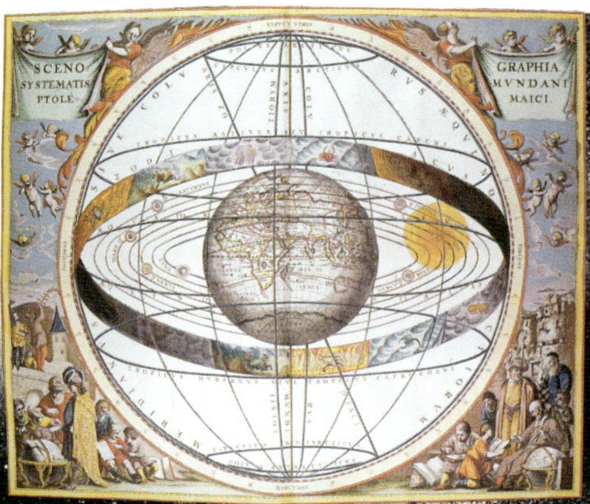

Eine typische Spiralgalaxie hat einen Durchmesser von 100 000 Lichtjahren

Das Ende des Universums

Die Strahlung einiger Quasare benötigt zwölf Milliarden Jahre, um uns zu erreichen. Das ist etwa so lange, wie das Universum überhaupt existiert. Das Licht kommt also vom Anfang des Universums.

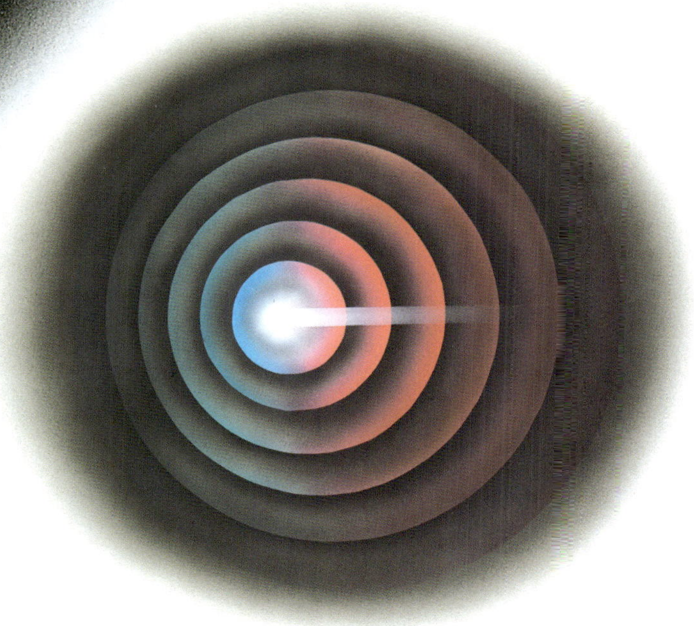

Entdeckung

Edwin Hubble (1889–1953) war einer der großen Astronomen des 20. Jahrhunderts. Der studierte Anwalt und erfolgreiche Boxer wandte sich in den 1920er Jahren der Astronomie zu. Mithilfe des riesigen Teleskops von Mount Wilson bewies er, dass es neben unserer noch viele andere Galaxien gibt. Er war der erste, der mit der Rotverschiebung (rechts) zeigte, dass diese Galaxien von uns wegstreben und das Universum sich ausdehnt.

Rotverschiebung

Untersuchungen des von Galaxien abgestrahlten Lichts haben gezeigt, dass es in den roten Bereich verschoben ist. Das heißt, dass die Lichtwellen etwas länger und deshalb röter sind, als wir erwarten würden. Je weiter Galaxien entfernt sind, desto stärker ist ihr Licht ins rote Spektrum verschoben. Die weitentferntesten Galaxien zeigen eine extrem starke Rotverschiebung. Daraus schließen wir, dass sich das Universum ausdehnt und dabei immer schneller wird!

Über die Zeit

DIE ZEIT SCHEINT das einzige unveränderliche Merkmal unserer Welt zu sein. Die Uhr tickt gleichmäßig. Sekunden, Minuten und Stunden vergehen. Man kann die Zeit nicht schneller oder rückwärts laufen lassen. Oder doch? Moderne Theorien sagen: Zeit ist veränderlich. Je schneller man sich bewegt, desto langsamer vergeht die Zeit. Es gibt sogar Theorien, die sagen, es ist möglich, die Zeit stillstehen oder rückwärts laufen zu lassen.

Schneller laufende Zeit?

In ferner Vergangenheit schien die Zeit nur sehr, sehr langsam zu vergehen. Die Menschen entwickelten sich von ihren affenartigen Vorfahren über tausende von Jahren weiter. Dann begannen sie, das Land zu bebauen und in Städten zu leben. Uns scheint es heute, dass die Zeit mit all den neuen Erfindungen nur so verfliegt.

Vor 4000 Jahren
Die Menschen begannen, in einfachen Hütten zu leben und siedelten später in kleinen Städten. Es folgten große Städte mit prächtigen Tempeln und anderen großen Gebäuden.

Vor 400 Jahren
Die Renaissance vom 14. bis 16. Jahrhundert war die Blütezeit der Wissenschaft. Viele neue Ideen entstanden. Die industrielle Revolution begann im 18. Jahrhundert, sie beschleunigte die Entwicklung neuer Maschinen und Erfindungen.

Vor 40 Jahren
Flugzeuge konnten Passagiere in wenigen Stunden über Strecken transportieren, für die man früher Tage gebraucht hätte. In den Städten wuchsen die Wolkenkratzer in den Himmel. Radio und Fernsehen kamen in die Haushalte und starteten die Kommunikationsrevolution.

SCHNELLER BEDEUTET LANGSAMER

Die Relativitätstheorie sagt, Zeit ist relativ zur Bewegung. Je schneller man sich bewegt, desto langsamer vergeht die Zeit. Astronauten, die die Erde monatelang in der Raumstation *Mir* umkreisten, waren bei Landung ein bis zwei Sekunden jünger, als wenn sie auf der Erde geblieben wären.

Mehr dazu: Veränderliche Zeiten S. 200; Vergangenheit und Zukunft S. 202

ZEITMESSUNG

Unsere Messung der Jahre, Monate und Tage beruht auf der Art, wie Erde und Mond einander und die Sonne umkreisen. Mit der Erfindung von Stundenkerzen und Sonnenuhren konnte der Tag erstmals in Stunden unterteilt werden. Dann wurden mechanische Uhren erfunden, die schließlich bis auf Zehntelsekunden genau gingen. Moderne elektronische und Atomuhren gehen auf die Millionstelsekunde genau.

Stunden In manchen Kulturen kommt es im täglichen Leben auf die eine oder andere Stunde mehr oder weniger nicht so genau an.

Minuten Als die Zeitmessung genauer wurde, kam es in Europa schon auf Minuten an, wenn man etwa eine Kutsche erreichen wollte.

Sekundenbruchteile Durch elektronische Zeitmessung kann heute ein Hundertstel einer Sekunde schon neuen Rekord bedeuten.

Vor 4 Milliarden Jahren

Die Erde entstand aus einer Ansammlung aus Gasen und Staub, die sich zusammenballten, sehr heiß wurden und dann langsam abkühlten.

Vor 4 Jahren

Weltraumflüge brachten viele neue Telekommunikationssatelliten für die Informationsrevolution mit ihren Mobiltelefonen und dem Internet ins Weltall.

Heute

Die internationale Raumstation *ISS* wird über die nächsten 20 Jahre Stück für Stück in der Erdumlaufbahn zusammengebaut.

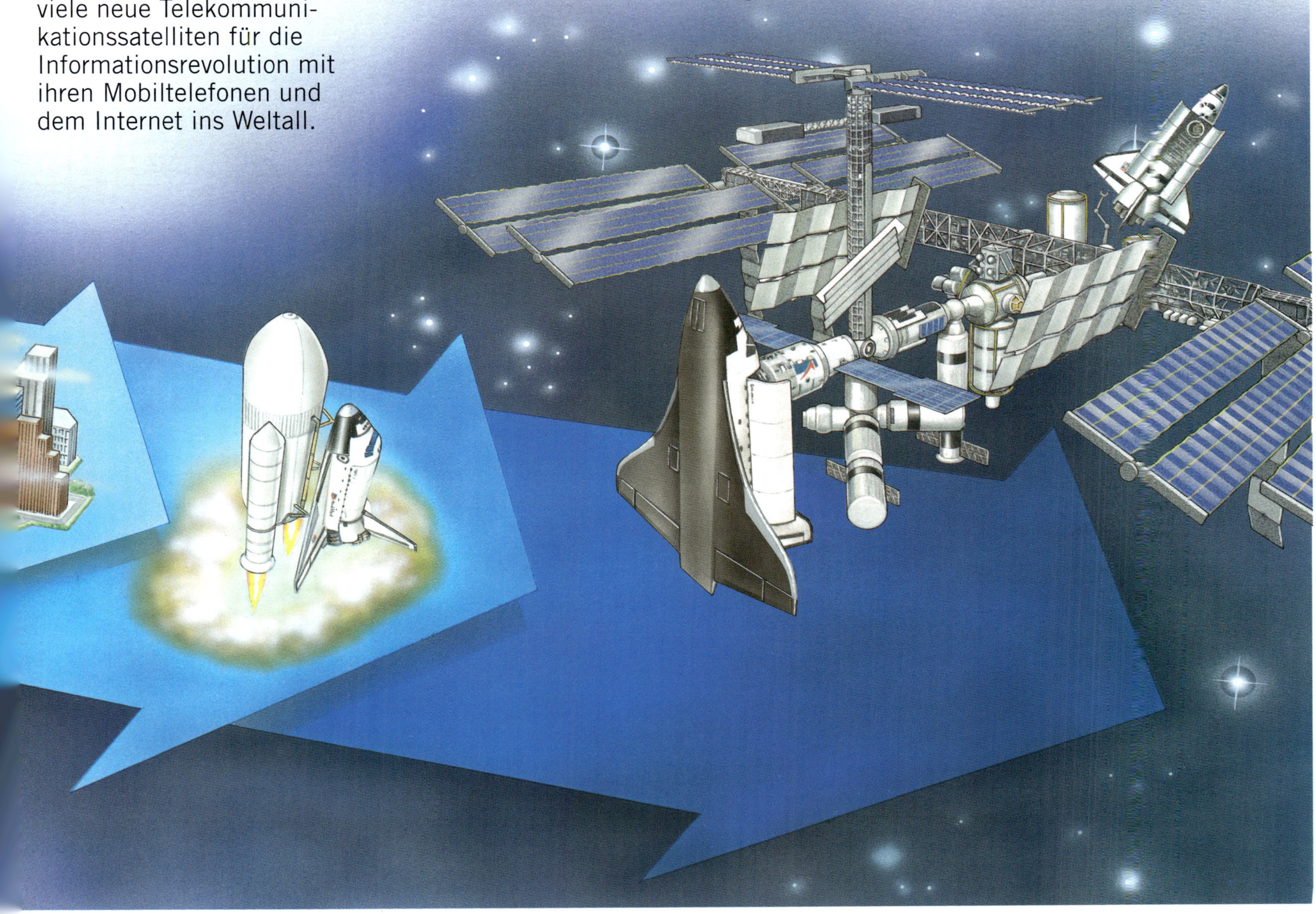

Veränderliche Zeiten

WIR SIND MIT DEM BEGRIFF der Zeit vertraut und doch können Wissenschaftler nur schwer sagen, was Zeit genau ist. Im Alltag verläuft sie nur in eine Richtung, von der Vergangenheit in die Zukunft. Für die meisten Naturgesetze ist das aber überhaupt nicht nötig. Die Gesetze der Bewegung etwa funktionieren, egal ob die Zeit rückwärts oder vorwärts läuft. Forscher stellen sich die Zeit heute nicht mehr als Strecke, sondern als Dimension vor. Wir kennen im Alltag nur die drei räumlichen Dimensionen Länge, Breite und Höhe. Dazu kommt nun die Zeit als vierte Dimension. Sie bildet so das Raum-Zeit-Kontinuum – die „Raumzeit".

Zeit ist relativ

Wie spät ist es? Wenn man ein „Live"-Bild seiner Uhr als Funksignal an einen Freund auf einem fernen Planeten schicken würde, würde er das Bild erst Minuten später sehen. Wer hätte die richtige Zeit, wir oder er? Wir können die Zeit nur in Bezug auf etwas anderes, etwa die Position der Sonne am Himmel, bestimmen. Deshalb sagt man, die Zeit ist relativ. Albert Einstein hat diesen Begriff geprägt.

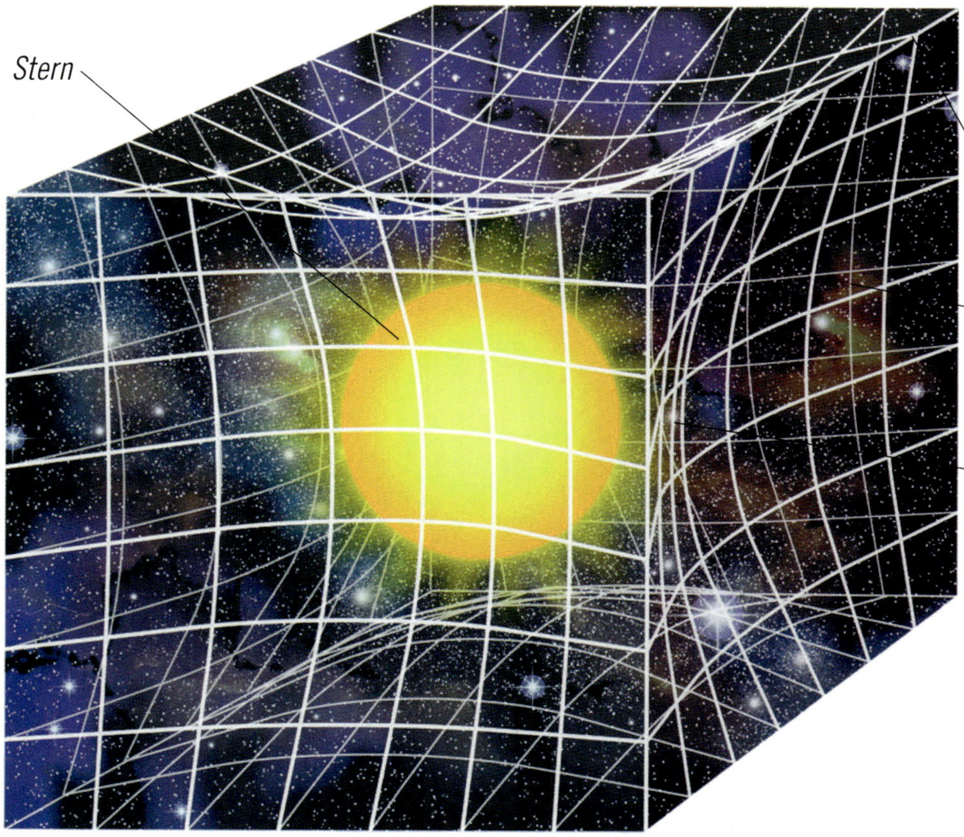

Verzerrte Raumzeit

Die allgemeine Relativitätstheorie sagt, dass Schwerkraft nicht nur an Materie, sondern einfach an allem zieht. Die gewaltige Anziehungskraft eines Sterns kann sogar die Raumzeit strecken und krümmen. So wird ein gerader Lichtstrahl gekrümmt, wenn er am Stern vorbeigeht. Er verläuft zwar immer noch gerade durch den Raum, aber der Raum selbst ist gekrümmt. Am besten stellt man sich den Raum als dünne Gummimatte vor. Die starke Anziehungskraft eines Sterns ist wie ein schwerer Ball in der Mitte der Matte, der sie dehnt und streckt. Überträgt man diese Vorstellung auf die drei Raumdimensionen und nimmt dann noch die Zeit hinzu, weiß man, wie Schwerkraft die Raumzeit verzerrt.

Mehr dazu: Über die Zeit S. 198; Vergangenheit und Zukunft S. 202

Entwicklung der Erde

Man nimmt an, dass die Erde vor 4,6 Milliarden (also 4600 Millionen) Jahren entstand. Wie die anderen Planeten des Sonnensystems kreiste sie zunächst als Gas- und Staubwolke um die Sonne. Die Materie ballte sich unter dem Zug ihrer eigenen Schwerkraft zusammen. Die Temperatur stieg immer weiter, bis ein Ball aus geschmolzenem Gestein entstand, der dann langsam abkühlte. Das abkühlende Gestein gab Wasserdampf ab, der zu Wolken kondensierte und als Jahrtausende dauerndes Unwetter herabregnete. Etwa genau so alt wie die Erde sind Meteoriten aus dem Sonnensystem, die auf der Erde gefunden wurden, und das Mondgestein, das die *Apollo*-Missionen mitgebracht haben.

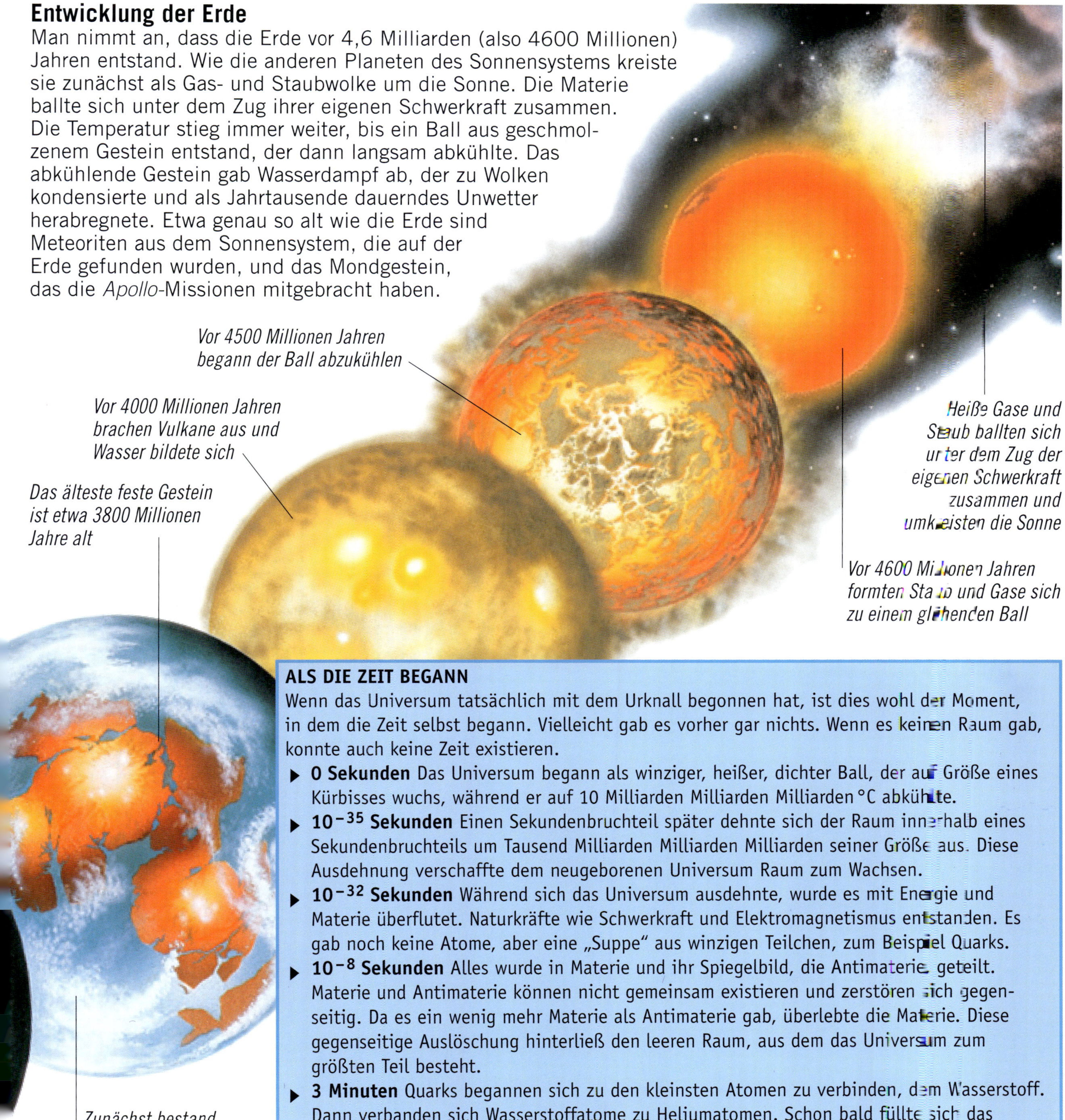

ALS DIE ZEIT BEGANN

Wenn das Universum tatsächlich mit dem Urknall begonnen hat, ist dies wohl der Moment, in dem die Zeit selbst begann. Vielleicht gab es vorher gar nichts. Wenn es keinen Raum gab, konnte auch keine Zeit existieren.

- **0 Sekunden** Das Universum begann als winziger, heißer, dichter Ball, der auf Größe eines Kürbisses wuchs, während er auf 10 Milliarden Milliarden Milliarden °C abkühlte.
- **10^{-35} Sekunden** Einen Sekundenbruchteil später dehnte sich der Raum innerhalb eines Sekundenbruchteils um Tausend Milliarden Milliarden Milliarden seiner Größe aus. Diese Ausdehnung verschaffte dem neugeborenen Universum Raum zum Wachsen.
- **10^{-32} Sekunden** Während sich das Universum ausdehnte, wurde es mit Energie und Materie überflutet. Naturkräfte wie Schwerkraft und Elektromagnetismus entstanden. Es gab noch keine Atome, aber eine „Suppe" aus winzigen Teilchen, zum Beispiel Quarks.
- **10^{-8} Sekunden** Alles wurde in Materie und ihr Spiegelbild, die Antimaterie, geteilt. Materie und Antimaterie können nicht gemeinsam existieren und zerstören sich gegenseitig. Da es ein wenig mehr Materie als Antimaterie gab, überlebte die Materie. Diese gegenseitige Auslöschung hinterließ den leeren Raum, aus dem das Universum zum größten Teil besteht.
- **3 Minuten** Quarks begannen sich zu den kleinsten Atomen zu verbinden, dem Wasserstoff. Dann verbanden sich Wasserstoffatome zu Heliumatomen. Schon bald füllte sich das Universum mit Wolken aus Wasserstoff und Helium.
- **1 Millionen Jahre** Die Gaswolken ballten sich zu langen Strängen, den so genannten Filamenten, zusammen.
- **300 Millionen Jahre** Die Filamente ballten sich zu Wolken zusammen und die Wolken begannen, sich zu Sternen und Galaxien zusammenzuballen.

Vergangenheit und Zukunft

SCHRITTWEISE LERNEN WIR mehr über unsere Welt und das Universum. Allein in den letzten Jahren haben wir enorm viel darüber entdeckt, wie das Universum entstand, wie sich Sterne bilden und wie sich die Erde und das Leben auf ihr entwickelt haben. Wir wissen heute, dass alle Materie aus winzigen Teilchen besteht, die von den vier Naturkräften zusammengehalten werden. Die Wissenschaft entwickelt sich immer schneller, vor allem auf den Gebieten der Genetik, Computerwissenschaften, Kommunikation und Weltraumforschung. Die Wissenschaftler hoffen, eines Tages eine „große Theorie des Ganzen" zu entwickeln: eine einfache Vorstellung, die alle Kräfte, Materie und Energie für alle Zeit erklärt.

Entdeckung

Pierre de Fermat (1601–1665) war Mathematiker, der an komplexen Problemen der Geometrie, Wahrscheinlichkeit, Zahlentheorie und Physik arbeitete. 1637 formulierte er ein Problem (den Fermatschen Satz), ohne ihn aber zu beweisen. Der Wissenschaft gelang es erst 1994, diesen Satz zu lösen. Wer weiß, wann die „große Theorie des Ganzen" gefunden wird?

Kommunikationsnetz der Zukunft
Zwei miteinander verbundene Technologien werden zukünftig eine wichtige Rolle spielen: Computer und Telekommunikation. Computerwissenschaftler sprechen bereits heute davon, Atome so zu manipulieren, dass sie einen mächtigen Computer von der Größe eines Knopfes bilden. Mit winzigen Funkgeräten hätten sie über Satelliten uneingeschränkten Zugang zu einem weltweiten Informationsnetzwerk.

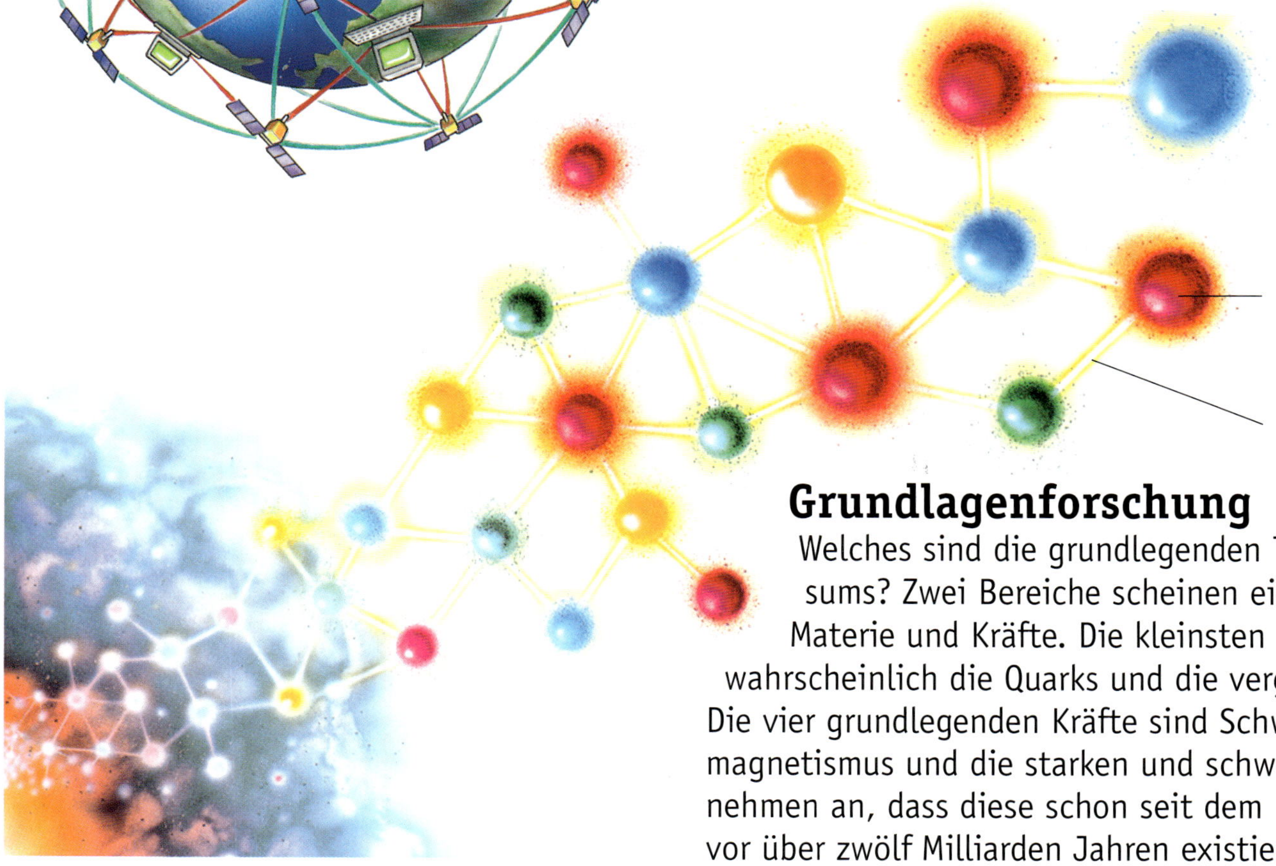

Von Kräften zusammengehaltene Teilchen

Kräfte halten Teilchen zusammen

Grundlagenforschung

Welches sind die grundlegenden Teile unseres Universums? Zwei Bereiche scheinen eine Rolle zu spielen: Materie und Kräfte. Die kleinsten Teilchen der Materie sind wahrscheinlich die Quarks und die vergleichbaren Leptonen. Die vier grundlegenden Kräfte sind Schwerkraft, Elektromagnetismus und die starken und schwachen Kernkräfte. Wir nehmen an, dass diese schon seit dem Beginn des Universums vor über zwölf Milliarden Jahren existieren.

Mehr dazu: Atome S. 14; Das Universum S. 196

Vom Knall zum Kollaps?

Welches Schicksal ist dem Universum bestimmt? Wird es sich ewig ausdehnen? Die Antwort hängt zum Teil davon ab, wie viel Materie existiert. Unter Umständen besteht das Universum größtenteils aus „Dunkler Materie", die wir noch nicht entdeckt haben. Wenn es nicht sehr viel davon gibt, kann das Universum immer größer werden. Gibt es viel davon, wird ihre Schwerkraft die Ausdehnung stoppen und das Universum wieder zusammenziehen. Es wird immer schneller schrumpfen und schließlich in einem großen Kollaps enden. Ist das dann das Ende der Zeit?

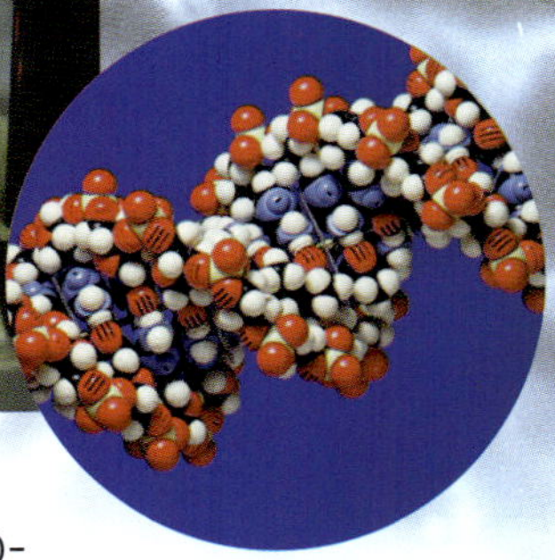

Gentechnik

Nach der Entschlüsselung der Erbinformationen können Wissenschaftler heute die Gene von Lebewesen verändern. Sie haben bereits genetische Informationen zwischen sehr unterschiedlichen Organismen ausgetauscht. So hat man etwa ein „Antifrost"-Gen, das das Blut eines arktischen Fisches vor dem Einfrieren schützt, auf Tomaten übertragen, um sie gegen Frost zu schützen. Die Forscher hoffen außerdem, Gentherapien zur Heilung von Erbkrankheiten zu entwickeln. Allerdings sind die Risiken dieser Eingriffe in die Natur unbekannt. Eine Befürchtung ist, dass veränderte Gene in Krankheitserreger gelangen, die dann eine unheilbare weltweite Seuche auslösen könnten.

ANDERE WELTEN

1976 landeten zwei *Viking*-Raumsonden auf dem Mars. Sie schickten Bilder von der Oberfläche zur Erde und untersuchten den Marsstaub auf Anzeichen für Leben. 1997 besuchte die Sonde *Pathfinder* mit ihrem ferngesteuerten Fahrzeug *Sojourner* den Planeten. Während unsere Technik immer ausgereifter wird, lernen wir mehr und mehr über das Sonnensystem. Für Besuche in andere Galaxien müsste man aber schneller als das Licht reisen können und das ist nur im Science Fiction möglich.

***Viking* auf dem Mars**

***Vikings* Blick auf die Marsoberfläche**

KAPITEL

7

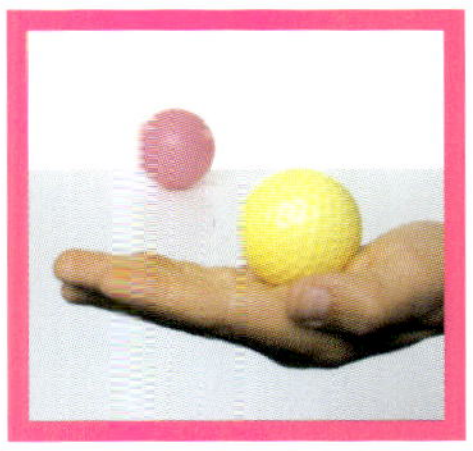

Praktische Versuche

Wer wissenschaftlich forscht, braucht zuerst eine Idee oder eine Theorie. Aus ihr leitet man Voraussagen ab, dann versucht man, sie durch praktische Experimente zu beweisen. Alte Theorien werden auf diese Weise manchmal durch neue abgelöst. Praktische Versuche, Tests und Experimente sind wichtige Aufgaben eines Wissenschaftlers.

Licht zum Wachsen

Pflanzen stellen aus Lichtenergie ihre Nahrung her. Und was geschieht, wenn das Licht fehlt?

LEBEN AUF DER ERDE, S. 164

Du brauchst

- Kressesamen
- Blumenerde
- flache Schale zum Aussäen
- Pappe, Schere

1 Fülle Blumenerde in die Schale und streue die Samen darauf. Dann alles vorsichtig anfeuchten.

2 Stelle die Schale auf ein helles Fensterbrett. Sieh jeden Tag nach, wie die Samen sich entwickeln.

3 Wenn nach einigen Tagen Blättchen zu sehen sind, schneide ein Stück Pappe zurecht, das etwas größer als die Schale ist. Schneide in die Mitte der Pappe ein Loch, dann lege sie auf die Schale. Sieh wieder jeden Tag nach. Was geschieht mit den Pflanzen unter der Pappe? Erkennst du, dass Pflanzen Licht zum Wachsen brauchen?

Richtung Licht

Pflanzen wachsen zum Licht, damit ihre Blätter möglichst viel davon bekommen. Das nennt man Phototropismus.

LICHT, S. 124

Du brauchst

- Kressesamen
- Blumenerde
- flache Schale zum Aussäen
- Pappkarton, Schere

1 Fülle Blumenerde in die Schale und streue die Samen darauf. Dann alles vorsichtig anfeuchten.

2 Schneide in eine Schmalseite des Kartons ein Fenster von 10 cm Länge. Stelle die Schale in den Karton und lege den Deckel darauf. Stelle den Karton an einen hellen Platz, damit Licht durch das Fenster fällt.

3 Beobachte die kleinen Pflanzen. Wachsen sie aufrecht oder recken sie sich zum Fenster im Karton?

Auch Farne vermehren sich durch Sporen. Bei ihnen wächst aber aus jeder Spore erst ein herzförmiges Blatt, das Prothallium. Aus diesem entsteht die eigentliche Farnpflanze.

Schimmel

Schimmel ist ein Pilz. Er wächst auf toten Lebewesen und alten Lebensmitteln.

LEBEN AUF DER ERDE, S. 164

Du brauchst

- kleine, flache Schale
- Frischhaltefolie
- Brotscheibe
- Lupe
- Glas Wasser

1 Lege eine Brotscheibe in die Schale und lass sie einige Stunden offen stehen. Feuchte das Brot mit ein paar Tropfen Wasser an. Decke alles mit Folie ab. Stelle es an einen warmen Platz.

2 Nach einigen Tagen ist Schimmel gewachsen. Sieh ihn dir durch die Folie mit einer Lupe genau an. Kannst du das Netz aus feinen Fäden und die kleinen, dunklen Kugeln erkennen, die nach oben ragen? Diese Kugeln enthalten die Sporen, die winzig wie Staubkörner sind. Aus ihnen wächst neuer Schimmel.

Bodenbewohner

Im Gartenboden leben viele kleine Tiere. Sieh sie dir einmal genau an.

LEBEN AUF DER ERDE, S. 164

Du brauchst

- Gummihandschuhe
- kleine Schaufel
- Schraubglas
- weißes Papier
- Bleistift
- Lupe

1 Hole ein Glas voll Erde aus dem Garten oder Park. Streue die Erde auf ein Blatt Papier. Zieh Gummihandschuhe an und schiebe die Erde mit dem Bleistift auseinander. Entdeckst du Lebewesen?

2 Sieh dir die Lebewesen mit der Lupe an und zeichne sie ab. Die Bodenbewohner sind nützlich, weil sie die Verrottung toter Pflanzenteile fördern. Sie machen aus ihnen Nährstoffe, die andere Pflanzen zum Wachsen brauchen. Nachdem du die Lebewesen studiert hast, bringe sie wieder dahin, wo du sie gefunden hast.

Leben im Wasser

In Flüssen und Teichen leben kleine Tiere. In Schlamm- und Wasserproben kannst du einige entdecken.

FLÜSSE UND SEEN, S. 158

Du brauchst

- Gummihandschuhe
- Schraubglas
- Schnur
- flache Glasschale
- weißes Papier
- Lupe, Mikroskop
- Teichwasser

1 Zieh Gummihandschuhe an. Binde eine Schnur um ein Glas und schöpfe etwas Wasser aus einem Teich. Versuche, auch Schlamm vom Grund mitzunehmen.

2 Stelle die Glasschale auf das weiße Papier und gieße etwas Teichwasser hinein. Sieh es dir durch die Lupe an. Kannst du kleine Tiere erkennen? Verstreiche etwas Schlamm in der Schale und sieh ihn dir ebenfalls an. Wenn du ein Mikroskop hast, gib einen Tropfen Teichwasser auf einen Objektträger.

Nicht alle Teichbewohner sind winzig. Vielleicht findest du sogar Libellenlarven. Sie leben unter Wasser. Erst nach einigen Monaten kriechen sie einen Stängel empor, werfen die Haut ab und entfalten ihre Flügel.

Reaktionszeit

Lebewesen reagieren auf Ereignisse. Hier kannst du deine Reaktionszeit testen.

ÜBER DIE ZEIT, S. 198

Du brauchst

langes Lineal, Papier, Stift

1 Du brauchst einen Helfer. Halte die Hände vor den Körper. Die Handflächen zeigen zueinander, dazwischen bleibt etwas Abstand.

2 Der Helfer hält das Lineal so über deine Hände, dass die Null zwischen den Daumen liegt.

3 Wenn der Helfer das Lineal loslässt, schlägst du die Hände zusammen, um es festzuhalten. Schreibe die Zahl auf, die jetzt bei deinen Daumen liegt. Je niedriger die Zahl ist, desto schneller war deine Reaktion.

Sehen heißt wissen?

Optische Täuschungen können uns verwirren.

LICHT SEHEN, S. 130

Du brauchst

- kleinen Ball
- großen Ball

1 Lege den kleinen Ball so weit vor den großen, dass sie etwa gleich groß aussehen.

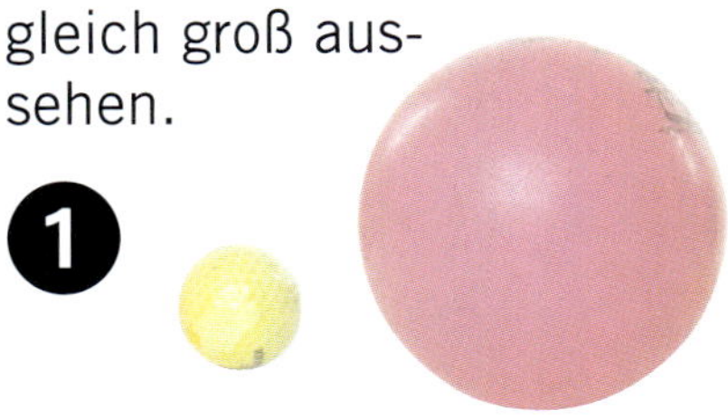

2 Schließe ein Auge. Jetzt sehen die Bälle wirklich gleich aus. Mit nur einem Auge kann das Gehirn Entfernungen schlechter schätzen. Aber du weißt trotzdem, dass der große Ball weiter entfernt liegt, denn du erinnerst dich daran.

Hinsehen

LICHT SEHEN, S. 130

1 Schau dir das Bild unten genau an. Sind die weißen Felder die Deckel der schwarzen Würfel? Oder sind es die Unterseiten auf dem Kopf stehender Würfel? Alle Tiere setzen Gehirn und Augen gemeinsam ein, um Form und Position von Gegenständen zu erkennen. Manchmal liefern die Augen dem Gehirn aber nicht genug Informationen. Das Bild unten enthält nicht genug Informationen um zu erkennen, wo die weißen Teile genau liegen.

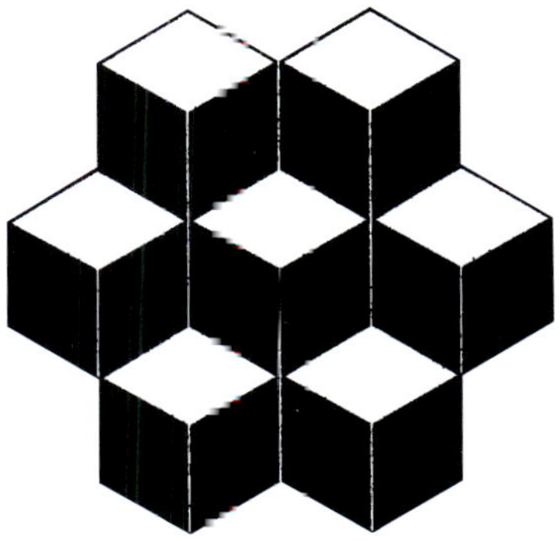

Diffusion

Mischt man zwei Flüssigkeiten, verteilen sich die darin enthaltenen Teilchen gleichmäßig. Das nennt man Diffusion.

FEST, FLÜSSIG UND GASFÖRMIG, S. 26

Du brauchst

- 2 gleich große Gläser
- Vaseline
- Lebensmittelfarbe
- Alufolie, Tablett
- Wasser

1 Nimm die Deckel von den Gläsern und streiche die Glasränder dick mit Vaseline ein.

2 Fülle ein Glas bis zum Rand mit Leitungswasser. Decke es mit Alufolie ab. Wische dabei aber nicht die Vaseline ab.

3 Fülle das andere Glas mit Wasser und gib einige Tropfen Lebensmittelfarbe dazu. Stelle alles auf ein Tablett.

4 Drehe das Glas mit der Folie vorsichtig um und stelle es kopfüber auf das Glas mit gefärbtem Wasser.

5 Warte einen Moment, dann ziehe die Folie vorsichtig heraus.

6 Sieh alle 15 Minuten nach, wie sich die Farbe verändert. Die Teilchen der Farbe kann man mit bloßem Auge nicht erkennen. Du kannst aber sehen, wie sie sich verteilen, ohne dass du umrührst. Das ist eine Diffusion.

Lösung

Eine Lösung entsteht, wenn man einen Stoff in einem anderen auflöst.

LÖSUNGEN, S. 34

Du brauchst

- Salz oder Zucker
- wasserlöslichen Stift
- Glas, Wasser

1 Fülle das Glas zu drei Vierteln mit kaltem Wasser. Markiere außen den Wasserstand. Gib einen gestrichenen Teelöffel Salz oder Zucker zu und rühre, bis alles aufgelöst ist. Dann gib weitere Teelöffel zu, bis sich nichts mehr auflöst. Schreibe die Anzahl der Teelöffel auf. Leere das Glas aus.

2 Fülle jetzt bis zur Markierung heißes Wasser ins Glas. Löse wieder teelöffelweise Salz oder Zucker auf. Löst sich im heißen Wasser mehr oder weniger auf?
Löst sich ein Stoff in einer Flüssigkeit auf, zerfällt er in Teilchen. Sie vermischen sich mit denen der Flüssigkeit – es entsteht eine Lösung.

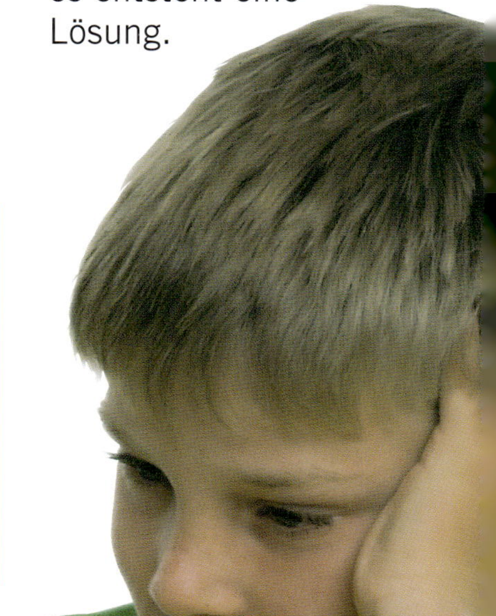

Kristalle züchten

Die Atome und Moleküle mancher Feststoffe bilden ein regelmäßiges Muster oder Gerüst.

KRISTALLE, S. 30

Diese Felsen in Irland heißen Giant's Causeway (Riesen-Damm). Sie entstanden, als vor Millionen von Jahren flüssiges Gestein langsam abkühlte. Die Moleküle im Gestein bildeten regelmäßige Muster – hohe, sechsseitige Kristalle entstanden.

Du brauchst

- Alaunpulver (Apotheke)
- 2 Gläser
- Baumwollfaden
- Strohhalm
- Gummiband
- Wasser

1 Fülle heißes Wasser in ein Glas. Gib teelöffelweise Alaunpulver hinein und rühre gut um. Warte, bis sich am Glasboden ungelöste Kristalle absetzen. Dann gieße die Flüssigkeit vorsichtig in ein zweites Glas.

2 Binde in der Mitte des Strohhalms einen Faden fest. Lege den Strohhalm auf den Rand des zweiten Glases. Der Faden sollte den Glasboden aber nicht berühren.

Knicke die Enden des Strohhalms um und befestige sie mit dem Gummiband.

3 Nach einigen Tagen siehst du, wie sich am Faden Alaunkristalle bilden. Zeichne ihre Form ab.

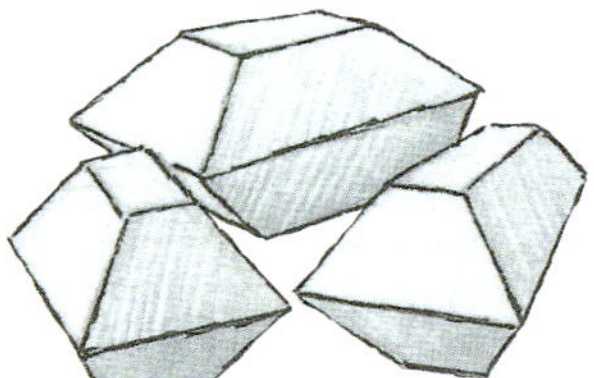

Alaunkristalle (siehe S. 30)

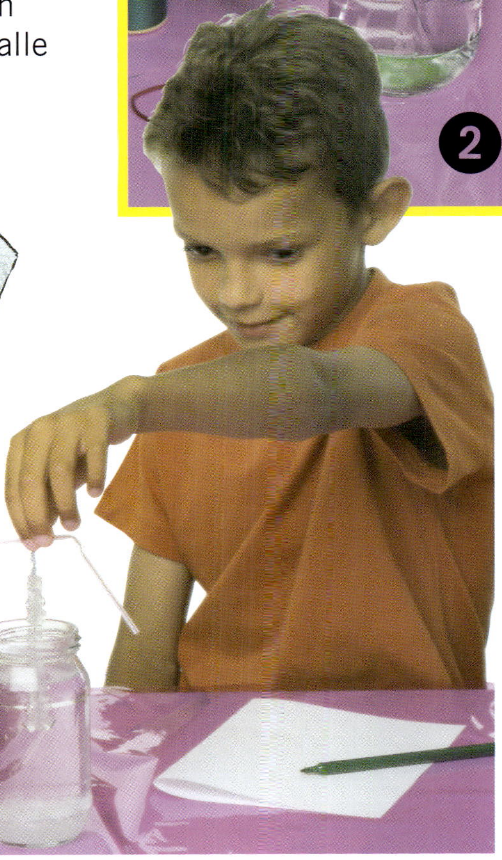

GEWUSST?

Gerüche, z. B. von frischem Brot, nimmst du wahr, weil sich seine Teilchen rasch in der Luft verteilen. Diese Teilchen fängt unsere Nase beim Einatmen ein.

Farben trennen

Farbige Tinte und Tusche sind eine Mischung aus Pigmenten (Farbstoffen) und einem Lösungsmittel. Durch Chromatografie kann man die Pigmente trennen.

LICHT, S. 124

Du brauchst

- Filter- oder Löschpapier
- Schere, Wasser
- Stäbchen
- Schnur
- Wäsche- oder Büroklammern
- Schale oder Tablett mit hohem Rand
- langes Gummiband
- flüssige Farben (z. B. Lebensmittelfarbe, Tinte)

1 Lege das Gummiband fest um die Schale. Klemme die Stäbchen darunter, sodass sie aufrecht stehen. Fülle Wasser in die Schale.

2 Spanne die Schnur zwischen die Stäbchen. Schneide Streifen aus Filterpapier, die von der Schnur bis ins Wasser reichen.

3 Gib je einen Klecks einer Farbe auf ein Ende der Papierstreifen. Klammere die Streifen mit dem anderen Ende so an die Schnur, dass sie bis ins Wasser reichen.

4 Jetzt saugt sich das Papier langsam voll Wasser. Dabei werden die Farben aus dem Klecks mitgezogen – aber unterschiedlich weit. So kannst du sehen, aus wie vielen Farben dein Probeklecks bestand.

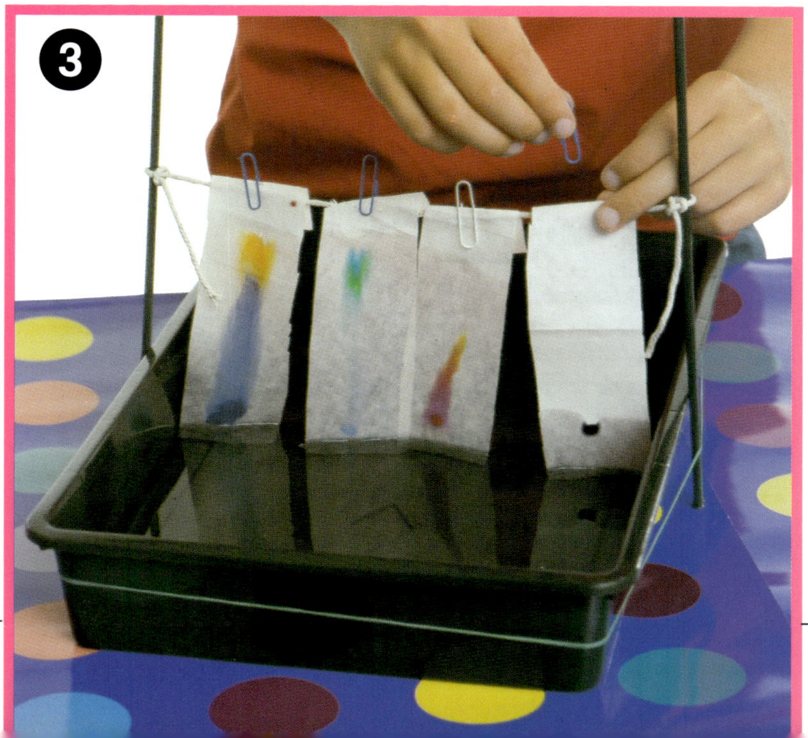

Chemische Reaktion

Wenn Essig und Backpulver miteinander reagieren, entsteht ein Gas.

CHEMISCHE VERÄNDERUNGEN, S. 36

Du brauchst

- stabile Plastikflasche (z. B. von Limonade)
- Luftballon
- Essig
- Backpulver
- Trichter

1 Gieße etwa 1 cm hoch Essig in eine Flasche. Fülle mit einem Trichter zwei Teelöffel Backpulver in einen Luftballon.

2 Ziehe den Hals des Ballons über den Flaschenhals – aber schütte dabei kein Backpulver aus.

3 Hebe den Ballon an, sodass das Backpulver in die Flasche rieselt. Schüttel die Flasche kräftig. Was passiert?

Wenn zwei Chemikalien miteinander reagieren, entstehen neue Chemikalien oder Stoffe. Hier bildet sich das Gas Kohlendioxid, das den Ballon aufbläst.

Backpulver lässt Kuchen aufgehen. Beim Erhitzen erzeugt es das Gas Kohlendioxid, das kleine Bläschen bildet. Diese treiben den Kuchenteig in die Höhe. Der Teig wird luftig und locker, weil die Bläschen in ihm „gefangen" bleiben.

Elektrolyse

Elektrolyse ist ein Verfahren, Chemikalien durch Elektrizität voneinander zu trennen.

ELEKTRIZITÄT NUTZEN, S. 88

Du brauchst

- 2 Bleistiftminen für Druckbleistifte
- Batterie (9 Volt)
- Klingeldraht
- Magnetkompass
- Glas, Wasser
- Salz

1 Entferne von 1 m Klingeldraht die Isolierung an beiden Enden. Wickle die Mitte des Drahts etwa 12mal um einen Kompass.

2 Befestige ein Ende des Drahts an einer Bleistiftmine und das andere an einem Pol der Batterie. Befestige die abisolierten Enden eines zweiten Drahtstücks (20 cm) am anderen Batteriepol und an der zweiten Bleistiftmine.

3 Fülle ein Glas mit Wasser und rühre einige Teelöffel Salz ein. Tauche beide Minen ins Salzwasser. Wenn die Kompassnadel zuckt, weißt du, dass Strom durch den Draht fließt. Kannst du an den Minen Bläschen erkennen?

Das Gas Chlor riecht wie Bleiche oder Schwimmbadwasser. Es stammt aus Salz, das aus Natrium und Chlor besteht (NaCl), und wird durch eine der Elektroden (Bleistiftminen) abgegeben. Die andere Elektrode gibt Wasserstoff aus dem Wasser (H_2O) ab.

Feuer und Luft

Feuer braucht Luft zum Brennen. Genauer gesagt braucht es das Gas Sauerstoff aus der Luft. Dieser Versuch mit einer Kerze zeigt, wie viel Luft verbraucht wird, ehe das Feuer erlischt.

ATMOSPHÄRE, S. 152

Du brauchst

- kleine, dicke Kerze
- Knetmasse
- flache Schale
- Schraubglas
- Wasser

1 Stelle die Kerze in die Mitte der Schale. Damit sie fest steht, stütze sie mit drei oder vier kleinen Kugeln Knetmasse. Die Kerze muss höher sein als der Rand der Schale.

2 Lege drei oder vier Kugeln Knetmasse mit etwas Abstand um die Kerze in der Schale. Auf ihnen soll später der Glasrand stehen.

3 Fülle die Schale mit Wasser, bis die Knetmasse-Kugeln gut bedeckt sind. Zünde die Kerze an und stülpe schnell das Glas darüber. Setze es mit dem Rand auf die Knetmasse-Kugeln.

4 Was passiert? Warte, bis die Kerze erlischt. Dann sieh dir das Glas an. Wie hat sich der Wasserstand verändert?

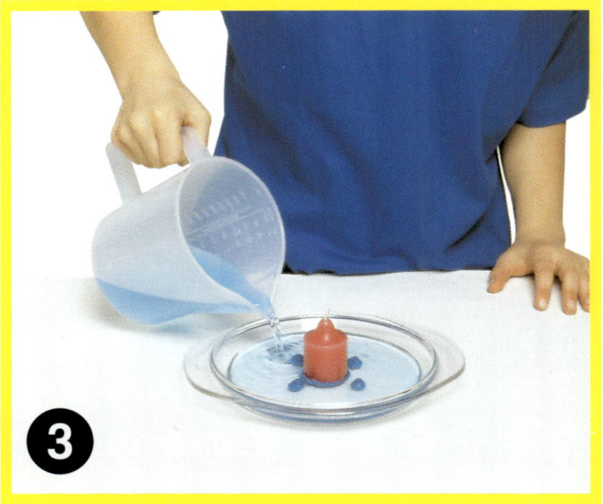

Die Feuerwehr sprüht Schaum auf Feuer. Er verhindert, dass Sauerstoff zu den Flammen gelangt – das Feuer erstickt.

Das Wasser im Glas ist ein Stück weit gestiegen. Daran siehst du, dass ein Teil der Luft beim Verbrennen verbraucht wurde. Das Wasser hat diesen Platz eingenommen. Der Sauerstoff aus der Luft ist verbrannt worden. Er ist zum Atmen und auch zum Brennen notwendig. Im Glas ist eine Mischung aus Gasen zurückgeblieben, die nicht verbrannt wurden. Es ist überwiegend Stickstoff.

Die Wetterkarte im Fernsehen zeigt Gebiete mit hohem und niedrigem Luftdruck. Hoher Luftdruck bedeutet meist gutes Wetter. Niedriger Luftdruck bringt häufig Regen.

Die Luft und das Wetter

Die Luft drückt immerzu auf die Erde. Man kann den Druck nicht spüren, aber er ist da. Bei trockener Luft ist der Druck höher, bei feuchter Luft und Regen ist er niedriger. Den Luftdruck misst man mit einem Barometer. Du kannst ein einfaches Barometer selbst bauen und das Wetter vorhersagen.

WETTER UND KLIMA, S. 154

Ein Barometer misst den Luftdruck in Millibar und Millimeter. Der Luftdruck ist von Ort zu Ort verschieden, er kann sich in Minuten verändern.

1

2

3

Du brauchst

- Schraubglas
- Luftballon (Hals abgeschnitten)
- stabiles Gummiband
- Strohhalm
- dicke Pappe
- Klebeband, Klebstoff

1 Spanne den Ballon über das Glas. Lege das Gummiband um den Glasrand, damit der Ballon nicht abrutscht.

2 Klebe ein Ende des Strohhalms auf dem Ballon fest.

3 Befestige mit Klebeband ein Stück Pappe hinter dem Strohhalm am Glas. Die Pappe soll höher als das Glas und länger als der Strohhalm sein, darf diesen aber nicht berühren.

4 Zeichne jeden Tag die Höhe des Strohhalmendes auf der Pappe an. Warum bewegt sich der Strohhalm? Wird der Luftdruck im Raum geringer, dehnt sich die Luft im Glas aus. Der Ballon wölbt sich, das Strohhalmende senkt sich.

GEWUSST?

Die Wüste Namib liegt an der Küste Namibias in Südwestafrika. Die Luft ist dort sehr feucht, ständig ziehen Nebelschwaden vom Meer auf. Trotzdem regnet es an Land fast nie. Es ist einer der trockensten Orte der Erde.

Heißluftballon

Die Luft in einem Heißluftballon ist wärmer und dichter als die Luft ringsum. Darum steigt der Ballon in die Höhe.

WÄRME UND KÄLTE, S. 58

Du brauchst
- Seidenpapier
- dünne Pappe
- Schere
- Klebstoff
- Föhn

1 Schneide aus dem Seidenpapier fünf Quadrate und vier keilförmige Stücke aus. Die genauen Maße findest du in der Zeichnung unten.

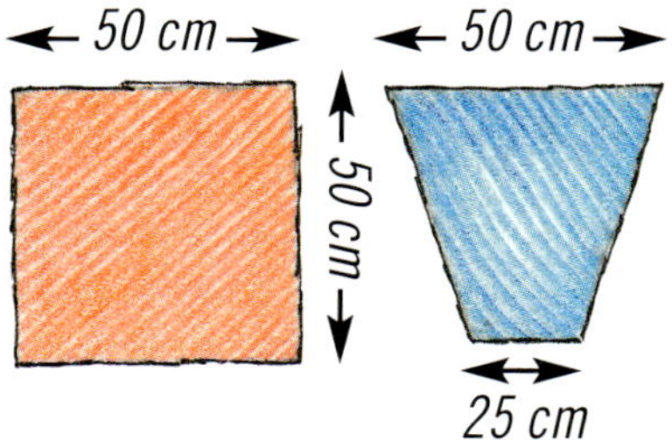

Seidenpapier kann man in 50 cm breiten Rollen kaufen.

2 Klebe die Stücke zu einem Kreuz zusammen, dann klebe die Ränder des Kreuzes zusammen.

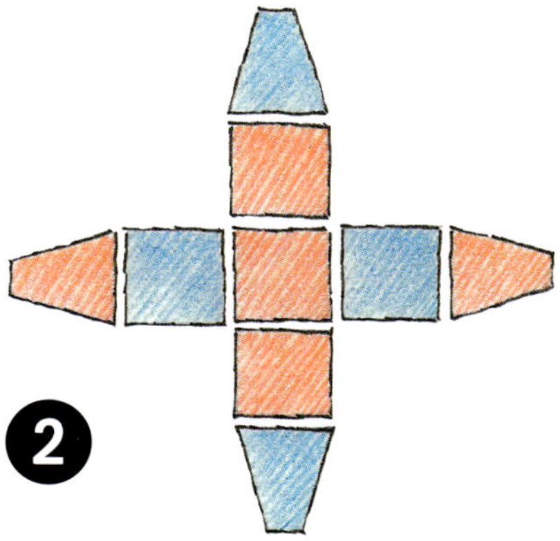

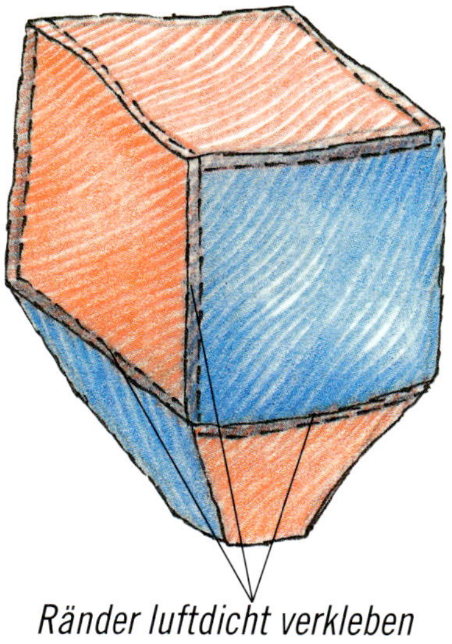

3 Klebe aus der Pappe einen Ring (45 x 5 cm) um den Hals des Ballons.

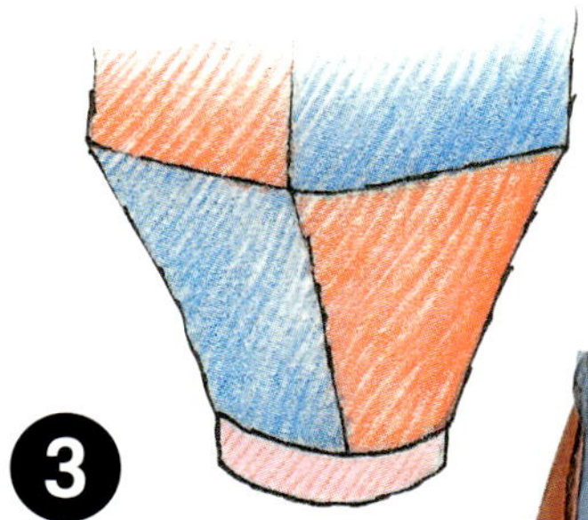

4 Halte einen Föhn unter den Pappring und blase den Ballon mit warmer Luft auf. Das geht leichter, wenn ein Helfer den Ballon hält. Wenn der Ballon mit warmer Luft gefüllt ist, steigt er auf.

So ein Ballon ist nicht leicht zu bauen. Vielleicht brauchst du Hilfe von einem Erwachsenen. Vorsicht: Seidenpapier zerreißt schnell.

Tragfläche

Dieses Experiment zeigt, wie ein Flugzeugflügel funktioniert. Wegen seiner besonderen Form strömt die Luft über ihm schneller als die Luft unter ihm. Dadurch wird der Flügel angehoben.

WASSER, S. 32

Du brauchst

- 2 Strohhalme
- Knetmasse
- dünne Pappe
- dicke, feste Pappe
- Papier
- Locher, Föhn
- Schere, Klebstoff

1 Schneide ein Stück dünne Pappe von 25 cm Länge und 10 cm Breite zu. Stanze in die Ecken einer Längsseite je ein Loch. Dies wird die Vorderseite deiner Tragfläche.

2 Schneide als Bodenplatte ein Stück feste Pappe (30 x 10 cm) aus. Befestige die Strohhalme mit Knetmasse auf der Bodenplatte, schiebe die Löcher der dünnen Pappe über die Strohhalme.

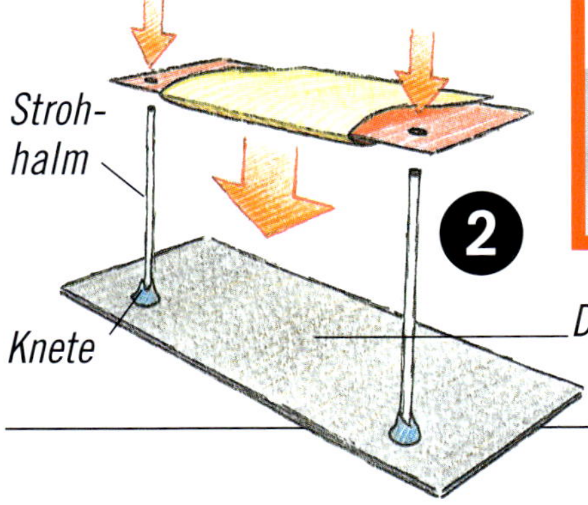

3 Richte einen Föhn aus 1 m Abstand auf die Tragfläche. Steigt die Tragfläche auf? (Beim Blasen mit dem Föhn biegen sich vielleicht die Strohhalme, sogar die Bodenplatte kann wegen des kräftigen Luftstroms, der über den Flügel streicht, wegrutschen.)

4 Jetzt machst du aus der dünnen Pappe eine Tragfläche. Schneide ein Stück Papier aus, das etwas kürzer und etwas breiter als die dünne Pappe ist.

5 Klebe es so auf die Pappe, dass sich oben eine Rundung bildet.

6 Blase wieder mit dem Föhn dagegen. Was passiert? Diesmal steigt die Tragfläche leichter auf. Die besondere Form der Tragfläche sorgt für den Auftrieb.

GEWUSST?

Die Tragfläche steigt wegen des Bernoulli-Prinzips auf, das auch in bewegten Gasen und fließenden Flüssigkeiten gilt. Im nächsten Versuch erfährst du mehr darüber.

Bernoullis Prinzip

Bewegte Gase oder Flüssigkeiten erzeugen weniger Druck als stehende Gase und Flüssigkeiten. Diese Regel ist nach dem Schweizer Daniel Bernoulli benannt, der sie entdeckte.

Du brauchst

- Papier
- Pappröhre
- Schere
- Klebeband

WASSER, S. 32

Bewegte Luft zwischen den Papierstreifen übt weniger Druck aus als normale, stehende Luft: Die Papierstreifen werden zusammengedrückt.

1 Schneide aus Papier zwei Streifen von 20 x 3 cm.

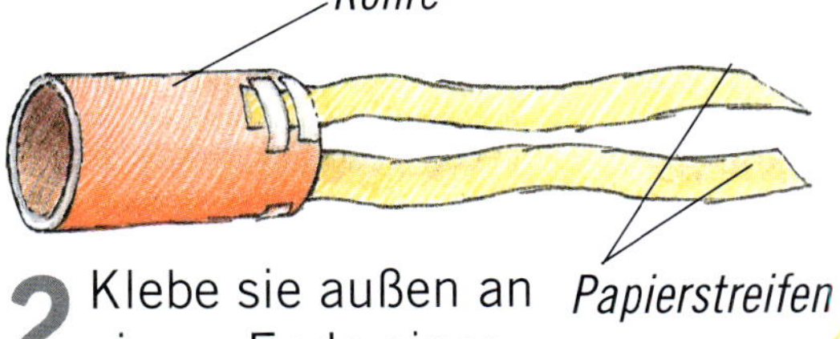

2 Klebe sie außen an einem Ende einer kurzen Pappröhre fest.

3 Puste in die Röhre. Was geschieht?

Autogyro

Ein Autogyro ist ein Luftfahrzeug mit einem Rotor. Dieser dreht sich durch die darüber strömende Luft und hebt so das Fluggerät an.

ATMOSPHÄRE, S. 152

Du brauchst

- dünne Pappe oder festes Papier
- Bleistift
- Lineal
- Schere
- 2 Büroklammern

1 Schneide einen Streifen Pappe von 40 x 3 cm aus. Falte ihn auf der Hälfte. Dann knicke eine Seite 10 cm vom Ende entfernt schräg um (wie auf dem Foto rechts abgebildet).

2 Drehe den Streifen um und falte das andere Ende ebenso um.

3 Klappe die Enden wieder hoch, sodass sie seitlich abstehen. Befestige unten an deinem Autogyro die Büroklammern.

4 Lass es fallen. Es kreiselt. Die Luft drückt gegen die Tragflächen und setzt sie in Bewegung.

Dies ist ein echtes Autogyro. Es sieht aus wie ein Hubschrauber, funktioniert aber anders. Der obere Rotor wird nicht durch einen Motor angetrieben. Das Fluggerät wird durch einen Propeller am Heck vorwärts geschoben. Dies setzt den Rotor in Bewegung.

Luftwiderstand

Wenn sich etwas durch die Luft bewegt, muss es die Luftmoleküle aus dem Weg drängen. Die Luft leistet Widerstand und verlangsamt die Bewegung des Gegenstandes. Manche Formen gleiten leichter durch die Luft als andere – sie haben einen geringeren Luftwiderstand.

REIBUNG, S. 70

Du brauchst

- dünne Pappe
- feste Pappe
- Klebeband
- Schere, Föhn

1 Schneide drei Stücke dünne Pappe von 10 x 5 cm aus. Klebe daraus drei Formen zusammen: einen Kasten, eine Tropfenform und eine Röhre. Klebe die Formen aufrecht auf Quadrate aus fester Pappe (siehe Foto). Stelle alle in einer Reihe auf. Richte einen Föhn auf niedriger Stufe auf die Formen.

2 Halte den Föhn 1 m entfernt und nähere dich langsam. Welche Form bewegt sich am weitesten? Sie hat den größten Luftwiderstand und wird bald umfallen. Welche Form hat den geringsten Luftwiderstand und bleibt am längsten stehen?

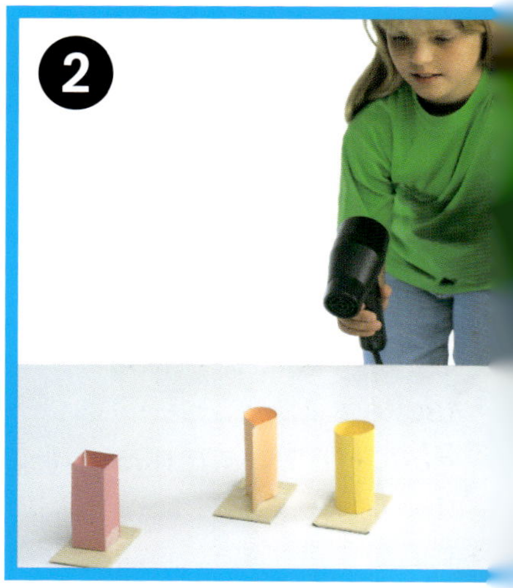

Windgenerator

Die Flügel eines Windgenerators werden vom Wind gedreht. Sie treiben einen Generator an, der Strom erzeugt. Flügel, die sich im Wind drehen, kannst du selbst bauen.

HAUPTENERGIEQUELLEN, S. 72

Du brauchst
- große, runde Plastikflasche
- Holzstab
- 2 Glaskopf-Stecknadeln
- Tacker
- Schere
- Klebeband

1 Schneide von der Flasche Boden und Hals ab. Schneide die Röhre längs in zwei C-förmige Hälften. Dies werden die Windfahnen. Vorsicht: Die Plastikkanten sind scharf!

2 Lege die Ränder der Windfahnen 8 cm übereinander, sodass eine S-Form entsteht und tackere sie an den Rändern zusammen. In der Mitte muss ein Spalt für den Holzstab offen bleiben.

3 Schiebe den Holzstab vorsichtig durch den Spalt der Windfahnen. Befestige die Windfahnen mit Klebeband am Holzstab.

4 Stecke in das obere und untere Ende des Stabs je eine Stecknadel. Jetzt halte den Stab zwischen deinen beiden Händen aufrecht (siehe Foto). Geh damit an einen windigen Platz und du wirst sehen, wie sich die Flügel drehen. Vielleicht reicht es auch aus, wenn du die Flügel anpustest.

Diese Windmühle mahlt nichts. Dreht der Wind die Flügel, treiben sie eine Pumpe an, die verhindert, dass das Feld überschwemmt wird.

Wasser verschwindet

Nach einem Regen trocknen Pfützen langsam aus. Wohin verschwindet das Wasser? Es verwandelt sich in unsichtbaren Wasserdampf.

WASSER, S. 32; LÖSUNGEN, S. 34

Du brauchst

2 Untertassen mit Wasser

1 Gieße in beide Untertassen gleich viel Wasser. Stelle eine Untertasse an einen warmen, die andere an einen kalten Platz. Was passiert nach ein paar Tagen?

2 Wird Wasser erwärmt, verdunstet es und verwandelt sich in ein Gas, das in die Luft aufsteigt. Je wärmer es ist, desto schneller verdunstet das Wasser.

Wenn Wasser gefriert, dehnt es sich aus. Es kann sogar Felsen zerbrechen. Diese Berge sind entstanden, als Regen in Felsritzen eingedrungen und gefroren ist. Das Wasser hat sich ausgedehnt und Felsstücke abgesprengt. Dieses nennt man Erosion durch Frost.

Was passiert, wenn Wasser gefriert?

Die meisten Stoffe werden kleiner, wenn sie sich von flüssig in fest verwandeln – Wasser nicht.

FEST, FLÜSSIG UND GASFÖRMIG, S. 26

Du brauchst

Jogurtbecher

Untertasse

Wasser

1 Stelle den Jogurtbecher auf die Untertasse. Dann fülle ihn zu zwei Dritteln mit Wasser. Stelle ihn über Nacht ins Gefrierfach.

2 Am nächsten Tag ist das Wasser zu Eis gefroren. Nimmt es jetzt mehr oder weniger Platz ein als die Flüssigkeit? Beim Gefrieren hat es sich ausgedehnt. Das Gewicht ist aber gleich. Eis hat deshalb eine geringere Dichte als Wasser.

Wasser in der Luft

Die Atemluft enthält Wasserdampf. Wird der Dampf kondensiert, verwandelt er sich in Wasser.

FLÜSSE UND SEEN, S. 158

Du brauchst

Glas
eiskaltes Wasser

1 Gieß eiskaltes Wasser in ein Glas. Siehst du den Film aus Wassertropfen auf der Außenseite? Das ist Wasserdampf aus der Luft, der zu flüssigem Wasser kondensiert ist. Der unsichtbare Wasserdampf in der Luft ist ein Gas. Wird die Luft abgekühlt, verwandelt er sich wieder in Wasser. Das Eiswasser kühlt die Luft rings um das Glas ab, sodass der Wasserdampf kondensiert.

GEWUSST?

Wenn sich das Klima auf der Erde allmählich erwärmt, könnten Arktis und Antarktis zu schmelzen beginnen. Dann steigt der Meeresspiegel und tief liegenden Gebieten drohen Überschwemmungen.

Regen und Flüsse

Hier siehst du, wie Wasser als Regen vom Himmel fällt und in die Luft zurückkehrt.

ATMOSPHÄRE, S. 152

Du brauchst

großen Karton mit abnehmbarem Deckel
Kuchenblech (muss in den Karton passen)
kleinen Karton (höher als das Kuchenblech)
Eiswürfel
feste Pappe (15 x 15 cm)
Plastikfolie
Klebeband, Klebefolie
Schere, heißes Wasser

1 Schneide in eine Seite des Kartondeckels ein Loch (10 x 10 cm). Lege Plastikfolie darüber, befestige sie mit Klebeband. Schneide in eine Seite des großen Kartons ein Fenster, klebe auch darüber Folie (auf den Fotos ist dieses Fenster offen, damit du den Aufbau innen siehst).

2 Stelle das Blech in den Karton.

3 Beklebe die Pappe mit Klebefolie. Knicke zwei Seiten um, sodass eine Rinne entsteht. Nimm den kleinen Karton als Stütze und klebe die Rinne so darauf fest, dass sie schräg zum Blech abfällt. Fülle heißes Wasser ins Blech.

4 Lege den Deckel auf den Karton, bedecke die Folie über dem Loch mit Eiswürfeln. Dampf vom heißen Wasser kondensiert auf der Folie unter dem Eis. Wie Regen tropft das Wasser in die Rinne und fließt wie ein Fluss in das Blech-Meer.

AUFGEPASST!

Je heißer das Wasser, desto besser klappt dieses Experiment. Lass dir beim Eingießen des heißen Wassers von einem Erwachsenen helfen.

Wasserdruck-Springbrunnen

Wasser ist schwer, es drückt auf seine Umgebung. Das nennt man Wasserdruck.

ENERGIE, S. 46; KRÄFTE UND BEWEGUNG, S. 52

Du brauchst

- Plastikflasche
- Schere
- hohes Tablett, große Schüssel oder Spüle
- Krug mit Wasser

1 Bohre mit der Schere 10 cm über dem Boden ein Loch in die Flasche. Lass dir von einem Erwachsenen helfen.

2 Stell die Flasche auf ein hohes Tablett. Fülle die Flasche mit Wasser aus dem Krug: Das Wasser spritzt aus dem Loch heraus. Je mehr Wasser in der Flasche ist, desto weiter spritzt es, weil Wasser in alle Richtungen Druck ausübt und aus dem Loch drängt. Je mehr Wasser sich oberhalb des Lochs befindet, desto größer ist der Druck – und desto weiter reicht der Strahl.

Saugheber

Wie kommt Wasser aus einer Schüssel in eine andere, ohne eine von beiden zu bewegen?

WASSER, S. 32

Du brauchst

- 2 Schüsseln, Wasser
- dünnen Plastikschlauch
- Karton
- Lebensmittelfarbe

1 Fülle eine Schüssel mit sauberem Wasser und stelle sie auf den Karton. Damit du das Wasser besser sehen kannst, gib etwas Lebensmittelfarbe hinein.

2 Stelle eine zweite, leere Schüssel neben den Karton auf den Tisch. Stecke ein Ende des Schlauchs in die Schüssel mit gefärbtem Wasser.

3 Sauge durch den Schlauch Wasser an, fast bis zum Mund. Nimm das Schlauchende aus dem Mund, lege den Finger darauf und halte es über die leere Schüssel. Nimmst du den Finger ab, fließt Wasser aus der oberen in die untere Schüssel.

Schwimmen / sinken

Die Dichte (Volumengewicht) entscheidet, ob ein Gegenstand schwimmt oder sinkt.

KRÄFTE UND BEWEGUNG MESSEN, S. 54

Du brauchst
- Korken
- Murmeln
- Holz- und Plastikstücke
- Münzen
- Schüssel mit Wasser
- hohlen Ball (z. B. Tischtennisball)

1 Lege die verschiedenen Dinge vorsichtig auf das Wasser. Leichte Gegenstände schwimmen, schwere sinken.

2 Drücke einen hohlen Ball unter Wasser. Der Wasserdruck drängt ihn nach oben. Diese Kraft nennt man Auftrieb. Ist der Auftrieb größer als das Gewicht, schwimmt ein Gegenstand.

Viele dieser Boote bestehen aus Materialien, die schwerer als Wasser sind. Sie schwimmen aber auf dem Wasser, weil sie hohl sind und viel Luft enthalten. Insgesamt sind sie also leichter als das Wasser. Sie sinken nur so weit ins Wasser, bis der Auftrieb groß genug ist, um sie zu tragen.

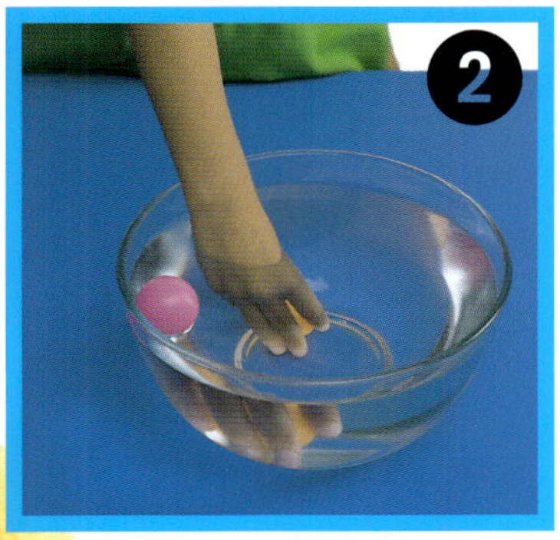

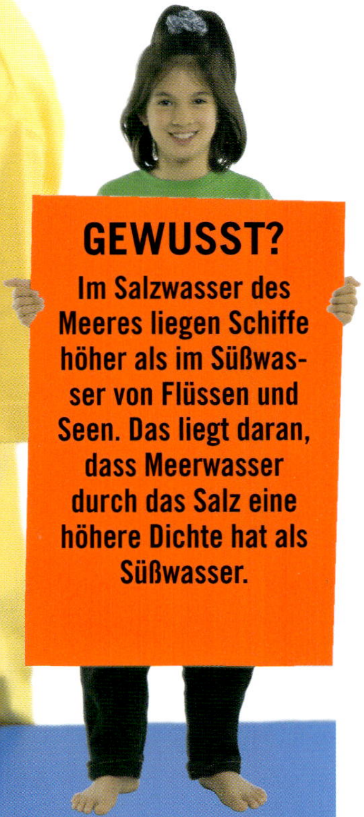

Modellboot

Boote sind schwer, aber sie schwimmen, weil sie hohl und mit Luft gefüllt sind.

WASSER, S. 32; MEERE UND OZEANE, S. 162

Du brauchst
- Schüssel mit Wasser
- Knetmasse

1 Lege Knetmasse auf das Wasser. Sie sinkt: Ihre Dichte ist größer als die des Wassers.

2 Jetzt forme aus Knetmasse eine hohle Bootsform. Schwimmt sie? Das Gewicht von Knetmasse und Luft zusammen sorgt dafür, dass das „Boot" eine geringere Dichte als das Wasser hat.

Wasserläufer rennen über das Wasser und gehen nicht unter. Ihr Gewicht ist auf die mittleren und hinteren Beine verteilt. Sie sind nicht schwer genug, um die Oberflächenspannung des Wassers zu durchbrechen.

Oberflächenspannung

Wassermoleküle halten fest zusammen. Es entsteht eine Oberflächenspannung – wie eine dünne, dehnbare Schicht auf dem Wasser.

MOLEKÜLE, S. 22; WASSER, S. 32

Du brauchst

- Plastik-Büroklammern
- Schüssel mit Wasser

1 Nimm Büroklammern zwischen die Finger und lege sie ganz vorsichtig aufs Wasser. Schaffst du es, dass sie schwimmen und nicht untergehen?

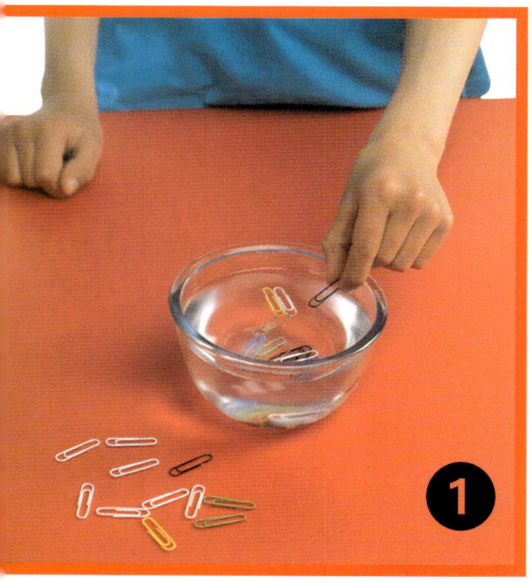

2 Schau dir das Wasser rings um eine Klammer genau an. Es sieht aus, als hätte es eine kleine Delle.

Kapillarwirkung

Wassermoleküle dringen in die engsten Winkel. Dadurch kann das Wasser fließen.

FLÜSSIGKEITEN, S. 26

Du brauchst

- Lebensmittelfarbe
- 2 durchsichtige Lineale
- Löschpapier, Wasser, Glas
- Klebeband, Schere

1 Gieß Wasser mit etwas Lebensmittelfarbe in ein Glas. Schau es dir von der Seite an. Siehst du, dass es an der Glaswand etwas höher steht? Das nennt man Adhäsion.

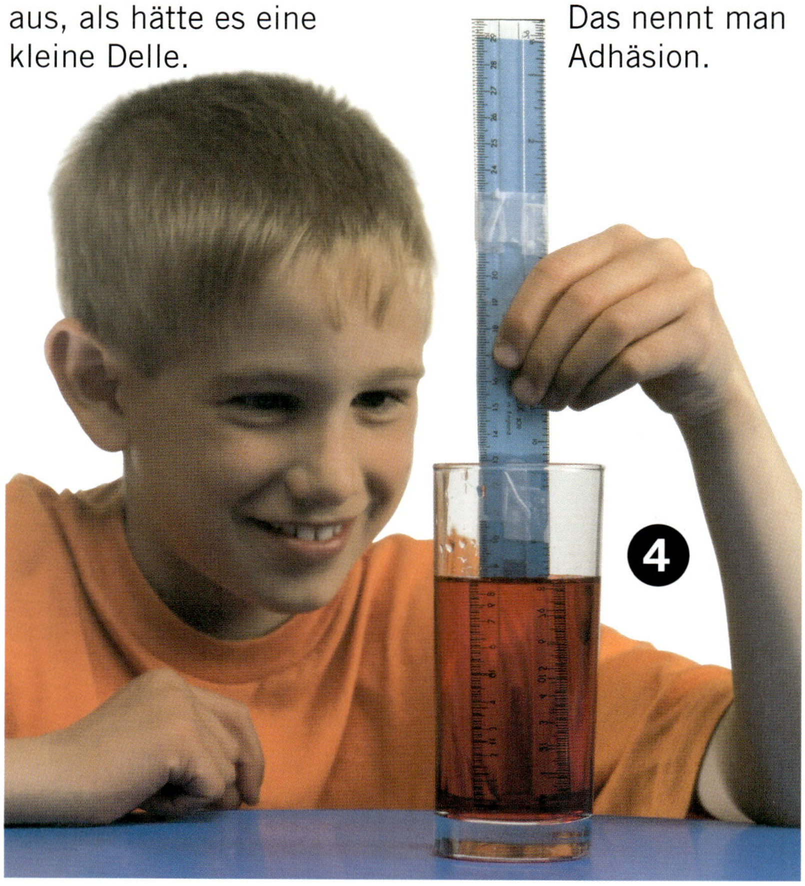

2 Miss die Wassertiefe mit einem Lineal.

3 Klebe 1 cm über dem Wasserstand einen Streifen Löschpapier mit Klebeband aufs Lineal. Klebe zwei Lineale mit Klebestreifen zusammen, sodass das Löschpapier dazwischen liegt. Stelle die Lineale ins Wasser und halte sie gerade. Das Löschpapier darf das Wasser nicht berühren.

4 Das Wasser sollte nun zwischen den Linealen bis zum Löschpapier in die Höhe steigen. Dieses Kriechen in enge Räume nennt man Kapillarwirkung. Die Wassermoleküle halten sich am Lineal fest. So steigen sie zwischen den Linealen und später in den Fasern des Löschpapiers in die Höhe.

Schaufelrad

Große Schaufelräder werden in Wasserkraftwerken zur Stromerzeugung benutzt.

HAUPTENERGIEQUELLEN, S. 72

Du brauchst

- 6 gleiche Flaschen-Schraubdeckel aus Plastik
- biegsames Plastik (z. B. Margarinebecher)
- wasserfesten Klebstoff
- Schere, Wasser
- festen Draht (z. B. von einem Kleiderbügel)
- Plastikflasche vom Wasserdruck-Springbrunnen (S. 222)
- stabile Gummibänder oder festes Klebeband

1 Schneide aus biegsamem Plastik zwei runde Scheiben von 7,5 cm Ø. Stich jeweils in die Mitte ein kleines Loch. Vorsicht: Plastik ist scharf!

2 Klebe die Flaschendeckel auf eine der Plastikscheiben. Sie sollen das Wasser auffangen, wenn sich das Rad dreht. Klebe die zweite Plastikscheibe darauf.

3 Steck den Draht durch die Löcher, biege ihn um (siehe Zeichnung).

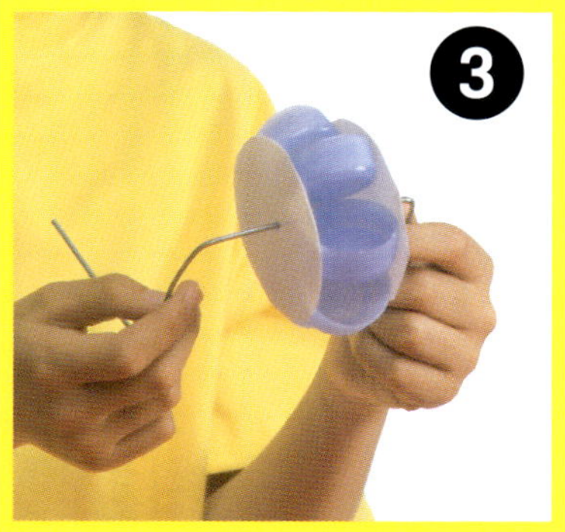

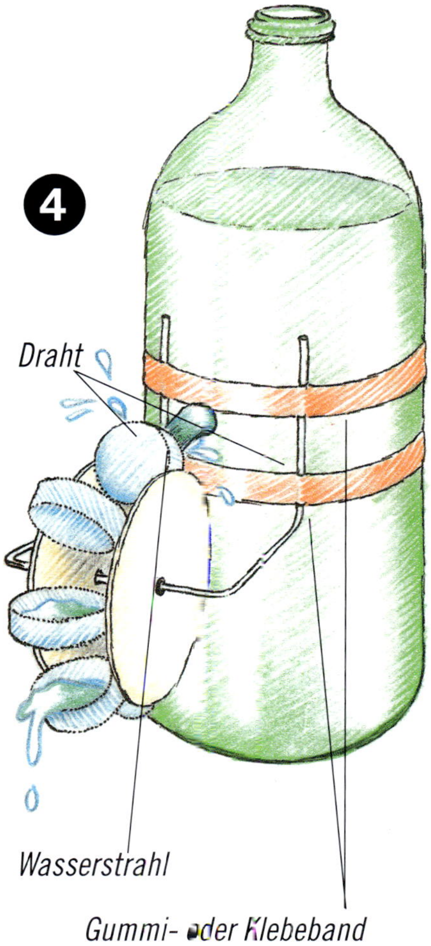

4 Befestige den Draht mit Gummibändern oder Klebeband an der Flasche.

5 Fülle die Flasche mit Wasser. Wenn es aus dem Loch fließt, dreht sich das Rad.

Blumen in einem Glas mit gefärbtem Wasser verfärben ihre Blüten: Wasser und der Farbstoff steigen durch die Kapillarwirkung in den Stielen auf.

GEWUSST?

Pflanzen geben Wasser als Dampf an die Luft ab und saugen durch die Wurzeln frisches Wasser auf. Diesen Wasserkreislauf nennt man Transpiration.

Schallwellen-Detektiv

Schall bringt Dinge zum Schwingen. Dieses Experiment macht die Schwingungen sichtbar.

SCHALLWELLEN, S. 112

Du brauchst

- Luftballon
- dicke Pappe (10 cm hoch, zur Röhre geformt)
- Gummiband
- Salz oder Zucker
- Schere

1 Schneide den Hals des Ballons ab. Ziehe den Ballon flach über ein Röhrenende.

2 Streife das Gummiband über den Ballon, damit er nicht abrutscht. Streue Salz- oder Zuckerkörner auf den Ballon. Geh mit dem Mund nahe an den Ballon und summe oder singe tiefe Töne. Die Körner sollten anfangen zu hüpfen. Tun sie es nicht, singe etwas lauter, höher oder tiefer.

3 Probiere andere Geräusche aus, z. B. eine Trommel. Wann hüpfen die Körner am stärksten?

Wellen

Schall bewegt sich in Wellen, die Wasserwellen ähneln.

WELLEN, S. 110

Du brauchst

- rechteckige Schale mit hohen Rändern
- Wasser

1 Fülle die Schale vorsichtig bis etwa 1 cm unter den Rand mit Wasser.

2 Stecke einen Finger in der Mitte der Schale ins Wasser. Warte, bis sich das Wasser nicht mehr bewegt. Ziehe den Finger heraus: Wellen breiten sich kreisförmig aus, wie Schallwellen in der Luft.

3 Warte, bis sich das Wasser wieder beruhigt hat. Hebe ein Ende der Schale leicht an, dann lass es herunterfallen. Die Wellen bewegen sich und werden von den Wänden der Schale reflektiert (prallen zurück).

Hören mit beiden Ohren

Mit beiden Ohren können wir besser hören, wo ein Geräusch herkommt.

LAUTE UND LEISE TÖNE, S. 116

Du brauchst

dicken Schal

ein paar Freunde

1 Wenn man etwas mit beiden Ohren hört, so nennt man das Stereo oder räumliches Hören. Bitte deine Freunde, sich etwa 3 m von dir wegzustellen. Verbinde dir die Augen mit dem Schal.

2 Halte dir ein Ohr zu. Deine Freunde klatschen nacheinander in die Hände.

3 Zeige in die Richtung, aus der das Geräusch kommt. Deine Freunde können sich auch bewegen, um dich zu verwirren!

4 Nun wiederhole das Spiel, ohne dir ein Ohr zuzuhalten. Du kannst viel einfacher erkennen, aus welcher Richtung das Geräusch kommt.

Die Wellen des Meeres bewegen sich in Auf- und Abbewegungen über die Wasseroberfläche, bis sie auf die Küste treffen. Auch Schall bewegt sich in Wellen, die man aber nicht sehen kann. Durch eine Welle wird Energie (Schall oder Licht) von einem Ort zum anderen transportiert.

Im Flug senden Fledermäuse sehr hohe Töne aus. Durch das Echo können sie Hindernisse oder Insekten zum Fressen orten.

Schallplattentöne

Bastel einen einfachen Plattenspieler. So kannst du die Töne aus der Rille abspielen.

GERÄUSCHE SPEICHERN, S. 120

Du brauchst

- alte Schallplatte
- Papier
- dicke Pappplatte
- 2 Pinnwandnadeln mit rundem Kopf
- 2 Heftzwecken
- feste Pappe
- Schere
- Klebstoff, Klebeband

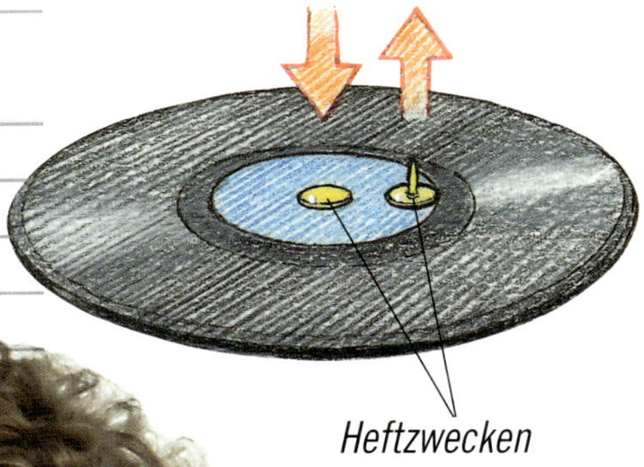

1 Klebe eine Heftzwecke mit der Spitze nach unten in das Loch der Schallplatte und eine zweite daneben mit der Spitze nach oben.

2 Leg die Schallplatte in die Mitte der Pappplatte, sodass sie sich auf der Heftzwecke im Loch drehen kann.

3 Schneide aus fester Pappe einen Streifen (5 x 18 cm) aus. Stich je ein Loch 3 cm von den Enden des Pappstreifens in die Pappe. Die Nadel darf später nicht darin hängen bleiben.

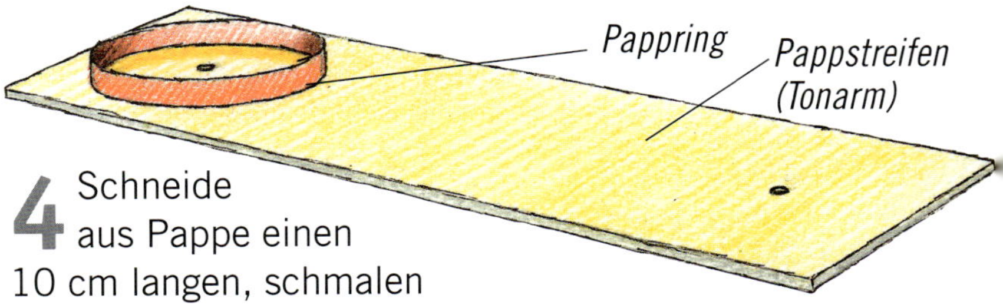

4 Schneide aus Pappe einen 10 cm langen, schmalen Streifen. Drehe ihn zu einem Ring und klebe ihn um eines der Löcher (siehe Zeichnung).

5 Schneide einen Papierkreis aus, der groß genug ist, den Pappring abzudecken. Klebe den Kopf einer Pinnwandnadel in die Mitte des Papierkreises. Wenn sie fest ist, klebe den Papierkreis mit der Nadel nach unten auf den Pappring, sodass die Nadel durch das Loch schaut. Das ist die Abspielnadel.

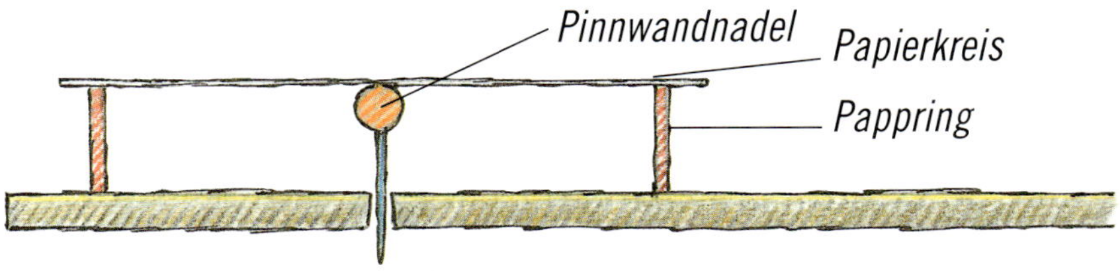

6 Bastel einen Papiertrichter (Zeichnung rechts). Das dünne Ende wird über den Pappring gestülpt. Klebe den Trichter an den Pappring.

7 Klebe eine Pinnwandnadel mit der Spitze nach oben 2 cm vom Rand der Schallplatte auf die Pappplatte und hänge den Pappstreifen mit dem freien Loch dort ein.

8 Setze die Abspielnadel nach unten auf den Schallplattenrand. Mit der auf dem Kopf aufgeklebten Heftzwecke drehst du die Schallplatte. Kannst du Töne hören?

Saiteninstrument

Die Töne dieses Instruments kommen von den schwingenden Saiten.

HOHE UND TIEFE TÖNE, S. 114

Du brauchst

- großen Pappkarton mit Deckel
- langes, dickes Gummiband
- 3 Stifte
- Klebeband
- Schere

1 Schneide an einem Ende ein großes Loch in den Kartondeckel.

2 Lege das Gummiband um den Karton mit Deckel und über das Loch. Lege an jedem Deckelende einen Stift unter das Gummiband, klebe beide fest.

3 Zupfe an dem Band. Du kannst einen Ton hören. Schiebe einen dickeren Stift nahe am Loch unter das Band und zupfe. Der Ton ist höher.

1

Wenn die Saiten einer Gitarre schwingen, bringen sie die Luft und den Gitarrenkörper auch zum Schwingen. Das erzeugt Töne. Dickere Saiten schwingen langsamer und klingen tiefer.

3

2

Blasinstrument

Die Töne kommen aus Röhren, in denen Luft schwingt.

GERÄUSCHE VERARBEITEN, S. 118

Du brauchst

- 20 Strohhalme
- feste Pappe
- Schere
- Doppelklebeband

1 Schneide ein Pappstück (15 x 15 cm) aus. Klebe einige Streifen Doppelklebeband darauf.

2 Klebe die Strohhalme auf die Klebebänder. Schneide die Enden der Halme ab, sodass sie dabei immer kürzer werden.

3 Halte die „Flöte" an deine Unterlippe und blase darüber. Längere Halme klingen tiefer.

Sonnenuhr

Bevor mechanische Uhren bekannt waren, las man die Zeit vom wandernden Schatten der Sonne auf der Sonnenuhr ab.

DIE ERDE IM WELTRAUM, S. 174

Du brauchst

- feste Pappe
- Schere, Stift
- Atlas
- Winkelmesser, Klebeband
- Zirkel zum Zeichnen von Kreisen
- Magnetkompass

1 Schneide zwei Rechtecke (15 x 30 cm) aus fester Pappe.

2 Sieh in einem Atlas nach, auf welchem Breitengrad der Ort liegt, an dem du wohnst. Die Breitengrade sind die waagerechten Linien, in Grad (°) angegeben.

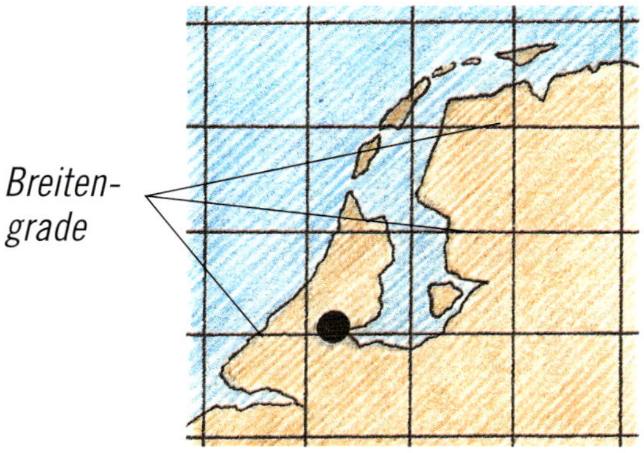

3 Zeichne mit dem Winkelmesser auf einem der Rechtecke unten links einen Winkel mit der Gradzahl des Breitengrads an.

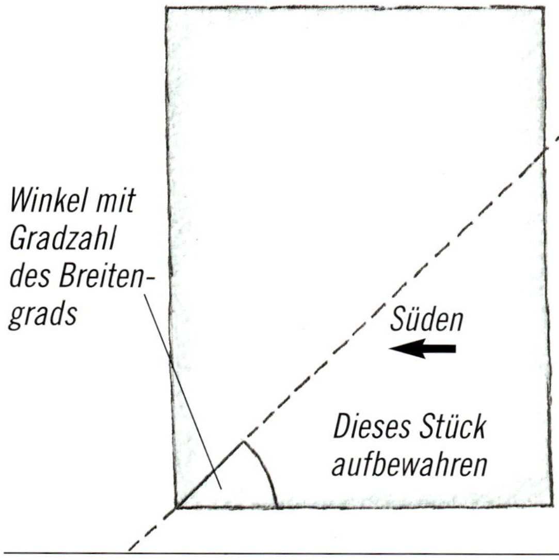

Zieh die Linie des Winkels bis zum Rand, schneide das Dreieck aus.

4 Zeichne auf das zweite Rechteck mit dem Zirkel einen Halbkreis, dessen Mittelpunkt auf der Mitte einer Längsseite liegt.

5 Klebe das Dreieck mit Pappstreifen und Klebeband aufrecht in die Mitte des Halbkreises.

6 Richte deine Sonnenuhr an einem sonnigen Tag mit dem Kompass so aus, dass die untere Spitze des Dreiecks nach Süden zeigt. Zeichne jede volle Stunde ein, wo der Schatten des Dreiecks auf den Halbkreis fällt. Schreibe neben den Strich die Uhrzeit.

Wenn die Sonne scheint und die Spitze des Dreiecks nach Süden zeigt, zeigt der Schatten an, wie viel Uhr es ist.

Ein Problem der Sonnenuhren war, dass sie mit dem Wechsel der Jahreszeiten nur noch ungenau die Zeit angaben. Deshalb haben viele Sonnenuhren verschiedene Nummerierungen für die unterschiedlichen Jahreszeiten.

Licht reflektieren

Dieses Experiment zeigt, wie Licht von Spiegeln oder anderen glatten, glänzenden Oberflächen zurückgeworfen wird.

LICHTBRECHUNG, S. 128

Du brauchst

- Pappe
- Taschenlampe
- kleinen Spiegel
- Schere
- Knetmasse

1 Schneide ein Stück Pappe (15 x 10 cm) aus. Dann schneide in eine der längeren Seiten einen 5 cm langen Spalt.

2 Befestige die Pappe mit Knete aufrecht stehend und mit Spalt nach unten auf dem Tisch.

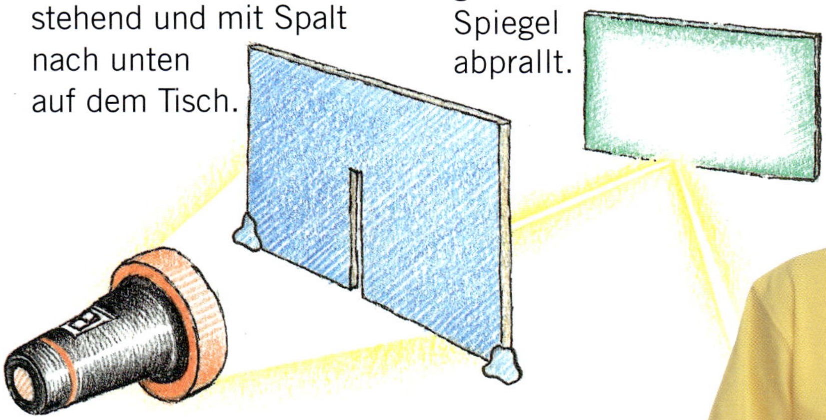

3 Verdunkle den Raum. Leuchte mit der Lampe durch den Spalt. Du kannst einen Lichtstreifen auf dem Tisch sehen.

4 Reflektiere das Licht mit dem Spiegel. Drehst du den Spiegel, wechselt das Licht seine Richtung. Der Winkel, mit dem das Licht auf den Spiegel fällt, ist gleich dem, der vom Spiegel abprallt.

Optische Fasern

Lichtblitze von Lasern laufen durch optische Fasern, sogar um Kurven. Mit einem Wasserstrahl kannst du sehen, wie das funktioniert.

LASERLICHT, S. 134

Du brauchst

- Plastikflasche von S. 222
- Wasser
- Taschenlampe

1 Stelle eine Flasche mit Loch wie im Springbrunnen-Test her.

2 Halte das Loch mit dem Finger zu. Fülle die Flasche mit Wasser. Leuchte von der Seite gegenüber dem Loch mit der Taschenlampe durch die Flasche.

3 Nun nimm deinen Finger weg. Das Licht folgt dem Wasserstrahl in einer Kurve nach unten.

Wie tief wirklich?

Wenn Licht aus der Luft ins Wasser fällt, wird es gebrochen (verändert seine Richtung).

LICHTBRECHUNG, S. 128

Du brauchst

- Glas mit Wasser
- Münze

1 Leg die Münze auf den Glasboden.

2 Schau von oben auf das Wasser. Versuche deinen Finger außen am Glasrand auf gleiche Höhe zu legen wie die Münze. Dann schau von der Seite. Ist er auf einer Höhe mit der Münze?

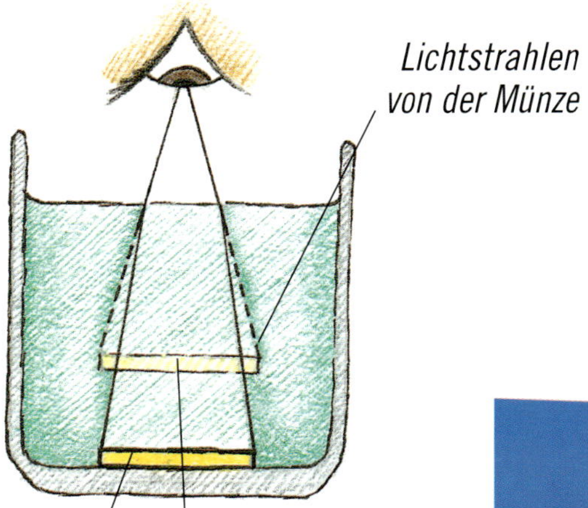

Von oben sieht es aus, als würde die Münze höher im Wasser liegen.

Kamera im Karton

Baue eine Camera obscura. Sie fängt Licht aus deiner Umgebung ein und zeigt das Bild der Umgebung auf einem „Bildschirm".

LICHT SEHEN, S. 130

Du brauchst

- schmalen Pappkarton
- Lupe
- Transparentpapier
- Schere, Klebeband

1 Finde die Brennweite deiner Lupe heraus. Halte sie 3 cm nah an ein Fenster.

2 Bewege deine Hand auf die Linse zu oder von ihr weg, bis du auf deiner Hand das sehen kannst, was draußen vor dem Fenster ist. Der Abstand von der Hand zur Linse ist die Brennweite.

3 Der Pappkarton sollte etwas länger sein als die Brennweite. Schneide den Karton in der Mitte in zwei Hälften. Schneide die Kanten einer Hälfte vom offenen Ende her V-förmig auf. Klebe die Kanten zusammen. Schiebe diese Hälfte in die andere Hälfte.

4 Schneide ein großes Loch in die Rückwand der anderen Kartonhälfte und klebe Transparentpapier darüber.

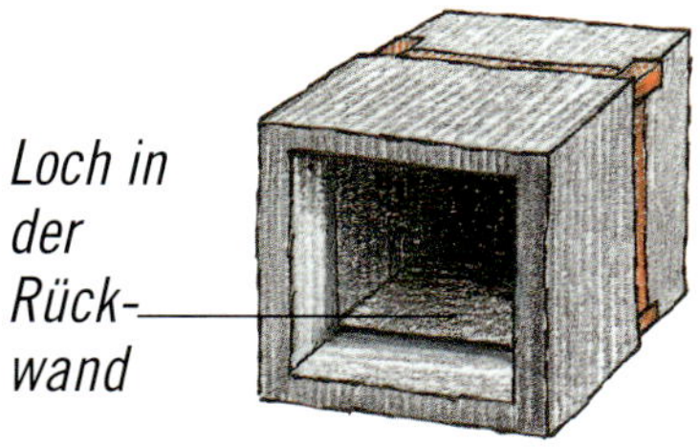

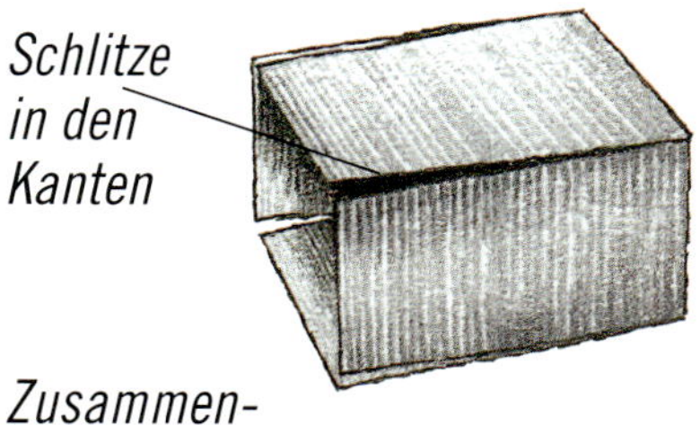

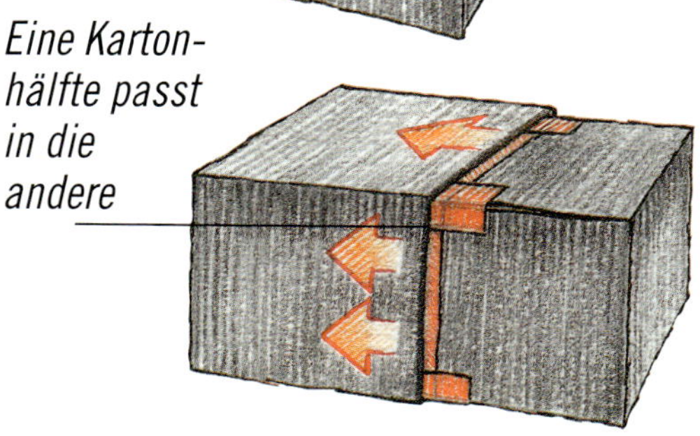

5 Schneide ein Loch in die Rückwand der ersten Hälfte (etwas kleiner als deine Lupe). Klebe die Lupe über das Loch.

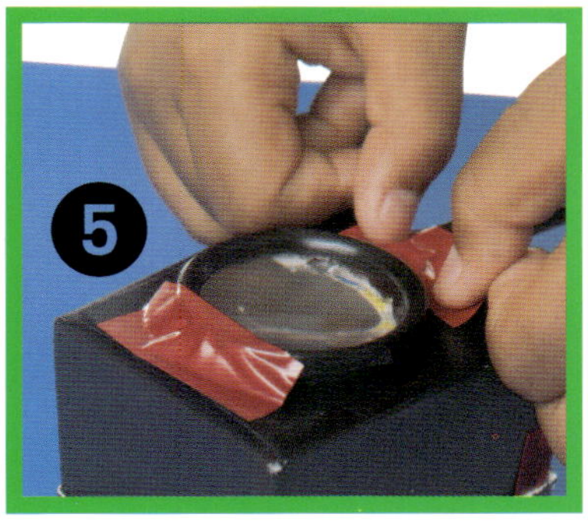

6 Richte die Kamera auf einen hellen Gegenstand. Zieh die Kartonteile auseinander oder schiebe sie zusammen, bis du ein deutliches Bild auf dem Papier-Bildschirm siehst.

Ein optisches Mikroskop hat mehrere Linsen und kann Dinge bis zu 1000fach vergrößern.

Tropfen-Mikroskop

Linsen lassen Dinge größer oder näher erscheinen. Mit einem Tropfen Wasser kannst du ein einfaches Mikroskop basteln.

LICHT NUTZEN, S. 132

Du brauchst

- Plastikflasche
- kleinen Karton
- Dosendorn
- Schere
- Klebeband
- Wasser

1 Bitte einen Erwachsenen, dir beim Ausschneiden eines Streifens (10 x 3 cm) aus der Plastikflasche zu helfen. Vorsicht: Plastik ist scharf. Drücke mit dem Dosendorn ein Loch nahe einem Ende in den Plastikstreifen. Klebe den Streifen auf den Karton, sodass das Ende mit dem Loch überhängt.

2 Gib mit dem Finger einen Tropfen Wasser auf das Loch. Er sollte sich im Loch zu einer gewölbten Linse formen.

3 Geh mit dem Auge nahe an das Tropfen-Mikroskop heran und halte etwas darunter. Bewege den Gegenstand rauf und runter, bis du ihn deutlich sehen kannst.

Farben des Lichts

Licht sieht farblos oder weiß aus. In Wirklichkeit ist es eine Mischung aus vielen Farben. Du kannst Licht sichtbar machen.

LICHT, S. 124

Du brauchst

- flache Auflaufform oder Backblech
- weiße Pappe
- kleinen Spiegel
- Schere, Wasser

1 Schneide die Pappe (20 x 15 cm) zu und schneide einen Schlitz in die obere Hälfte (siehe Zeichnung).

2 Fülle Auflaufform oder Backblech mit Wasser. Stelle dies in die Sonne. Lehne die Pappe aufrecht dagegen, sodass Licht durch den Schlitz ins Wasser fällt.

3 Halte den Spiegel leicht angewinkelt ins Wasser. Kippe ihn, bis du die Farben des Regenbogens (das Lichtspektrum) unter dem Schlitz auf der Pappe sehen kannst. Die gewellte Wasseroberfläche über dem Spiegel wirkt wie eine Linse und teilt das Licht in seine einzelnen Farben auf.

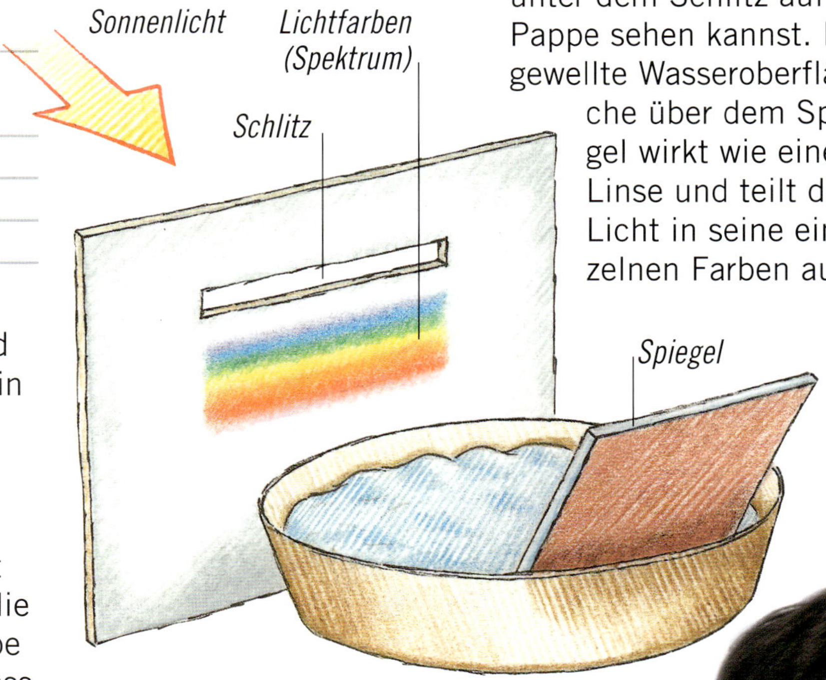

Wenn Sonnenlicht durch Regentropfen scheint, machen die Tropfen wie kleine Prismen die Lichtfarben sichtbar (Regenbogen).

Doppelt sehen

Unser Auge formt ein Abbild dessen, was wir sehen. Es erzeugt für kurze Zeit ein Nachbild, wenn das Bild schon weg ist.

LICHT SEHEN, S. 130

Du brauchst

- große Büroklammer
- Pappe
- Bleistift
- Transparentpapier
- Schere
- Klebstoff

1 Male auf Transparentpapier zwei Bilder mit je 7 cm Ø. Sie müssen übereinander gelegt ein Bild ergeben. Du kannst z. B. einen Fisch und ein Glas malen.

2 Schneide aus Pappe zwei Kreise mit je 8 cm Ø. Drücke ein Bild mit dem Stift auf einen Kreis, das andere auf den anderen Kreis durch und zeichne die Linien nach.

3 Biege die Büroklammer zu einem geraden Drahtstück auf.

4 Klebe die Pappbilder Rücken an Rücken mit dem Draht dazwischen aufeinander. Oben und unten sollten beide Bilder in die gleiche Richtung zeigen.

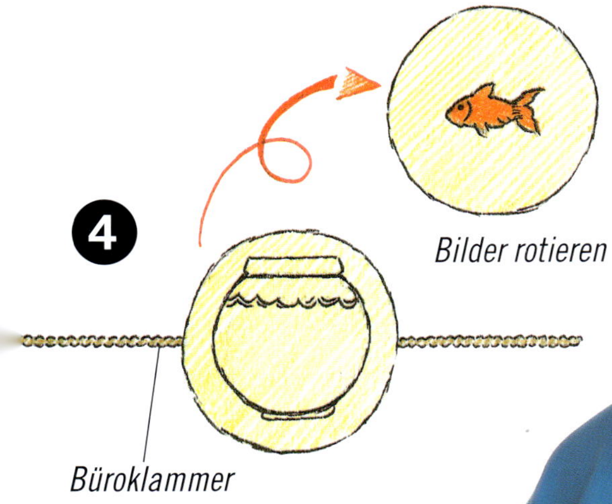

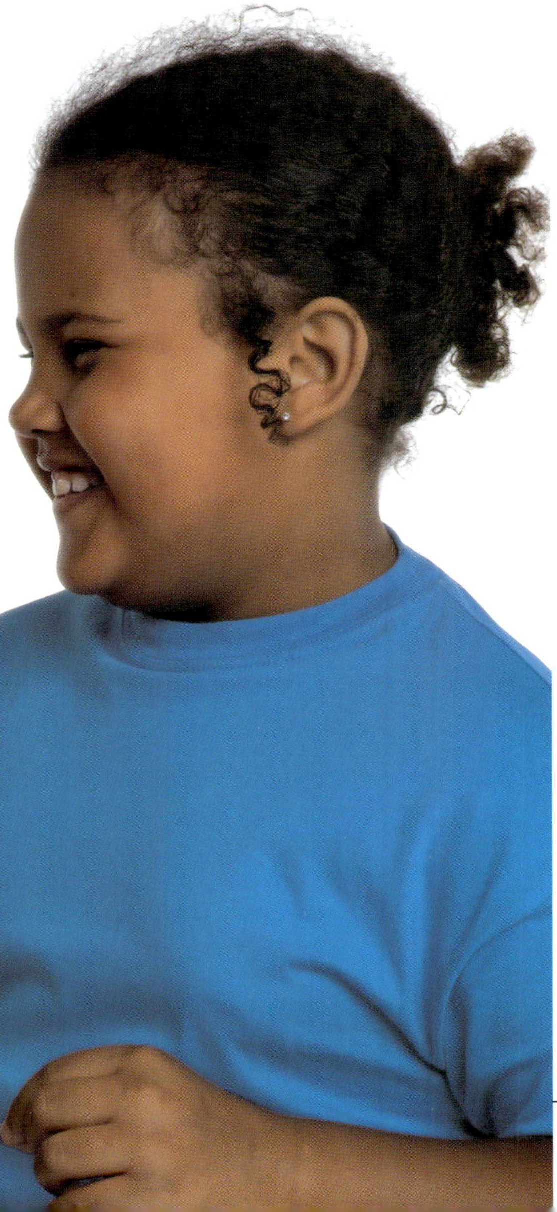

5 Halte die Enden des Drahts jeweils zwischen Daumen und Zeigefinger. Drehe den Draht schnell, sodass sich die Bilder drehen. Siehst du beide Bilder als *ein* Bild? Während du den Draht drehst, zeigt immer nur ein Bild nach vorne. Das Nachbild ist aber noch kurze Zeit in deinem Auge: Beide Bilder verbinden sich zu einem Bild.

Farbfilter

Ein Farbfilter lässt einige Farben des Lichts durch, andere nicht. Warum?

LICHT, S. 124; EMS, S. 136

Du brauchst

3 Schraubgläser, Wasser

rote, grüne und blaue Lebensmittelfarbe

1 Fülle die drei Gläser mit Wasser. Gib je drei Tropfen einer Lebensmittelfarbe in ein Glas.

2 Stelle die Gläser ans Fenster, damit Licht durch sie scheint. Das farbige Wasser ist ein Filter: Es lässt nur die Farbe im Wasser durch, alle anderen Farben des Lichts hält es auf. Rotes Wasser hält z. B. alle Farben außer Rot auf.

3 Halte ein Glas vor ein anderes. Es kommt weniger Licht durch. Wenn du alle Gläser hintereinander stellst, wird fast alles Licht aufgehalten. Das hintere Glas sieht schwarz aus.

GEWUSST?

Konzentriere dich 30 Sekunden auf einen roten oder grünen Fleck. Sieh woanders hin – du siehst immer noch einen Fleck. Er hat aber die entgegengesetzte (komplementäre) Farbe.

Energie verwandeln

Energie kommt in vielen verschiedenen Formen vor. Eine Energieform kann sich in eine andere verwandeln. Dieser Versuch zeigt dir verschiedene Arten der Verwandlung (Umwandlung) von Energie. Du musst nur ein Buch hochheben und es fallen lassen.

ENERGIEUMWANDLUNG, S. 48

Du brauchst

altes Buch

1 Du solltest nachfragen, ob das Buch nicht mehr gebraucht wird, denn beim Fallenlassen könnte es kaputtgehen.

2 Lege das Buch auf den Boden. Hebe es langsam bis in Höhe deiner Schultern hoch. So gibst du dem Buch potenzielle Energie, da du es gegen den Zug der Schwerkraft hebst, die es nach unten zieht. Jetzt hat das Buch also Energie zum Fallen. Sie wird aber noch nicht eingesetzt, denn potenziell bedeutet, etwas ist möglich, aber noch nicht passiert. Die Energie zum Anheben kommt aus deinen Muskeln.

2

3 Jetzt lass das Buch fallen. Im Fall verwandelt sich die potenzielle Energie des Buches in Bewegungsenergie. Die Energie der Bewegung nennt man auch kinetische Energie.

3

4 Durch das Herunterfallen ist fast alle potenzielle Energie in Bewegungsenergie verwandelt worden. Ein Teil ist aber auch in Wärme verwandelt worden, die durch den Luftwiderstand, also durch Reibung, entsteht.

5 Beim Aufprall wird die restliche Energie des Buches in Wärme und auch Schall umgewandelt, den du als Plumps hörst. Es geht beim Anheben und Fallenlassen des Buchs keine Energie verloren – sie verwandelt sich nur in andere Energieformen.

Wärme wandert

Wärmeenergie kann sich in Luftströmen von einem Ort zum anderen bewegen (Konvektion).

WÄRME UND KÄLTE, S. 58

Du brauchst

Becher heißes Wasser
Pappe, Knetmasse
lange Nadel
Papier
Klebeband, Schere

1 Schneide aus der Pappe ein Dreieck aus, dessen untere Seite etwas breiter ist als der Becher.

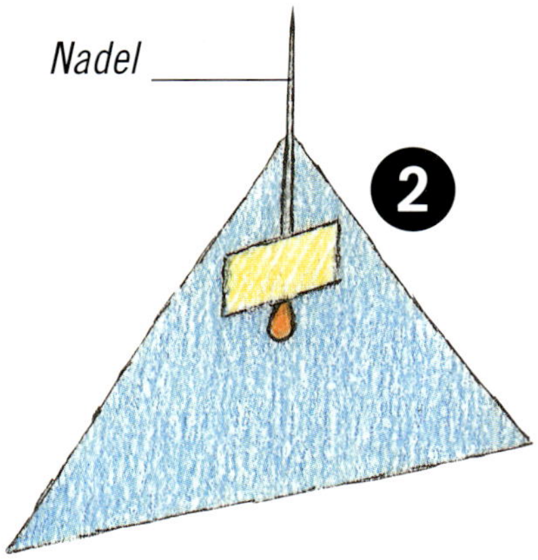

2 Klebe die Nadel an die Dreieckspitze, sodass sie nach oben zeigt.

3 Nimm den Becher mit heißem Wasser. Befestige das Dreieck mit Knete aufrecht auf dem Becherrand.

4 Schneide einen Papierstreifen aus und knicke ihn in der Mitte zu einem L. Klappe es zu einer Art Propeller auf.

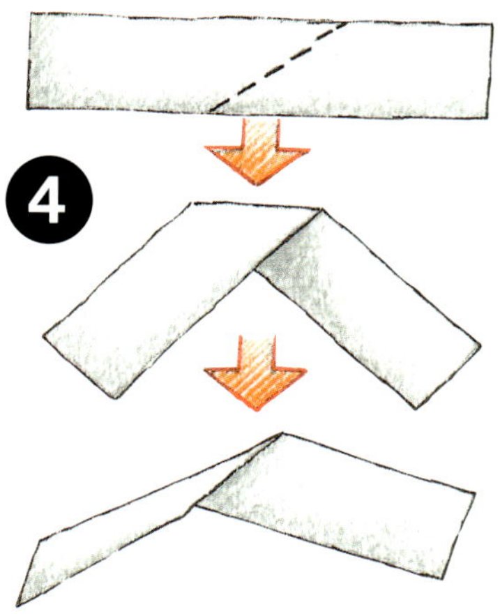

5 Lege den Propeller vorsichtig in der Mitte auf die Nadel. Er dreht sich, weil warme Luft vom Becher aufsteigt.

In heißen Ländern sind die Häuser oft weiß gestrichen. Die weiße Farbe reflektiert die Wärme der Sonne und hält die Häuser kühl.

Wärmeleiter

Durch Wärmeleitung kann sich Wärme durch Gegenstände hindurch bewegen. Finde heraus, welche Sachen Wärme gut leiten.

METALLE, S. 40; VERBUNDSTOFFE, S. 42

Du brauchst
- lange, dünne Teile aus verschiedenen Materialien (z. B. Besteck aus Metall und Plastik, Holzstücke, Porzellan)
- Tasse
- heißes Wasser
- Butter
- Plastikperlen

1 Stelle die verschiedenen Teile in die leere Tasse. Streiche Butter an das obere Ende jedes Teils. Drücke eine Perle in jeden Butterklecks.

2 Bitte einen Erwachsenen, heißes Wasser in die Tasse zu gießen. Beobachte die Butter und die Perlen. Wenn die Wasserwärme nach oben geleitet wird, schmilzt die Butter und die Perle fällt ab. Der beste Wärmeleiter ist der, von dem die Perle als Erstes abfällt.

Wärmestrahlen

Sonnenwärme und -licht kommen als Strahlen zu uns. Farben beeinflussen, wie stark etwas Wärmestrahlen aufnimmt.

EMS, S. 136

Du brauchst
- weiße und schwarze Pappe
- Karton, Schere

1 Schneide zwei gleich große Stücke weiße und schwarze Pappe aus.

2 Lehne sie an einem sonnigen Tag beide gegen den Karton, sodass Sonnenlicht auf sie fällt. Fasse beide Pappen nach fünf Minuten an. Welche ist wärmer?

Kräftewirkung

Was passiert, wenn du Kräfte an verschiedenen Stellen mit verschiedener Richtung einsetzt?

KRÄFTE, S. 52

Du brauchst

großen Schwamm

1 Lege den Schwamm auf einen Tisch. Stupse ihn auf einer Seite in der Mitte an. Rutscht er eine gerade Linie entlang?

2 Stupse ihn an einer Ecke an. Was passiert? Jetzt stupse ihn an der anderen Seite an. Lasse den Schwamm auf der Stelle kreisen.

3 Drücke den Schwamm gleichzeitig von beiden Seiten. Der Schwamm rutscht nicht weg: Die Kräfte heben sich auf, aber sie drücken ihn zusammen.

Hebel

Hebel sind einfache Maschinen, die in vielen Geräten eingesetzt werden.

EINFACHE MASCHINEN, S. 62

Du brauchst

Holzstück (50 cm lang, breit wie ein Lineal, nur dicker)

2 kleine Bücher

dicken Stift

1 Lege den Stift auf eine glatte Fläche. Lege das Holzstück mit der Mitte auf den Stift. Der Stift ist jetzt der Drehpunkt. Wenn du nun auf ein Ende drückst (Kraft wirken lässt), kippt das Holz um den Drehpunkt.

2 Lege zwei Bücher auf ein Ende des Holzstücks. Sie sind die Last, die bewegt werden soll. Drücke mit den Fingern auf das andere Ende, um die Bücher anzuheben. Merke dir, wie viel Kraft (Aufwand) du dafür brauchst.

3 Jetzt verschiebe den Stift zum hinteren Viertel des Holzstabes in Richtung Bücher. Drücke wieder auf das andere Ende. Brauchst du mehr oder weniger Kraft zum Anheben der Bücher?

4 Verschiebe den Stift zum vorderen Viertel des Stabs in Richtung deiner Finger. Drücke nochmal. Du brauchst mehr Kraft zum Anheben der Bücher. Sie steigen aber auch viel höher.

Stift liegt in der Mitte zwischen Aufwand und Last

Hoher/niedriger Druck

Der Druck, den eine Kraft erzeugt, hängt von der Fläche ab, auf die er drückt. Drücke Gegenstände mit derselben Kraft in Knete. Je nach Form des Gegenstands ist der Druck höher oder niedriger.

KRÄFTE, S. 52; SCHWERKRAFT, S. 56

Du brauchst

- Knetmasse
- verschieden geformte Teile

1 Forme Kugeln aus Knetmasse und drücke sie zu dicken Fladen.

2 Drücke verschiedene Teile hinein. Spitze Gegenstände sinken leicht ein, da sich die Kraft, mit der du drückst, auf einen kleinen Punkt konzentriert. Es entsteht ein höherer Druck.

Jeder Schwung des Pendels in dieser Standuhr dauert gleich lang. Durch das schwingende Pendel läuft die Uhr gleichmäßig.

Schwingendes Pendel

Untersuche, wie man ein Pendel baut und wie es schwingt.

SCHWERKRAFT, S. 56; PLANET ERDE, S. 142

Du brauchst

- Schnur
- Knetmasse
- Klebeband
- Uhr mit Sekundenanzeige

GEWUSST?

Galileo Galilei untersuchte das Pendel. Während des Gottesdienstes beobachtete er das Schwingen der Kerzenhalter, die an Seilen von der Decke hingen.

1 Binde einen Klumpen Knete an ein Ende der 1 m langen Schnur. Befestige das andere Ende oben an einem Türrahmen.

2 Wenn das Pendel schwingt, zieht die Schwerkraft es nach unten. Ist das Pendel unten in der Mitte, schwingt es durch sein Moment wieder nach oben. Die Schwerkraft verlangsamt es, bis es anhält und zurückschwingt.

3 Lass das Pendel stark schwingen. Stoppe die Zeit, die zehn Schwünge brauchen. Dann stoppe die Zeit, die zehn kleinere Schwünge brauchen. Sind die Zeiten unterschiedlich?

4 Mache den Klumpen größer, stoppe wieder die Zeit. Weißt du, warum bei Uhren zum Messen der Zeit Pendel verwendet werden?

Leiten und isolieren

Materialien, durch die Elektrizität fließen kann, werden elektrische Leiter genannt. Materialien, durch die sie nicht fließen kann, heißen elektrische Isolatoren. So weiß man, ob ein Material ein Leiter ist oder nicht.

FLIESSENDE ELEKTRIZITÄT, S. 82

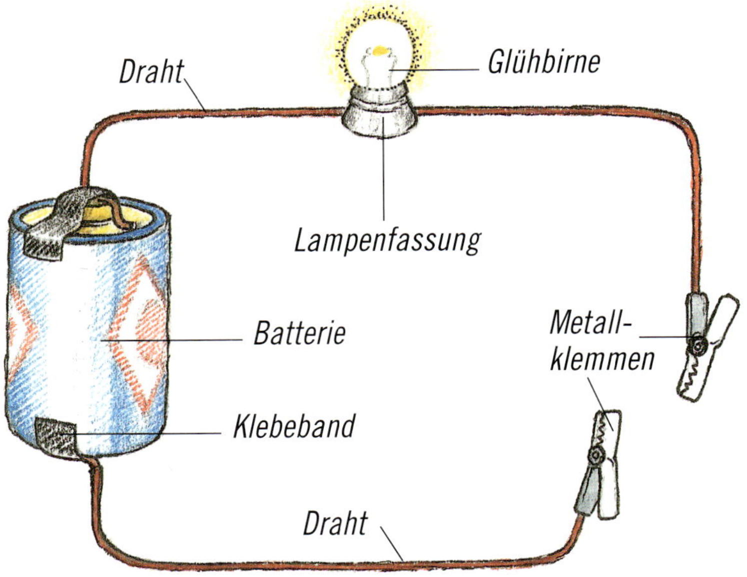

Du brauchst
- Batterie (aus einem Radio oder einer Taschenlampe)
- Klingeldraht
- Schere
- Klebeband
- Glühbirne, Lampenfassung
- 2 Metallklemmen
- Gegenstände aus verschiedenen Materialien

1 Schneide drei 50 cm lange Drahtstücke zu. Bitte einen Erwachsenen, dir beim Entfernen der Umhüllung an den Drahtenden zu helfen, sodass diese freiliegen. Schraube die Glühbirne in die Lampenfassung.

2 Baue einen Stromkreis wie in der Zeichnung dargestellt.

3 Stecke Gegenstände aus unterschiedlichen Materialien zwischen die Klemmen. Was passiert?

4 Wenn das Material ein Leiter ist, schließt es den Stromkreis: Die Birne leuchtet. Ist es ein Isolator, bleibt die Birne aus.

5 Was passiert bei einer Bleistiftmine? Leuchtet die Birne schwach?

3

4

2

AUFGEPASST!

Du brauchst ein scharfes Messer, einen Cutter oder eine Schere, um die Kunststoffhülle an den Drahtenden zu entfernen. Bitte lieber einen Erwachsenen um Hilfe.

Statische Elektrizität

Reibt man zwei isolierende Materialien aneinander, können sich auf ihnen elektrische Ladungen bilden (statische Elektrizität). Diese Ladungen können Dinge festhalten.

STATISCHE AUFLADUNG, S. 80

Du brauchst

Müllbeutel aus Plastik
weiches Tuch
Papier, Schere

1 Reiße Papier in kleine Stücke mit weniger als 5 mm Ø. Verteile das Papier auf dem Tisch.

2 Schneide aus dem Müllbeutel ein Stück, das etwa so groß wie diese Buchseite ist, heraus. Lege es auf einen Tisch und reibe es mehrmals kräftig mit dem Tuch. Dadurch wird es statisch aufgeladen, das heißt, es hat winzige elektrische Ladungen auf seiner Oberfläche.

3 Hebe das Plastik vorsichtig an und halte es nahe an die Papierstückchen. Was passiert?

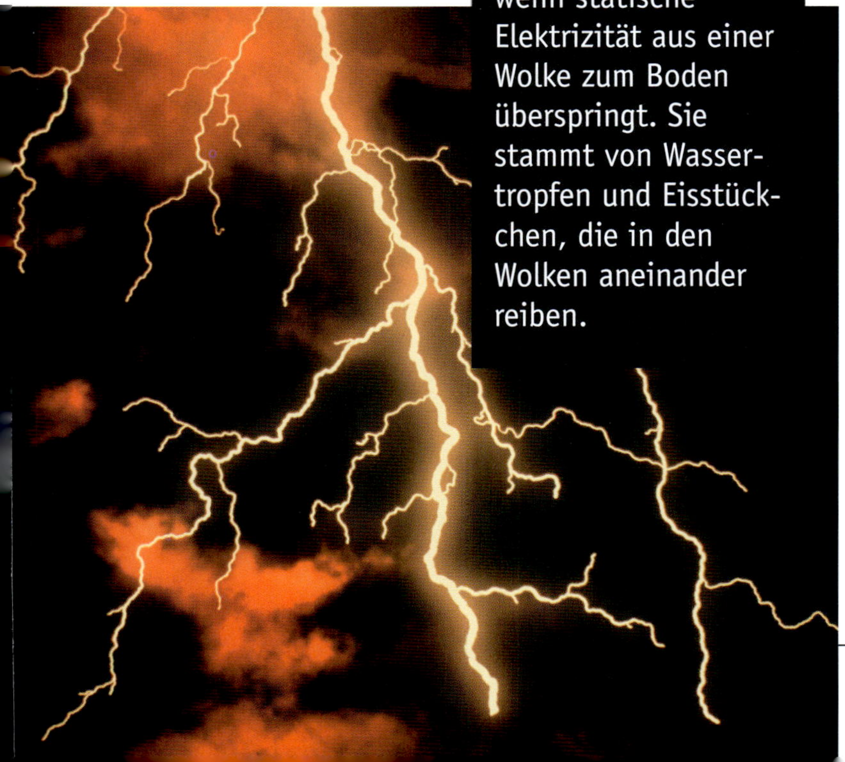

Ein Blitz zuckt über den Nachthimmel. Blitze entstehen, wenn statische Elektrizität aus einer Wolke zum Boden überspringt. Sie stammt von Wassertropfen und Eisstückchen, die in den Wolken aneinander reiben.

Batterie basteln

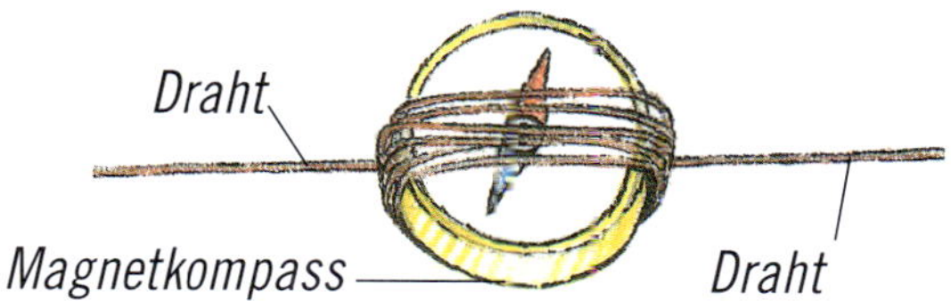

Chemische Stoffe erzeugen gemeinsam Elektrizität.

ELEKTRIZITÄT AUS CHEMIKALIEN, S. 84

Du brauchst

Kupfermünze, verzinkten Nagel, Alufolie
2 Metallklemmen
Klingeldraht
Schere
Magnetkompass
Glas
Salz, warmes Wasser

1 Schneide ein 1 m langes Stück Draht zu. Löse die Isolierung an den Drahtenden.

2 Wickle die Mitte des Drahts etwa 12mal um den Kompass. Befestige eine Klemme an jedem Drahtende.

3 Fülle das Glas mit warmem Wasser. Rühre so viel Salz ein, bis es sich nicht mehr auflöst.

4 Nun stecke die Kupfermünze in eine Klemme und die Alufolie oder den verzinkten Nagel in die andere.

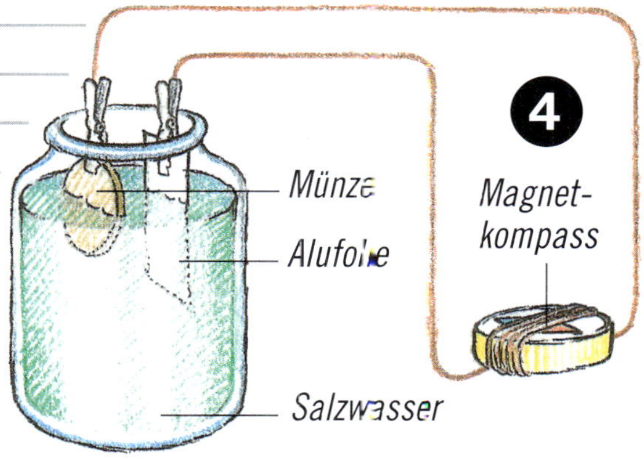

5 Halte die Klemmen ins Salzwasser. Wackelt die Kompassnadel, produziert deine Batterie elektrischen Strom. Er fließt durch den Draht und erzeugt ein Magnetfeld.

Magnetfeld

Ein Magnetfeld ist der Bereich um einen Magneten herum, in dem die magnetische Kraft Sachen anzieht. Die Anziehungskraft wirkt in alle Richtungen. Du kannst ein Bild eines Magnetfelds malen.

GEHEIMNIS MAGNETISMUS, S. 92

Du brauchst

- kleinen Magnetkompass
- verschiedene Magnete
- Blatt Papier
- Bleistift

1 Lege einen Magneten in die Mitte des Blatts und den Kompass neben den Magneten.

2 Male auf das Papier einen Pfeil, der in dieselbe Richtung zeigt wie die Kompassnadel.

3 Bewege den Kompass um den Magneten. Zeichne immer wieder Pfeile auf. So erhältst du das Magnetfeld deines Kompasses.

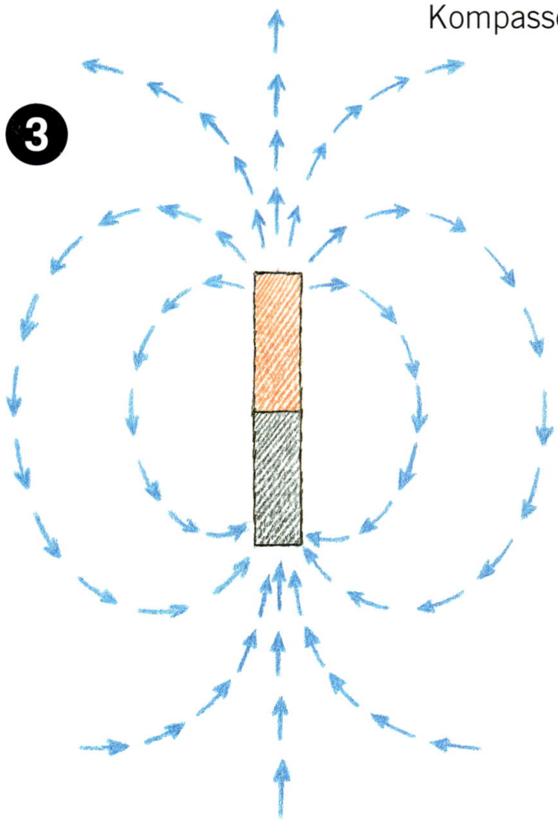

Zum Ausrichten des Kompasses die Nadel frei schwingen lassen. Dann den Kompass so drehen, dass die Spitze der Nadel nach Norden zeigt.

Magnetismus

Mit einem Magneten kannst du ein anderes Metallstück magnetisch machen. Das geht aber nur mit eisenhaltigen Gegenständen.

GEHEIMNIS MAGNETISMUS, S. 92

Du brauchst

- Magneten
- 2 Büroklammern aus Stahl

1 Hebe eine Büroklammer mit dem Magneten hoch in die Luft.

2 Kannst du mit dieser Büroklammer nun eine zweite Klammer hochheben? Die erste Büroklammer ist selbst zum Magneten geworden. Dies nennt man induzierten Magnetismus.

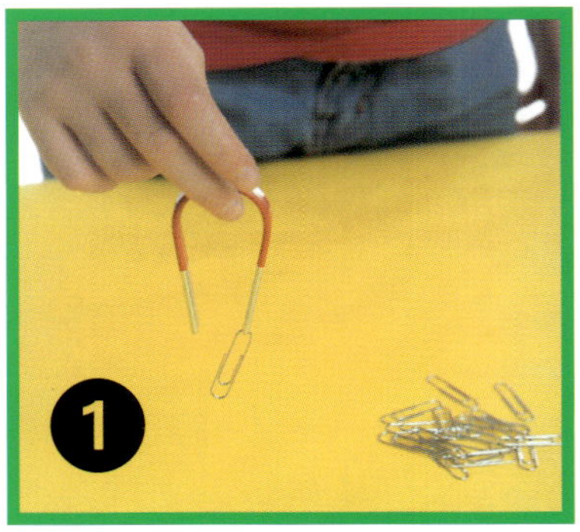

Einfacher Kompass

Eine Kompassnadel ist ein Magnet, der immer nach Norden zeigt.

MAGNETISCHE ERDE, S. 180

Du brauchst

- flache Schüssel mit Wasser
- Korken, Messer
- Stahlnadel
- Magnet
- Magnetkompass
- Klebeband

1 Schneide ein 5 mm dickes Korkstück zu. Klebe die Nadel auf den Korken.

2 Fahre mit einer Seite des Magneten mehrfach in derselben Richtung an der Nadel entlang.

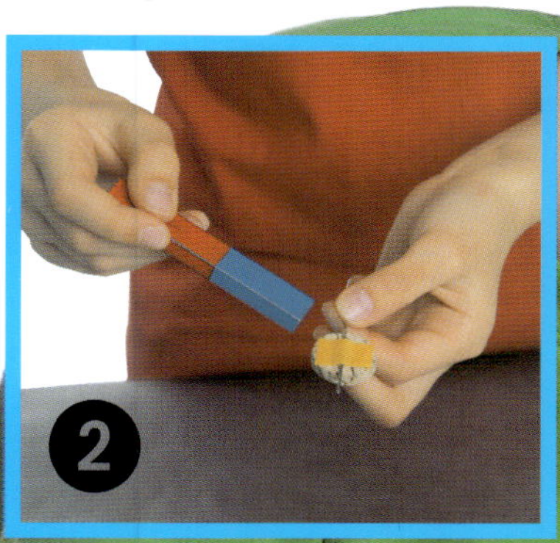

3 Lege den Korken ins Wasser. Dreht sich die Nadel nach Norden? Überprüfe es mit dem Kompass!

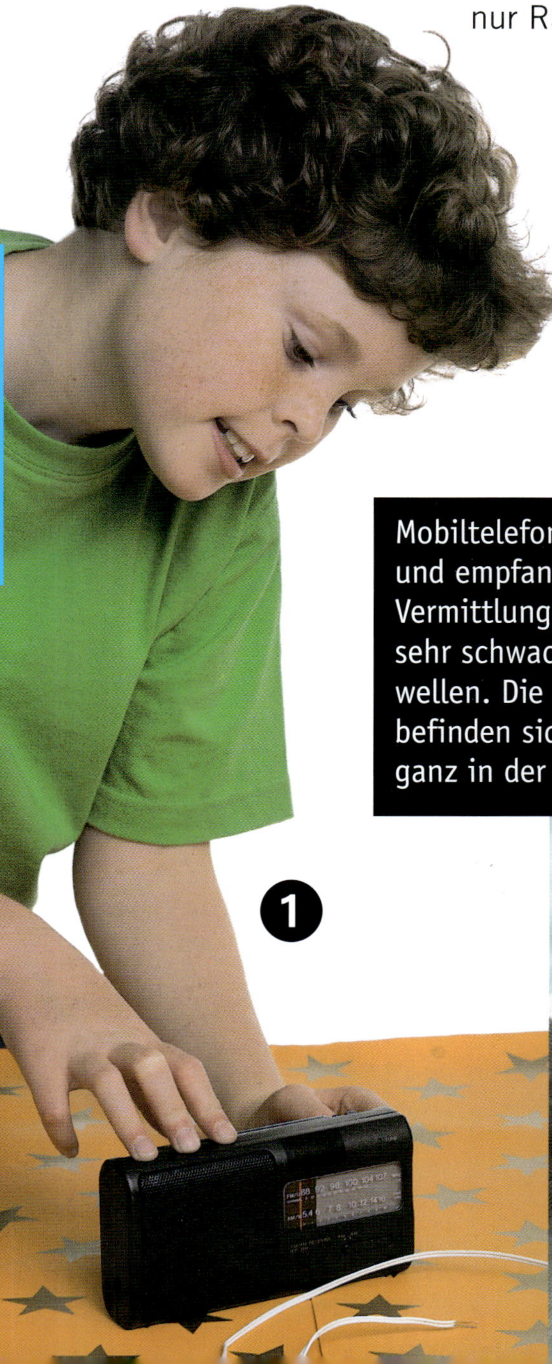

Radiowellen

Radiowellen entstehen, wenn elektrischer Strom seine Stärke oder Richtung ändert. Erzeuge eigene schwache Radiowellen.

ELEKTROMAGNETISCHES SPEKTRUM, S. 136

Du brauchst

- Radio, das Mittelwelle (AM) empfangen kann
- Klingeldraht
- Schere
- Batterie (bis 3 Volt)

1 Schneide einen Draht (1 m lang) zu und löse an beiden Enden die Isolierung etwa 1 cm. Stelle das Radio so ein, dass du nur Rauschen hörst. Lege den Draht über das Radio.

2 Halte ein Drahtende an ein Ende der Batterie und fahre mit dem anderen Drahtende über das andere Ende der Batterie. Knackt das Radio? Das kommt vom veränderten Stromfluss im Draht, der sehr schwache Radiowellen erzeugt.

Mobiltelefone senden und empfangen über Vermittlungsstationen sehr schwache Radiowellen. Die Stationen befinden sich häufig ganz in der Nähe.

Bastel einen Elektromagneten

So kannst du einen Magneten basteln, den man mit Strom ein- und ausschalten kann.

ELEKTRIZITÄT ERZEUGT MAGNETISMUS, S. 90

Du brauchst

- Klingeldraht
- Schere oder Zange
- großer Stahlnagel oder Schraube
- Büroklammern oder andere kleine Metallstücke
- Batterie (3 oder 6 Volt)
- Klebeband

1 Schneide die Isolierung an beiden Enden des 2 m langen Drahts 2 cm weit ab, damit der Draht freiliegt.

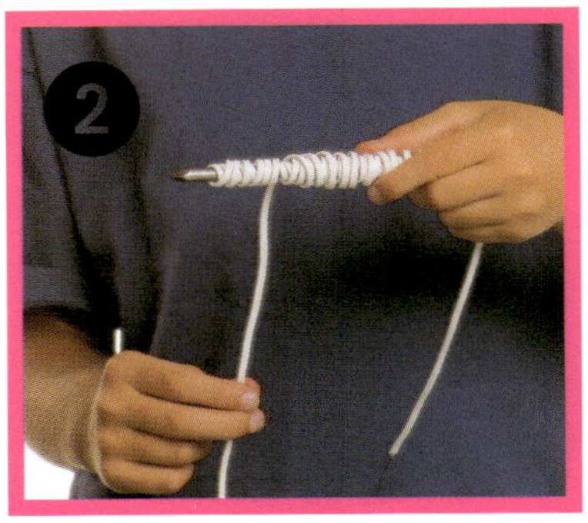

2 Fange 20 cm von einem Ende des Drahts her an, den Draht um den Nagel oder die Schraube zu einer Spule zu wickeln. Wickle, bis nur noch 20 cm Draht übrig sind.

3 Klebe die Drahtenden an die beiden Enden der Batterie. Kannst Du mit dem Elektromagneten nun Büroklammern hochheben?

Die Einschienenbahn in Sydney, Australien, bringt Menschen schnell durch die Stadt. Der Zug wird mit Elektromotoren angetrieben.

Elektromotor

Mit einem Elektromagneten kannst du einen einfachen Elektromotor bauen.

ELEKTRIZITÄT ERZEUGT BEWEGUNG, S. 96

Du brauchst

- dünnen Holzstab (20 cm)
- dünne, feste Pappe
- 2 Büroklammern
- 2 Pinnwandnadeln
- 2 Batterien (1,5 Volt)
- 2 starke Stabmagneten
- Klingeldraht (2 m plus zweimal 30 cm)
- Alufolie
- Schere
- Klebeband

1 Schneide die Pappe zu (30 x 20 cm). Drücke eine Pinnwandnadel in jedes Ende des Holzstabs. Die Nadeln sollten etwa 5 mm überstehen.

2 Biege zwei Büroklammern auf. Klebe sie so auf die Pappe, dass sie als Halter für den Holzstab dienen. Der Stab muss sich drehen können.

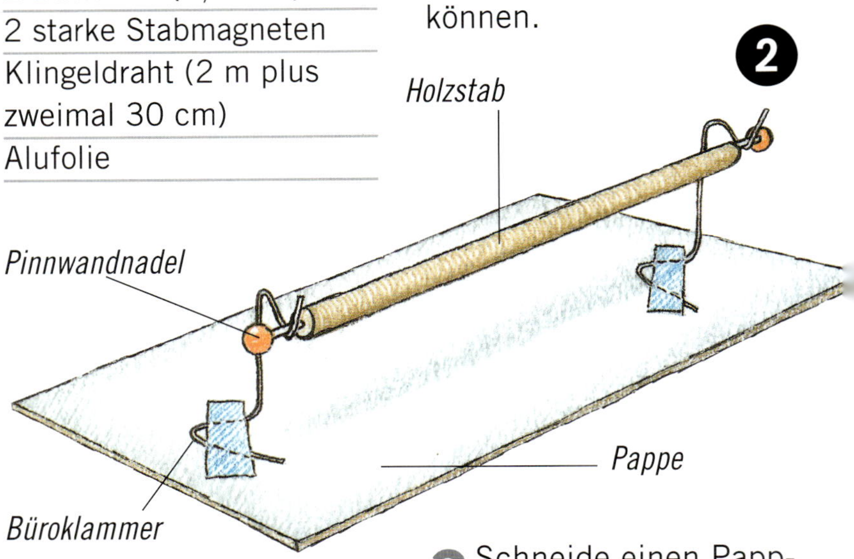

3 Schneide einen Pappstreifen (8 x 1 cm) zu. Knicke ihn in der Mitte und klebe ihn wie einen Flügel in der Mitte um den Holzstab.

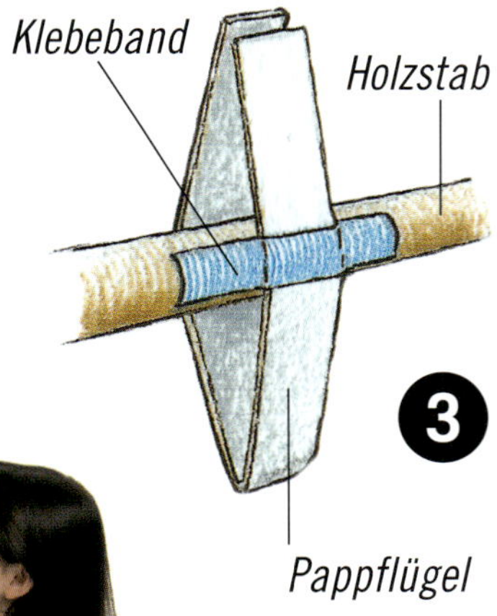

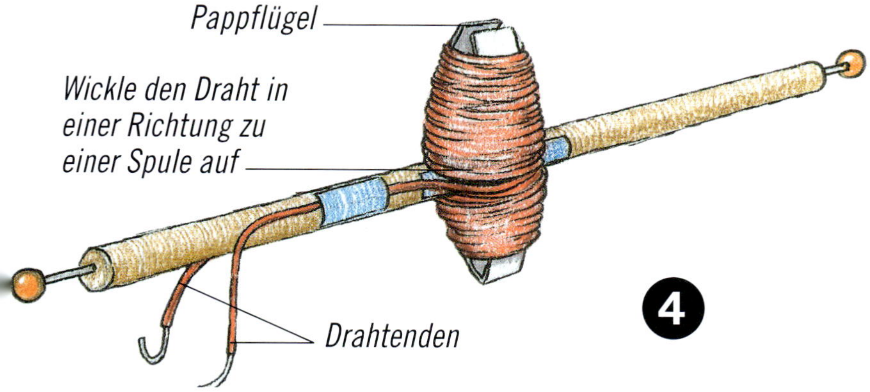

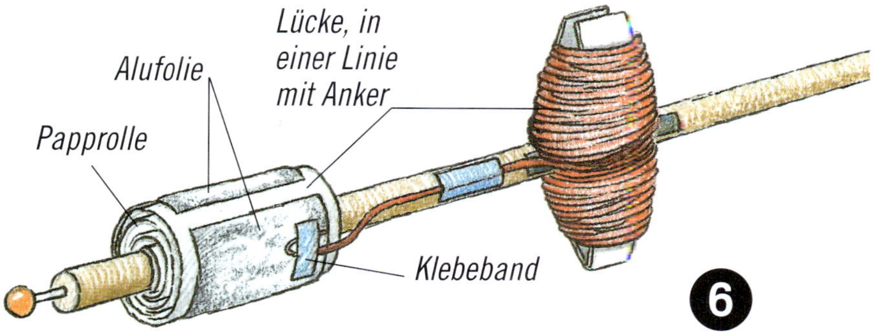

4 Entferne die Isolierung an beiden Enden des 2 m langen Drahts. Lasse ein Stück Draht überstehen und wickle den Draht um den Pappflügel zu einer Spule (Anker), bis am anderen Ende auch nur noch ein kleines Stück übersteht. Klebe die beiden losen Drahtenden an den Stab.

5 Schneide ein Pappstück (5 x 15 cm) zu und klebe es mit einem Ende an den Stab. Wickle die Pappe zu einer dicken Rolle um den Stab. Klebe ihr Ende fest.

6 Klebe zwei Stücke Alufolie auf die Rolle. Lass in der Richtung, in die der Anker nach oben ragt, einen Spalt zwischen den Alustücken. Klebe je ein Drahtende auf ein Alustück.

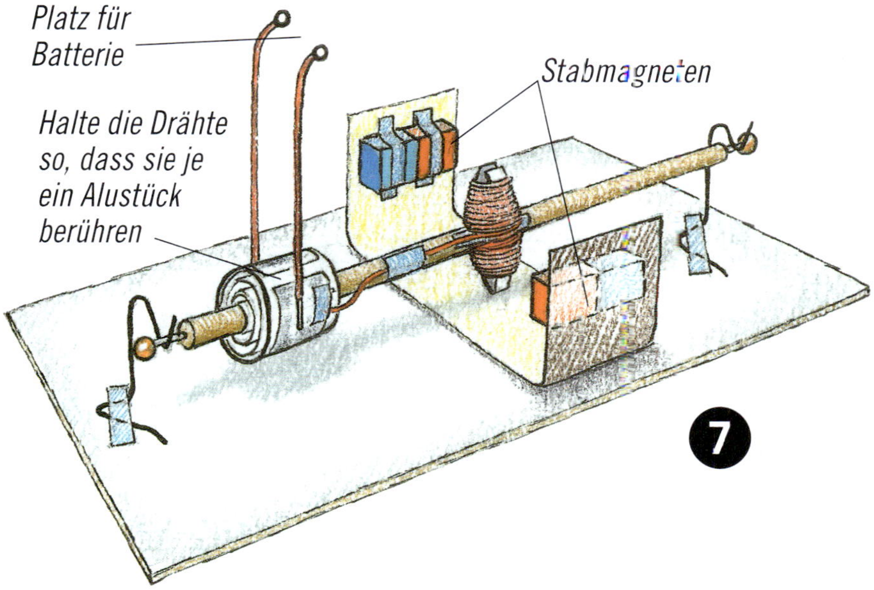

7 Klebe die Magneten so auf die Enden einer U-förmigen Pappe, dass sich ihre entgegengesetzten Pole gegenüberliegen. Klebe die Pappe auf die Bodenplatte unter den Anker.

8 Lege die Enden der beiden 30 cm langen Drähte etwa 2 cm weit frei. Klebe ein Ende jedes Drahts an ein Ende der Batterie. Halte die freien Drahtenden auf je eines der Alustücke an der Pappe. Jetzt fließt Strom. Dadurch wird die Spule zu einem Elektromagneten, der sich im Magnetfeld der Magnete dreht.

GEWUSST?

Elektromotoren wandeln Energie sehr wirksam in Bewegung um. Fast 90 % der elektrischen Energie, die sie verbrauchen, wird in Bewegung verwandelt.

Glossar

Aggregatzustand
Die Erscheinungsform eines Stoffes. Er ist entweder fest, flüssig oder gasförmig. Durch Erhitzen oder Abkühlen können die Stoffe von einem in den anderen Zustand übergehen.

Amplitude
Der größte Ausschlag einer Schwingung aus der Mittellage, z. B. bei einem Pendel oder einer Welle.

Arbeit
Arbeit entsteht durch Einsatz von Kraft über eine bestimmte Strecke. Durch Einwirkung von Kraft gerät ein Gegenstand in Bewegung. Die Maßeinheit ist Joule (Newton mal Meter).

Atom
Das kleinste Teilchen eines chemischen Elements (eines chemisch reinen Stoffes), das noch alle Eigenschaften und Merkmale dieses Elements besitzt.

Brechung
Wenn Strahlen, Wellen oder andere Formen von Energie von einem Stoff in einen anderen gelangen und dabei ihre Richtung ändern, z. B. Lichtstrahlen beim Übergang von der Luft ins Wasser.

Dichte
Das Verhältnis der Masse eines Gegenstands zu seinem Volumen. Die Maßeinheit ist Gramm pro Kubikzentimeter.

Druck
Die Wirkung einer Kraft, die auf eine Fläche ausgeübt wird. Die Maßeinheit ist Pascal (Newton pro Quadratmeter).

Elektromagnetisches Spektrum
Die Bandbreite von Wellen oder Strahlen, die sich aus elektrischen und magnetischen Kräften zusammensetzt. Dazu gehören Funkwellen, Mikrowellen, Infrarotstrahlen, sichtbares Licht, ultraviolette Strahlen, Röntgenstrahlen und Gammastrahlen.

Elektron
Ein negativ geladenes Teilchen, das um den Kern eines Atoms kreist. Die Bewegung der Elektronen bewirkt, dass elektrische Energie fließt.

Element
Jedes der etwa 112 chemischen Elemente wie Eisen, Silizium oder Kohlenstoff hat einen eigenen Atomaufbau. Er ist durch die Anzahl von Elektronen, Protonen und Neutronen bestimmt.

Elementarteilchen
Bezeichnung für alle Teilchen oder Partikel, die nicht mehr weiter teilbar sind und die sich nicht mehr aus einfacheren Teilchen zusammensetzen.

Energie
Die Fähigkeit, Arbeit zu verrichten, Vorgänge in Gang zu bringen und Veränderungen zu verursachen. Energie kann viele Formen haben, z. B. Licht, Wärme, Elektrizität, Schall, Bewegung. Wenn Energie „benutzt" wird, wird sie nicht verbraucht, sie verwandelt sich nur in eine andere Form von Energie (Energie-Erhaltungssatz). Die Maßeinheit ist Kilowattstunden oder Joule.

Evolution
Die stammesgeschichtliche Entwicklung der Lebewesen. Einfache Lebensformen entwickeln sich im Verlauf der Erdgeschichte zu komplexen. Sie passen sich der veränderten Umgebung an.

Frequenz
Anzahl der Wellen pro Sekunde. Die Maßeinheit ist Hertz.

Gravitation
Eigenschaft der Materie. Die Gravitation ist eine Kraft, mit der sich je zwei Massen gegenseitig anziehen.

Ion
Ein Atom oder eine Gruppe von Atomen mit einer positiven (Kation) oder negativen elektrischen Ladung (Anion).

Kraft
Größe, die den Bewegungszustand eines Gegenstands verändert, z. B. verlangsamt oder seine Richtung ändert. Die Maßeinheit für Kraft ist Newton.

Leistung
Die Verrichtung von Arbeit beziehungsweise der Energieverbrauch in einer bestimmten Zeit. Die Maßeinheit für Leistung ist Watt.

Leptonen
Eine der Hauptgruppen der Elementarteilchen, zu denen auch Myonen und Elektronen gehören.

Lichtjahr
Die Strecke, die das Licht in einem Jahr zurücklegt: 9 460 000 Millionen km.

Lösung
Ein Stoff (das Solut), der in einem zweiten Stoff (dem Solvens) gelöst ist.

Materie
Jede Art von Substanz, die eine Masse besitzt und nachgewiesen werden kann. Fast alle Materie besteht aus Atomen. Materie kann in drei Aggregatzuständen vorkommen: fest, flüssig oder gasförmig.

Molekül
Zwei oder mehr Atome, die miteinander verbunden sind. Es können Atome des gleichen Elements sein, z. B. ein Sauerstoffmolekül, das aus zwei Sauerstoffatomen besteht (O_2). Es können auch verschiedene Atome sein, z. B. Kochsalz, das aus einem Natrium-Atom und einem Chlor-Atom besteht (NaCl).

Neutron
Ein Teilchen im Atomkern, das neutral ist, also keine elektrische Ladung besitzt.

Proton
Ein positiv geladenes Teilchen im Kern eines Atoms.

Quarks
Eine der Hauptgruppen der Elementarteilchen. Protonen

und Neutronen bestehen aus verschiedenen Arten und Kombinationen von Quarks.

Reflexion
Wenn Strahlen, Wellen oder andere Formen von Energie auf eine Oberfläche treffen und von dieser zurückgeworfen werden, z. B. Licht, das von einem Spiegel reflektiert wird.

Schwerkraft
Die Anziehungskraft der Erde, die bewirkt, dass alle Gegenstände nach dem Erdmittelpunkt gezogen werden und ein Gewicht haben.

Solut
Ein Stoff (z. B. Zucker), der sich in einem anderen Stoff (dem Solvens, z. B. Wasser) auflöst, sodass eine Lösung entsteht.

Solvens
Ein Stoff (z. B. Wasser), in dem ein anderer Stoff (das Solut, z. B. Zucker) gelöst ist, sodass eine Lösung entsteht.

Strahlung
Energie oder Teilchen, die von einer Quelle in Form von Strahlen ausgesandt werden.

Vakuum
Luftleerer Raum, z. B. das Weltall. Ein Vakuum ist auf der Erde nur näherungsweise herstellbar.

Verbindung
Zwei oder mehr Atome, die miteinander verbunden sind.

BASIS-MASSEINHEITEN

Länge

1 mm	1 Millimeter (mm)
10 mm	1 Zentimeter (cm)
10 cm	1 Dezimeter (dm)
10 dm	1 Meter (m)
1000 m	1 Kilometer (km)

Fläche

1 mm^2	Quadratmillimeter (mm^2)
100 mm^2	1 Quadratzentimeter (cm^2)
100 cm^2	1 Quadratdezimeter (dm^2)
10 000 cm^2	1 Quadratmeter (m^2)
10 000 m^2	1 Hektar (ha)
100 ha	1 Quadratkilometer (km^2)

Gewicht

1 g	1 Gramm (g)
1000 g	1 Kilogramm (kg)
1000 kg	1 Tonne (t)

Volumen (fest)

1 cm^3	1 Kubikzentimeter (cm^3)
1000 cm^3	1 Kubikdezimeter (dm^3)
1000 dm^3	1 Kubikmeter (m^3)

Volumen (flüssig)

1 ml	1 Milliliter (ml)
10 ml	1 Zentiliter (cl)
10 cl	1 Deziliter (dl)
10 dl	1 Liter (l)
100 l	1 Hektoliter (hl)

Zeit

1 s	1 Sekunde (s)
60 s	1 Minute (min)
60 min	1 Stunde (h)
12 Stunden	1 Tag
365,2422 Tage	1 Jahr

WEITERE MASSEINHEITEN UND SYMBOLE

Arbeit und Energie
Kraft mal Strecke:
Newton mal Meter (N x m) oder Joule (J) oder Kilowattstunden (kW x h)

Beschleunigung
Geschwindigkeit pro Zeiteinheit:
Meter pro Sekunde pro Sekunde (m/s^2)

Dichte
Masse pro Volumeneinheit:
Gramm pro Kubikzentimeter (g/cm^3)

Druck
Kraft pro Flächeneinheit:
Newton pro Quadratmeter (N/m^2) oder Pascal (Pa)

Elektrische Stromstärke
Ampere (A)

Geschwindigkeit
Entfernung pro Zeiteinheit:
Kilometer pro Stunde (km/h) oder Meter pro Sekunde (m/s)

Gravitation
Massenanziehungskraft:
Kilogramm mal Kilogramm pro Meter pro Meter (kg x kg/m^2)

Impuls
Masse mal Geschwindigkeit:
Kilogramm mal Meter pro Sekunde (kg x m/s)

Kraft
Masse mal Beschleunigung:
Kilogramm mal Meter pro Sekunde pro Sekunde (kg x m/s^2) oder Newton (N)

Leistung
Energie oder Arbeit pro Zeiteinheit:
Watt (W)

Temperatur
Kelvin (K)
Grad Celsius (°C)
Grad Fahrenheit (°F)

Andere Symbole
Durchmesser (Ø)

Register

Fett gedruckte Seitenverweise beziehen sich auf den Haupteintrag.

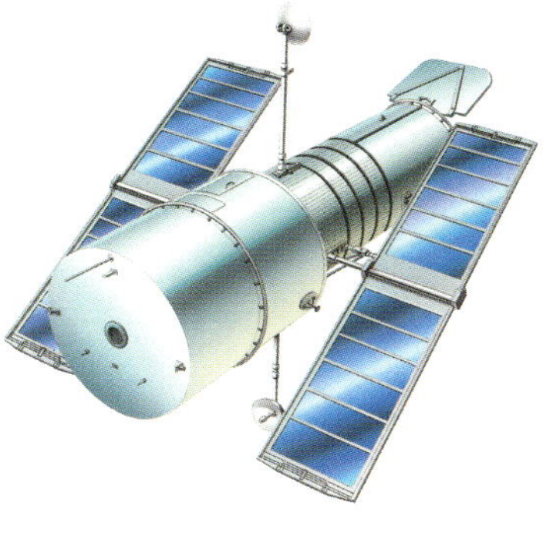

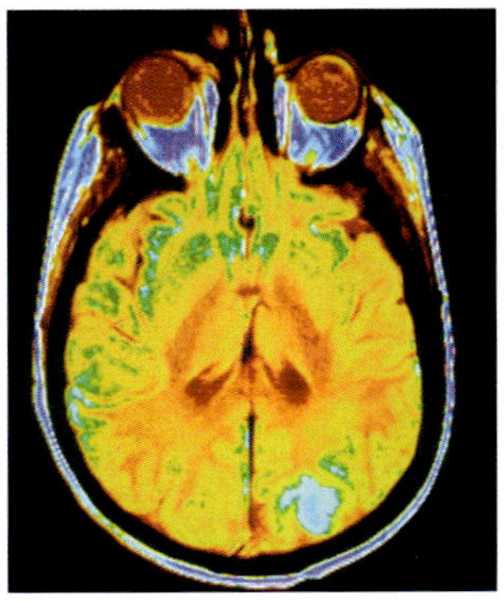

F

G

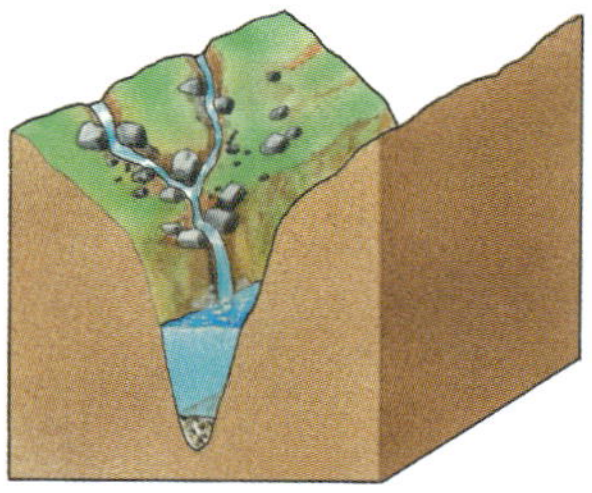

H

I

J

K

L

M

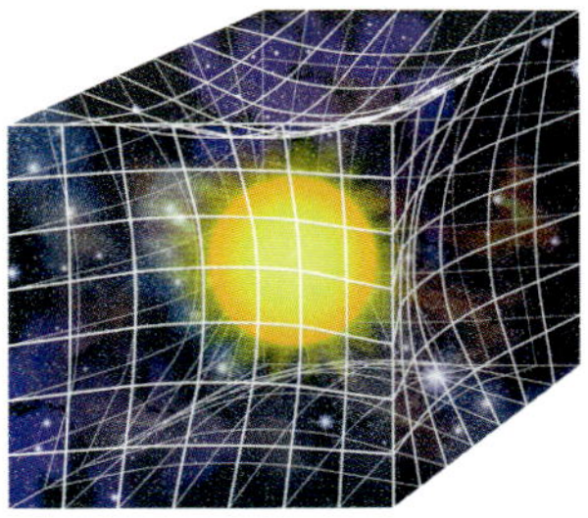

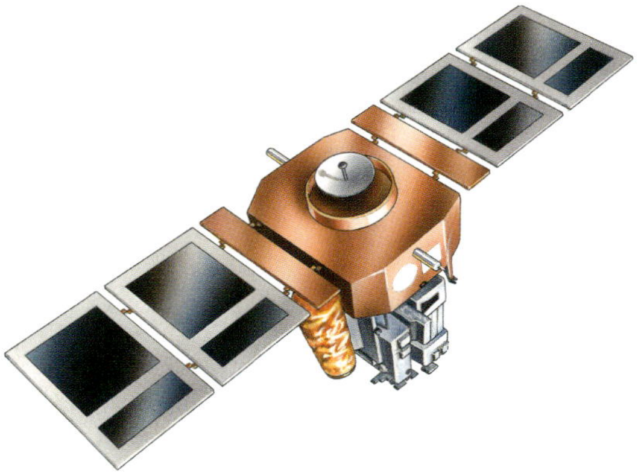

N

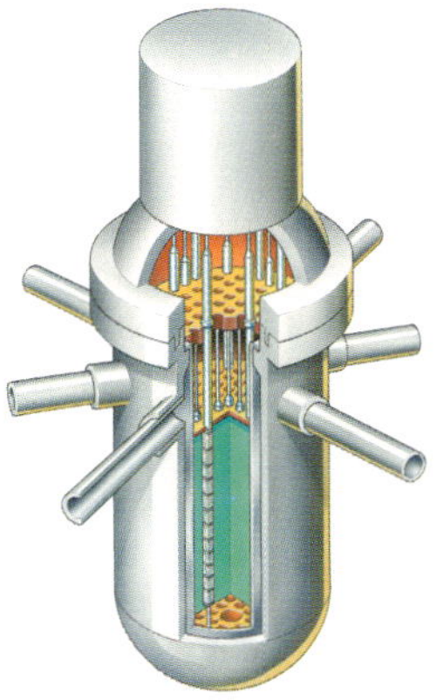

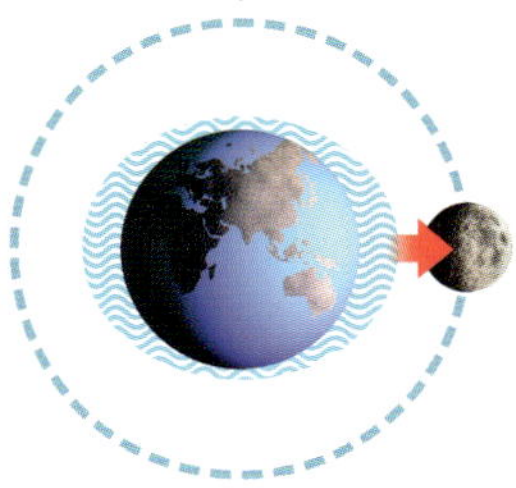

T

U

V

W

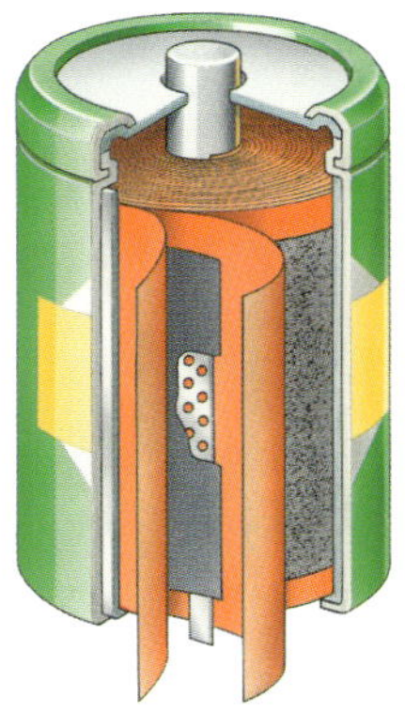

X

Y

Z

Illustratoren

Mike Atkinson
Julian Baker
Julie Banyard
Andy Beckett
Kuo Kang Chen
Contour Publishing
Ron Dixon
Andrew Farmer
Mike Foster (Maltings Partnership)
Jeremy Gower
Rob Jakeway
Roger Kent
Aziz Khan
Alan Male
Janos Marffy
Gillian Platt
Terry Riley
Peter Sarson
Mike Saunders
Guy Smith
Roger Smith
Roger Stewart
Techtype
Darrell Warner
Mike White
Alison Winfield

Modell-Fotograf

Mike Perry, David Lipson Photography Ltd

Modelle

Kate Birkett
Alison Cobb
Sam Connolly
Alexander Green
Jack, Robert und Sally Hutchinson
Karen Jolly
Sian Liddell
April McGhee
Alice McGhee
Nicky Maynard
Ned Miles
Aaron Phipps
Joshua Phipps
Katie Reeve
Nicholas Seels
Naomi Tayler
Chelsea Taylor

Dank an

Vivienne Bolton und Peter Bull

Der Verlag dankt folgenden Personen und Institutionen für die Genehmigung der Abdruckrechte:

S. 8 (U/L) Mary Evans Picture Library; S. 17 (O/L) David Parker/Science Photo Library; S. 23 (O/R) Dr. Jeremy Burgess/Science Photo Library; S. 31 (U/L) Pat Spillane at Creative Vision; S. 35 (O) The Stock Market; S. 41 (U/L) The Stock Market; S. 47 (R) Dan McCoy/The Stock Market; S. 50 (U/R) The Stock Market ; S. 51 (O/L) Martin Bond/Science Photo Library; S. 56 (U/R) The Stock Market; S. 60 (O/L) mit freundl. Genehmigung Capital Shopping Centres plc; S. 62 (O/R) The Stock Market; S. 69 (L) mit freundl. Genehmigung Honda; S. 73 (O/R) The Stock Market; S. 74 (U/L) mit freundl. Genehmigung Nuclear Electric plc; S. 75 (U/R) The Stock Market; S. 82 (O/M) mit freundl. Genehmigung BICC plc; (U/L) Science Photo Library; S. 85 (U/R) Dept. of Clinical Radiology, Salisbury District Hospital/Science Photo Library; S. 91 (U/L) Taheshi Takahara/Science Photo Library; (U/R) The Stock Market; S. 95 (U/R) Dezo Hoffmann/Rex Features; S. 97 (O/L) James King-Holmes/Science Photo Library; S. 99 (O/R) mit freundl. Genehmigung National Power; S. 105 (U/R) Peter Menzel/Science Photo Library; S. 106 (O/L) David Parker/Science Photo Library; S. 112 (O/R) Leon Schadeberg/Rex Features; S. 113 (O/R) The Stock Market; S. 115 (U/L) The Stock Market; S. 119 (O/L) The Stock Market; S. 130 (U/L) Omikron/Science Photo Library; S. 131 (M) AKG, London; S. 135 (O/R) Nils Jorgensen/Rex Features; S. 136 (O/R) SIPA/Rex Features; S. 138 (M) The Stock Market; S. 139 (U) The Stock Market; S. 142 (O/L) NASA/Science Photo Library; S. 143 (U/L) Mary Evans Picture Library; S. 145 (U/R) mit freundl. Genehmigung Eurotunnel; S. 152 (U/L) NOAA/Science Photo Library; S. 153 (M/R) Chris Bonnington Picture Library; S. 155 (U/R) SIPA/Rex Features; S. 158 The Stock Market; S. 161 (O/L) The Stock Market; S. 163 (O/R) Rex Features; S. 167 (L/M) Rex Features; S. 171 (O/L) Rex Features; S. 198 (M) NASA/Rex Features; S. Nina Bermann/Rex Features; S. 185 (O/L) Rex Features, (M) The Stock Market; S. 194 (O/R) SIPA/Rex Features; S. 196 (O/R) NASA; S. 187 (O/M) Mary Evans Picture Library; S. 198 (U/L) Rex Features; S. 199 (O/R) SIPA/Rex Features S. 207 (O/R) Gary Lewis/Stock Market; S. 208/209 (M) The Stock Market; S. 214 (U/L) Stansted Airport Ltd; S. 215 (U/L) Justitz/The Stock Market; S. 218 (U/M) Mike Vines/Photolink; S. 224 (O/L) Claude Nuridsany and Maria Perennou; S. 229 (O/R) Susanne Grant; S. 242 (U/R) B. Benjamin/The Stock Market.

Alle anderen Fotografien von MKP Archives